From Bioeconomy to Bioeconomics

大卫·兹伯曼
美国加州大学伯克利分校
托马斯·迪茨
德国明斯特大学
曼马泰奥·贝西
瑞典隆德大学
吉姆·菲利浦
经济合作与发展组织
著

从生物经济走向生物经济学

陶文娜　谢迟　周密 / 译
欧阳峣 / 校

图书在版编目（CIP）数据

从生物经济走向生物经济学/（美）大卫·兹伯曼，（德）托马斯·迪茨，（瑞典）曼马泰奥·贝西等著；陶文娜等译．—北京：经济管理出版社，2022.12

ISBN 978-7-5096-8839-7

Ⅰ.①从… Ⅱ.①大… ②托… ③曼… ④陶… Ⅲ.①生物工程—工程经济学—研究 Ⅳ.①Q81-05

中国版本图书馆 CIP 数据核字(2022)第 241112 号

组稿编辑：杨 雪
责任编辑：杨 雪
助理编辑：王 慧 王 蕾
责任印制：黄章平
责任校对：张晓燕

出版发行：经济管理出版社
（北京市海淀区北蜂窝 8 号中雅大厦 A 座 11 层 100038）
网 址：www. E-mp. com. cn
电 话：（010）51915602
印 刷：北京晨旭印刷厂
经 销：新华书店
开 本：720mm×1000mm/16
印 张：23. 25
字 数：370 千字
版 次：2023 年 4 月第 1 版 2023 年 4 月第 1 次印刷
书 号：ISBN 978-7-5096-8839-7
定 价：98. 00 元

联系地址：北京市海淀区北蜂窝 8 号中雅大厦 11 层
电话：（010）68022974 邮编：100038

译者序　21世纪的生物经济和生物经济学

尼古拉斯·罗根是一位遥遥领先时代的思想家，他在1971年提出“生物经济学”的概念，把它设想为一门以生物及热力学观点为基础来分析经济变化过程的学科。1999年《生物经济学》杂志的创刊，标志着生物学和经济学的交融达到一个新的高度，不仅拓展了两者的研究领域，而且丰富了两者的研究工具和政策工具。当人类进入21世纪以后，生物经济在全球范围内蓬勃发展，已经从最初的“生态经济”概念演变成生物技术、生物资源和生物生态“三位一体”的范畴，与之相应的生物经济学的研究内容和范围也获得了极大的拓展。本书选编的国际学术期刊登载的15篇论文，集中地反映了21世纪研究生物经济和生物经济学的前沿成果，代表着从生物经济走向生物经济学的未来趋势。

本书将世界各国专家的论文汇编成三篇，可以说是构建了比较完整的理论体系，比较充分地展示了21世纪生物经济和生物经济学研究的学术图景。

第1篇“生物技术革命和生物经济的形成”，主要研究21世纪生物技术和生物经济的发展。大卫·兹伯曼等的“技术和未来的生物经济”，主要分析了生物技术和生物经济的持续进化过程，提出生物经济的演变需要持续的公共投资和建立监管框架，从而使生物技术创新和人类环境保护达到统一；保罗·南丁格尔等的“生物技术革命的神话：渐进扩散模式”，主要分析了生物技术进步的基本模式，提出生物技术遵循的是渐进扩散的模式，而许多人高估了生物技术影响的速度和程度；卡门·普瑞菲等的“塑造生物经济的途径及其多元化”，主要分析了塑造生物经济的两种基本途径，即基于技术的方法和社会生态方法，主张实施多元化战略；马克西米兰·卡朗等的“欧洲国家循环生物经济的动态变化”，主要分析了十个欧盟国家循环生物经济的发展状况，发现这些国家在2006~2016年的循环生物经济取得重要进展，但在研发领域是私营部门进步而公共部门退步；劳拉·德瓦尼等的“美国生物经济进步的规模、力量和潜力”，主要分析了美国生物经济的高度分散状况及其原因，提出充分发挥美国生物经济潜力的新的治理模式，即基于生物区域、合作努力和创新能力的多中心制度。

第2篇“生物经济战略和政策的国际比较”，主要研究21世纪生物经济的战略框架和政策体系。吉姆·菲利浦的“生物经济：政策制定者面临的世纪挑战”，主要分析了向以可再生资源为基础的能源和材料生产制度过渡的障碍，提出了在工业生物技术、生物精炼商业化和生物量可持续性等方面遇到的挑战；路易丝·斯达法斯等的“生物经济和基于生物经济的战略和政策”，比较分析了欧盟、美国、加拿大、瑞典、芬兰、德国、澳大利亚的战略和政策，认为这些文件解决了可持续性和资源可用性的问题，当前的重点是提升国家经济，提供新的就业机会和商业机会；马泰奥·贝西等的“欧洲走向生物经济：国家、区域和产业战略”，主要分析了欧洲以生物为基础的经济的国家、地区和行业前景，提出需要建立连贯和支持性的政策框架，并且从生命周期的视角考虑生物产品的生产和消费；托马斯·迪茨等的“生物经济治理：国家生物经济战略的全球比较”，主要分析了生物经济发展的途径，提出了建立可持续性生物经济的有效治理框架，即将授权治理和约束治理结合起来；斯蒂芬·博斯纳等的“生物经济治理：国际机构扮演什么角色”，主要分析了生物经济问题的国际治理，从市场和经济治理、知识治理、信息治理、承诺或议程设定治理的角度，分别介绍了各种国际机构的作用和功能。

第3篇“生物经济及其贡献的经济学分析”，主要研究21世纪生物经济贡献评估和生物经济学理论。大卫·维亚吉的“生物经济学的演变及其展望”，主要分析了生物经济、经济学与政策研究的进展，提出了其发展空间，确定了生物经济成分的量化、生物量流量的定量分析和生物经济的政治经济学等新兴领域；马库斯·巴格等的“生物经济学的愿景：基于文献计量分析”，主要分析了过去十年的生物经济文献，提出了自然科学和

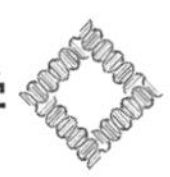

工程科学占据核心地位的问题，以及生物技术愿景、生物资源愿景和生物生态愿景的框架；戴利亚·达马托等的“在可持续发展战略框架内整合绿色经济、循环经济和生物经济”，主要分析了绿色经济、循环经济和生物经济对全球可持续性的贡献，提出将三种叙事纳入可持续发展战略的框架，并深入研究三种解决方案的互补性和不相容性，制定一致的决策战略及行动和工具；斯蒂芬妮·布拉科等的“评估生物经济对总体经济的贡献：国家框架”，主要比较分析了各国评估生物经济对国民经济的贡献的方法，认为各国设定的生物经济目标反映了该国的优先事项和比较优势，仅包括国内生产总值、营业额和就业贡献的框架可能提供一个不完整的画面；张芳珠等的“反思城市和创新——基于中国生物技术的政治经济学视角”，主要分析了中国生物技术创新集中在主要城市的原因，提出城市是影响创新能力的舞台，应该致力于打造集聚化场所的特殊制度环境。

目前，全球生物技术进步和生物经济发展的浪潮方兴未艾，《中华人民共和国国民经济和社会发展第十四个五年规划和 2035 年远景目标纲要》提出了做大做强生物经济的战略任务，预示着中国生物经济发展的广阔前景。为此，社会科学工作者和自然科学工作者应该携手探讨生物技术和生物经济发展的客观规律，共同推动生物学和经济学的交叉研究，为做大做强生物经济提供科学的理论支撑和合理的政策思路，并运用经济学理论深入研究生物技术和生物产业的经济问题，从而加快 21 世纪从生物经济走向生物经济学的进程。

目　录

第1篇　生物技术革命和生物经济的形成

第2篇　生物经济战略和政策的国际比较

第3篇　生物经济及其贡献的经济学分析

第1篇

生物技术革命和生物经济的形成

第1章　技术和未来的生物经济*

大卫·兹伯曼（Zilberman D）[1]，尤妮斯· 金姆（Kim E）[1]，
萨姆·克斯讷（Kirschner S）[1]，斯科特·卡普兰（Kaplan S）[1]，
珍妮·里弗斯（Reeves J）[2]

摘要：生命科学的新发现和气候变化的挑战正在导致生物经济的出现，在生物经济中，先进生物学的基本方法被应用于生产各种各样的产品，同时也改善了环境质量。生物经济的出现是一个从开采不可再生资源系统向耕种可再生资源系统过渡的持续演化过程。这种转变得益于现代分子生物学工具，这些工具提高了人类培育新物种的能力，并利用它们来提高农业和渔业的生产力，以及生产过去希望得到的各种产品。这一过渡将导致农业部门与能源和矿产部门的一体化。生物技术的引进已经提高了医药和农业的生产力，但在农业方面遇到了阻力和监管限制。生物经济的发展需要对研究和创新进行持续的公共投资，以及建立监管框架、财政激励措施及机构，从而促使私营部门持续投资于新产品的开发和商业化。其中，最大的挑战之一是制定监管框架以控制新生物技术产品可能对人类和环境造成的外部影响，同时又不扼杀创新。

关键词：生物经济；可再生资源；不可再生资源；生物技术；生物燃料；贴现；可持续性

---

* 本文英文原文发表于：Zilberman D，Kim E，Kirschner S，Kaplan S，Reeves J. Technology and the Future Bioeconomy [J]. Agricultural Economics，2013（44）：95-102.

1. 美国加州大学伯克利分校。
2. 美国棉花公司。

1.1 引言

人们对气候变化、人口增长、污染以及燃料等基本投入品价格上涨的担忧，导致其越来越重视可再生和可持续技术的发展。20 世纪脱氧核糖核酸的发现以及人们对生命科学的理解不断加深，促使人们开展研究，希望扩大现代生物技术的应用范围，这些技术利用有机物质生产的产品既供人类消费又供工业使用。“生物经济”的定义是指将新的生物知识用于商业和工业目的以及改善人类福利的经济活动[1]。

本文旨在了解影响形成生物经济出现的基本力量，它所带来的挑战及其对宏观经济的影响。首先，我们回顾自然资源经济学，以了解生物经济在更大的经济体中的位置。其次，我们对其进行建模，并确定新兴生物经济所面临的一些挑战和权衡。最后，我们将利用这些信息提出政策建议，并审查其对农业的影响。

1.2 资源经济学背景下的生物经济学

资源经济学文献区分了不同类型的资源。第一个区别是可再生资源和不可再生资源。不可再生资源，如矿产和石油，尽管在短期内其可用性可能随着发现的增加而增加，但其储量有限。霍特林的开创性工作催生了大量分析这些资源经济学的文献[2]。相反，可再生资源可以在一定水平上无限生产，Conrad 和 Clark（1987）确定了可再生资源的最佳利用条件[3]。可再生资源可以分为物理资源（通过降雨、风、阳光再生的水）和生物资源（森林、鱼类和其他野生动物）。值得注意的是，如果开采速度快于再生速度，那么大多数可再生和不可再生资源都是可耗尽的。两者主要的区别在于，在一定的利用水平上，可再生资源有可能永远持续下去。

生命系统可以分为收获系统和耕种系统。就主要农产品而言，比如谷物和牲畜，人类在数千年前农业出现时就已经从收获过渡为耕种。从捕鱼到养鱼的转变[4] 是一个更近的类似转变，目前，生物燃料是从收获系统向耕种系统转变的一个例子。还有许多其他利用生物过程生产精细化学品的例子，代表了从不可再生资源到可再生资源利用的另一个过渡。因此，生物经济的一个关键因素就是促进这种转变。可再生资源的生产力取决于气候和生物物理条件，因此，随着生物经济的出现，它必须适应气候变化。

生物经济将用生物燃料等可再生资源产品取代化石燃料等不可再生资源产品，并允许从收获系统过渡到耕种系统中获取产品。生物经济还将扩大包括如β-胡萝卜素等精细化学品在内的农产品种类。因此，现代生物经济农场种植这些新产品不会像“老麦当劳”那样质朴，而是使用高科技设施。生物经济的另一个主要方面是扩大人类在育种过程中的作用。利用生物技术和合成生物学的进步，人类将改造和设计新的生物体，以获取有价值的产品。

1.3　利用可再生资源与不可再生资源

从开采不可再生资源到获取可再生资源以产生投入的转变，可以极大地改变生产资源等产品的企业的经济状况。例如，一家石油公司具有较高的搜寻成本和较高的初始投资，但一旦发现油井，其变动成本将相对较低。随着库存的减少，这些变动成本可能随着时间的推移而增加，并最终枯竭。

然而，如果燃料是可再生系统生产的，例如生物燃料，那么初始投资会更大，例如支出用于购买土地、建造炼油厂，将原料转化为燃料等费用。不过，由于系统的可再生性，产量保持不变，甚至可能随着时间的推移而增加。此外，由于技术的变革，变动成本可能会随着时间的推移而下降。

给定投资的预期收益曲线如图1-1所示。从不可再生资源到可再生资源的过渡变得更加有利可图，因为寻找新的不可再生资源的成本增加了，而从可再生资源转化为最终产品的成本随着研究和开发而下降。

这两种系统都需要一个初始投资期，然后是生产期。在不可再生系统下，每单位时间的（预期）净利润是Π^N。注意，在早期阶段，当$0\leqslant t<t_0^N$时，Π^N是负的；当$t_0^N\leqslant t<t_1^N$时，Π^N是正的。在t_1^N之后，开采资源就不再有利可图了①，让我们考虑一个传统的可再生资源系统，其中单位时间利润为Π^{R0}。让我们假设可再生技术需要更多的投资，但是，一旦投入运行，它将持续带来利润。因此，企业在初始阶段投资可再生资源系统，$0\leqslant t<t_0^{R0}$，但是在t_0^{R0}之后，它们将无限期地运行该系统。可再生资源与不可再生

① 在资源价格较高的时期开采资源，直到资源耗尽，可能是有利可图的。

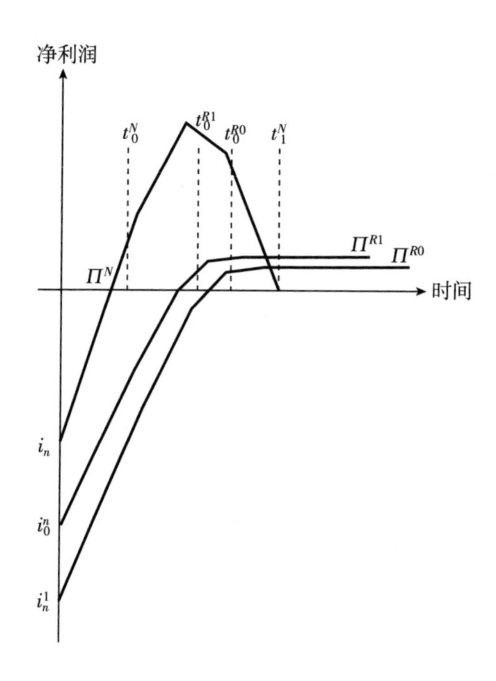

图 1-1　两种系统下单位时间的盈利能力

资源的时间分布存在明显的差异，不可再生资源的长期预期寿命可能会使投资具有吸引力，尤其是在低利率时期。如果社会贴现率低于私人利率，在没有干预的情况下，可再生资源的投资就会不足。此外，如果不可再生资源比可再生资源产生更多的污染，那么对环境外部性征税可能会使可再生资源投资更具吸引力。

只要考虑到社会净利益（包括外部性），使用不可再生资源在道德上并没有错。我们希望在大多数情况下能够观察到一种“内部解决方案”，即同时利用不可再生资源和可再生资源。考虑一种产品可以通过可再生和不可再生的生产获得的情况。周期 t 生产的不可再生产量为 X_t^N，可再生产量为 X_t^R。$MSC_N(X_t^N)$ 和 $MSC_R(X_t^R)$ 分别表示不可再生资源和可再生资源的边际社会成本。每个边际社会成本是每个边际产量的数量之和（$MC_i(X_t^i)$ for $i=R$, N）加上用户成本（$MFC_i(X_t^i)$ for $i=R$, N）（用户成本是在 t 时期提取或收获数量的未来边际贴现成本）加上在 t 时期提取或收获数量的边际外部性成本（$MEC_i(X_t^i)$ for $i=R$, N）。因此，

$$MSC_i(X_t^i)=MC_i(X_t^i)+MFC_i(X_t^i)+MEC_i(X_t^i) \text{ for } i=R,\ N \quad (1\text{-}1)$$

沿着最优路径，可再生资源和不可再生资源的产量是确定的，使其边际社会成本相等，两者等于两种产品的需求，用 $D(X_t^T)$ 表示，其总产量为 $X_t^T=X_t^N+X_t^R$。因此，沿着最佳路径，

$$MSC_N(X_t^N)=MSC_R(X_t^R)=D(X_t^N+X_t^R) \tag{1-2}$$

最佳结果如图 1-2 所示，其中总量 X_t^T 由需求和社会边际总成本相交处（A 点）并设定价格 P_t 的地方确定。图 1-2 中的 B 点和 C 点描述了不可再生资源并采和可再生资源收获的最佳数量。由于边际社会成本的分解，与可再生资源和不可再生资源相关联的外部性将影响这两种资源产生的产品的最优水平。

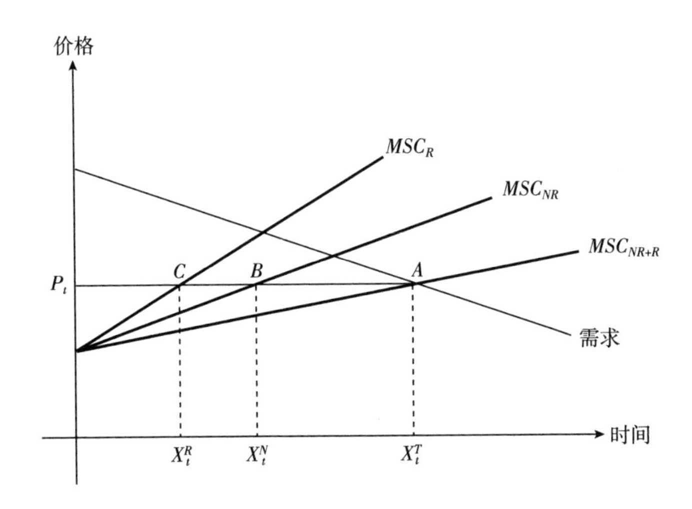

图 1-2　可再生资源与不可再生资源的最佳配置

回收可以被解释为另一种形式的可再生资源利用。二手产品（二手汽车、再生纸制品等）的库存经过加工，以产生原本可以从开采或收获的投入中生产的产出。当回收的边际社会成本达到通过采矿或收获的边际社会供给成本时，就可以找到最佳的回收水平。可提取资源的存量随着时间的推移而下降，旧产品的存量则增加，回收利用的重要性也随之增加。

1.4　收获与耕种

从狩猎—采集社会向农耕社会的过渡被认为是人类进化的重要一步。

在决定是通过收获可再生资源还是通过耕种获得产品时，存在着权衡。根据 Carlson 和 Zilberman（1993）的观点，农作物或家畜的生产是一个多阶段的过程，包括育种、饲养和收获[5]。每个系统的狩猎活动的主要区别在于人类在生产过程的每个阶段所付出的努力。渔夫或猎人只在收获阶段投入精力，而农民则在所有阶段投入精力，他们种植作物、施肥，然后收获。人类对这三个阶段的贡献因地域和环境而异。随着时间的推移，人类对遗传学的了解越来越透彻，选择性育种技术和现代生物技术也在不断发展，人类对育种的贡献也越来越大。在耕种和收获系统之间，将工作量分配到生产的不同阶段是一种权衡。农业系统在育种和饲养方面投入资源，以减少收获的工作量。驯养奶牛是为了更容易增加奶牛体重，并且不需要四处移动，因此易于收获。随着时间的推移，农业系统不断发展和强化，越来越多地依赖投入（水、肥料）和知识进步来提高产量，以支持不断增长的人口。

渔业和林业经济学的基本研究表明，在自然可再生系统中，捕捞成本随着人口的增加而下降[6]。随着人口的增加，对收获产品的需求也随之增加，收获产量也在增加，这反过来又导致了野生动物种群规模的减少。分析模型和经验实证[3]强调了人口增长可能带来的生态压力，以及收获过程中不受控制的获取增长可能引发的崩溃。因此，人口的增加将会增加农业相对于收获系统的相对价值。关于农业系统的发展有大量杰出的文献[7]。Binswanger 和 McIntire（1987）强调了人口增长在从刀耕火种到集约化农业转变过程中所扮演的角色[8]。

人类最初是狩猎采集者，然后逐渐过渡到农业，包括农作物和畜牧业的生产。即使是现在，人们仍然通过耕种和狩猎来满足对肉类的需求。当农业系统中的育种+饲养+收获的边际净成本等于狩猎的边际净成本时，就出现了狩猎和农业之间的资源优化配置。因此，改进育种技术和提高饲养效率将降低农业的边际成本，增加由农业而非收获所提供的农作物和肉类的份额。农业系统生产力提高的主要方面之一就是减少了对狩猎的依赖，实际上导致了野生动物数量的增加。同样，通过育种提高农业生产力导致农业生产集约化和土地利用减少，同时增加了荒地。

虽然农作物和肉类的养殖已经有数千年的历史，但水产养殖还是相对较新的。然而，渔业养殖知识的增加和技术的改进增加了养殖场生产的鱼

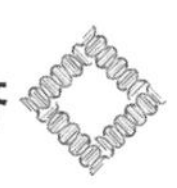

类和海产品的份额。几乎在所有的事例中，被驯化的作物和动物品种都不同于野生品种。例如，驯化玉米比野生玉米品种要大得多，产量也高得多。随着时间的推移，育种工作和育种技术改进提高了这些技术的成本效益，并导致环境足迹的减少①。向农业系统的过渡，导致被用于收获和狩猎系统的土地和劳动力向农业系统所需的资源和人力资本的转变。这种转变有时与农业环境足迹的减少有关，因为生产同样数量的农产品需要更少的土地。引进水产养殖的重要方面之一是减少了对天然鱼类种群的压力。生物学的进步也可能引入农产品，如琼脂（一种用于工业但已枯竭的藻类），以及可用于生产食品添加剂（如β-胡萝卜素）的藻类和其他精细化学品。生物燃料代表了另一类被人工养殖的产品，是生物经济的重要组成部分。人们越来越担心生物燃料对粮食价格的影响，因为其对粮食和生物燃料日益增长的需求是农产品价格上涨的主要原因[9]。生物燃料的未来将取决于农业的进步，尤其是生物燃料技术的改进。

1.5 技术的作用

从狩猎向农业过渡的关键因素是知识和新技术的发展，其中可能包括改进饲养系统，例如化肥、保护作物以减少虫害破坏，以及培育更高产、更不易受病害影响的品种。Alston 等（1995）记录了研究的高回报率，并指出人力资本和人力技能的提高加上适当的投资是加强和改进农业系统的主要因素[10]。虽然与农业有关的基因和选择性育种的基本原理的发现产生了巨大的影响，并为绿色革命作出了重大贡献，但是在更好地理解分子和细胞生物学原理的基础上，引进新的生物技术也是进一步提高农业生产力，尤其是提高每英亩产量和减少农药使用量的主要因素[11]。Sexton 和 Zilberman（2011）认为，玉米和大豆中采用转基因（GM）品种有助于大幅增加产量，使社会能够满足与亚洲收入增加相关的粮食需求的急剧增加[12]。此外，欧洲和非洲越来越多地采用转基因技术，以及引进以前从未使用过的转基因小麦和水稻，可能会进一步减少农业的环境足迹，并增加可用于生物燃料的土地面积。

通过饲养提高生产力的研究有许多表现形式。三个最突出的例子包括

① 水产养殖实践仍处于起步阶段，在效率方面，尤其是在环境影响方面，还有很大的改进空间。

肥料的开发、灌溉、先进的动物饲料的开发。研究不仅改进了投入技术，而且有助于继续发展投入的应用方式，以提高投入使用效率。Caswell 等（1990）认为，产量是作物消耗的有效投入的函数，其中有效投入是实际投入和投入使用效率的乘积[13]。提高投入使用效率的技术（如在用水滴灌和用肥料精耕细作的情况下）往往会增加产量，减少投入使用和污染。如果饲养过程被解释为支持作物生长①，那么这个过程的一个关键因素就是防止病虫害。Lichtenberg 和 Zilberman（1984）引入了这样一个概念，即实际产量=潜在产量×（1-耗损率），而杀虫剂是有助于提高产量的损害控制剂[14]。转基因生物（GMOs）是一个实际上有助于减少害虫危害的育种技术的例子，因此符合我们对这种饲养过程的扩展定义。研究和创新的主要贡献之一是降低了农业的收获成本。如前文所述，从狩猎到农业的转变可能是由于狩猎系统的收获成本高于农业系统的育种、饲养和收获的综合成本。尤其对于野生动物来说，农业系统降低收获成本的一个方法就是使用围栏。选择性育种和基因工程的结果是在单位空间内增加产量，从而降低收获成本。此外，单一种植的发展在很大程度上是为了减少收获和作物的维护成本。随着技术的改进以及精确农业和纳米技术继续允许对作物进行更加专业化的处理，人们可能期待引入多样化的农业系统，以更低的运营成本产生更多的产品。

生物经济包括依靠生物加工来生产主要产品的行业。发酵是传统生物经济的基础并产生了一系列产品，包括葡萄酒、啤酒、奶酪和各种腌制食品。发酵在世界范围内扮演着至关重要的角色，因为它允许在没有新鲜食物的时候反季节储存食物，从而使人类能够扩大其生存的生态系统的范围[15]。此外，酒精类产品在医学上和营养学上都很有价值。工匠们开发了这些第一代发酵产品，这些产品的生产商拥有商业秘密，给了他们垄断的权力。总的来说，以发酵为基础的工业生物经济由数以千计的产品组成，这些产品按照质量、纯度和产地进行了区分。

以工匠为基础的发酵行业强调经过时间考验的最佳管理措施。然而，随着时间的推移，科学在葡萄酒和啤酒等传统行业中的作用变得更加突出，导致行业常规的急剧变化，并有助于其扩张。葡萄酒行业就是一个

---

① 可以考虑将饲养和保护合并的“维持”的概念。然而，笔者使用的是狭窄但更具体的术语“饲养”。

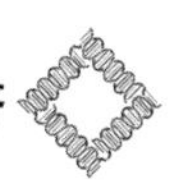

明显的例子，酿酒学的发展在新大陆的葡萄酒行业中起到了重要作用，甚至导致了旧大陆常规的变化。虽然传统的以发酵为基础的生物经济起源于工匠的发展，但随着时间的推移，它成为科学应用和发展的载体。法国最明显，那里有有史以来最伟大的医学科学家之一——路易斯·巴斯德，是研究葡萄酒和发酵的学者。因此，发酵工业受益于现代科学并作出了贡献。

20 世纪 50 年代，DNA 的发现触发了现代生物技术的发展，并与此后的科学发现联系在一起。现代生物技术的应用也许是 20 世纪下半叶在美国和其他西方国家出现的新教育产业综合体的最重要的产物[16]。在很大程度上，由公共部门基金（国家卫生研究所、国家科学基金会等）资助的大学已经在生命科学领域产生了获得专利的重大创新。其中许多专利的申请权已经通过诸如技术转让办公室等部门转让给私营部门。私营公司投资进一步的研究和开发活动，从而产生商业产品，反过来向大学支付销售这些产品所产生的特许权使用费。1980 年颁布的《拜杜法案》，赋予了大学获得联邦机构支持的专利的权利，并使它们能够将这些权利出售给私营企业，加速了公共部门向私营部门的技术转让。Graff 等（2002）认为，由于大多数大公司不愿意投资大学的专利，技术转让办公室正在帮助大学教师与风险资本家合作，建立旨在将现代生物技术应用商业化的初创公司[16]。一些知名的生物技术领域的大牌公司，比如 Genetech 公司和 Amgen 公司就是这样的例子。通常，这些类型的初创企业都会被大型成熟公司接管。例如，Monsanto 公司合并了 Calgene 公司和其他几家农业生物技术初创公司。

此外，随着大公司开始认识到大学在新生物技术的产生过程中所体现的创造力，教育—产业联合体最近也发生了演变。这方面的一个例子涉及能源行业的公司，它们与大学建立了主要联盟以开发新型生物燃料，例如加州大学伯克利分校的能源生物科学研究所、斯坦福大学与埃克森美孚公司的研究联盟，以及加州大学戴维斯分校和雪佛龙公司之间的合作伙伴关系等。在大学周围有几个主要的生物技术产业中心正在开发中，其中一个在湾区，另一个在波士顿，还有一个在圣地亚哥，类似的活动正在英国、以色列和新加坡兴起。因此，生命科学领域的大学研究模式引发了产业发展的创新，是生物经济发展的主要贡献者。

然而，这种模式的缺点之一是私营部门的优化研究与社会视角之间存在差距。私营公司不太可能开发出社会需要且满足特殊作物①和穷人需求的技术。开发能够满足贫困和特殊作物需求的技术需要国家和全球公共部门的资源，比如盖茨基金会这样的非政府组织。当发展中国家的私营部门致力于开发满足穷人需求的技术时，他们可能需要获得由大公司控制的知识产权。由于用于现代生物技术的创新大部分源于公共部门[17]，因此有人建议[18]设立一些机构，如知识产权信息交换所，赋予技术开发者为特殊作物和穷人使用公共部门知识产权的权利。②事实上，已经建立了若干组织以满足发展中国家贫困人口的发展和商业化需求，包括农业公共知识产权资源（PIPRA）和非洲技术基金会。因此，发展中国家生物经济的发展可能需要公共部门更直接参与产品供应链，以弥补消费者无力支付新的生物基础产品的损失。经济增长将减少公共部门参与技术开发的必要性，但我们预计大学研究与私营部门创新之间的联系将对生物经济的发展至关重要。

1.6 向生物经济过渡的间接影响

从表面上看，从开采不可再生资源到通过获取可再生资源来获得产品的转变是一种进步，人们认为它更具“可持续性”。从环境的角度来看，从狩猎到收获，最后到农业的发展过程似乎是有益的，但实际情况更为复杂。农业生产的集约化加剧需要使用投入，例如可能是不可再生的肥料（磷）。集约化还可能导致水的流失，这可能产生负面的生态影响，造成污染和水土流失。对这些生物经济实践的“可持续性”以及其他环境影响的评估，必须考虑到与可再生资源系统相关的各种活动。

在评估从化石燃料到生物燃料的转变时，这一系列问题得到了强调。虽然生物燃料的实际消耗利用了光合作用过程中产生的能量，但种植生物燃料原料和将原料转化为燃料需要额外的能量并产生温室气体（GHG）排放。生命周期研究评估了与生物燃料生产相关的温室气体排放总量，确定

---

① 《2008年美国食品、保护和能源法》将特殊作物定义为“水果和蔬菜、坚果、干果、园艺和苗圃作物”（包括花卉栽培）[19]。

② 在许多情况下，知识产权的权利仅限于某些地区；在其他情况下，许多发展中国家没有注册专利。此外，公司可能愿意提供将其技术用于针对发展中国家穷人的作物的权利。因此，PIPRA和类似组织协助发展中国家的技术开发人员在知识产权法律丛林中“航行”。

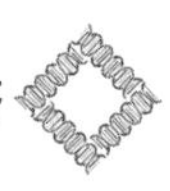

了从化石燃料向生物燃料的过渡可能增加温室气体排放总量的实例[20]。

关于生物燃料温室气体效应的文献利用了生命周期分析，发现并非所有的生物燃料都是类似的。巴西的甘蔗乙醇和玉米乙醇相对于它们所取代的化石燃料而言都能减少温室气体排放量，而从大豆中生产的生物柴油可能会导致相对于柴油的温室气体赤字[21]。越来越多的证据表明，在美国和巴西，通过实践学习的过程减少了生物燃料生产的温室气体的排放。因此，新生物燃料产业和生物经济的挑战之一就是减少生物燃料的环境足迹。

必须从生物燃料对环境的整体影响的角度来看待向农业的过渡以及集约化程度的增加，这可能需要进行生命周期分析。这种评估可能表明，就整体市场和非市场投入而言，某些可再生资源生产过程效率低下、成本高昂。

当经济效率成为评估资源配置的首要标准时，如果考虑到外部性和其他社会成本，正确评估的生产成本大于不可再生系统的生产成本，则可再生系统生产的产品可能不是最优的。这也许是为什么生物经济会逐渐转型的原因之一。通常情况下，即使考虑到社会成本，通过开采不可再生资源获得的产品（如燃料）比通过可再生方式生产获得的产品成本更低。引入政策因素，引导生产者评估其活动的社会成本，并结合技术变革，可能会加速从不可再生生产向可再生生产的转变。不过，这种转变还需要时间。

即使在从不可再生系统转变到农业系统之后，一些不可再生资源的投入也可能被使用。在理想情况下，可再生资源系统将仅仅依赖于可再生资源的投入，但这并不总是社会最优的，因为一些不可再生资源的投入非常丰富，而且社会成本较低。向完全依赖可再生资源投入的系统的过渡需要创新，这将导致在投入的精确使用、再循环、作物轮作、养分循环等方面形成更好的管理系统，这可能需要新产品以及不同的种子品种，例如能够固定氮的作物品种。然而，这些技术的开发和采用将需要为研究和开发提供支持的政策以及定价使技术采用具有价值，而采用这些技术需要时间。

向生物经济过渡的另一个重要方面是扩大农业活动，包括生产燃料、精细化学品和其他产品。这可能会增加农业的环境足迹，以及人类系统消耗的面积，进而导致荒野地区的破坏。农业系统的扩张导致了欧洲、北美和亚洲的森林砍伐，生物燃料和水产养殖系统的扩张可能导致用于环境服务的土地（如森林）转变为用于农业活动的土地。与粮食生产竞争的农业活动的扩大可能导致粮食价格上涨，从而引发粮食安全问题。扩大农业产品种类的挑战之一是提高农业生产的生产率，使全球能够负担得起粮食，同时扩大农场生产的产品种类。农业扩张对环境的影响取决于农业用地的扩张程度以及哪些土地将转变为农业用地。这种扩张很大程度上取决于这些农业活动的生产力。例如，如果生物技术可以使甘蔗产量翻一番或者增加每单位原料生产的燃料数量，那么生产一定数量的甘蔗乙醇所需的土地将不到一半。因此，从环境角度来看，如果农业和加工的效率越高，而且这些过程污染越少，扩大农业产品的土地使用就越有意义。依靠现代生物学改良作物育种的生物技术可能是形成生物经济的关键要素，这是发展高产且副作用最小的作物系统的原因。然而，作物系统应该通过使用先进的生态和精准农业方法来增强。

虽然耕地的扩张和可用水量的增加将成为生物经济扩张的一部分，但引入土地开发和资源开发政策使发展远离土地和其他资源，这体现了非农业用途的高生态和社会价值，并将其转向那些支持土地和资源转化为农业的政策，将改善社会福利。监测和自然资源评估技术的改进为此类政策提供了科学依据，然而，其挑战在于引入和实施这些政策所需的政治意愿。

1.7 监管和验收

虽然社会层面原则上，特别是环保团体，支持向生物经济和可再生资源系统过渡，但制定具体举措仍存在阻力，这并不是一个新现象。技术（包括犁、拖拉机和轧棉机）、选择性培育作物（包括马铃薯和番茄）、病菌和巴氏杀菌法的细菌理论只是许多遭遇抵制的创新中的一小部分[22]。因此，新的生物技术（如转基因生物）也是如此。环保运动有着强调保护和防御的传统，因此人们关注表面上可能造成危害的新创新。然而，保持和维持现状的趋势与气候变化等进程以及与收入增加和人口增长相关的影响是不相容的。此外，政治经济论点表明，新技术的引入可能会遭到因采用这些技术而遭受经济损失的群体的反对[23]。因此，农药制造商可能会支持减缓转基因作物引入的行动，而一些农民可能不欢迎转基因作物，因为它们有可能降低商品价格[18]。那些可能从低价中获益的消费者可能没有意识

到这些好处，并且可能会受到支持限制性监管的环保团体的担忧和劝说的影响。尽管监管对于保护社会以及发展对技术的包容都很重要，但过度监管可能对技术创新有害，特别是考虑到私营部门投资开发新生物技术的重要性。

虽然转基因品种主要在美国和拉丁美洲的玉米和大豆生产中以及在许多国家的棉花生产中被广泛采用，但转基因技术尚未被引入小麦和水稻，而且在欧洲和非洲大部分地区实际上已被禁止。此外，一些人认为[24] 转基因的监管成本高昂并且过度监管。过度监管的一个主要副作用是，拥有引进新的转基因品种的能力仅限于少数几家有资源投资监管过程的大公司，扼杀了新的创新[25]。Potrykus（2010）认为，由于冗余的监管，黄金大米的引进已经推迟了几年[26]，Graff 等（2009）认为，欧洲的转基因禁令导致了生物技术创新的抑制，继而扼杀了进一步的创新[27]。因此，发展生物经济的主要挑战之一是建立一个有效的监管体系，既要纳入环境约束因素，又要支持社会需要的创新活动。

1.8　结论

生命科学领域的新发现和减少生产系统的温室气体排放等外部因素的必要性正导致生物经济学的出现，在生物经济学中，先进生物学的基本方法被用来生产各种产品，同时也改善了环境质量。生物经济的出现是一个从开采不可再生资源系统向农业可再生资源系统转变的持续演化过程。此外，现代分子生物学工具已经提升了人类培育新生物的能力，并利用它们来提高农业和渔业的生产力，同时生产大量最初被开采的产品。这种向生物经济的转变正在扩大除粮食和纤维以外的农业生产的产品范围，并导致农业部门与能源和矿产部门等部门的融合。考虑到新兴技术，包括生物技术、精准农业和生态农业，提高农业系统的生产力是必要的，以满足农业系统不断增长的需求，同时又小幅度增加其环境足迹。然而，生物经济的发展需要对研究和创新进行持续的公共投资，以及建立监管框架和资金投入，从而使私营部门持续投资于新产品的开发和商业化。最大的挑战之一是制定监管框架，以控制新生物技术产品对人类和环境可能造成的外部影响，同时不抑制创新。

参考文献

[1] Enriquez-Cabot J. Genomics and the world's economy. Science, 1998 (281): 925-926.

[2] Fisher A. C. Resource and Environmental Economics. Cambridge University Press, Cambridge, UK, 1981.

[3] Conrad J. M., Clark C. W. Natural Resource Economics: Notes and Problems. Cambridge University Press, Cambridge, UK, 1987.

[4] Berck P., Perloff J. M. The commons as a natural barrier to entry: Why there are so few fish farms. Amer. J. Agric. Econ., 1985 (67): 360-363.

[5] Carlson G. A., Zilberman D. Emerging resource issues in world agriculture. In: Carlson G. A., Zilberman D., Miranowski J. A. (Eds.), Agricultural and Environmental Resource Economics. Oxford University Press, New York, 1993: 491-516.

[6] Clark C. W. Mathematical Bioeconomics: The Optimal Management of Renewable Resources. Wiley, New York, NY, 1990.

[7] Boserup E. The Conditions of Agricultural Growth. Aldine, Chicago, IL, 1965.

[8] Binswanger H. P., McIntire J. Behavioral and material determinants of production relations in land abundant tropical agriculture. Econ. Devel. Cult. Change, 1987 (36): 73-99.

[9] Zilberman D., Sexton S., Dalton T., Pray C. Lessons of the literature on adoption for the introduction of drought tolerant varieties. Working Paper, Department of Agricultural and Resource Economics, University of California, Berkeley, 2011.

[10] Alston J. M., Norton G. W., Pardey P. Science under Scarcity: Principles and Practice for Agricultural Research Evaluation and Priority Setting. Cornell University Press, Ithaca, NY, 1995.

[11] Qaim M., Zilberman D. Yield effects of genetically modified crops in developing countries. Science, 2003 (299): 900-902.

[12] Sexton S., Zilberman D. Land for food and fuel production: The role of agricultural biotechnology. In: Zivin J., Perloff J. (Eds.), The Intended and Unintended Effects of U.S. Agricultural and Biotechnology Policies. University of Chicago Press, Chicago, 2011.

[13] Caswell M. F., Lichtenberg E., Zilberman D. The effects of pricing policies on water conservation and drainage. Amer. J. Agric. Econ., 1990 (72): 883-890.

[14] Lichtenberg E., Zilberman D. The econometrics of pesticide use: Why specification matters. Paper Presented at the American Agricultural Economics Association Meeting, Cornell University, Ithaca, New York, 1984.

[15] Zilberman D., Kim E. The lessons of fermentation for the new bioeconomy. AgBioForum, 2011 (14): 97-103.

[16] Graff G., Heiman A., Zilberman D. University research and offices of technology transfer. Calif. Manage. Rev., 2002 (45): 88-115.

[17] Graff G., Cullen S., Bradford K., Zilberman D., Bennett A. The public-private structure of intellectual property ownership in agricultural biotechnology. Nature Biotech., 2003 (21): 989-995.

[18] Graff G., Zilberman D. An intellectual property clearinghouse for agricultural biotechnology. Nature Biotech, 2001 (19): 1179-1180.

[19] Agriculture Marketing Service, U.S. Department of Agriculture, 2012. Available at: http://www.ams.usda.gov/AMSv1.0/scbgpdefinitions, accessed April 3, 2012.

[20] Rajagopal D., Zilberman D. Environmental, economic and policy aspects of biofuels. Foundations and Trends® in Microeconomics, 2008 (4): 353-468.

[21] Laborde D. Assessing the Land Use Change Consequences of European Biofuel Policies. International Food and Policy Research Institute, Washington, D.C., 2011.

[22] Olmstead A. L. Opposition to technological change. Paper Presented at ICABR Conference, Ravello, Italy, 2012.

[23] Rausser G. C., Swinnen J., Zusman P. Political Power and Econom-

ic Policy: Theory, Analysis, and Empirical Applications. Cambridge University Press, New York, NY, 2011.

[24] National Research Council. Impact of Genetically Engineered Crops on Farm Sustainability in the United States. Committee on the Impact of Biotechnology on Farm-Level Economics and Sustainability, National Research Council. National Academic Press, Washington, D. C., 2010.

[25] Just R. E., Alston J. M., Zilberman D. Regulating Agricultural Biotechnology: Economics and Policy. Springer, New York, NY, 2006.

[26] Potrykus I. Regulation must be revolutionized. Nature, 2010 (466): 561.

[27] Graff G., Zilberman D., Bennett A. The contraction of agbiotech product quality innovation. Nature Biotech, 2009 (27): 702-704.

[28] Zilberman D., Amaden H., Qaim M. The impact of agricultural biotechnology on yields, risks, and biodiversity in low-income countries. J. Dev. Stud., 2007 (43): 63-78.

第2章　生物技术革命的神话：渐进扩散模式*

保罗·南丁格尔（Nightingale P）[1]，保罗·马丁（Martin P）[2]

医学领域“生物技术革命”的存在已经被学术界、咨询机构、工业界和政府广泛接受和推动。这引发了人们对药物发现过程、医疗保健和经济发展方面的显著改善的期望，这些都将影响相当数量的政策制定。在这里，我们提供了来自各种指标的经验证据，表明一系列产出未能跟上研发支出增长的步伐。医药生物技术并没有产生革命性的变化，而是遵循一种缓慢而渐进的技术扩散的既定模式。因此，许多人的预期过于乐观，高估了生物技术影响的速度和范围，这表明需要重新思考支撑当代许多决策的假设。

在过去十年中，顾问、政策制定者、学者和实业家们推动了一种技术变革模式。在这种模式中，生物技术特别是基因组学，正在彻底改变药物的发现和开发[1-5]。这种“革命性”的模式引发了广泛的预期，即生物技术有潜力创造出更多更有效的药物，并在医疗保健领域带来根本性的变革，包括从反应性转向预防性，以及更多的个性化医学[6-11]。这反过来又会刺激制药产业的产业结构从大型制药公司转向聚集在区域集群中的生物技术公司网络[12-14]。这些变化加总的结果，将有望改善健康状况并创造财富[1,13-16]。

---

* 本文英文原文发表于：Nightingale P, Martin P. The Myth of the Biotech Revolution [J]. TRENDS in Biotechnology, 2004, 22 (11): 564-569.

1. 英国苏塞克斯大学。

2. 英国帕克大学。

在美国[10]、欧盟[2,13]和发展中国家，这些高预期现在支撑着经济合作与发展组织（以下简称“经合组织”）[4,5]的许多科学和技术政策。区域、国家和国际层面的机构正在大力投资生物技术和基因组学，以便在被视为“新经济”的关键部分领域站稳脚跟[16-19]。政策有多种形式，包括专项研究资助计划、促进知识和/或技术转让、为初创企业和区域集群提供财政和技术支持、研发税收抵免和降低监管障碍[16-19]。在英国，生物科学创新与发展小组（BIGT）最近的一份报告认为，为了实现分子生物科学的巨大潜力，需要对国家卫生服务和产业之间的关系进行重大改变，以便于临床试验以及更早、更廉价地获得新药[1]。同样，一场生物技术革命的想法增加了政策对大学研究人员和产业之间更密切联系的重视，并将资金集中在可以直接应用的研究上[16]。

在这篇文章观点中，我们认为技术变革的“生物技术革命”模式并不为经验证明所支持。相反，生物技术遵循的是一种既定的历史模式，即缓慢而渐进的技术扩散。在阐述这一点时，我们并不否认在生物科学和产业内的研发组织已经发生了实质性的变化。然而，将这门科学转化为新技术的难度、成本和耗时远远超过许多决策者的想象[20,21]。

2.1 制药创新过程中的变化：证据

可以利用专利、科学出版物和新药上市等科技活动指标来衡量生物技术的影响。作为英国经济和社会研究委员会（ESRC）资助的一项研究的一部分，我们分析了药物创新过程中的一系列指标，它们表明，随着人们沿着从基础研究到目标发现、目标验证，再到临床开发的创新道路前进，生物技术革命的证据迅速减少。图 2-1 显示了由 Surya Mahdi[22] 生成的数据样本。这表明与基因组学相关的生物科学出版物的大幅增加，清楚地表明了药物发现的一些科学投入发生了重大的，也可能是革命性的变化。然而，当我们沿着创新之路向前推进时，观察到缓慢而渐进的变化。图 2-2 显示了 1979~1998 年每年获得专利的治疗活性化合物的数量，底线显示的是美国专利及商标局（USPTO）在 1979~2003 年 424 类和 514 类的数据。这是治疗活性化合物的主要专利分类，并被用作具有足够吸引力的一个指标数量的小分子化合物，以保证专利保护，但不一定能够进入开发阶段。

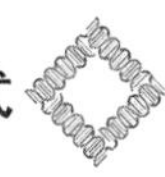

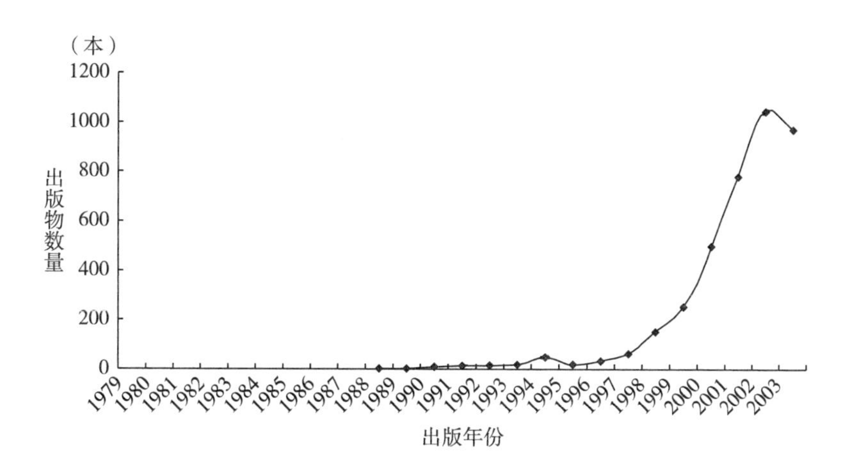

图 2-1　基因组学科学出版物数量的变化

资料来源：BIOSIS。

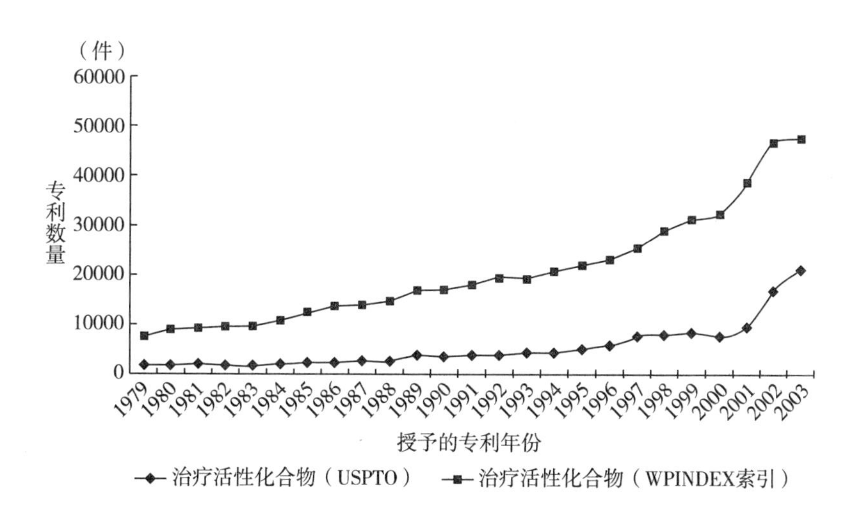

图 2-2　治疗活性化合物专利数量的变化

尽管我们可以看到专利化合物数量的稳步增长，但对这种产量的增长需要谨慎解释，因为它没有考虑到研究支出的大幅增长或者监管环境的变化。图 2-3 显示，在专利申请增长近 7 倍的同一时期，研发支出大约增长了 10 倍。即使我们考虑到这些 USPTO 类别的研发投资和专利申请之间的预期滞后 4~8 年，也没有证据表明有显著改善。相反，我们发现以每美元研发支出中的专利数量来衡量，研发生产率有所下降。假设研发支出相对稳定，这表明科研产出可能下降，至少在短期内是如此。

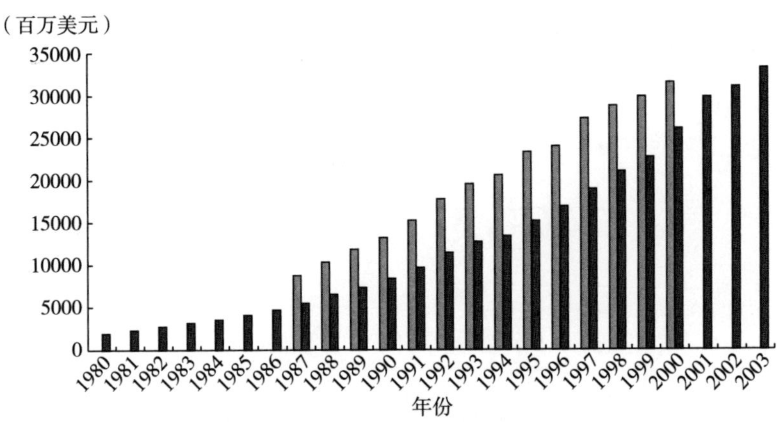

图 2-3　研发（R&D）支出的增加

资料来源：OECD 和 PhRMA。

这一发现需要仔细分析。以往对重大技术变革的历史研究强调了新技术通常如何快速、本土化地提高生产率，这些改进非常明显[23]。随之而来的是缓慢的，但往往更为实质性的、更难以检测的质的变化[23]。生物技术的早期应用涉及制药产业采摘“低垂的果实”。今天，这些新技术正被用于解决更复杂的生物学问题，而这些问题以前对于研发人员来说难以解决。因此，这些数据表明，生物技术给研发带来的生产力增长没有跟上制药行业及其监管机构正在解决日益复杂的问题的步伐，产生了数量上的下降而不是变革。

如果进一步观察 1983~2003 年美国食品药品监督管理局（FDA）实际批准的药物数量，如图 2-4 所示，我们可以看到直到 20 世纪 90 年代中期，药物数量有所增加，随后急剧下降，因此 2002 年批准的药物数量与 20 年前大致相同。当其与 1970~1992 年研发支出的大幅增长（即考虑到研发投资和新产品发布之间的 8~12 年的滞后）相比时，有进一步的证据表明生产率下降，而不是我们被告知的变革性增长。20 世纪 90 年代中期的高峰

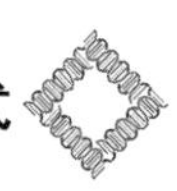

需要在监管目标发生变化的背景下来解释，继美国《处方药使用者付费法案》（1992）和《食品药品监督管理局现代化法案》（1997）之后允许加速审批和快速注册。这可能会导致短期内批准数量的增加，但这种细粒度分析远远超出了这些数据的限制。

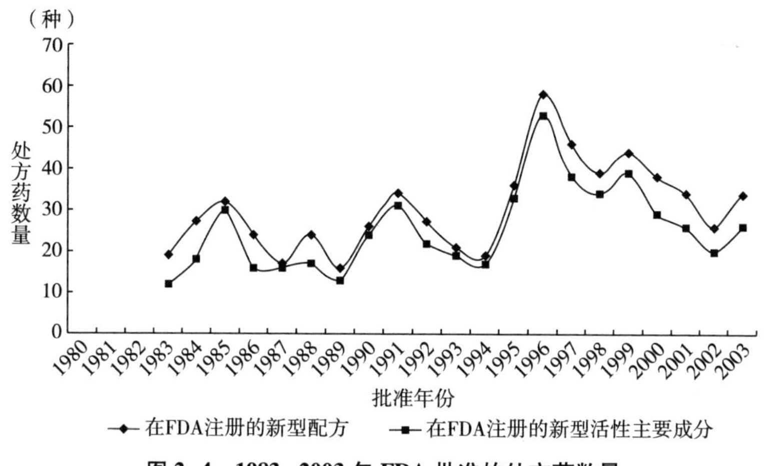

图 2-4　1983~2003 年 FDA 批准的处方药数量

资料来源：FDA。

最后，有必要研究一下自 1980 年以来，成功进入市场的新型生物制药的数量，因为这些是生物技术最切实际的成果之一。表 2-1 列出了 2002 年和 2003 年年销售额超过 5 亿美元的治疗性蛋白质和单克隆抗体。表 2-1 显示，自 1980 年以来，只有 12 种重组治疗性蛋白质及 3 种单克隆抗体（MAbs）被广泛使用。此外，值得注意的是，其中 3 种治疗性蛋白质早在 1980 年（标记为 *）就已经被鉴定为生物制品，生物技术只是带来了新的生产技术。换句话说，重组 DNA 技术在 20 世纪 80 年代的广泛推广只产生了少数成功的新生物药物。这种单克隆抗体的模式表明，一项关键的科学创新可能需要近 25 年才能有效地转化为新的治疗方法，这再次表明，这种疗法的好处来之不易。Arundel 和 Mintzes（2004）利用 Prescrire 的数据强调了生物制药对医疗保健的有限影响[24]，Prescrire（与 FDA 数据不同）评估了新药相对于已有疗法的性能。这一数据表明，尽管投资巨大，但 1986 年 1 月至 2004 年 4 月评估的 16 家生物制药公司比现有治疗方案的“最小改善”要好。综上所述，这些经验证据并不能支持生物技术变革的观点。

表 2-1　2002 年和 2003 年年销售额超过 5 亿美元的治疗性蛋白质和单克隆抗体

产品	首次推出者	2002/2003 年销售额（百万美元）	上市日期（年份）
重组蛋白药物			
* 重组人胰岛素	Lilly	5340	1982（US）
* 重组人生长激素	Genentech	1760	1985（US）
干扰素 α	Roche and Schering-Plough	2700	1986（US）
促红细胞生成素	Amgen/Johnson and Johnson	8880	1989（US）
粒细胞集落刺激因子	Amgen	2520	1991（US and EU）
* 凝血因子Ⅷ	Bayer	670	1992（US）
β-干扰素	Berelex（Schering AG）	2200	1993（US）
葡糖脑苷脂酶	Genzyme	740	1994（US）
促卵泡激素	Serono and Organon	1000	1995（EU）
凝血因子 Vlla	Novo Nordisk	630	1996（EU）
TNF 受体结合蛋白促	Amgen	800	1998（US）
黄体生成素	Serono	590	2000（EU）
* 单克隆抗体			
利妥昔单抗	Genentech/IDEC	1490	1997（US）
英利昔单抗	Centocor	1730	1998（US）
帕利珠单抗	Medlmmune	850	1998（US）

注：* 在 1980 年就已证实有生物学活性。

2.2　理解正在发生的事

从前述分析中发现了几个重要的问题：第一，为什么这么多人的技术变革模式是错误的？一个关键因素是创新者及其赞助商需要创造高期望值，以获得开发新医疗技术所需的大量资源，如资金、人力和知识产权。没有人会去投资一家初创公司或者一个大规模的科学项目，比如人类基因组计划，除非他们真的相信它有潜力在一个确定的时间尺度内产生巨大的回报。生物技术产业的兴起在很大程度上依赖于这些高期望的创造，许多业内人士积极推广生物技术革命的理念。管理顾问、金融分析师和风险资本家显然都对炒作新技术有既得利益。同样，生物技术革命的前景为政府决策者提供了简单的方法，但正如我们的分析所表明的那样，这些方法在促进区域发展、改善医疗服务和经济增长方面可能是无效的。社会科学家的失败是不可避免的。

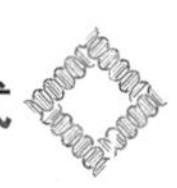

话虽如此，值得注意的是，并非每个人都相信围绕生物技术和基因组学的所有炒作[20,22,25,26]。在制药行业内，争论变得更为微妙，许多人指出了预期和现实之间的不匹配，并强调了新药上市所涉及的非常漫长和困难的过程[25-30]。同样，伦敦金融城投资界有相当一部分人对生物技术革命的说法持怀疑态度，这让英国政府大为懊恼[31]。

第二，生物技术革命模式还有别的选择吗？历史研究表明，重大技术变革，如蒸汽机、生产线或电动机所产生的技术变革，从来不是在真空中发生的，通常需要相辅相成的技术和组织上的创新来限制和组织它们的应用[23,32,33]。例如，布线的问题阻碍了电力的传播，而只有通过钢铁生产方面的创新才能解决这个问题[32]。因此，主要技术可能需要很长的时间，通常是 40~60 年才能产生间接且难以检测的效益[23,32]。正如 Hopkins（霍普金斯博士论文，萨塞克斯大学，2004）所证明的那样，20 世纪早期遗传学的发展用了几十年的时间才从研究人员的愿景走向临床实践。同样，Benneworth[34] 强调了缓慢的、渐进的、低技术含量的生物技术创新所起到的被忽视的作用。

与其专注于生物技术，一种替代的模式可能会概念化从以工艺为基础的实验转变为更工业化的实验的变化。在包括基因组学、高通量筛选、组合化学和毒理学在内的一系列程序中，传统的手工实验正越来越多地得到自动化、微型化的实验的补充，这些实验同时在样本群体上进行，并辅之以对存储数据和模拟数据的补充分析[35]。

尽管这一变化使小分子药物靶点的发现变得更加容易，但这种改进并不能延伸到整个过程，因为这只是将创新瓶颈转移到了靶点验证和临床评估，而这需要更复杂且耗时、成本更高的研究过程。这种系统性的变化产生了一系列与信息过载和统计质量控制有关的新问题，它们导致更多的跨学科工作，强调加快流程和改变组织结构以维持产出水平。这与 Henry Ford 在工业化生产过程中遇到的问题有相似之处，因此清醒地认识到，工业化生产所产生的组织、技术、管理和社会问题需要花费数十年时间才能解决。

不管这种工业化模式是否现实，基础科学知识的进步不会简单地带来新的医疗技术，这一点正变得越来越清晰。临床研究发生在高度复杂且缺乏特征的系统（人体）中，医学实践利用了多种知识来源，其中只有一些知识来源可以归结为科学。因此，在实验室所获得的生物学知识并不容易转化为有用的临床实践。

这个问题现在已经开始被政策制定者所认识。FDA 的白皮书《创新或停滞》明确指出："当今生物医学科学的革命为预防、治疗和治愈严重疾病带来了新的希望。然而，人们越来越担心许多新的基础科学发现……可能无法迅速为患者提供更有效、更经济、更安全的医疗产品。"[36] 作为回应，FDA 提倡更加重视以新产品的临床评估为重点的转化和关键路径研究。解决创新者面临的实际问题的这类举措将受到热烈欢迎。

2.3 结论

我们提供的数据表明，是时候反思生物技术变革了。政策制定者需要跟随 FDA 的脚步，摆脱逐渐失去信誉的线性创新模式，即认为新药和诊断产品只不过是基础研究的应用。相反，政策需要解决技术变革的不确定性和系统性，以及基础知识进步和生产力提高之间的长时间间隔[23,32,33]。

FDA 强调事实真相的重要性，这是一个可喜的进展，因为不切实际的预期已经对政府的政策产生了重大影响。毫无疑问，一些政策建议本质上是好主意，比如促进产业、大学和医疗系统之间更好的知识转移，但是成功的政策需要建立在可靠的证据和分寸感的基础上。生物技术并非总是如此，现实世界与决策者、顾问和社会科学家不切实际的预期之间存在着严重的不匹配。

虽然我们已经暗示了一种替代模式，但是我们目前对生物技术的长期前景说得很少，我们的数据与一系列可能发生的情况相符。一种悲观的观点强调生物技术革命与疾病的简化遗传模型密切相关[37,38]，这种模型正日益受到强调生命过程中环境、生活方式和生物因素之间相互作用的解释的挑战[27]。流行病学家已经注意到，一系列常见疾病（如肥胖、胃溃疡和心脏病）的社会分布在 20 世纪发生了根本性变化，这表明这些疾病的主要决定因素是社会因素，而不是纯粹的遗传因素[39]。这些环境因素（如贫困和吸烟）需要全面的公共卫生计划，而不是短期内不太可能实现的未经证实的高科技解决方案[29]。这种对生物技术时机和益处的不确定性表明，有必要对证据进行定期核查，以避免构建没有经验基础的共同预期。

我们关心的不是未来，而是现在，尤其是当前的预期和对革命的讨论如何有助于促进社会合作，以应对研发新药所需的非常长的交付周期。不切实

 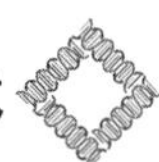

际的预期是危险的，因为它们会导致糟糕的投资决策、错误的希望和扭曲的优先事项，并且会分散我们对已有的疾病预防知识的注意力。

参考文献

[1] Bioscience Innovation and Growth Team (BIGT) (2003), Bioscience 2015, DTI London.

[2] Commission of the European Communities (2002), "Life sciences and biotechnology–a strategy for Europe", Brussels 23/1/2002.

[3] Organization for Economic Cooperation and Development (OECD) (1997), "Biotechnology and Medical Innovation: Socio–economic Assessment of the Technology, the Potential and the Products", OECD Paris.

[4] Organization for Economic Cooperation and Development (OECD) (1998), "Economic Aspects of Biotechnologies Related to Human Health Part II: Biotechnology, medical innovation and the Economy: The Key Relationships", OECD Paris.

[5] Organization for Economic Cooperation and Development (OECD) Committee for Scientific and Technological Policy at Ministerial Level (2004), "Science, Technology and Innovation for the 21st Century", Final Communique meeting, 29–30.

[6] Bell J. I. (2003), "The Double Helix in Clinical Practice", Nature, 421, 414–416.

[7] Lindpaintner K. (2002), "Pharmacogenetics and the future of medical practice", *Br J Clin Pharmacol*, 54, 221–230.

[8] Department of Health (2003), *Our Inheritance*, *Our Future*, *realizing the potential of genetics in the NHS*, The Stationary Office, Norwich.

[9] Bell J. (1998), The New Genetics in Clinical Practice, *BMJ*, 316, 618–620.

[10] Collins F. S. et al. (1998), New Goals for the Human Genome Project, *Science*, 5389, 682–689.

[11] Lenaghan J. (1998), *Brave New NHS*?, IPPR, London.

[12] Enriquez J. and Goldberg, R. A. (2000), "Transforming Life, Transfor-

ming Business: The Life-Science Revolution" March. *Harv. Bus. Rev*, 78, 94-104.

[13] DTI (1999), *Biotechnology Clusters*, DTI, HMSO, London.

[14] Tollman P. et al. (2001), *A Revolution in R&D: How genomics and genetics are transforming the biopharmaceutical industry*, The Boston Consulting Group, Boston.

[15] House of Commons Science and Technology Committee. (1995), *Human Genetics the Science and its Consequences*, HMSO, London.

[16] DTI (2001), *Science and Innovation Strategy*, Department of Trade and Industry, London.

[17] Dohse, D. (2000), Technology policy and the regions-the case of the BioRegio contest, *Res. Policy*, 20, 1111-1133.

[18] Giesecke S. (2000), The contrasting roles of government in the development of biotechnology industry in the US and Germany, *Res. Policy* 29, 205-223.

[19] Senker J. et al. (2000), "European Exploitation of Biotechnology-do government policies help", *Nat. Biotechnol*, 18, 605-609.

[20] Horrobin D. F. (2003), Modern biomedical research: An internally selfconsistent universe with little contact with medical reality? *Nat. Rev. Drug Discov*, 2, 151-154.

[21] Horrobin D. F. (2001), Realism in drug discovery-could Cassandra be right? *Nat. Biotechnol*, 19, 1099-1100.

[22] Mahdi S. (2004), The Pharmaceutical Industry, Unpublished Bibliometric Dataset SPRU, University of Sussex, UK.

[23] Rosenberg N. (1979), Technological Interdependence in the American Economy. *Technol. Cult*, 20, 25-51.

[24] Arundel A. and Mintzes B. (2004), The Impact of Biotechnology on Health, Merit-Innogen Working Paper, Innogen, University of Edinburgh-Open University.

[25] Nature Editorial. (2003), Facing Our Demons. *Nat. Rev. Drug Discov*, 2, 87.

[26] Williams M. (2003), Target Validation. *Curr. Opin*, *Pharmacol*, 3, 571-577.

[27] Drews J. (2003), Strategic Trends in the Drug Industry, *Drug Discov*, *Today* 8, 411-420.

[28] Kubinyi H. (2003), Drug Research: Myths, Hype and Reality, *Nat. Rev. Drug Discov*, 2, 665-668.

[29] Triggle D. J. (2003), Medicines in the 21st Century or Pills, Politics, Potions, and Profits: Where is Public Policy? *Drug Dev. Res.* 59, 269-291.

[30] Lindpainter K. (2002), The impact of pharmacogenetics and pharmacogenomics on drug discovery, *Nat Rev Drug Discov*, 1, 463-469.

[31] Pratley N. (2003), "The Drugs Don't Work", *The Guardian*. 23rd November.

[32] Freeman C. and Louca F. (2002), *As Time Goes By: From the Industrial Revolution to the Information Revolution*, Oxford University Press.

[33] David P. (1990), The Dynamo and the Computer: An Historical Perspective on the Modern Productivity Paradox, *Am. Econ. Rev*, 80, 355-361.

[34] Benneworth P. (2003), Breaking the Mould: New Technology Sectors in An Old Industrial Region, *Int. J. Biotechnol*, 5, 249-268.

[35] Nightingale P. (2000), "Economies of Scale in Experimentation: Knowledge and Technology in Pharmaceutical R&D", *Ind. Corp. Change*, 9, 315-359.

[36] FDA (2004), *Innovation or Stagnation, Challenge and Opportunity on the Critical Path to New Medicinal Products*, U. S. Department of Health and Human Services, Food and Drug Administration.

[37] Charkravarti A. and Little P. (2003), Nature, Nurture and Human Disease, *Nature*, 421, 412-414.

[38] Lewontin R. (1993), *Biology as Ideology: The Doctrine of DNA*, Perennial, New York.

[39] Wilkinson R. (1997), *Unhealthy Societies: The Afflictions of Inequality*, Routledge.

第3章　塑造生物经济的途径及其多元化*

卡门·普瑞菲（Priefer C）[1]，朱妮娜·朱瑞生（Jörissen J）[1]，
奥利弗·福瑞欧（Frör O）[2]

摘要：鉴于化石燃料资源日益枯竭，“生物经济”的概念旨在逐步用可再生原料替代化石燃料。生物经济被视为一个全面的社会转型，是一个复杂的领域，其包括各部门、参与者和利益，并与当今生产系统的深远变化有关。虽然其所追求的目标——例如减少对化石燃料的依赖、缓解气候变化、确保全球粮食安全和增加生物资源的工业利用等通常是没有争议，但对于实现这些目标的可能途径存在争议。基于文献回顾，本文确定了当前话语中的主要冲突线。对流行概念的批评集中在对技术的过度关注、缺乏对替代实施途径的考虑、潜在可持续性要求的差异化不足和社会利益相关者参与不足等。由于现在无法预测哪条途径是最有利的，本文建议在塑造生物经济的方法、课题研究和利益相关者的参与方面追求多元化战略。

关键词：生物经济；实施途径；冲突线；可持续性标准

3.1　引言

生物经济也称为以生物为基础的经济（The Bio-based Economy）或以

---

* 本文英文原文发表于：Priefer C，Jörissen J，Frör O. Pathways to Shape the Bioeconomy［J］. Resources，2017，6（1）：1-23.

1. 德国卡尔斯鲁厄技术研究所。

2. 德国科布伦茨—兰道大学。

知识为基础的生物经济（The Knowledge-based Bioeconomy），其核心思想是用可再生的生物原料替代工业生产和能源供应中使用的不可再生化石燃料资源。这种替代应该为更可持续、生态效率更高的经济铺平道路，并有助于应对全球挑战，例如粮食安全、气候变化、资源稀缺和环境压力[1]。波罗的海地区、欧盟、经济合作与发展组织、西北欧国家（冰岛、格陵兰和法罗群岛）、澳大利亚、芬兰、法国、德国、日本、马来西亚、南非、西班牙、瑞典和美国已经制定了专门的生物经济战略（见表 3-1）。加拿大的不列颠哥伦比亚省、阿尔伯塔省、安大略省、法兰德斯省，德国的北莱茵—威斯特法伦州、巴登—符腾堡州，苏格兰和南澳大利亚等均有区域战略。对于土耳其、奥地利、爱尔兰和挪威，目前正在制定生物经济战略。德国生物经济委员会的一项研究确定了另外 37 个国家，这些国家制定了致力于生物经济某些方面的战略，例如生物能源、生物技术或绿色/蓝色经济[2]。

表 3-1　按时间顺序选择生物经济策略（按出现日期）

国家	策略	年份	机构
经合组织成员国	到 2030 年的生物经济——制定政策议程	2009	OCED
欧盟	创新促进可持续增长——欧洲的生物经济	2012	EC
荷兰	生物基经济框架备忘录	2012	荷兰内阁
瑞典	瑞典研究和创新——基于生物的经济战略	2012	Formas①
美国	国家生物经济蓝图	2012	白宫
俄罗斯	截至 2020 年“BIO 2020”俄罗斯联邦生物技术发展国家协调计划	2012	BioTECH 2030②
马来西亚	生物经济转型项目——富裕国家，保障未来	2013	Biotechcorp③
南非	生物经济战略	2013	DST④
德国	国家生物经济政策战略	2014	BMEL⑤
芬兰	生物经济的可持续增长——芬兰生物经济战略	2014	MEE⑥
西北欧国家	西北欧国家生物经济的未来机会	2014	Matis⑦
法国	法国的生物经济战略	2016	Alim'agri⑧

注：①Formas 是瑞典环境、农业科学和空间规划研究委员会；②BioTECH 2030 是俄罗斯生物产业和生物资源技术平台；③Biotechcorp 是马来西亚生物技术公司；④DST 是南非的科学技术部；⑤BMEL 是德国食品和农业部；⑥MEE 是芬兰就业和经济部与其他部门合作的缩写；⑦Matis 是冰岛政府在食品和生物技术领域拥有的研究机构；⑧Alim'agri 是法国农业、农业食品和林业部。

所有的生物经济策略都有自己的定义。狭义的解释是经合组织（OECD）的定义，将生物经济等同于生物技术："生物经济可以被理解为生物技术对经济产出有很大贡献的世界"[3]。相比之下，德国政策战略更全面[4]，将生物经济理解为一种全面的社会转型，涉及农业、林业、园艺、渔业、动植物育种、食品加工、木材、造纸、皮革、纺织、化工和制药等多个行业，以及部分能源行业。在新技术（如生物精炼厂）和先进的生物技术转化过程的帮助下，植物、动物、微生物和生物残留物应用于生产食品、饲料、材料、化学品和能源。人体在器官、血液、干细胞、卵细胞和胎儿组织方面的经济用途代表了对生物经济的另一种理解，这主要是哲学讨论的范畴[5-9]，对政治生物经济战略没有意义。农业和林业生物质被视为生物经济最重要的资源。相比之下，人们对动物的使用却只字未提，主要涉及以肉类为主的营养对生态的负面影响，或探索动物蛋白质的可能替代品。

有几个动机刺激各国促进生物经济的发展。主要驱动因素是化石燃料的有限性和原油价格将来变得更加昂贵的预期[10]。虽然有不同的可再生替代品可以满足未来的能源需求，例如风能、太阳能或水能，但生物质是在化学或材料应用中替代化石燃料的独特碳源[11]。用生物来源替代化石燃料将缓解全球变暖并帮助各国实现二氧化碳减排目标。使用清洁、资源高效的生物技术转化程序将避免经典石油化学造成的损害并减轻环境负担。向生物经济的转变也有望提高国内产业的国际竞争力，创造新的就业机会，并有助于乡村振兴[12,13]。为了获得技术领先地位，在科学、工业和政治之间建立网络以及跨学科合作被认为是至关重要的[14,15]。尽管生物经济意味着一个重大转变，它将改变当今的生产模式和产品线，对现行经济体系产生根本性的改变，甚至偏离增长范式，正如"去增长"或基于协作的经济等概念所预期的那样，它不属于生物经济战略的主题。

除上述促进生物经济的动机（这些动机或多或少与政治战略相关）外，不同的国家由于本国的特点或优势而设定了不同的优先事项。例如，鉴于制药公司在该地区的悠久传统和空间集中度，北莱茵—威斯特法伦州生物经济的立场文件强调了卫生部门作为关键行动领域的重要性[16]。加拿大地区由于其森林资源的巨大潜力而专注于林业部门[17,18]，而西北欧国家则推动了对海洋和海洋生态系统的利用[19]。

尽管人们对生物经济追求的目标达成了广泛共识，例如减少对化石燃料的依赖、增加对生物资源的工业使用、缓解气候变化以及确保粮食安全，但对于实现这些目标的不同途径存在争议。本文的目的是根据三个研究问题对现有文献进行调查：当前关于塑造生物经济的争论的关键问题是什么？对这些问题有不同的看法吗？哪些是共识点，哪些是主要争议点？本文主要代表欧洲的争论。由于欧洲高度依赖进口化石燃料，但可以利用广泛的技术方法和生物质利用专有技术，因此为实现原材料供应的自主权，生物经济的概念似乎非常有前途。然而，国内生物质潜力相当有限，这引发了关于如何塑造生物经济的各种问题。

3.2　研究方法

为了深入分析当前生物经济的有关论述，本文进行了较全面的文献梳理，主要基于对科学论文的调查，同时辅以政治策略和民间社会组织的意见书。通过扫描 Scopus 和科学网的数据库，寻找同行评议文献，确定了要纳入分析的相关文章。该搜索基于生物经济（Bioeconomy）一词的不同用法（如基于生物的经济、基于知识的生物经济），以及英文和德文中由连字符（如 Bio-economy、Bioeconomy）创建的不同拼写，并且都与文章标题、摘要和关键词中的术语有关。如果搜索结果的数量太多，不允许筛选摘要，则使用流行语组合来缩小结果范围。流行语的选择基于对相关文献进行初步审查时确定的一系列术语，例如生物质、生物能源、生物技术、生命科学、农业、创新、技术、治理、政策和可持续发展。为了不过早地排除文章，本文没有对时间跨度或研究领域设置限制。纯技术性质的论文随后被手动排除在外。根据摘要做初步筛选，共发现 220 篇有关文章，包括社论和会议记录。以此作为基础，在研究过程中选择了 65 份进行进一步分析，这些论文大部分发表于 2011~2015 年。

除了科学文献外，本文还收集了国际一级的政治战略和民间社会组织的报告，以便深入了解社会性话语。为此，进行了网络搜索，并使用了综述和相关报告中所含的参考文献。在调查期间发现，除了关于生物经济的即时争论之外，还有许多其他与生物经济相关的论述，例如可持续土地利用、农业技术发展、饮食趋势、可持续消费和循环经济。因此，关于这些主题的文献被包括在内。这并没有遵循文献计量方法，而是主要基于作者之前的研究。根据主要讨论内容，建立了专题组（如生物质供应途径、对自然的看法、可持续消费、参与）。根据这些类别对相关文献进行分析，确定不同的立场，并将文章的陈述分配到特定的论证行。每个主题都聚集了共识点和相反的观点。图 3-1 说明了研究框架的单个步骤，它也定义了论文的结构。

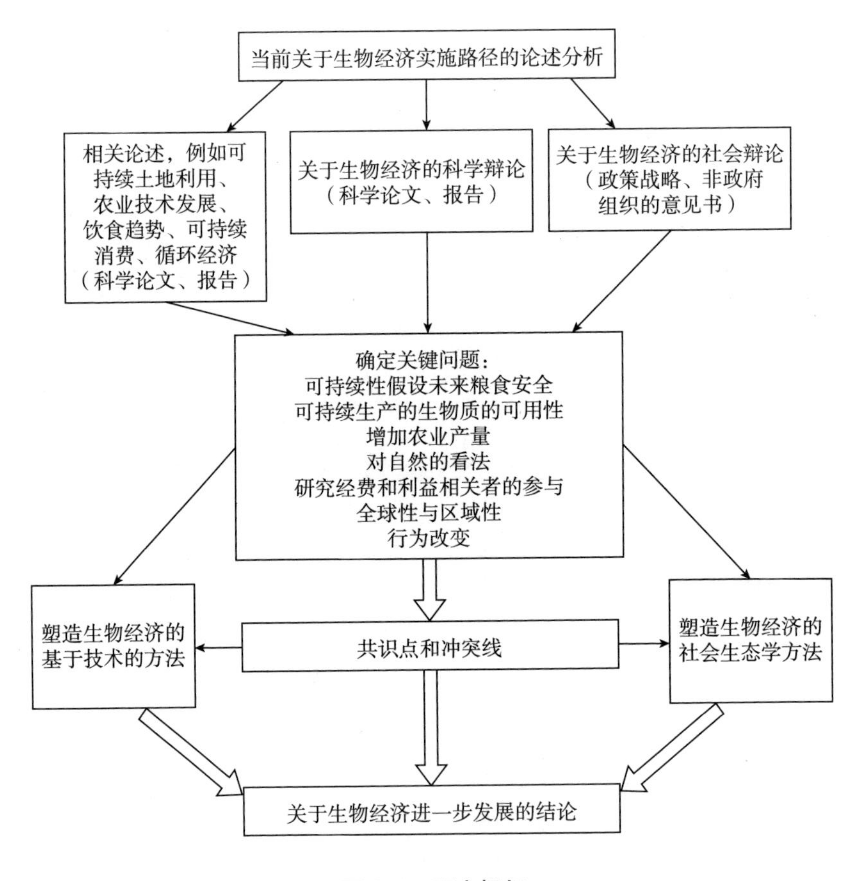

图 3-1 研究框架

3.3 关于生物经济设计的主要争议

现有研究对生物经济的概念化提出了相当多的批评，至少是对主要政治议程的批评，这可以归因于不同的主题。以下内容将介绍当前话语的关

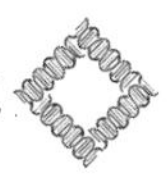

键问题。

3.3.1　对可持续性假设的理解

无可争议的是，生物经济应该为更可持续的未来做出贡献，但目前人们对可持续性一词的理解不同且可持续性要求通常没有明确规定。现有研究所采取的立场大致有三组：①认为可持续性是生物经济的隐含结果的立场；②认为生物经济只有在满足某些先决条件的情况下才能促进可持续性；③认为可能产生有利影响，但不利影响可能更多（基于Pfau等（2014），他们定义了四类[20]）。具体如下：

第一组作者认为可持续性是向生物经济过渡的准自动结果，他们的信念是基于用可再生资源替代不可再生资源。因此，生物经济遵循Daly在1990年确立的核心原则之一[21]，其作为环境可持续性的五项管理规则之一。使用生物原料将缓解气候变化，植物在生长过程中会从大气中吸收二氧化碳。因此，生物经济被视为气候中性，它使用对环境友好的生物技术转换程序，通过减少对化石燃料的依赖来提供更大的能源安全，并有助于创造就业机会和经济发展[22-26]。

第二组作者原则上欢迎生产基地的结构改造，但认为只有满足某些先决条件，这种变化才会带来更可持续的未来[27-30]。近年来，已经制定了许多可持续生物经济的标准和指标[28,31,32]。这些标准中的大多数都与生物质生产和供应的阶段有关，并且是基于关于可持续农业标准的长期讨论。在多方利益相关者倡议中，大家为特定类型的原料制定了不同的原则、标准和指标，例如可持续棕榈油圆桌会议（RSPO）、负责任大豆圆桌会议（RTRS）、Bonsucre（用于甘蔗）平台和生物材料圆桌会议的标准，以便为认证计划提供基础[11]。然而，仍然缺少一套国际公认的可持续生物经济标准。

第三组作者对生物经济持相当消极的态度。尽管他们不否认预期的转变也可能对可持续发展产生积极影响，但他们认为对环境和社会的负面影响将占上风。最严重的反对意见之一是如果优先考虑粮食安全、环境资本维持和生态系统服务，可用的生物质将不足以满足这些需求。因此，他们预计粮食生产和能源种植之间的土地使用竞争将会加剧，水和磷等资源的稀缺将会更加严重，原始森林、物种丰富的草地或湿地将继续转化为农业用地，生物多样性的丧失将会增加，这种发展将不利于发展中国家的当地土著和农民[33-37]。

自2009年以来，欧盟可再生能源指令（2009/28/EC）[38]和欧盟燃料质量指令（2009/30/EC）[39]都包含转化为生物燃料和其他生物液体的生物质原料的强制性生态可持续性标准。这些规定要求，与化石燃料参考相比，使用生物燃料和生物液体所产生的温室气体减排量必须至少减少35%，2017年必须减少50%，2018年达到60%。此外，无论在欧洲以内或之外，碳储量高的土地（如湿地、泥炭地）或生物多样性高的地区（如原始森林、自然保护区和物种丰富的草原）不得用于种植生物质原料。而关于固态和气态生物质原料，只有欧盟委员会制定的建议，这些建议由欧盟成员国自愿采纳[40]。

必须强调的是，标准的选择和遵守对可持续生产的生物质潜力具有重大影响。欧盟标准与生物燃料有助于减少温室气体和避免直接土地利用变化的潜力有关。进一步纳入更严格的标准将显著降低可用的生物质潜力，Elbersen等通过两种场景说明了这种相互关系[29]。参考情景基于欧盟当前的法律框架，与化石燃料参考相比，温室气体排放量减少50%，无法在生物多样性高或碳含量高的土壤上种植生物质。可持续性情景应用了70%的显著更高的温室气体减排率，并将这一要求扩大到包括间接土地利用变化的排放。此外，对生物多样性高或碳储量高的土地的使用条件更加严格，例如禁止在休耕地和粗放管理的农田上种植能源作物。此外，可持续性标准由适用于生物燃料和生物液体扩展到用于产生热量和电力的固体和气体生物能源。在此基础上，该研究估计了欧洲每种情景的可用生物质潜力。结果表明可持续发展情景中的可用生物质潜力比参考情景低32%。

3.3.2 未来粮食安全的作用

有一个广泛但并不总是明确表达的共识是全球粮食安全，特别是为不断增长的世界人口提供充足、营养、健康和安全的粮食，必须优先于利用生物质的所有其他途径。以可用性、可获得性和使用性为标准衡量的粮食安全，不仅必须为当代所有人提供保障，也必须为子孙后代提供保障。这意味着实现未来粮食安全的社会、经济和环境先决条件不应受到当今经济的影响[41]。据英国可持续发展委员会（SDC），可持续的粮食系统应尊重地球资源的限制，并应对各种类型的环境影响，如温室气体排放、气候变化、生物多样性缺失、水资源短缺、土地使用竞争和浪费，以及粮食依赖

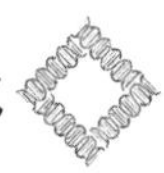

的其他生产性资产。它应该通过预防与食品相关的疾病来促进人类健康，并体现公平和动物福利等社会价值观[42]。“食品优先”原则限制了生物经济的运行空间，具有深远的影响。

在未来几十年中，食品供应将面临越来越大的压力，既有来自全球人口增长、日益繁荣、城市化进程和饮食模式变化（乳制品和肉制品消费增加）的需求方面的压力[43-45]，也有来自气候变化和稀缺投入品竞争加剧的供给方面的压力。在这种背景下，一些作者得出结论，最好和最高产的土壤必须保留用于粮食生产。然而，由于能源植物，尤其是用于生产第一代生物燃料（玉米、油菜、大豆、甘蔗、太阳能）的能源植物只能在良好品质的土壤中生长，这涉及土地利用的冲突、间接土地利用变化的风险以及淡水资源的竞争[46,47]。第二代原料不会对土壤质量提出如此严格的要求，但会极大地限制粮食作物生产用水的供应。例如，巨芒草的水足迹是玉米或甘蔗的两倍，但比大豆少[36,48]。也有人质疑种植非粮食作物是避免土地使用冲突的适当方式。相反，Carus 和 Dammer（2013）主张种植更多的粮食作物，这些作物根据可持续农业标准种植，每公顷产量高，其成分可以使用现有技术有效地转化为生物产品；在粮食短缺的情况下，这些作物也可以用于补充营养[49]。

有人认为不适合种植粮食的土地，即闲置、休耕、边缘、退化或废弃的土地，应主要用于生产能源作物[37,50]。边缘土壤的特点通常是地球物理限制（土壤质量不足、侵蚀风险高、供水不可靠）和社会经济赤字（劳动力稀缺、土地保有权不确定、架构体系有限、市场准入差）的结合。尽管边缘土地的粮食种植价值很低，但它往往表现出较高的生物多样性，特别是在集约化耕作地区能提供重要的生态系统服务，包括土壤形成、碳固存、养分循环、遗传多样性、病虫害、杂草抑制、化学解毒、水储存、地下水过滤与净化、洪水控制、微气候调节和野生动物避难所[36,44,51,52]。将这些栖息地转化为单一作物来生产生物质将削弱它们提供上述服务的能力。如果要保持这种能力，则需要生物质种植的其他无害环境耕作方法来生产生物质，例如低投入、高多样性培育[36,47]。

避免土地使用冲突的另一种选择是使用残留和废料，例如粮食作物的非食用部分、木材和森林残留物、农副产品以及生物基因的市政或工业废弃物[20,53]。然而，应该指出的是目前大多数生物残留物和废物流已经被使用，那些尚未使用的量可能比通常认为的要少得多[27,54]。这意味着，如果不引发其他冲突，“食物优先”原则将不容易实现。目前的争论还没有充分考虑到这一事实。相反，生物经济的普遍议程表明，所有目标都可以同时实现。

3.3.3 可持续生产生物质的可得性

另一个重要且有争议的问题是可持续生产的生物质可达到的潜力是否或在多大程度上足以替代全球对化石燃料的需求。目前，仍然缺乏关于可得到的生物原料数量、空间分布以及随着时间变化的可得性的可靠信息。近年来，有学者已经开展了大量研究来估计全球可用于能源和材料用途的生物质供应[55-57]。然而，由于使用了不同的计算方法和各种各样的基本假设，研究得出的结果大相径庭，在全球范围内从平均每年不到 50 到几百 EJ①[58]。

多位作者回顾了现有的生物质潜力研究中的分析步骤和假设[54,59-61]。他们确定了对结果有重大影响的几个关键因素，例如农业生产的未来生产力、水资源限制、计算中包含的退化和边缘土地数量、自然保护和生物多样性要求、人口增长和粮食需求、对饮食趋势的期望，以及开发替代蛋白质来源以转移人们从动物产品中的消费。关键因素还包括农产品价格、生物质生产成本、生产国的政治稳定性、生物残留物和废物的可得性以及竞争用途[54,59,61]。Dornburg 等（2010）很好地说明了关于这些因素的不同假设的影响[54]。

根据一些研究，即使只使用粮食生产不需要的土地来种植生物质，可用的生物质潜力也足以满足全球总能源需求或至少满足其中很大一部分[54]。然而，其他最近的研究得出的数值更低[62]。基于这一事实，Lewandowski（2015）认为可用的生物质潜力经常被高估，因为社会、技术和经济限制，例如收获后损失、供应链不足、缺乏基础设施或市场准入不畅[11]。许多作者会采用自上而下的方法，从最大的理论生物质潜力开始，并假设理想的生产条件，如集约化作物管理和高生物质产量。为了更真实地了解可用资源，Lewandowski 主张采用自下而上的方法，将所有限制因素都考虑在内。人们普遍认为，关于可达到的生物质潜力的可靠信息是塑造

① EJ 表示物理中的一种计量单位，1EJ = 10 的 18 次方 J（焦耳）。

生物经济的必要先决条件。因此，不同的作者呼吁就方法标准化达成具有约束力的国际协议，至少涵盖一些最低要求，例如假设的透明度、数据收集的规范性以及现有数据的定期更新[54,56,58,60,63]。

目前，全球能源需求总量约为550 EJ/年[58]，由于非经合组织国家的经济增长，预计2013~2040年全球能源需求将增长近1/3[64]。全球能源供应仍以化石燃料为基础，每年约占500 EJ，而生物量约占50 EJ[65]。在这种背景下，用生物替代品完全替代化石燃料的可能性似乎令人怀疑，特别是如果粮食安全得到优先考虑，必须满足严格的可持续性标准的情况下。即使存在一些未开发的潜力，主要是在非洲、亚洲和南美洲[61,62]，生物质仍然是一种稀缺资源，不同的利用方案应谨慎地平衡。将生物原材料直接用于最适合社会的用途，以避免分配不当，这符合公众利益[28]。

以技术为基础的方法塑造生物经济的倡导者和替代路线的支持者都呼吁材料的再利用、再循环以及废物流的使用。然而，其观点却大相径庭。基于技术的方法的支持者认为，从长远来看，技术进步和生物质利用效率的提高将解决资源稀缺的问题，而无须改变当前的生产模式。相比之下，替代路线的支持者支持体现级联方式的循环经济。这种方法将大大减少对新资源的需求，但需要对产品设计进行根本性的改变，包括产品整个生命周期。级联是指首先将生物质添加到具有最高社会价值（可能与最高经济价值一致）的生产中，然后按降序添加到次优选项中，以此类推，直到其在生命周期的最后阶段“因燃烧而损失”[23,28,58,66,67]。除了积极的气候影响外，这一原则的实施还将增加生物资源的总可用性，因为每一单位的原材料可能会被使用几次。这一概念与对耐用材料商品的需求有关，而耐用材料商品又要求产品设计考虑到维修、更换部件和重新使用原材料的可能性。维修、升级、再利用和再制造的周期越多，产品的生态足迹越低。同时，每个周期的周期越长，创造新产品所需的资源就越少[28]。

鉴于生物原料的稀缺性，欧盟目前的做法是将相当大一部分生物质用于能源，这主要是由可再生能源指令的2020年生物能源目标和基于这些目标的国家目标推动的，如今人们对这一做法持相当批判性的看法。许多专家一致认为，决策者应该优先考虑生物质的物质使用，而不是创造框架条件以增加对生物质的总体需求、鼓励物质和能源使用之间的原料竞争[14,27,58,67]。德国生物经济委员会还主张修订欧盟和国家层面的生物能源资助计划，尤其是因为其他可再生能源（风能、太阳能、水力）具有更高的长期潜力和更低的风险。理事会认为，生物能源的财政激励阻碍了生物量的最有效利用，并削弱了食品和生物工业商品的竞争力[68]。

一些专家认为，欧盟的废物等级制度，将预防废物放在首位、将焚烧作为最后的选择，已经保证了级联原则的实施。然而，这种解读忽略了这样一个事实，即废物等级仅在产品成为废物时才起作用，而不是之前。这造成了一种矛盾的情况，即当前的激励措施不是制造生物质产品，而是直接将生物质用于能源用途。只有当生物质转化为达到其生命周期终点的生物产品时，燃烧才会成为最不理想的选择[28,66]。除了当前的欧洲框架条件外，还有许多其他障碍阻碍了级联方法的实施。这包括物流和财务限制、再生产品的技术质量较低、使用二次材料缺乏经济激励、维修产品和二手产品的基础设施不足，以及消费者缺乏关于资源稀缺的信息和意识[28,66,67]。

3.3.4 增加农业产量的途径

鉴于预计到2050年全球人口将增长到93亿、消费模式向高热量饮食转变以及对生物原料的需求增加，农业生产力需要提高。自20世纪60年代初以来，农业科学的进步、育种的成功、合成肥料与杀虫剂的使用、灌溉以及新技术的使用使全世界的生产力有了显著提高。然而，这种繁荣伴随着资源的高消耗和温室气体排放、土壤和地下水污染、淡水稀缺和生物多样性丧失方面的严重环境影响。考虑到其不利影响，继续流行的工业集约农业模式是否仍然可以被接受和有用变得越来越令人怀疑[69]。然而，为了满足不断增长的需求和确保粮食安全，需要增长多少和什么样的增长的问题仍然存在争议。

在不危及最后剩余的自然栖息地及其提供的生态系统服务的情况下，通过扩大耕地面积来增加农业产量通常被认为是不可能的[43,70,71]。相反，由于全球环境变化，包括气候变化、荒漠化、土地退化、水资源短缺、生物多样性下降以及土地用于定居和运输的扩大，预计现有肥沃土壤的面积将在未来几十年内缩小[43,72]。为了实现农业产量必要的增加，许多专家提倡对农业生态系统进行新的不同管理。这包括减少有害的外部投入、促进养分循环、优化能量流动、使用害虫控制的自然机制，从而建立提高系统弹性和保持其长期生产力的结构[44,51,69,73]。

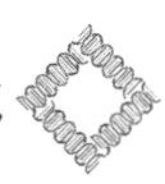

这种新管理的一个重要工具是可持续集约化的概念，这意味着在最大限度地减少环境破坏和保持土壤肥力的同时获得更高的每公顷产量[71,74]。根据相关文献，可持续集约化并不意味着所有农业区域的产量都将无限制地增加。在某些地区，为了保持其提供生态系统服务的能力，最好不增加产量，将有价值的栖息地或非生产性农田完全从耕种中移除[43]。如果产量已经远高于其可持续性阈值（许多欧洲种植区就是这种情况），一些专家甚至建议采取可持续扩展战略，这可能意味着在恢复与农业生态系统承载能力平衡之前降低产量[28,70,75]。

在皇家学会看来，可持续集约化的概念包括所有农业和农业技术，这些技术服务于提高产量和改善环境绩效的双重目标；任何技术都不应该因为意识形态的原因而被排除在外[71]。同时，出现了两种相反的可持续集约化途径：高科技战略和农业生态战略[76]。高科技战略的重点是提高外部投入的效率，植物育种和基因工程领域的科学进步，农民更快地采用新的农业技术以及消除贸易壁垒。提高外部投入效率的一个突出方法是精准农业。这是一个新的作物生产管理系统，致力于特定的地点和水果的灌溉、种子、肥料、除草剂和杀虫剂的应用。其目的是在适当的时间、在适当的地点进行适当的处理，同时考虑当地土壤和作物的变化[77]。精准农业部分得到了数字技术的支持，如基于卫星的应用系统、地理信息系统、产量测绘、传感器技术、GPS导航、遥感和农民计算机辅助决策支持系统。

此外，基因工程在可持续集约化的高科技战略中也起着重要作用。应修改植物的遗传密码以提高其在不利条件下的生产力，例如疾病、害虫、干旱、盐碱或贫瘠土壤等情况，或满足新的要求，例如优化营养成分。这一战略认为，转基因作物的种植通过减少机械耕作和农药使用的需求来保护环境、提高产量，并允许生态高效的农业，从而能够确保全球粮食安全[46,73]。基因工程的批评者担心由于基因优化植物（新型作物）的某些特征（如减少栖息地偏好和害虫抗性）而导致的环境风险[37,78-81]，其主要风险在于转基因植物可能入侵和渗入自然生态系统、人类和动物摄入有毒物质、对成分的过敏反应或引入新的害虫等。

相比之下，通往可持续集约化的农业生态道路努力克服工业密集型农业，这使农民依赖外部投入，忽视了他们的隐性知识，并将消费者与生产分离。农业生态战略的重点是封闭循环、利用农民关于植物物种及其管理的知识、更短的供应链、生产和消费的重新定位以及通过认证创建产品身份。能源、无机肥料、农药和灌溉等外部投入应该被农业实践中的支持性生态系统服务所取代。这包括调节过程，如养分循环、保水、固氮（如通过种植豆类）、土壤再生、作物授粉、生态害虫、杂草和病害调节[51,76]。这些自然过程得到了农业技术的支持，如减少耕作、使用绿肥、覆盖种植、多种作物轮作（包括多年生牧草和豆科作物）、间作、混作和农林系统[44,51,82-84]。树篱和河岸缓冲带应防止雨水快速径流和土壤侵蚀。通过使用特定于景观的天敌品种来避免使用合成农药来控制生物虫害，这些天敌的存在受到多种作物轮作和间作等农业技术的帮助[51]。生物杂草控制将用天然植物成分取代化学除草剂的应用，其也能够抑制杂草的发芽和生长[84]，而不再使用基因工程技术。

关于发展生态农业种植的一个反对意见是其每公顷的产量往往低于传统农业的产量。为了确保粮食安全，将需要更多的可耕地，这反过来将导致自然栖息地的丢失。各种比较研究表明，确实存在产量差异，但它们是高度关联的，很难一概而论。根据经验，我们可以假设农业生态种植的产量可能比工业化国家高性能农业产量低 15%~20%，而与发展中国家当地普遍存在的低投入系统的产量相比，则可能高 10%~80%[44,69,77,85]。有大量证据表明，在发展中国家资源贫乏的农村环境中，通过在共同发展的参与过程中应用农业生态方法，并同时建立自然、人力和社会资本，可以显著改善小农户的粮食安全和生活条件[69]。然而，就全球三大主食（大米、小麦和玉米）而言，不能完全排除产量下降的可能性。这就是为什么农业生态战略的大多数支持者主张采取相应的政治措施，例如减少食物浪费、改变营养模式、减少动物产品的消费[43,51,69]。

应该指出的是，两条通往可持续集约化道路的干预程度是不同的。虽然高科技战略或多或少可以被视为对传统集约化农业的修正和完善，但农业生态战略意味着对现行模式的根本转变，以及向以知识为基础、对场地敏感的农业的转变。其中，来自科学研究的见解和当地农民的隐性知识发挥着同样重要的作用。鉴于现有欧洲农业系统的多样性，欧洲农业生产力和可持续性伙伴关系的战略实施计划呼吁根据各地自身条件融合这两种途径进行发展[86]。

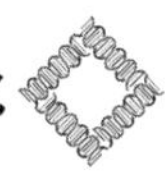

3.3.5　自然观

与生物经济的本义相比，目前流行的对其的理解发生了重大变化。Nicholas Georgescu-Roegen 被认为是生物经济的先驱，他在 1971 年的著作《熵定律和经济过程》[87] 中呼吁建立一种与地球生物物理极限兼容的新经济模型。在他的概念中，自然一方面被视为经济活动的限制因素，另一方面被视为改善经济系统功能的典范[87]。这种对“经济生态化”的早期理解已被当前的生物经济学家推翻[88]。与其使工业材料流适应自然代谢循环，不如操纵和优化自然以适应经济目的。批评者将当今的生物经济视为“生态经济化”“新自然自由化”或“生物资本主义”[5,35,76,89-91]。

对自然的技术观点暗示了这样一种假设，即自然生态系统可以被人类人工制品部分取代甚至完全取代。这一立场的支持者支持在受控技术条件下生产生物质的方法。这包括在高层建筑中进行室内作物生产（垂直种植）或在生物反应器中进行藻类的现场独立繁殖。其他重要技术包括合成生物学，它追求在实验室中开发具有新特性的生物系统[92]，以及通过干预生物体的代谢来生产所需化合物的代谢工程[93,94]。对于这些方法，细胞工厂或微生物工厂的隐喻已经建立[95]。其中一些技术仍然依赖于自然界原材料，如木质纤维素和含糖植物，而另一些技术则致力于完全替代自然材料。资源稀缺被视为资源生产力不足的结果，而不是生物圈固有的局限性结果。相应地，生态系统的生产力应该通过生物技术来提高。这种方法的支持者强调，技术选择将增加生物原料的可用性、减少对外部投入的需求并降低环境负担。可能的应用领域包括转基因奶牛、增加牛奶蛋白质含量、提高植物对水分的需求和土壤污染的耐受性，或者增强养鱼场中的鱼类对疾病的抵抗力[95]。

相比之下，经济生态化的支持者则倾向于遵循自然代谢周期循环使用资源。人类经济应该融入自然的系统性相互关系中。其原则是节约和负责任地使用稀缺的生物原料、防止浪费，以及在后续级联中重新使用原材料（见 3.3 节）。Gottwald 认为，保护尽可能多的动植物物种的自然生活条件将满足人类的基本需求和经济利益[37]。生物多样性和文化多样性被认为是现代社会生存能力和后代生计保障的关键因素。传统生物质种植方法的支持者进一步强调了农业的社会价值以及提供多种环境和社会文化服务，这是在与自然隔离的情况下新生物技术方法无法提供的[37]。

3.3.6 研究资助和利益相关者参与的优先顺序设定

人们普遍认为，研究经费是刺激生物经济的重要工具，但关于应该促进哪些研究领域和何种知识类型的讨论存在很大争议。主导地位的政治议程建立在生命科学的进步之上，以确保有效利用生物质并生产高附加值的以生物为基础的产品[96]。政治议程的主要目标是通过将政策、科学、产业、全球价值链的紧密结合，提高竞争力和授予国际专利[97]。公私伙伴关系和技术集群的创建被高度重视。批评者抱怨道，生物经济最初的各种可能实施途径从一开始就仅限于技术解决方案，包括基因工程和合成生物学等社会激烈竞争的技术[98]。根据批评者的说法，流行的愿景仅代表某些个体利益，而不是整个社会，并且从一开始就排除了替代途径[76,99,100]。虽然资金主要集中在生命科学领域，但很少关注其他研究领域，例如生态农业、边缘地区替代作物的育种或社会创新[14,35]。在发展中国家小农农业方面，Grefe 呼吁对创新有广泛的了解。在她看来，即使在农民农村环境中，创新也在发生（如相互学习、联合营销活动），重点是保护本地植物物种和传统种植方法[88]。这包括各种适合当地的解决方案，其发展和传播很大程度上取决于社会互动。社会创新也被认为在促进可持续消费模式方面发挥了关键作用[101,102]。社会科学通常被认为在生物经济研究中的代表性不足，并且声称需要更多的跨学科研究[103-105]。

研究资金优先顺序的设定与什么样的利益相关者应该参与塑造生物经济的问题密切相关。占主导地位的政治议程强调了加强政策、科学和产业之间合作的重要性。但批评人士认为社会团体和公众的参与不够充分，缺乏系统性[1,34]。尽管德国的研究战略指出“与公众对话”很重要[97]，但如何以及为了什么目的进行对话的问题仍然没有解决。人们认为这种对话将有助于让人们接受已经确定的优先事项，而不是实现真正的民主参与和积极参与塑造生物经济[106,107]。德国的战略和其他许多战略一样，纯粹是一项政府倡议，缺少议会控制和干预[108]。

权力的平等分配和“生物经济民主”的建立被视为社会向生物经济全面过渡的关键成功因素[88]。重要的是要明确社会想要促进何种实施途径，是否应该将努力集中在特定的研究领域或是否应该鼓励不同的研究主题，针对具体问题，哪些利益相关者应该参与决策过程。根据 McCormick 的说法，应结合消费者信息，告知以生物为基础的产品优势以及公民和民间社

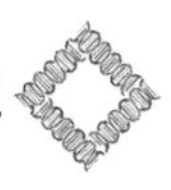

会组织参与实施过程的可能性[109]。要实现成功参与的建议包括，创造透明度和平等的知识水平、在利益相关者之间建立信任、批判性地反映对立立场的意愿以及对早期冲突的管理[34,110]。然而，到目前为止，这些方法还没有在生物经济的背景下实施。

3.3.7　全球性与区域性

涉及生物经济的空间视角的争论之一是其属于区域性的还是全球性的问题。从全球视角来看，全球性是目前大多数政治生物经济战略的主要方向。工业化国家一方面声称技术领先，并将其他国家视为原料供应商；另一方面，将生产以生物为基础的产品和开发技术视为市场[3,22,97]。由于可以在德国和欧洲调动的国内生物质潜力不足以满足需求，工业参与者从国外进口廉价生物质[111,112]。满足欧盟消费需求的65%的农田位于世界其他地区，主要是亚洲，包括中国、印度尼西亚和泰国[113]。可以预见，工业化国家对生物质的需求增加将使外国公司在发展中国家取得土地的进程继续下去（所谓的土地掠夺）。过去的经验表明，这种做法可能会产生负面的环境影响和社会后果，主要是对土地使用权不确定的自给农民造成影响。研究进一步表明，与已建立小农结构的国家相比，相关国家的人力资本和民主制度的发展滞后[114]。人们普遍认为，如果满足某些先决条件，无论是私人组织还是公共组织进行的土地投资，都可以对当地人口的经济和社会状况产生积极影响。因此，许多作者呼吁为生物质生产制定一个强制性的、全球有效的可持续性认证程序，将生态、经济和社会方面考虑在内[14,32]。此外，还有人认为有必要采取措施改善小农的状况，例如能力提升、为其产品开放市场以及建立正式的土地使用权制度。

相比之下，区域视角依赖于特定地点的解决方案，具有大部分封闭循环的灵活区域网络、区域性食品和可再生能源供应以及自给自足方向[35]。这一理念基于这样一个论点，即创新总是包含主要区域层面的社会和文化的成分。区域容纳了大量的科学家、公司和赞助商，较短的距离促进了交流结构的建立[14,115]。每个地区都有可以激发特定创新潜力的特定优势，例如硅谷跨区域安排——South Holland 生物三角洲，Zeeland、Zuid-Holland 和 Brabant 地区共同促进生物经济发展[109,115]。除了有利的合作条件外，生物质的整体利用、循环利用结构和废物回收也可以在区域范围内更容易地进行优化，这反过来又会减少对原材料的需求。此外，在区域层面比在全球层面能更好地制定和监测生物经济的目标[109]。

芬兰的战略力求中间路线，并引入了术语“全球解决方案”，这意味着地方和全球层面需要相互联系[116]。Kircher 强调，区域层面也有局限性，全球层面对于促进特定领域的创新集群之间的交流非常重要，例如德国的工业生物技术或马来西亚的棕榈油行业等[115]。在他看来，只有与其他国家集群共享知识，才能加速生物经济的发展。

全球性和区域性之间的紧张关系也反映在是否应该追求大型或小型设施以及集中式或分散式解决方案的问题上。根据普遍的观点，生物精炼厂作为生物经济的一个典型例子，应该被规划为每年产生数百万吨生物质的大型设施，以便从规模经济中受益[58]。这种规模的工厂只能在几个地点经济地运行，能将生物质（与化石燃料相比能量含量相当低的原料）的运输成本保持在合理的范围内。这包括可以从国外进口廉价生物质的大型港口（如汉堡、鹿特丹和安特卫普）或具有很大未开发生物质潜力的地区，例如俄罗斯、芬兰或瑞典。一些作者提倡分散、小型和专业化的生物精炼厂，而不是大规模技术，这些生物精炼厂适合各自的区域生物质供应并生产高价值产品，例如精细化学品[24,27,58]。如果原材料在当地加工，附加值将保留在该地区，运输成本将降至最低，并在农村地区创造新的就业机会。

3.3.8 行为改变的作用

当前推进生物经济的尝试集中在提高生物质生产和使用的效率上，而消费者行为的变化几乎不重要。只有少数国家战略（如德国[4] 和瑞典[117] ）将可持续消费作为转型过程的有关部分。批评者认为，在普遍的基于技术的理解中，生物经济将加剧资源的过度消耗，并与替代增长范式完全相反[90,118]。在他们看来，社会向生物经济的转型只有在包括消费者行为变化的情况下才能为全球提供可持续的解决方案[90,100]。

行为改变对节约和负责任地处理货物以及防止浪费的重要性可以通过营养的例子来说明。据估计，全球约有 1/3 的人类营养食品流失，每年约 13 亿吨[119]。因此，减少食物浪费对于满足未来的食物需求与提高农业产量同样重要[43,51,69,120]。在低收入国家，由于收获和储存技术有限，粮食主要在供应链的早期阶段流失，而在工业化国家，粮食主要在消费阶段流失。按人均计算，工业化国家浪费的粮食比发展中国家多得多。避免食物

浪费将在土地、水、能源和劳动力方面节省大量资源。根据 Noleppa 和 Von Witzke 的计算，将德国不必要的食物垃圾减半，可以节省 1.2 万平方千米的耕地[121]。腾出的农田可用于其他用途，例如以物质或能源为目的种植生物质。作为节约资源的有力补充，有效地处理食品将减少农业排放。

消费行为对生物质可得性的重要性的一个例子是饮食模式的变化。由于发展中国家日益繁荣，到 21 世纪中叶，动物性产品的人均热量摄入量将增加 40%[122]。肉类和奶制品的生产比谷物食品的生产需要更多的资源[123,124]。畜牧业占全球耕地的 70%，占全球土地的 30%。它产生占 18% 全球温室气体排放（以 CO_2 当量测算），以及 37% 的人造甲烷和 65% 的 N_2O 排放。受保护栖息地，如雨林、湿地、农田和牧场的不断扩张是生物多样性丧失的重要因素[125]。每千克温室气体排放量最高的是由肉制品引起的，其中以牛肉制品最为严重[119,126,127]。鉴于人口的快速增长，消费者发展可持续饮食模式能减少肉类摄入量和避免食物浪费，这被认为对未来的粮食安全[128] 和保护生物经济的资源基础至关重要。

由于对资源的高需求，营养部门尤为重要。然而，面对生物资源和化石资源的有限可得性，可持续消费习惯的呼吁适用于所有物质商品。近年来，在出行、服装、住房和休闲领域已经开发出许多替代性消费和所有权模式，以产品的使用取代产品的所有权[129]。这些方法包括延长产品的生命周期（如通过维修、升级或作为二手商品重复使用）、有时间限制的使用期限（如出租或租赁）和协作使用（如网络用于共享和交换）[130]。这些发展的范围从商业应用（如食物共享网络）到汽车共享等概念，并已经进入大众市场。尽管这些方案的市场潜力和接受度尚未得到充分调查，可能的反弹效应尚未完全阐明，但预计对减少资源需求会做出贡献。

3.3.9　讨论

评估在前文中讨论的关键问题上采取的对比立场，形成生物经济的两种不同途径：基于技术的方法（目前流行的方法）和社会生态方法（见表 3-2，类似的差别可见［96，105］）。

以技术为基础的方法建立在生命科学的进步和生物技术的支持上。政策、科学和产业之间的牢固伙伴关系、促进国际合作、建立全球价值链和授予专利都能够提高国际竞争力，促进经济增长和就业。技术进步和生物

表 3-2 生物经济不同实施途径概述

要素	基于技术的方法	社会生态方法
对可持续发展的理解	可持续性是生物经济的一个隐性结果	如果某些先决条件得到满足，生物经济将有助于可持续发展
生物质生产	在传统集约农业框架内增加产量；从长远来看，农业生产脱离土地和增加实验室的生物质产量	向多功能、分散式、农业生态农业过渡
对自然的看法	使自然适应工业过程和循环	工业物质流动适应自然循环
资源利用率	由于新的转化技术而提高了资源效率（降低了每单位产品的原材料投入）	推行循环经济，减少资源需求
消费者行为	技术将弥补资源缺口，延续今天的消费模式	自给自足和可持续消费
创新	技术领先、知识产权（如专利）和跨国公司	促进社会创新，利用不同利益相关者的当地经验和农民的隐性知识
空间层次	促进国际合作，构建全球价值链，通过创新输出增强国际竞争力	加强农村地区联系，建立区域价值链，在食品和能源供应方面实行专制，将当地利益相关者联系起来
技术解决方案的规模	推广中央大规模解决方案，从规模经济中获益	推广适合区域特定生物量供应的小规模解决方案
参与	在政策、科学和工业之间建立强有力的伙伴关系	民间社会参与形成和推进生物经济
研究经费	增加对生命科学领域的支持，将其作为促进生物经济的关键技术	广泛的研究，涉及自然科学和社会科学，跨学科及其方法

质利用效率的提高有望解决资源短缺问题，因此没有必要改变现行消费模式。由于使用了可再生生物原料和对环境友好的生物技术转化过程，生物经济被认为具有内在的可持续性。因此，不需要进一步的可持续性要求。为满足对生物质的需求，必须通过提高外部投入效率、加快植物育种和基因工程领域的科学进步、加快农民采用新的农业技术进程、取消贸易来提高集约化农业的产量。除了提高传统农业的产量外，还设想在实验室中开发具有新特性的人造生物系统。应该使自然适应经济目的。为了从规模经济中获利，生物质转化应该发生在每年处理量为数百万吨的大型设施中。这些工厂应位于具有较高未开发生物质潜力的地区（如俄罗斯、芬兰和瑞典）或靠近使用从国外进口廉价生物质的大型港口，以最大限度地降低运输成本。虽然政策、科学和产业之间的密切合作至关重要，但社会利益相

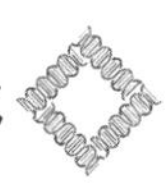

关者和公众的参与并不是一个主要因素。“与公众对话”被认为可以让人们接受已经确定的优先事项，并通过提供有关新技术优势的信息来促进对技术的开放。

在塑造生物经济的社会生态方法中，可持续性问题被高度重视。这意味着从传统的集约化农业和向特定地点农业的根本转变，其中来自科学研究的见解和当地农民的隐性知识发挥着同样重要的作用。能源、无机肥料、农用化学品和灌溉等外部投入被养分循环、保水、固氮、土壤更新以及生态害虫、杂草和病害调节等自然调节过程的整合所取代，完全排除了基因工程。在生产方面，遵循自然新陈代谢循环的资源循环使用是受欢迎的。节约和负责任地处理稀缺的生物原料、防止浪费以及在后续级联中重复使用原材料是指导原则，这些原则也适用于消费者行为。社会生态方法的空间定位本质上是区域性的，而不是全球性的。它依赖于特定地点的解决方案，基于灵活的区域网络，封闭循环和区域自治往往涉及食品和可再生能源。相应地，分散、较小的转化设施是首选，这些设施是为特定的区域生物质供给量身定制的。研究资金将集中在各种主题上，例如生态农业、边缘地区替代作物的育种和社会创新。民间社会组织和公众参与塑造生物经济的过程也被视为成功转型的关键因素。

基于技术的方法和社会生态方法两条路径的特点是极端立场的联系。但是，表 3-2 中列出的各个路径的功能并不总是相互排斥的。其中一些可以相互联系，对于其他人来说，兼容性至少在理论上是可行的。因此，未来发展生物经济的方向可能源于其他路径组合。由于当前无法预测已经采取的路径或在争论中提出的其他路径哪条是最有利的，因此从一开始就排除某些路径并放弃它们潜在对社会的好处是与预防原则相矛盾的。

3.4　结论

可持续发展是一项重大挑战，也是向生物经济成功转型的重要先决条件。正如对当前论述的分析所显示的那样，人们对可持续性和生物经济之间的关系有不同的理解。遵循可持续性将是生物经济的隐含观点，将加剧资源的过度消耗，抑制发展。大多数专家认为，只有满足某些要求，生物经济才能为更可持续的未来做出贡献。制定可持续生物经济的原则和标准框架，涉及生态、社会和经济方面，是政策、科学和社会的一项关键任务[1]。这一议题实际上可由粮农组织协调制定的“可持续生物经济指导方针”解决。关于这一议题的辩论仍处于初级阶段，需要加强，以便达成一套国际商定的标准，包括衡量可持续性进展的适当指标。必须指出的是，选择标准和确定要遵守的限制对可持续生产的生物质潜力有重大影响。限制生物经济运行空间的另一个因素是“粮食优先”原则，这一原则要求全球粮食安全，为日益增长的世界人口提供充足、营养、健康和安全的粮食，优先于利用生物质的所有其他途径。

人们普遍认为，关于可持续生产生物质可达到的潜力的可靠信息对于塑造生物经济至关重要。然而，目前缺乏关于可用的生物原料的数量、空间分布以及随时间推移的生物原料可得性的可靠知识。如果没有这些知识，就无法估计生物原料可以替代化石燃料的程度，也无法评估社会长期依赖生物质产品的程度[58]。在这种背景下，迫切需要就方法标准化达成具有约束力的国际协议，至少涵盖一些最低要求，例如假设的透明度、规范的数据收集以及现有数据库的定期更新。

全球人口增长、向高热量饮食转变的消费模式以及对生物原材料的需求不断增长都需要提高农业生产力。在不危及剩余的自然栖息地及其提供的生态系统服务的情况下，扩大耕地面积通常被认为是几乎不可行的。预计由于全球环境变化，肥沃土壤的供应量将减少。为了提高产量并同时改善环境绩效，可持续集约化有两条不同的路径。高科技战略或多或少可以看作是对传统集约化农业的修正和完善，而农业生态战略则意味着现行模式的根本转变，以及向以知识为基础、对场地敏感的农业的转变，其中，来自科学研究的见解和当地农民的隐性知识发挥着同样重要的作用。鉴于现有欧洲农业系统的多样性，两种途径的组合可能是谨慎的，具体取决于不同地点的条件。

即使存在某些尚未开发的潜力，生物质仍然是一种稀缺资源，特别是如果粮食安全得到优先考虑，必须满足可持续性标准。因此，应仔细平衡不同的使用选择，并将生物原材料用于社会最优选的用途，例如具有最高附加值或最大二氧化碳减排潜力的用途。人们越来越认识到，在当前激励结构的推动下，在所谓的单级级联中使用生物质提供热量和电力已不再被接受。这是因为生物质是唯一可以替代用于化学或材料用途的化石燃料的碳源，而有不同的可再生替代品来满足未来的能源需求，如风能、太阳能

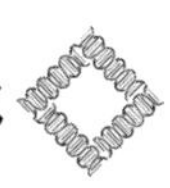

或水力。在这种背景下，生物质的高能利用应仅限于例外情况，例如在人口稀少的农村地区分散供热和供电，或在太阳能和风能无法提供可行替代方案的某些用途（如航运、航空运输）中以生物燃料的形式提供[131]。根据欧洲废弃物等级制度，燃烧只应被视为级联最后阶段的一种选择，即在生物产品生命周期的最后阶段。到目前为止，其他可再生能源尚未在政治生物经济战略中发挥足够的作用。

可持续生物经济的实施不仅取决于消费者的行为。许多专家一致认为，仅仅提高资源效率和改进转换程序的解决方案不足以满足不断增长的世界人口的需求[14,82,96,132]。有环境意识的消费模式（如避免食物浪费）和充足的方法（如减少肉类消费）是减少生物质需求和减少土地压力的重要杠杆。可持续消费模式的实现不仅需要消费者更高的意识，还需要生产者负责任的行为。对材料商品耐久性要求更高的产品设计必须为维修、升级、部件更换和原材料再利用提供可能。维修、升级、再利用和再制造的周期越多，产品的生态足迹越低，生产新产品所需的原材料也越少[28]。

关于生物经济争论的关键是目前所追求的途径过于依赖技术，无论是在专注于生命科学和相关技术领域的研究方面，还是在所涉及的利益相关者方面。批评者认为，对这一概念的这种狭隘理解导致了两个缺点：一是社会科学等学科和研究主题的代表性不足；二是不同社会利益相关者的参与不足。转换到另一种资源基础的影响越深远，涵盖社会生活不同方面、各种替代实施途径和广泛研究主题的整体观点就越重要[35,103,106]。这种转换是一个高度复杂的过程，会导致社会发生根本性变化，因此需要一种多元化战略，通过整合社会生态方法和开放未来挑战可能产生的新想法，拓宽以技术为基础的主流道路。

参考文献

[1] Food and Agriculture Organization of the United Nations. *How Sustainability is Addressed in Offficial Bioeconomy Strategies at International, National and Regional Levels*. Food and Agriculture Organization of the United Nations: Rome, Italy, 2016.

[2] Bioökonomierat—German Bioeconomy Council. *Bioeconomy Policy*

(*Part* Ⅱ). *Synopsis of National Strategies around the World*. Bioökonomierat: Berlin, Germany, 2015.

[3] Organisation for Economic Cooperation and Development. *The Bioeconomy to* 2030: *Designing a Policy Agenda. Main Findings and Policy Conclusions*. Organisation for Economic Cooperation and Development (OECD): Paris, France, 2009.

[4] Bundesministerium für Landwirtschaft und Ernährung—Federal Ministry of Food and Agriculture (Germany). *Nationale Politikstrategie Bioökonomie*; *Nachwachsende Ressourcen und biotechnologische Verfahren als Basis für Ernährung*, *Industrie und Energie*. Bundesministerium für Landwirtschaft und Ernährung: Berlin, Germany, 2014.

[5] Lettow S. Biokapitalismus und inwertsetzung der körper—Perspektiven der kritik. *PROKLA*, 2015 (1): 33-49.

[6] Bennett B. Law and ethics for the bioeconomy and beyond. *J. Law Med.*, 2007 (15): 7-13.

[7] Kent J. The fetal tissue economy: From the abortion clinic to the stem celllaboratory. *Soc. Sci. Med.*, 2008 (67): 1747-1756.

[8] Fannin M. The hoarding economy of endometrial stem cell storage. *Body Soc.*, 2013 (19): 32-60.

[9] Bahadur G., Morrison M. Patenting human pluripotent cells: Balancingcommercial, academic and ethical interests. *Hum. Reprod.*, 2010 (25): 14-21.

[10] Boehlje M., Bröring S. The increasing multifunctionality of agricultural raw materials: Three dilemmas for innovation and adoption. *Int. Food Agribus. Man.*, 2011 (14): 1-16.

[11] Lewandowski I. Securing a sustainable biomass supply in a growing bioeconomy. *Glob. Food Secur.*, 2015 (6): 34-42.

[12] Staffas L., Gustavsson M., McCormick K. Strategies and Policies for the Bioeconomy and Bio-Based Economy: An Analysis of Offficial National Approaches. *Sustainability*, 2013 (5): 2751-2769.

[13] Vandermeulen V., Van der Steen M., Stevens C. V., Van Huylen-

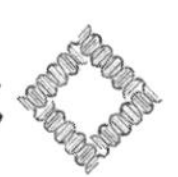

broeck G. Industry expectations regarding the transition toward a biobased economy. *Biofuels Bioprod. Biorefifin.*, 2012 (6): 453-464.

[14] De Besi M., McCormick K. Towards a bioeconomy in Europe. National, regional and industrial strategies. *Sustainability*, 2015 (7): 10461-10478.

[15] Golembiewski B., Sick N., Bröring S. The emerging research landscape on bioeconomy: What has been done so far and what is essential from a technology and innovation management perspective? *Innov. Food Sci. Emerg. Technol.*, 2015 (29): 308-317.

[16] Ministerium für Innovation, Wissenschaft und Forschung des Landes Nordrhein-Westfalen—Ministry of Innovation, Science and Research of North Rhine-Westphalia. *Eckpunkte einer Bioökonomiestrategie für Nordrhein-Westfalen.* Ministerium für Innovation, Wissenschaft und Forschung des Landes Nordrhein-Westfalen: Düsseldorf, Germany, 2013.

[17] British Columbia Committee on Bio-Economy. *BC Bio-Economy.* British Columbia Committee on Bio-Economy: Victoria, BC, Canada, 2011.

[18] Alberta Innovates Bio Solutions. *Recommendations to build Alberta's Bioeconomy.* Alberta Innovates Bio Solutions: Edmonton, AB, Canada, 2013.

[19] Matis. *Future Opportunities for Bioeconomy in the West Nordic Countries.* Matis Reports 37-14. Matis: Reykjavík, Iceland, 2014.

[20] Pfau S. F., Hagens J. E., Dankbaar B., Smits A. J. M. Visions of Sustainability in Bioeconomy Research. *Sustainability*, 2014 (6): 1222-1249.

[21] Daly H. Towards some Operational Principles of Sustainable Development. *Ecol. Econ.*, 1990 (2): 1-6.

[22] The White House. *National Bioeconomy Blueprint.* The White House: Washington, DC, USA, 2012.

[23] Scarlat N., Dallemand J. F., Monforti-Ferrario F., Nita V. The role of biomass and bioenergy in a future bioeconomy: Policies and facts. *Environ. Dev.*, 2015 (15): 3-34.

[24] Bruins M. E., Sanders J. P. M. Small-scale processing of biomass for biorefifinery. *Biofuels Bioprod. Biorefifin.*, 2012 (6): 135-145.

[25] Navia R., Mohanty A. K. Resources and waste management in a bio-based economy. *Waste Manag. Res.*, 2012 (30): 215-216.

[26] Chen S. Industrial biosystems engineering and biorefifinery. *Chin. J. Biotechnol.*, 2008 (24): 940-945.

[27] Carus M., Raschka A., Ifflfland K., Dammer L., Essel R., Piotrowski S. *How to Shape the Next Level of the European Bio-Based Economy? The Reasons for the Delay and the Prospects of Recovery in Europe*. Nova-Institute: Hürth, Germany, 2016.

[28] European Commission. *Sustainable Agriculture, Forestry and Fisheries in the Bioeocnomy—A challenge for Europe*. 4th SCAR Foresight Exercise. European Commission: Brussels, Belgium, 2015.

[29] Elbersen B., Fritsche U., Petersen J. E., Lesschen J. P., Böttcher H., Overmars K. Accessing the effect of stricter sustainability criteria on EU biomass crop potential. *Biofuel. Bioprod. Biorefifin.*, 2013 (7): 173-192.

[30] Wellisch M., Jungmeier G., Karbowski A., Patel A., Rogulska M. K. Biorefifinery systems—Potential contributors to sustainable innovation. *Biofuel. Bioprod. Bior.*, 2010 (4): 275-286.

[31] Deutsches Biomasseforschungszentrum—German Biomass Research Centre. *Sachstandsbericht über Vorhandene Grundlagen für ein Monitoring der Bioökonomie: Nachhaltigkeit und Ressourcenbasis der Bioökonomie*. Deutsches Biomasseforschungszentrum: Leipzig, Germany, 2015.

[32] Fritsche U. R., Iriarte L. Sustainability criteria and indicators for the bio-based economy in Europe: State of discussion and way forward. *Energies*, 2014 (7): 6825-6836.

[33] Bringezu S., O'Brien M., Schütz H. Beyond biofuels: Assessing global land use for domestic consumption of biomass. A conceptual and empirical contribution to sustainable management of global resources. *Land Use Policy*, 2012 (29): 224-232.

[34] Albrecht S., Gottschick M., Schorling M., Stirn S. *Bioökonomie: Gesellschaftliche Transformation ohne Verständigung über Ziele und Wege?* BIOGUM-Forschungsbericht FG Landwirtschaft Nr. 27. Universität Hamburg:

 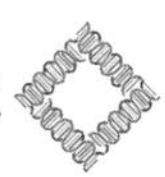

Hamburg, Germany, 2012.

[35] Gottwald F. -T. Irrweg Bioökonomie. über die zunehmende Kommerzialisierung des Lebens. In *Der Kritische Agrarbericht* 2015—*Schwerpunkt* "*Agrarindustrie und Bäuerlichkeit*" . ABL-Verlag: München, Germany, 2015: 259-264.

[36] Raghu S. , Spencer J. L. , Davis A. S. , Wiedenmann R. N. Ecologicalconsideration in the sustainable development of terrestrial biofuel crops. *Curr. Opin. Environ. Sustain.* , 2011 (3): 15-23.

[37] Sheppard A. W. , Gillespie I. , Hirsch M. , Begley C. Biosecurity andsustainability within the growing global bioeconomy. *Curr. Opin. Environ. Sustain.* , 2011 (3): 4-10.

[38] European Parliament. *Directive* 2009/28/*EC of the European Parliament and of the Council of* 23 *April* 2009 *on the Promotion of the Use of Energy from Renewable Sources and Amending and Subsequently Repealing Directives* 2001/77/*EC and* 2003/30/*EC*. European Parliament: Strasbourg, France, 2009.

[39] European Parliament. *Directive* 2009/30/*EC of the European Parliament and of the Council of* 23 *April* 2009 *amending Directive* 98/70/*EC as Regards the Specification of Petrol, Diesel and Gas-Oil and Introducing a Mechanism to Monitor and Reduce Greenhouse Gas Emissions and Amending Council Directive* 1999/32/*EC as Regards the Specification of Fuel Used by Inland Waterway Vessels and Repealing Directive* 93/12/*EEC*. European Parliament: Strasbourg, France, 2009.

[40] European Commission. *Commission Adopts Biomass Sustainability Report*; European Commission: Brussels, Belgium, 2010. Available online: http: //europa. eu/rapid/press-release_ IP-10-192_ en. htm (accessed on 15 December 2016) .

[41] High Level Panel of Experts on Food Security and Nutrition. *Investing inSmallholder Agriculture for Food Security*. High Level Panel of Experts on Food Security and Nutrition of the Committee on World Food Security: Rome, Italy, 2013.

[42] Sustainable Development Commission. *Looking Back, Looking Forward—Sustainability and UK Food Policy* 2000-2011. Sustainable Development Commission: London, UK, 2011.

[43] Godfray J., Garnett T. Food security and sustainable intensification. *Philos. Trans. Ro. Soc.*, 2014: 369.

[44] Pretty J. Agricultural sustainability: Concepts, principles and evidence. *Philos. Trans. R. Soc.*, 2008 (363): 447-465.

[45] Food and Agriculture Organization of the United Nations. How to feed the world in 2050. In Proceedings of the High Level Expert Forum, Rome, Italy, 12-19 October 2009. Food and Agriculture Organization of the United Nations: Rome, Italy, 2009.

[46] Rosengrant M. W., Ringler C., Zhu T., Tokgoz S., Bhandary P. Water and food in the bioeconomy: Challenges and opportunities for development. *Agric. Econ.*, 2013, 44 (S1), 139-150.

[47] Pedroli B., Elbersen B., Frederiksen P., Grandin U., Heikkilä R., Krogh P. H., Izakovicova Z., Johansen A., Meiresonne L., Spijker J. Is energy cropping in Europe compatible with biodiversity? Opportunities and threats to biodiversity from land-based production of biomass for bioenergy purposes. *Biomass Bioenergy*, 2013, 55, 73-86.

[48] Gerbens-Leenes P. W., Hoekstra A. Y., van der Meer T. The water footprint of energy from biomass. A quantitative assessment and consequences of an increasing share of bio-energy in energy supply. *Ecol. Econ.*, 2009 (68): 1052-1060.

[49] Carus M., Dammer L. *Food or Non-Food: Which Agricultural Feedstocks Are Best for Industrial Uses?* Nova-Paper #2 on Bio-Based Economy. Nova-Institute: Hürth, Germany, 2013.

[50] Zilberman D., Hochman G., Rajagopal D., Sexton S., Timilsina G. The impact of biofuels on commodity food prices: Assessment of fifindings. *Am. J. Agric. Econ.*, 2012 (95): 275-281.

[51] Bommarco R., Kleijn D., Potts S. G. Eocological intensifification: Harnessing ecosystem services for food security. *Trends Ecol. Evol.*, 2013

(28): 230-238.

[52] Zhang W., Ricketts T. H., Kremen C., Carney K., Swinton S. M. Ecosystem services and dis-services to agriculture. *Ecol. Econ.*, 2007 (64): 253-260.

[53] Fachagentur für Nachwachsende Rohstoffe e. V.—Agency of Renewable Resources. *Biomassepotenziale von Rest-und Abfallstoffen.* Fachagentur für Nachwachsende Rohstoffe e. V.: Gülzow, Germany, 2015.

[54] Dornburg V., van Vuuren D., van de Ven G., Langeveld H., Meeusen M., Banse M., van Oorschot M., Ros J., van den Born G. J., Aiking H., et al. Bioenergy revisited: Key factors in global potentials of bioenergy. *Energy Environ. Sci.*, 2010 (3): 258-267.

[55] O'Brien M., Schütz H., Bringezu S. The land footprint of the EU bioeconomy: Monitoring tools, gaps and needs. *Land Use Policy*, 2015 (47): 235-246.

[56] Goh C. S., Junginger M., Faaij A. Monitoring sustainable biomass flows: General methodology development. *Biofuels Bioprod. Biorefifin.*, 2014 (8): 83-102.

[57] Sanders J. P. M., Bos H. L. Raw material demand and sourcing options for the development of a bio-based chemical industry in Europe: Part 2: Sourcing options. *Biofuel. Bioprod. Biorefifin.*, 2013 (7): 260-272.

[58] Hennig C., Brosowski A., Majer S. Sustainable feedstock potential—A limitation for the bio-based economy? *J. Clean. Prod.*, 2016 (123): 200-202.

[59] Searle S., Malins C. A reassessment of global bioenergy potential in 2050. *GCB Bioenergy*, 2015 (7): 328-336.

[60] Batidzirai B., Smeets E. M. W., Faaij A. P. C. Harmonising bioenergy resource potentials—Methodological lessons from review of state of the art bioenergy potential assessments. *Renew. Sustain. Energy Rev.*, 2012 (16): 6598-6630.

[61] Offermann R., Seidenberger T., Thrän D., Kaltschmitt M., Zinoviev S., Miertus S. Assessment of global bioenergy potentials. *Mitig. Adapt.*

Strateg. Glob. Chang., 2011 (16): 103-115.

[62] Lauri P., Havlík P., Kindermann G., Forsell N., Böttcher H., Obersteiner M. Woody biomass energy potential in 2050. *Energy Policy*, 2014 (66): 19-31.

[63] Bentsen N. S., Felby C. Biomass for energy in the European Union—A review of bioenergy resource assessments. *Biotechnol. Biofuels*, 2012 (5): 1-10.

[64] International Energy Agency. *World Energy Outlook* 2015 *Factsheet—Global Energy Trends to* 2040. International Energy Agency: Paris, France, 2015.

[65] World Energy Council. *World Energy Resources* 2016. World Energy Council: London, UK, 2016.

[66] Essel R., Carus M. Increasing resource efficiency by cascading use of biomass. *Rural*, 2014 (21): 28-29.

[67] Keegan D., Kretschmer B., Elbersen B., Panoutsou C. Cascading use: A systematic approach to biomass beyond the energy sector. *Biofuels Bioprod. Biorefifin.*, 2013 (7): 193-206.

[68] Bioökonomierat. *Landwirtschaft in Deutschland—Ihre Rolle für die Wettbewerbsfähigkeit der Bioökonomie*; BÖRMEMO 01 vom 13. 01. 2015. Bioökonomierat: Berlin, Germany, 2015.

[69] Halberg N., Panneerselvam P., Treyer S. Eco-functional Intensification and Food security. Synergy or Compromise? *SAR*, 2015 (4): 126-139.

[70] Buckwell A., Heissenhuber A., Blum W. *The Sustainable Intensification of European Agriculture*. The RISE Foundation: Brussels, Belgium, 2014. Available online: http://www.risefoundation.eu/images/fifiles/2014/2014_%20SI_RISE_FULL_EN.pdf (accessed on 15 December 2016).

[71] Royal Society. *Reaping the Benefifits: Science and the Sustainable Intensifification of Global Agriculture*. The Royal Society: London, UK, 2009.

[72] Ericksen P. J. Food security and global environmental change: Emerging challenges. *Environ. Sci. Policy*, 2009 (12): 373-377.

［73］ Azadi H., Ghanian M., Ghoochani O. M., Rafifiaani P., Taning C. N., Hajivand R. Y., Dogot T. Genetically modified crops: Towards agricultural growth, agricultural development, or agricultural sustainability? *Food Rev. Int.*, 2015 (31): 195–221.

［74］ Food and Agriculture Organization of the United Nations. *Save and Grow. A Policymaker's Guide to the Sustainable Intensifification of Smallholder Crop Production.* Food and Agriculture Organization of the United Nations: Rome, Italy, 2011.

［75］ Van Grinsven H. J. M., Erisman J. W., de Vries W., Westhoek H. Potential of extensifification of European agriculture for a more sustainable food system, focusing on nitrogen. *Environ. Res. Lett.*, 2015 (10): 1–9.

［76］ Levidow L. European transitions towards a corporate–environmental food regime: Agroecological incorporation or contestation? *J. Rural Stud.*, 2015 (40): 76–89.

［77］ Meyer R. Diversity of European farming systems and pathways to sustainable intensifification. *TATuP*, 2014 (23): 11–21.

［78］ Ferdinands K., Virtue J., Johnson S. B., Setterfifield S. A. "Bio–insecurities": Managing demand for potentially invasive plants in the bioeconomy. *Curr. Opin. Environ. Sustain.*, 2011 (3): 43–49.

［79］ Dubois J. –L. Requirements for the development of a bioeconomy for chemicals. *Curr. Opin. Environ. Sustain.*, 2011 (3): 11–14.

［80］ Larsen Y. Bioökonomie—Gefahr oder Chance? Eine kritische Anmerkung zu den Prioritäten der Bioökonomieforschung in Bezug auf den Erhalt der biologischen Vielfalt. In *Treffpunkt Biologische Vielfalt XI.* Feit U., Korn H., Eds. Bundesamt für Naturschutz: Bonn, Germany, 2012: 145–148.

［81］ Levidow J., Boschert K. Coexistence or contradiction? GM corps versus alternative agriculture in Europe. *Geoforum*, 2008 (39): 174–190.

［82］ Schmidt O., Padel S., Levidow L. The Bio–Economy Concept and Knowledge Base in a Public Goods and Farmer Perspective. *Biobased Appl. Econ.*, 2012 (1): 47–63.

［83］ Doré T., Makowski D., Malézieux E., Munier–Jolain N., Tchamitchian

M. , Tittonell P. Facing up the paradigm of ecological intensification in agronomy: Revisiting methods, concepts and knowledge. *Eur. J. Agron.* , 2011 (34): 197-210.

[84] Khanh T. D. , Chung M. I. , Xuan T. D. , Tawata S. The exploitation of crop allelopathy in sustainable agricultural production. *J. Agron. Crop Sci.* , 2005 (191): 172-184.

[85] Seufert V. , Ramankutty N. , Foley J. A. Comparing the yields of organic and conventional agriculture. *Nature*, 2012 (485): 229-232.

[86] European Innovation Partnership. *Strategic Implementation Plan European Innovation Partnership "Agricultural Productivity and Sustainability"* . Adopted by the High Level Steering Board on 11 July 2013. European Innovation Partnership: Brussels, Belgium, 2013.

[87] Georgescu-Roegen N. *The Entropy Law and the Economic Process.* Harvard University Press: Lincoln, NE, USA, 1971.

[88] Grefe C. *Global gardening. Bioökonomie—Neuer Raubbau oder Wirtschaftsform der Zukunft.* Verlag Antje Kunstmann: München, Germany, 2012.

[89] Hamilton C. Intellectual property rights, the bioeconomy and the challenges of biopiracy. *Genome Soc. Policy*, 2008 (4): 26-45.

[90] Birch K. , Levidow L. , Papaioannou T. Sustainable Capital? TheNeoliberalization of Nature and Knowledge in the European "Knowledge-based Bio-economy" . *Sustainability*, 2010 (2): 2898-2918.

[91] Kitchen L. , Marsden T. Constructing sustainable communities: A theoretical exploration of the bio-economy and eco-economy paradigm. *Local Environ. Int. J. Justice Sustain.* , 2011 (16): 753-769.

[92] Philp J. , Ritchie R. J. , Allan J. E. M. Synthetic biology, the bioeconomy, and a societal quandary. *Trends Biotechnol.* , 2013 (31): 269-272.

[93] Zhang J. , Babtie A. , Stephanopoulos G. Metabolic engineering: Enabling technology of a bio-based economy. *Curr. Opin. Chem. Eng.* , 2012 (1): 355-362.

[94] Schreiner Garcez Lopes M. Engineering biological systems toward a sustainable bioeconomy. *J. Ind. Microbiol. Biotechnol.* , 2015 (42): 813-838.

[95] Jiménez-Sánchez G., Philp J. Omics and the bioeconomy. Applications of genomics hold great potential for a future bio-based economy and sustainable development. *EMBO Rep.*, 2015 (16): 17-20.

[96] Levidow L., Birch K., Papaioannou T. EU agri-innovation policy: Two contending visions of the bio-economy. *Crit. Policy Stud.*, 2012 (6): 40-65.

[97] Bundesministerium für Forschung und Bildung—Federal Ministry of Education and Research (Germany). *Nationale Forschungsstrategie Bioökonomie. Unser Weg zu einer bio-basierten Wirtschaft.* Bundesministerium für Forschung und Bildung: Berlin, Germany, 2010.

[98] Schaper-Rinkel P. Bio-Politische Ökonomie. Zur Zukunft des Regierens von Biotechnologien. In *Bioökonomie: Die Lebenswissenschaften und die Bewirtschaftung der Körper.* Lettow S., Ed., Transcript Verlag: Bielefeld, Germany, 2012: 155-180.

[99] Birch K., Levidow L., Papaioannou T. Self-fulfifilling prophecies of the European knowledge-based bio-economy. The discursive shaping of institutional and policy frameworks in the biopharmaceuticals sector. *J. Knowl. Econ.*, 2014 (5): 1-18.

[100] Zwier J., Blok V., Lemmens P., Geerts R.-J. The ideal of a zero-waste humanity: Philosophical reflections on the demand for a bio-based economy. *J. Agric. Environ. Ethics*, 2015 (28): 353-374.

[101] Jaeger-Erben M., Rückert-John J., Schäfer M. Sustainable consumption through social innovation: A typology of innovations for sustainable consumption practices. *J. Clean. Prod.*, 2015 (108 Pt A): 784-798.

[102] Umweltbundesamt. *Soziale Innovationen im Aufwind. Ein Leitfaden zur Förderung Sozialer Innovationen für Nachhaltigen Konsum.* Umweltbundesamt: Dessau-Roßlau, Germany, 2014.

[103] Kleinschmit D., Hauger Lindstad B., Jellesmark Thorsen B., Toppinen A., Roos A., Baardsen S. Shades of green: A social scientifific view on bioeconomy in the forest sector. *Scand. J. For. Res.*, 2014 (29): 402-410.

[104] Wield D., Hanlin R., Mittra J., Smith J. Twenty-first century

bioeconomy: Global challenges of biological knowledge for health and agriculture. *Sci. Public Policy*, 2013 (40): 17-24.

[105] Bugge M. M., Hansen T., Klitkou A. What is the bioeconomy? A review of the literature. *Sustainability*, 2016 (8): 691-712.

[106] Albrecht S. Bioökonomie am Scheideweg—Industrialisierung von Biomasse oder nachhaltige Produktion? *GAIA*, 2012 (21): 33-37.

[107] Kircher M. The transition to a bio-economy: National perspectives. *Biofuel. Bioprod. Biorefifin.*, 2012 (6): 240-245.

[108] Naturschutzbund Deutschland e. V. *Nachhaltigkeit in der Bioökonomie. Zusammenfassung und Thesen als Ergebnis eines Workshops auf VILM Dezember* 2013. Naturschutzbund Deutschland e. V.: Berlin, Germany, 2014.

[109] McCormick K. The emerging bio-economy in Europe: Exploring the key governance challenges. In *Proceedings of the World Renewable Energy Congress, Linköping, Sweden*, 8-13 May 2011.

[110] Asveld L., Ganzevles J., Osseweijer P. Trustworthiness and Responsible Research and Innovation: The Case of the Bio-Economy. *J. Agric. Environ. Ethics*, 2015 (28): 571-588.

[111] Essent New Energy. *Natural Power—Essent and the Bio-Based Economy*. Essent New Energy, a RWE company: Hertogenbosch, The Netherlands, 2011.

[112] Confederation of European Paper Industries. *The Forest Fibre Industry*—2050 *Roadmap to a Low-Carbon Bio-Economy*. Confederation of European Paper Industries: Brussels, Belgium, 2011.

[113] Friends of the Earth. *Land under pressure—Global impacts of the EU bioeconomy*. Friends of the Earth: Brussels, Belgium, 2016.

[114] Deiniger K. Global land investments in the bio-economy: Evidence and policy implications. *Agric. Econ.*, 2013 (44): 115-127.

[115] Kircher M. The transition to a bio-economy: Emerging from the oil age. *Biofuel. Bioprod. Biorefifin.*, 2012 (6): 369-375.

[116] Ministry of Employment and the Economy. *Sustainable Growth from Bioeconomy—The Finnish Bioeconomy Strategy*; Ministry of Employment and the

Economy; Ministry of Agriculture and Forestry. Ministry of the Environment: Helsinki, Finland, 2014.

[117] Formas. *Swedish Research and Innovation Strategy for a Bio-based Economy*. The Swedish Research Council for Environment, Agricultural Sciences and Spatial Planning (formas): Stockholm, Sweden, 2012.

[118] Demaria F., Schneider F., Sekulova F., Martinez-Alier J. What is degrowth? From an activist slogan to a social movement. *Environ. Values*, 2013 (22): 191-215.

[119] Food and Agriculture Organization of the United Nations. *Food Wastage Footprint: Impacts on Natural Resources*. Food and Agriculture Organization of the United Nations: Rome, Italy, 2013.

[120] High Level Panel of Experts on Food Security and Nutrition. *Food Losses and Waste in the Context of Sustainable Food Systems*. High Level Panel of Experts on Food Security and Nutrition of the Committee on World Food Security: Rome, Italy, 2014.

[121] Noleppa S., von Witzke H. *Tonnen für die Tonne*. World Wide Fund for Nature (WWF) Deutschland: Berlin, Germany, 2012.

[122] Institution of Mechanical Engineers. *Global Food: Waste Not, Want Not*. Institution of Mechanical Engineers: London, UK, 2013.

[123] Kastner T., Ibarrola Rivas M. J., Koch W., Nonhebel S. Global changes in diets and the consequences for land requirements for food. *Proc. Natl. Acad. Sci. USA*, 2012 (109): 6868-6872.

[124] Gerbens-Leenes W., Nonhebel S. Food and land use. The in fluence of consumption patterns on the use of agricultural resources. *Appetite*, 2005 (45): 24-31.

[125] Food and Agriculture Organization of the United Nations. *Livestock's Long Shadows. Environmental Issues and Options*. Food and Agriculture Organization of the United Nations: Rome, Italy, 2006.

[126] Waste and Resources Action Programme. *Waste Arisings in the Supply of Food and Drink to Households in the UK*; Waste and Resources Action Programme: Banbury, UK, 2010.

[127] Scholz K., Erikkson M., Strid I. Carbon footprint of supermarket food waste. *Resour. Conserv. Recycl.*, 2015 (94): 56-65.

[128] Garnett T. Where are the best opportunities for reducing greenhouse gas emissions in the food system (including the food chain)? *Food Policy*, 2011 (36): 23-32.

[129] Rückert-John J., Jaeger-Erben M. Alternative Konsumformen als Herausforderungen für die Verbraucherpolitik. In *Prosuming und Sharing—Neuer Sozialer Konsum: Aspekte kollaborativer Formen von Konsumtion und Produktion.* Bala C., Schuldzinski W., Eds. Verbraucherzentrale NRW: Düsseldorf, Germany, 2016: 63-83.

[130] Gullstrand Edbring E., Lehner M., Mont O. Exploring consumer attitudes to alternative models of consumption: Motivations and barriers. *J. Clean. Prod.*, 2016 (123): 5-15.

[131] Bioökonomierat. *Bioenergiepolitik in Deutschland und gesellschaftliche Herausforderungen.* BÖRMEMO 04 vom 1. 11. 2015. Bioökonomierat: Berlin, Germany, 2015.

[132] Birch K., Tyfifield D. Theorizing the Bioeconomy: Biovalue, Biocapital, Bioeconomics or What? *Sci. Technol. Hum. Values*, 2012 (38): 299-327.

第4章　欧洲国家循环生物经济的动态变化*

马克西米兰·卡朗（Kardung M）[1]，
杜赞·德拉布坎（Drabik D）[1]

摘要： 衡量循环生物经济的进展需要量化一系列指标，与之前只分析少数几个指标的研究相反，我们设计了一种可以容纳任意数量指标的方法。目标是通过41个指标，实证调查十个选定欧盟成员国的循环生物经济在2006~2016年是在进步还是在倒退。我们使用马尔可夫转移矩阵对指标内部分布的发展进行建模，发现十个国家循环生物经济大多取得了进展。此外，私营部门的研发活动进展迅速，但公共部门的研发活动却出现退步，这表明它们之间存在替代关系。跨国比较的结果显示，德国是循环生物经济的领跑者，斯洛伐克、波兰和拉脱维亚的循环生物经济也发展迅速。

关键词： 循环生物经济；马尔可夫链；转移矩阵；欧盟

4.1　引言

一个国家的经济规模通常由其国内生产总值（GDP）和其他可比指标来衡量[1]。经济的一部分是生物经济，它涉及与生物资源及其功能和原则相关的所有经济部门和系统[2]。衡量生物经济的发展需要量化一系列指

---

* 本文英文原文发表于：Kardung M，Drabik D. Full Speed Ahead or Floating Around? Dynamics of Selected Circular Bioeconomies in Europe [J]. Ecological Economics，2021（188）：107146.

1. 荷兰瓦赫宁根大学。

标，以确定其对经济、环境和社会的影响[3]。

如果以正确的方式从石化经济转型，欧盟（EU）的生物经济有可能解决经济、环境和社会问题[4]。通过遵循循环经济的原则，可以促进生物经济中的可持续土地利用和自然资本保护，循环经济被定义为一种经济的“产品、材料和资源的价值在经济中尽可能长久地保持，并将废物的产生降至最低”[5]。在生物经济中应用循环经济的原则，推进循环生物经济可以通过减少使用原化石材料来缓解气候变化，形成新的价值链来促进经济增长，并创造就业机会（特别是在农村地区），从而有助于可持续发展。最近2018年、2019年和2020年的欧洲热浪以及自20世纪70年代以来不断增加的热浪趋势，加剧了应对气候变化的紧迫性[6]。循环生物经济预计将通过减少化石燃料消耗来减小气候变化的影响，并通过增加树木和植被覆盖来减少热应激和洪水风险来适应气候变化[7]。然而，向循环生物经济的过渡需要可持续利用自然资源、新技术研发（R&D）的高支出，以及新工作和重组工作的教育[8]。这些挑战强调需要采取政策行动，以结构化和可持续的方式引导这一过渡。因此，欧盟和几个欧盟成员国（MSs）作为单个国家启动并采用了生物经济政策战略，以实现长期可持续发展，如2019年12月的欧盟绿色协议[9,10]。

生物经济政策战略表明，向循环生物经济过渡是一个政治目标，世界紧迫的环境问题加深了这一目标。尽管如此，它还带来了必须考虑的经济、环境和社会影响，因此应该跟踪和比较欧盟MSs中循环生物经济的进展[11]。在过去十年中，已经制定了几个大型框架来监测各种政策目标的趋势和进展，如联合国（UN）可持续发展目标（SDG）。

许多指标可以衡量一种趋势的各种发展特征，如从石化经济向生物经济的转变。例如，有27个指标支持欧洲2020战略，100个欧盟SDG指标，232个联合国SDG指标，或1600个世界银行世界发展指标。同样，Bracco等（2019）审查了现有的生物经济监测方法，并从19个来源收集了269个不同的指标，这些指标衡量了广泛的影响类别，如粮食安全、生物多样性保护和生物质生产者的恢复力[12]。其中，Lier等（2018）提出了161项指标，生物监测项目为生物经济监测框架提出了84项指标[13]。

在之前的循环生物经济发展定量评估中，研究人员选择了一些经济和社会指标来跟踪其发展。Ronzon和M'Barek（2018）研究了欧盟生物经济

 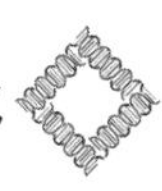

的时间动态，并提供了欧盟循环生物经济的空间分析，比较了不同的欧盟MSs，并根据劳动力市场专业化和循环生物经济的表观劳动生产率对其进行分组[14]。Ronzon和M'Barek（2018）只考虑了四个指标：就业人数、营业额、附加值和显性劳动生产率。D'Adamo等（2020）使用与Ronzon和M'Barek（2018）相同的指标（显性劳动生产率除外）比较了欧盟MSs中生物经济部门的社会经济绩效状况[15]。此外，他们引入了一个新的复合无量纲指标来衡量和比较欧盟MSs之间的社会经济表现。Efken等（2016）以就业规模和国民经济总增加值为指标，衡量了2002~2010年德国整体经济中生物经济的重要性[16]。其他研究也仅限于经济指标和就业[17]，或仅提供了时间上某个点的情况，即时间快照，而不是时间发展[18]。

与之前的文献不同，我们设计了一个理论框架，可以容纳任意数量的且定义明确的定量指标，并对其中41个指标进行了实证分析。我们调查了它们的分布，以发现十个选定欧盟MSs循环生物经济的演化模式。与我们类似的方法也被用于其他经济领域，对许多地区或部门使用单一指标。Quah（1993，1996）是跨国增长和收入文献中第一个使用马尔可夫转移矩阵研究收入分布模式的人[19,20]。后来，许多研究人员采用这种方法，通过估计贸易专业化指数随时间变化的分布内动态来分析贸易专业化模式[21-24]。Zaghini（2005）分析了新欧盟MSs在不同贸易专业化程度之间移动的可能性。考虑到208个行业的出口和进口之间的差异，他考察了拉菲指数的内部分布动态，通过拉菲指数对行业相对排名随时间的变化描述了这些内部分布动态[21]。

在探索性研究中，我们描绘了2006~2016年欧盟循环生物经济的发展，并分析了芬兰、法国、德国、意大利、拉脱维亚、荷兰、波兰、葡萄牙、斯洛伐克和西班牙的具体情况，研究目标是调查这些国家的循环生物经济在十年期间是在进步还是在退步。我们选择这些欧盟成员国，从现在起称为欧盟十国（EU-10），有几个理由：首先，我们考虑了循环生物经济对其经济的潜在重要性。像荷兰和芬兰这样已经具有高度竞争力的农业和林业部门的国家，认为循环经济是巩固它们的地位和更可持续的环境的方法[25,26]。其他国家，如拉脱维亚和意大利，则专注于提高其生物经济部门的人均收入竞争力[27,28]。其次，选定的国家涵盖了农业集约化的整个范围，从荷兰和德国的集约农业到拉脱维亚和葡萄牙的广泛农业[29]。再次，希望在整个欧盟实现良好的地理覆盖，包括在2004年前后加入欧盟之前和之后进行区分。最后，受制于所包含指标的连贯数据的可用性，欧盟统计局的数据来源并不包含所有欧盟成员国和所有年份所有指标的一致时间序列。因此，我们对国家和期限的选择是尊重上述条件的妥协的结果，也就是说，如果有必要的数据，我们的框架允许包括额外的国家和年份。

本文对当前的文献做出了贡献，包括范围广泛、数量众多的指标，以便更全面地了解十个欧盟国家的循环生物经济进展以及经济、社会和环境影响。通过检查指标的内部分布，我们对循环生物经济动力学的分析是独特的。

4.2 研究背景

4.2.1 循环生物经济政策行动

循环生物经济在政治议程上占据重要地位，许多决策者已经提出并实施支持和引导其发展的政策行动。表4-1概述了欧盟和欧盟十国与生物经济相关的政策行动。欧盟决策者已将生物经济作为优先事项，以减少石化产品的使用、缓解和适应气候变化、减少对自然资源进口的依赖并促进农村发展[2]。在欧盟层面，反映在众多欧盟政策倡议和研究项目中，包括欧盟生物经济战略和欧洲生物产业联合承诺[3]。在MS成员国层面，本文中的大多数国家在2006~2016年制定了专门的生物经济战略或其他与生物经济相关的政策倡议和研究项目。例外情况是意大利和拉脱维亚，它们在2017年才发布了生物经济战略，斯洛伐克和波兰在此期间尚未制定生物经济战略[30]。然而，在斯洛伐克和波兰，生物经济发展在区域和智能专业化战略中得到认可[31,32]①。

表4-1 各国2007~2017年生物经济相关行动概述

标题	类型	级别	目标政策领域	年份
		欧盟		
正在走向以知识为基础的生物经济	咨询文件	超国家	是	2007

① 我们感谢一位匿名评论者指出这一点。

续表

标题	类型	级别	目标政策领域	年份
创新促进可持续增长：欧洲的生物经济	政策策略	超国家	否	2012
生物产业联盟	投资计划	超国家		2012
德国				
2009 年能源公司	政策措施	国家	是	2009~2011
2012 年可再生能源法	政策措施	国家	是	2012~2016
2030 年国家研究战略生物经济	研究策略	国家	否	2010~2016
生物经济学。巴登—符腾堡可持续发展之路	政策策略	区域	否	2013
国家政策战略生物经济学	政策策略	国家	否	2014
芬兰				
自然资源战略	政策策略	国家	否	2009
分布式生物经济——推动可持续增长	政策策略	国家	否	2011
可持续生物经济：芬兰的潜力、变化和机遇	政策策略	国家	否	2011
芬兰生物经济战略——来自生物经济的可持续增长	政策策略	国家	否	2014
芬兰生物经济战略	政策策略	国家	否	2014
荷兰				
绿色增长——从生物质到商业	更新合同	国家	是	2012
生物经济框架备忘录	框架文件	国家	是	2012
绿色增长：实现强劲、可持续的经济	绿色增长战略	国家	是	2013
法国				
2011~2020 年国家生物多样性战略	研究与创新	国家	是	2011
法国工业的新面貌	研究与创新	国家	是	2012
法国欧洲 2020	研究与创新	国家	否	2014
过渡时期国家战略的可持续发展	高新技术	国家	否	2014
法国的生物经济战略	整体生物经济发展	国家	否	2017
意大利				
意大利的生物经济：重新连接经济、社会和环境的独特机会	高技术发展	国家	否	2017
西班牙				
地平线 2030	高技术发展	国家	否	2016

续表

标题	类型	级别	目标政策领域	年份
埃斯特马杜拉 2030	高技术发展	区域	否	2017
葡萄牙				
国家海洋公园	蓝色经济	国家	否	2013~2020
拉脱维亚				
2030 年生物经济战略（LI-BRA）	高技术发展	国家	否	2017

虽然生物经济战略针对的是整个生物经济，但政策行动也可以针对特定的政策领域。后者的一个例子是德国的 Erneuerbare Energien Gesetz (EEG)，其目标是推广可再生能源。在 EEG 中推广生物能源会影响生物经济的其他部分，如农业和电力生产。

4.2.2 衡量绩效的指标框架

各国政府已经就循环生物经济采取了许多必须加以监测的政策行动，比如可持续发展目标。政策制定者使用了监测框架，为许多政策目标制定了一套不同的指标。17 项联合国可持续发展目标是一个广泛使用的框架，包括 232 项指标，用于衡量实现 169 项相应目标的进展情况。然而，由于 SDG 指标没有具体目标[33]，衡量 SDG 进展情况变得复杂。然而，衡量 SDG 绩效的三种主要方法已经开发出来：Bertelsmann Stiftung 基金会的 Bertelsmann 指数（BI）和可持续发展解决方案网络[34,35]、经济合作与发展组织（OECD）的距离测量[36]，以及基于欧盟统计局报告的进度测量[37]。这些方法之间存在重大差异[38]；指标的正常化是一个重要的问题。

SDG 指标必须标准化，以便进行汇总和比较，因为它们衡量不同的经济、环境和社会目标，因此具有不同的单位和维度。研究人员从指标值中减去所有国家的最小值，然后将差值除以所有国家的 BI 值范围[34]。该程序生成的分数与所有国家的指标值有关，但对单个国家的独立发展几乎没有意义。对于经合组织的距离测量，指标的最新值从目标值中减去，然后除以所有国家的标准差[39]。同样，得出的分数与所有纳入的国家有关，重要的是每个指标的目标值都是必要的。基于欧盟统计局报告的进度测量对 2030 年特定指标值进行线性插值，为此，首先将最近一次观测值与第一次

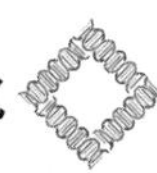

观测值之间的差值除以年差，其次乘以 2030 年与最近一次观测值的差值，最后加上最近一次观测值[38]。之后，将所有指标值在 0 和 1 之间重新调整并进行汇总，以获得目标级别的绩效衡量。该方法对时间序列数据中的异常值敏感，因为其计算中只包含两个观测值。z 分数（标准分数）是标准化的另一种方法，常用于综合发展指数，该指数综合了一个国家发展的各个社会、政治和经济方面[40]。它的计算非常简单，使用指标的平均值和标准偏差（详情见第 4.4 节）。

我们的框架需要标准化，因为选择数据和方法独立分析了欧盟及其 MSs 循环生物经济的发展，并比较了各国之间的发展情况，但很多指标都没有目标，因此我们使用 z 分数来规范这些指标。在此之前，我们需要收集并准备数据集，下面将对此进行描述。

4.3　数据

我们使用欧盟统计局的“衡量可持续发展目标进展的指标集”和“循环经济监测框架”中的时间序列数据①，根据 Ronzon 和 Sanju'an（2020），从 232 个可持续发展目标指标中选择与生物经济相关的指标。为了选择与生物经济相关的指标，他们确定了 SDG 目标和欧盟生物经济行动计划之间的任何基于意义的等效性或相似性，这是 2018 年更新的生物经济战略的一部分。

我们选定的 41 个“生物经济相关”的循环经济指标，不仅涵盖了循环生物经济的多个方面，还涵盖了不同时期。最大的数据缺口出现在 2005 年之前以及最近几年（2017~2019 年）。之前的数据缺口可能来自后来引入的指标，需要在所有欧盟 MSs 中进行数据收集；后者可能是由于收集数据所需的时间。对于一致的数据集，最终考虑使用 2006~2016 年，并通过使用线性回归预测缺失值来填补剩余的数据缺口。循环经济监测框架中的指标被编码为“cei”（竞争力和创新）或“wm”（废物管理），然后是分类号。相比之下，可持续发展目标指标被编码为“sdg”，目标编号介于 1 和 17 之间，然后是分类编号。

在大多数情况下，我们避免同一个指标在数据中用不同的维度或测量单位多次表示。例如，SGD4-优质教育的“应届毕业生就业率”指标包含

---

① 我们从欧盟统计局的官方网站下载了数据，该网站可通过 https：//ec. europa. eu/eurostat/data/bulkdownload. 免费获取。

了男女的分类数据，但我们只保留总数据。然而，我们保留可提供额外见解的指标分类数据。例如，纳入按部门分列的指标以及“可再生能源在按部门划分的最终能源消耗总量中所占份额”的总数，因为它们可能朝着不同的方向发展。表 4-2 列出了我们使用的所有的指标，并指定哪些是聚合的以及哪些不是聚合的。

表 4-2　本文使用的指标列表

代码	指标说明	期望的方向
cei_ cie010	按要素成本增加值（百万欧元）	+
cei_ cie010	按要素成本增加值（占 GDP 的百分比）	+
cei_ cie010	有形商品总投资（百万欧元）	+
cei_ cie010	有形商品总投资（占 GDP 的百分比）	+
cei_ cie010	就业人数	+
cei_ cie010	就业人数（占总就业人数的百分比）	+
cei_ wm030	生物废物回收（人均千克）	+
sdg_ 0220	农业数每年度工作单位收入	+
sdg_ 02_ 30	政府对农业研究和开发的支持（百万欧元）	+
sdg_ 02_ 30	政府对农业研究和开发的支持（每位居民的欧元）	+
sdg_ 02_ 40	有机农业面积占已利用农业面积的百分比（UAA）	+
sdg_ 02_ 50	按养分（氮）划分的农业用地总养分平衡	0
sdg_ 02_ 50	按养分（磷）	0
sdg_ 02_ 60	农业氨排放量划分的农田养分平衡（吨）	-
sdg_ 02_ 60	农业氨排放量（千克/公顷）	-
sdg_ 04_ 20	按性别划分的高等教育程度（总计）	+
sdg_ 04_ 50	按性别划分的应届毕业生就业率（总计）	+
sdg_ 04_ 60	按性别划分的成人学习参与率（总计）	+
sdg_ 07_ 10	初级能源消耗（百万吨油当量）	-
sdg_ 07_ 30	能源生产率（每千克石油当量欧元）	+
sdg_ 07_ 40	在各部门最终能源消耗总量中的份额（总计）	+
sdg_ 07_ 40	在各部门最终能源消耗总量中的份额（运输）	+
sdg_ 07_ 40	在各部门最终能源消耗总量中的份额（电力）	+
sdg_ 07_ 40	在总能源消耗总量中的份额按部门划分的最终能源消耗量（供暖和制冷）	+

续表

代码	指标说明	期望的方向
sdg_ 08_ 30	人均实际 GDP-连锁量（与前一时期相比，人均）	+
sdg_ 08_ 40	按性别划分的长期失业率（总计）	-
sdg_ 09_ 10	按部门划分的研发国内支出总额——企业部门	+
sdg_ 09_ 10	按部门划分的研发国内支出总额——政府部门	+
sdg_ 09_ 10	按部门划分的研发国内支出总额——高等教育部门	+
sdg_ 09_ 20	知识密集型服务业就业	+
sdg_ 09_ 20	高新技术制造业就业	+
sdg_ 09_ 30	按部门划分的研发人员——企业部门（占活跃人口的百分比）	+
sdg_ 09_ 30	按部门划分的研发人员——政府部门（占活跃人口的百分比）	+
sdg_ 09_ 30	按部门划分的研发人员——高等教育部门（占活跃人口的百分比）	+
sdg_ 09_ 40	向欧洲专利局提出的专利申请（数量）	+
sdg_ 09_ 40	向欧洲专利局提出的专利申请（每百万居民）	+
sdg_ 11_ 60	城市废物回收率（占产生废物总量的百分比）	+
sdg_ 12_ 41	循环材料使用率（占家庭使用材料投入的百分比）	+
sdg_ 13_ 10	温室气体排放量（基准年 1990 年）	-
sdg_ 13_ 10	温室气体排放量（人均吨）	-
sdg_ 14_ 10	根据 NATURA 2000 指定的海洋场地表面（平方千米）	+

注：“+”表示以更高值进展的指标；“-”表示回归值较高的指标；“0”表示期望值为零的指标。

在下一步中，我们检查了这些指标的解释是否一致。对于某些指标，如每年度工作单位的农业要素收入，较高的值意味着生物经济正在进步或对社会产生积极影响；而对于其他指标，如农业产生的氨排放，较高的值意味着生物经济正在倒退，或对社会产生消极影响，或两者兼而有之。为使所有指标保持一致，必须确保较高的指标值表明朝着所需的方向移动。因此，我们为预期方向为负的指示器指定了负号。例如，OECD（2019）、Ronzon 和 Sanjuán（2020）采取了类似的方法[39,41]。对于最优值为零的指标，我们取其绝对值，并为其分配负号①。这样，与最佳值的正偏差和负

① 恢复符号的另一种方法是取值的倒数。然而，这种方法不适用于期望值为零的平衡指示器。

偏差被同等对待。表 4-2 显示所有指示器的预期方向；我们采纳了欧盟统计局（2019）的 SDG 生物经济指标指导[37]。循环经济指标的设计都是为了使增长朝着期望的方向发展。在准备好数据后，将我们的方法应用于指标框架，如第 4.4 节所述。

4.4 研究方法

4.4.1 标准化

我们分析了 2006~2016 年芬兰、法国、德国、意大利、拉脱维亚、荷兰、波兰、葡萄牙、斯洛伐克和西班牙的生物经济发展。首先，研究所有循环生物经济指标在一段时间内的变化，并对各国进行比较。其次，使用马尔可夫转移矩阵分析循环生物经济指标的动态。

由于所有指标都有不同的单位和量级，因此需要对其进行标准化，以便进行有意义的比较和汇总。尽管存在几种标准化方法，但正如第 4.2 节所指出的，它们存在缺陷。我们计算了每个指标的 z 分数（标准分数），将数据放在一个标准化的量表上。给定年份中给定指标的 z 分数衡量指标值偏离指标均值的标准差。正 z 分数表示高于平均值的值，负 z 分数表示整个期间低于平均值的值。t 年指标 i 的 z 得分由式（4-1）得出：

$$z_{it}=\frac{x_{it}-\overline{x}_i}{s_i} \tag{4-1}$$

其中，x_{it} 是指标的值，$\overline{x}_i$ 是指标 i 的时间平均值，s_i 是指标的时间标准差。使用式（4-1）对我们的指标进行规范，以对它们进行聚合，赋予所有指标同等的权重，并跟踪它们随时间的变化。为了根据标准化指标随时间发展的“速度”对其进行排名，计算了指标 i 的 z 分数的线性回归斜率参数，如式（4-2）所示。

$$\hat{\beta}_i=\frac{\mathrm{Cov}[t,\ z_i]}{\mathrm{Var}[t]} \tag{4-2}$$

我们使用 $\hat{\beta}_i$ 作为指标排名的衡量标准，但是并没有检查是否存在 $\hat{\beta}$ 值越大进展越快的统计显著关系。

4.4.2 马尔可夫转移矩阵

为了分析循环生物经济的动态，需要了解指标的内部分布随时间的发

 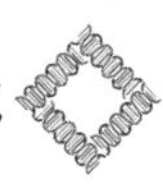

展。z 分数使我们能够根据这些指标多年来的变化对其进行排名，并定义这些变化的分布。首先，我们计算了每年所有指标的 z 分数的四分位数，并将其作为边界，将指标分为四个季度：从第一季度，z 分数最低的指标，到第二季度和第三季度，z 分数分别为中低和中高，再到第四季度，z 分数最高的指标。其次，使用 1/4 构造马尔可夫转移矩阵。

继 Quah（1993，1996）和 Zaghini（2005）之后[19-21]，我们使用马尔可夫转移矩阵对指标随时间的推移内部分布发展进行了建模。这些矩阵在跨国增长文献[19,20] 中被用来分析收入趋同。为了建立马尔可夫链，需要一个转移矩阵和一个初始分布。假设一个有限的状态集 $s=\{1, \cdots, m\}$，则必须为每对 $(i, j)\in s^2$ 状态分配一个实数 p_{ij}，确保属性满足以下条件：

$$p_{ij}\geqslant 0 \quad \forall(i, j)\in S^2 \tag{4-3}$$

$$\sum_{j\in S} p_{ij}=1 \quad \forall i\in S \tag{4-4}$$

则转移矩阵 P 可定义如下：

$$P=\begin{pmatrix} p_{11} & p_{12} & \cdots & p_{im} \\ p_{21} & p_{22} & \cdots & p_{2m} \\ \vdots & \vdots & \ddots & \vdots \\ p_{m1} & p_{m2} & \cdots & p_{mm} \end{pmatrix} \tag{4-5}$$

其中，每个单元格的值是一个转移概率，即第 i 段的指标在下一年移动到第 j 段的概率，通过计算指标水平相对变化间隔的转换次数来计算每个周期的转换概率。

我们使用 Shorrocks（1978）提出的两个指标[42]，比较了不同时期和不同国家之间的流动性（即指标在季度间的移动程度）：

$$M_1=\frac{n-tr(P)}{n-1} \tag{4-6}$$

$$M_2=1-|det(P)| \tag{4-7}$$

其中，n 是平方转移矩阵 P 的阶，tr（P）是它的迹（即主对角线上的元素之和），det（P）是它的行列式。

对于这两个指标，较高的值表示细分市场之间的指标流动性较高，而零表示根本没有流动性。然而，这两个指标仍然可能导致不同的结果，因为它们衡量的是不同类型的流动性。M_1 只与转移矩阵的轨迹有关，因此测量对角线和非对角线转移概率之间的比率。M_2 使用过渡矩阵的行列式衡量矩阵的所有变化形式。

4.5 研究结果

4.5.1 循环生物经济指标分布的外部形态

为了分析所有循环生物经济指标的变化，我们检查了所有国家随时间变化的z分数分布的外部形状。在图4-1中，聚合分布接近正态分布，这是计算z分数得出的结果，并且大多数指标的z分数介于-2和2之间。在图4-2中，每一个连续年份的分布向右移动，因此在更高的z分数水平上达到峰值。平均而言，循环生物经济指标在欧盟十国总量中随时间而改善。

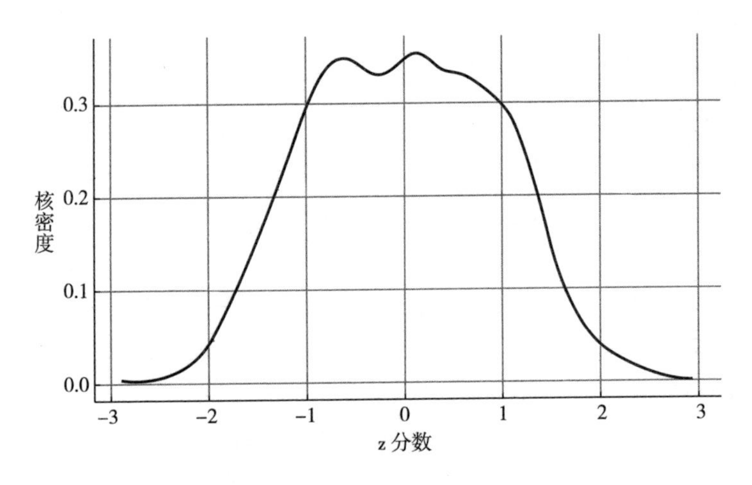

图4-1 所有国家在整个时期内的指标分布（核密度估计）

注：图4-1显示了所有指标和年份的z分数的密度估计值。

为了进一步描述和分析循环生物经济指标分布的外部形态，我们在表4-3中给出了欧盟十国的简要描述性统计数据。这表明欧盟十国的平均z分数从2006年的-0.622上升到2016年的0.466。

除2008~2010年的一次中断外，这一进展在整个时期几乎是连续的。国家生物经济的发展在不同程度上证实了这一积极趋势。德国的平均值从2006年的-1.001上升到2016年的0.769；2006~2016年，斯洛伐克的平均

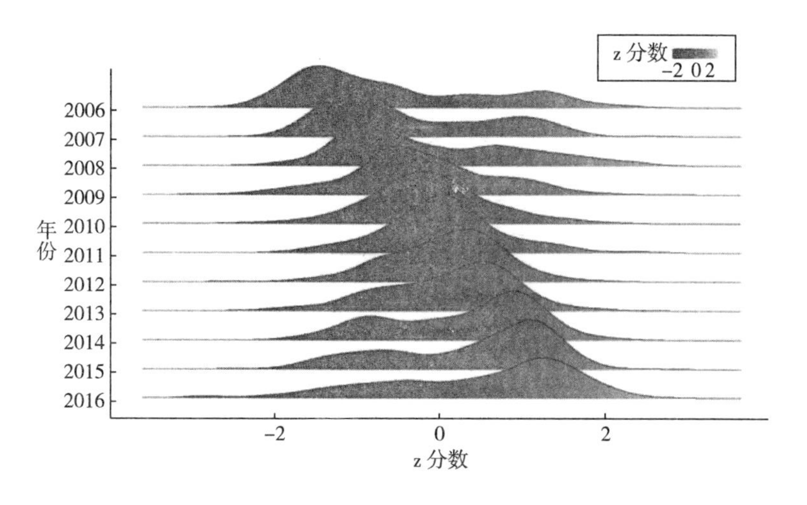

图 4-2　所有国家的年度指标分布（核密度估计）

注：图 4-2 显示了所有指标的时间分类 z 分数。

表 4-3　标准化指标分布的描述性统计

EU-10											
	2006 年	2007 年	2008 年	2009 年	2010 年	2011 年	2012 年	2013 年	2014 年	2015 年	2016 年
平均值	-0. 622	-0. 430	-0. 122	-0. 155	-0. 122	0. 052	0. 081	0. 138	0. 310	0. 405	0. 466
中位数	-0. 954	-0. 758	-0. 476	-0. 248	-0. 164	0. 029	0. 175	0. 286	0. 555	0. 706	0. 733
标准差	1. 113	0. 953	1. 005	0. 842	0. 735	0. 716	0. 677	0. 761	0. 858	0. 941	1. 134
全距	5. 339	4. 972	4. 359	5. 044	4. 885	4. 621	4. 554	4. 800	4. 096	4. 832	5. 747

值增加了 1. 504，葡萄牙增加了 1. 186。芬兰的进步最小，其平均值从 2006 年的-0. 35 仅上升到 2016 年的 0. 045。拉脱维亚、荷兰、波兰、意大利、西班牙和法国相继取得较大进步，但仍落后于德国和斯洛伐克。欧盟十国的 z 分数范围在审查期的前四年通常较高，在 2010~2013 年相对较低，约为 2. 5，然后在 2014 年和 2016 年再次增加。

图 4-3 证实了欧盟十国循环生物经济指标随着时间的推移其中位数（箱内的线段）增加的总体积极的趋势。四分位间距（箱的高度）与该范围相当，并显示了类似的情况。中期（2010~2012 年），四分位间距总体上低于前期和后期。尽管存在一些小偏差，但每个国家的循环生物经济指标的发展也呈现出同样的趋势（见附录 A）。

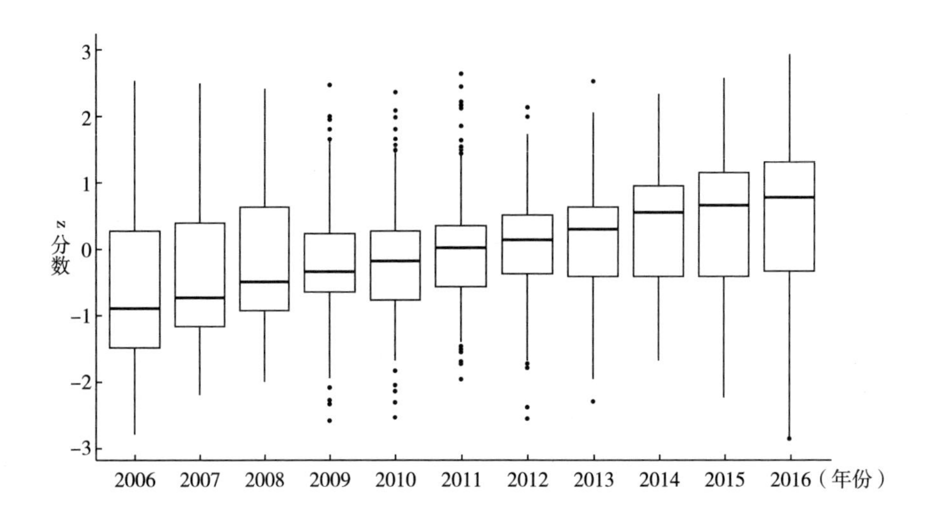

图 4-3　2006~2016 年欧盟十国循环生物经济指标发展箱形图

注：箱形图显示了每年的 z 分数。箱内的线段为中位数，箱的高度为四分位间距（IQR）。上（下）须从箱体延伸至最大（最低）值，距离箱体不超过 1.5×IQR。这些点对应于超出胡须范围的异常值。

根据所有 41 项指标的 z 分数随时间的变化，从最好到最差对其进行排名。表 4-4 列出了所有国家的五个最佳和最差指标，显示了它们的循环生物经济是如何进步或倒退的。在除意大利以外的所有国家，可再生能源在最终能源消耗总量中所占份额的进步率是最高的。可再生能源份额的指标没有区分可再生能源的类型，也不允许仅评估生物能源方面的进展。然而，2017 年，在所有欧盟十国和地区，可再生能源的最大部分仍然是生物燃料和可再生废物。因此，生物能源很可能在可再生能源份额的进步中发挥了重要作用[43]①。此外，在十个国家中，有七个国家的生物废物回收、城市废物回收率和循环材料使用率是最具改善性的指标。相比之下，在德国、拉脱维亚和斯洛伐克，农业土地上的氨排放和养分平衡出现了负增长。十个国家中有六个国家的私营投资、就业和与循环经济部门有关的总增加值的至少一个经济指标正在下降。其中，有两项经济指标最差的国家

① 为了进一步说明这一点，根据国际可再生能源机构（International Renewable Energy Agency）的数据，2010 年波兰最终可再生能源使用总量中，生物能源占 90%，而其余 10%来自水电和风能[44]。

是意大利、拉脱维亚、葡萄牙和斯洛伐克。

表 4-4　2006~2016 年欧盟十国进展最快、倒退最多的指标

进展最快的指标		倒退最多的指标	
	$\hat{\beta}$		$\hat{\beta}$
德国			
可再生能源在最终能源消耗总量中的份额——电力	0.300	向欧洲专利局提交的专利申请（总数）	-0.291
可再生能源在最终能源消耗总量中的份额——所有部门	0.299	向欧洲专利局提出的专利申请（每百万居民的专利申请数量）	-0.288
就业率	0.294	农业氨排放量（千克/公顷）	-0.288
生物废弃物的回收利用	0.293	农业氨排放量（吨）	-0.278
研发人员——企业部门	0.292	与循环经济部门相关的私人投资、就业和总增加值——按要素成本计算的增加值占 GDP 的百分比	-0.172
芬兰			
有机耕种面积	0.298	知识密集型服务业就业	-0.295
城市垃圾回收率	0.296	循环材料使用率	-0.294
可再生能源在最终能源消耗总量中的份额——供暖和制冷	0.295	研发人员——政府部门	-0.277
可再生能源在最终能源消耗总量中的份额——所有部门	0.292	研发人员——高等教育部门	-0.272
高新技术制造业就业	0.292	国内研发支出总额——高等教育部门	-0.234
荷兰			
可再生能源在最终能源消耗总量中所占份额——所有部门	0.296	政府对农业研发的支持（百万欧元）	-0.267
高等教育程度	0.291	政府对农业研发的支持（人均欧元）	-0.264
可再生能源在最终能源消耗总量中的份额——供暖和制冷	0.286	长期失业率	-0.246
城市垃圾回收率	0.284	与循环经济部门相关的私人投资、就业和总增加值——占总就业的百分比	-0.242
可再生能源在最终能源消耗总量中的份额——交通运输业	0.282	应届毕业生就业率	-0.236
法国			
研发人员——高等教育部门	0.302	研发人员——政府部门	-0.302
研发人员——企业部门	0.302	高新技术制造业就业	-0.290

续表

进展最快的指标		大多数回归指标	
法国			
城市垃圾回收率	0.301	长期失业率	-0.258
可再生能源在最终能源消耗总量中的份额——供暖和制冷	0.299	应届毕业生就业率	-0.253
知识密集型服务业就业	0.298	国内研发支出总额——政府部门	-0.250
波兰			
高等教育学历	0.299	能源生产率	-0.294
可再生能源在最终能源消耗总量中的份额——电力	0.298	《自然》2000 指定的海洋场地表面	-0.293
向欧洲专利局申请的专利（每百万居民的专利数量）	0.298	国内研发支出总额——企业部门	-0.280
向欧洲专利局申请专利（总数）	0.298	成人参与学习	-0.255
可再生能源在最终能源消耗总量中的份额——供热和制冷	0.296	与循环经济部门相关的私人投资、就业和总增加值——按要素成本计算的增加值——占 GDP 的百分比	-0.183
斯洛伐克（捷克斯洛伐克地区）			
高等教育程度	0.297	与循环经济部门相关的私人投资、就业和总增加值——有形商品总投资——占 GDP 的百分比	-0.229
能源生产率	0.295	成人参与学习	-0.223
可再生能源在最终能源消耗总量中的份额——电力	0.292	农业用地养分平衡总量——磷	-0.206
温室气体排放量（指数 1990=100）	0.290	与循环经济部门相关的私人投资、就业和总增加值——有形商品总投资——百万欧元	-0.194
可再生能源在最终能源消耗总量中的份额——所有部门	0.289	应届毕业生就业率	-0.091
意大利			
城市垃圾回收率	0.298	城市垃圾回收率	0.298
国内研发支出总额——企业部门	0.296	国内研发支出总额——企业部门	0.296
生物废物回收	0.296	生物废物回收	0.296
循环材料使用率	0.296	循环材料使用率	0.296
高等教育学历	0.295	高等教育学历	0.295

续表

进展最快的指标		大多数回归指标	
西班牙			
与循环经济部门相关的私人投资、就业和总增加值——占总就业的百分比	0.297	循环材料使用率	-0.293
可再生能源在最终能源消耗总量中的份额——所有部门	0.294	长期失业率	-0.267
可再生能源在最终能源消耗总量中的份额——供暖和制冷	0.292	政府对农业研发的支持（人均欧元）	-0.265
可再生能源在最终能源消耗总量中的份额——电力	0.291	政府对农业研发的支持（百万欧元）	-0.259
能源生产率	0.285	应届毕业生就业率	-0.252
葡萄牙（欧洲西南部国家）			
知识密集型服务业就业	0.300	研发人员—政府部门	-0.283
高等教育程度	0.299	与循环经济部门相关的私人投资、就业和总增加值——有形商品总投资——占 GDP 的百分比	-0.266
可再生能源在最终能源消耗总量中的份额——电力	0.298	国内研发支出总额——政府部门	-0.249
可再生能源在最终能源消耗总量中的份额——所有部门	0.294	与循环经济部门相关的私人投资、就业和总增加值——有形商品总投资——百万欧元	-0.249
与循环经济部门相关的私人投资、就业和总增加值——总就业率百分比	0.294	应届毕业生就业率	-0.241
拉脱维亚			
与循环经济部门相关的私人投资、就业和总增加值——百分比	0.299	农业氨排放量（吨）	-0.286
根据 NATURA 2000 指定的海洋地点表面	0.298	农业的氨排放（每公顷千克）	-0.266
高等教育程度	0.293	与循环经济部门相关的私人投资、就业和总增加值——按要素成本计算的增加值——占 GDP 的百分比	-0.264
可再生能源在最终能源消费总额中的份额——电力	0.288	与循环经济部门相关的私人投资、就业和总增加值——有形商品的总投资——占 GDP 的百分比	-0.252
循环物料利用率	-0.282	农用地养分平衡总量——氮	-0.245

相比之下，在西班牙、拉脱维亚和葡萄牙，循环经济部门的总就业率大幅上升。对于研发相关的指标而言，这一进展并不明确。德国、意大利和法国的专利申请指标最差，而波兰的专利申请指标最好。此外，西班牙、芬兰、荷兰和波兰的公共支出、农业研发、高等教育和政府相关指标最差，但德国、法国和意大利的企业部门研发人员或研发支出相关指标最好。

4.5.2 循环生物经济的内部分布动力学

为了分析所选循环生物经济的动力学，使用马尔可夫转移矩阵对指标的内部分布随时间的发展进行建模。矩阵是通过追踪每个指标在两个时期之间相对于其他指标的位置变化来构建的。为了使事情易于管理并简化对结果的解释，每年根据指标的 z 分数值，根据给定年份的四分位数将指标分配给季度。第一季度（Q_1）的指标 z 得分最低，第四季度（Q_4）的指标 z 得分最高。第二季度（Q_2）的指标表现比第一季度好，但比第三季度（Q_3）差，而第三季度的表现又比第四季度差。

现在我们可以在任意两个时间点（如 t 和 t+1 或 t+10）之间跟踪每个指标，并确定该指标是停留在同一季度，还是停留在其他季度。通过计算从时间 t 的给定季度到时间 t+1 的任何季度的单个移动的比例，我们估计了表 4-5 所示的转移矩阵。

表 4-5 所有国家短期和长期转移矩阵

一年转移矩阵					十年转移矩阵				
德国									
	Q_1	Q_2	Q_3	Q_4		Q_1	Q_2	Q_3	Q_4
Q_1	0.50	0.26	0.13	0.11	Q_1	0.00	0.40	0.40	0.20
Q_2	0.17	0.26	0.39	0.18	Q_2	0.00	0.30	0.30	0.40
Q_3	0.17	0.34	0.25	0.24	Q_3	0.10	0.10	0.30	0.50
Q_4	0.14	0.12	0.21	0.53	Q_4	0.82	0.18	0.00	0.00
动态变化	0.241	0.241	0.244	0.273	动态变化	0.244	0.243	0.244	0.268
芬兰									
	Q_1	Q_2	Q_3	Q_4		Q_1	Q_2	Q_3	Q_4
Q_1	0.50	0.32	0.10	0.08	Q_1	0.00	0.10	0.50	0.40
Q_2	0.32	0.38	0.20	0.11	Q_2	0.00	0.20	0.30	0.50

续表

一年转移矩阵					十年转移矩阵				
芬兰									
	Q_1	Q_2	Q_3	Q_4		Q_1	Q_2	Q_3	Q_4
Q_3	0.13	0.20	0.35	0.32	Q_3	0.20	0.50	0.10	0.20
Q_4	0.04	0.09	0.32	0.55	Q_4	0.73	0.18	0.09	0.00
动态变化	0.238	0.241	0.246	0.275	动态变化	0.245	0.243	0.244	0.268
荷兰									
	Q_1	Q_2	Q_3	Q_4		Q_1	Q_2	Q_3	Q_4
Q_1	0.50	0.24	0.18	0.08	Q_1	0.00	0.30	0.10	0.60
Q_2	0.34	0.43	0.16	0.07	Q_2	0.10	0.30	0.30	0.30
Q_3	0.07	0.23	0.37	0.33	Q_3	0.10	0.30	0.40	0.20
Q_4	0.09	0.10	0.26	0.55	Q_4	0.73	0.09	0.18	0.00
动态变化	0.250	0.248	0.242	0.260	动态变化	0.245	0.244	0.243	0.269
法国									
	Q_1	Q_2	Q_3	Q_4		Q_1	Q_2	Q_3	Q_4
Q_1	0.46	0.32	0.12	0.10	Q_1	0.00	0.30	0.50	0.20
Q_2	0.26	0.37	0.22	0.16	Q_2	0.00	0.10	0.30	0.60
Q_3	0.15	0.17	0.42	0.26	Q_3	0.20	0.30	0.20	0.30
Q_4	0.12	0.13	0.24	0.52	Q_4	0.73	0.27	0.00	0.00
动态变化	0.243	0.243	0.250	0.263	动态变化	0.245	0.243	0.244	0.268
波兰									
	Q_1	Q_2	Q_3	Q_4		Q_1	Q_2	Q_3	Q_4
Q_1	0.58	0.28	0.09	0.05	Q_1	0.00	0.30	0.40	0.30
Q_2	0.23	0.35	0.23	0.18	Q_2	0.00	0.45	0.27	0.18
Q_3	0.14	0.17	0.38	0.32	Q_3	0.33	0.11	0.11	0.44
Q_4	0.07	0.17	0.20	0.56	Q_4	0.73	0.18	0.00	0.09
动态变化	0.254	0.242	0.218	0.286	动态变化	0.252	0.288	0.211	0.249
斯洛伐克									
	Q_1	Q_2	Q_3	Q_4		Q_1	Q_2	Q_3	Q_4
Q_1	0.47	0.27	0.13	0.13	Q_1	0.00	0.40	0.50	0.10
Q_2	0.27	0.32	0.23	0.17	Q_2	0.10	0.10	0.30	0.50
Q_3	0.14	0.29	0.32	0.25	Q_3	0.20	0.30	0.10	0.40
Q_4	0.11	0.11	0.29	0.50	Q_4	0.64	0.18	0.09	0.09

续表

一年转移矩阵					十年转移矩阵				
斯洛伐克									
	Q_1	Q_2	Q_3	Q_4		Q_1	Q_2	Q_3	Q_4
动态变化	0. 245	0. 245	0. 243	0. 267	动态变化	0. 245	0. 244	0. 244	0. 268
意大利									
	Q_1	Q_2	Q_3	Q_4		Q_1	Q_2	Q_3	Q_4
Q_1	0. 55	0. 27	0. 11	0. 07	Q_1	0. 00	0. 00	0. 50	0. 50
Q_2	0. 26	0. 40	0. 23	0. 11	Q_2	0. 10	0. 10	0. 50	0. 30
Q_3	0. 12	0. 22	0. 33	0. 33	Q_3	0. 30	0. 40	0. 00	0. 30
Q_4	0. 06	0. 11	0. 30	0. 53	Q_4	0. 55	0. 45	0. 00	0. 00
动态变化	0. 243	0. 248	0. 244	0. 265	动态变化	0. 245	0. 243	0. 244	0. 268
西班牙									
	Q_1	Q_2	Q_3	Q_4		Q_1	Q_2	Q_3	Q_4
Q_1	0. 53	0. 33	0. 10	0. 04	Q_1	0. 30	0. 10	0. 40	0. 20
Q_2	0. 28	0. 39	0. 24	0. 09	Q_2	0. 00	0. 00	0. 40	0. 60
Q_3	0. 13	0. 17	0. 41	0. 29	Q_3	0. 30	0. 30	0. 10	0. 30
Q_4	0. 05	0. 10	0. 22	0. 63	Q_4	0. 36	0. 55	0. 09	0. 00
动态变化	0. 241	0. 243	0. 242	0. 275	动态变化	0. 243	0. 245	0. 244	0. 269
葡萄牙									
	Q_1	Q_2	Q_3	Q_4		Q_1	Q_2	Q_3	Q_4
Q_1	0. 53	0. 30	0. 13	0. 04	Q_1	0. 10	0. 20	0. 50	0. 20
Q_2	0. 30	0. 38	0. 19	0. 13	Q_2	0. 10	0. 20	0. 20	0. 50
Q_3	0. 09	0. 19	0. 48	0. 25	Q_3	0. 30	0. 10	0. 20	0. 40
Q_4	0. 06	0. 10	0. 19	0. 65	Q_4	0. 45	0. 45	0. 09	0. 00
动态变化	0. 233	0. 234	0. 246	0. 288	动态变化	0. 244	0. 244	0. 244	0. 268
拉脱维亚									
	Q_1	Q_2	Q_3	Q_4		Q_1	Q_2	Q_3	Q_4
Q_1	0. 53	0. 22	0. 18	0. 07	Q_1	0. 10	0. 10	0. 40	0. 40
Q_2	0. 22	0. 37	0. 26	0. 16	Q_2	0. 20	0. 10	0. 30	0. 40
Q_3	0. 16	0. 26	0. 33	0. 25	Q_3	0. 00	0. 60	0. 20	0. 20
Q_4	0. 08	0. 14	0. 22	0. 56	Q_4	0. 64	0. 18	0. 09	0. 09
动态变化	0. 243	0. 244	0. 247	0. 267	动态变化	0. 245	0. 243	0. 244	0. 268

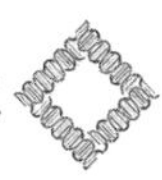

表 4-5 左侧显示了 2006~2016 年一年转移矩阵的平均值，而右侧显示了整个期间每个国家的一个转移矩阵（十年）。为了简化对结果的解释，让我们看看德国的一年转移矩阵。例如，值 0.50（Q_1，Q_1）意味着一年中第一季度的指标中有 50%在第二年也留在了第一季度。类似地，一年中从第一季度开始的 11%（Q_1、Q_4）的指标在第二年第四季度提升了绩效。最后一个例子显示，一年中第四季度开始的 14%（Q_4、Q_1）的高排名指标在第二年第一季度的表现恶化。

转移矩阵的对角线值描述了一个国家循环生物经济的动态性。如果对角线值高于非对角线值，那么从一年到下一年，更多的指标会停留在各自的季度中。因此，指标以同质的方式增长或下降。

我们可以通过比较葡萄牙和德国的一年转移矩阵来说明一个短期内没有那么活跃的国家。对于葡萄牙，对角线值相对较高，例如其 65%的指标每年都保持在表现最好的季度（第四季度）；相比之下，在德国，指标保持在最初季度的概率普遍较低，第四季度为 53%，第二季度和第三季度约为 25%。这一比较表明，葡萄牙循环生物经济指标的内部分布波动较小。

我们比较短期和长期矩阵发现，很明显，在十年期间，指标从一个季度转移到另一个季度的可能性比一年期间更大。这种差异是直观的，因为人们预计，在较长的一段时间内，指标会以不同的速度进步或倒退。然而，表 4-5 中突出的是短期和长期矩阵之间的差异程度。没有一个概率超过在一个季度内停留的 50%；波兰留在第二季度的概率最高，为 45%。保持中等表现季度（第二季度和第三季度）的概率也高于表现最差的季度（第一季度）和表现最好的季度（第四季度）。相比之下，对于短期矩阵，这种趋势在较小程度上是相反的（见表 4-5）。

表 4-6 提供了一年矩阵（M_1 和 M_2）的短期流动性概述，该矩阵分为两个时期的平均值：2007~2011 年和 2012~2016 年。这一概述使我们能够看到，在给定时期的前五年还是后五年的流动性更高。2007~2011 年，流动性最高的国家是德国（0.832），2012~2016 年下降到 0.810。表 4-6 显示了十个国家中有七个国家的短期流动性下降。芬兰和荷兰的降幅尤其显著，分别下降了 0.18。然而，在意大利，短期流动性是稳定的；只有波兰和斯洛伐克的流动性分别增加了 0.07 和 0.03。表 4-6 还显示了一年和十年转移矩阵的流动性指数，即短期和长期动态。根据 M_1，在所有国家，十

年的流动性都高于一年以上。

表 4-6　流动性指标

国家	在两个时期内的短期流动性					
	一年转移矩阵 2007~2011 年		一年转移矩阵 2012~2016 年		流动性变化	
	M_1	M_2	M_1	M_2	ΔM_1	ΔM_2
德国	0.83	0.96	0.81	0.98	-0.02	0.02
芬兰	0.83	0.98	0.65	0.97	-0.18	0.00
荷兰	0.80	0.95	0.63	0.97	-0.18	0.02
法国	0.77	0.97	0.73	0.98	-0.04	0.01
波兰	0.68	0.98	0.75	0.99	0.07	0.01
斯洛伐克	0.78	0.98	0.81	0.99	0.03	0.01
意大利	0.73	0.98	0.73	0.98	0.00	-0.01
西班牙	0.69	0.94	0.67	0.96	-0.02	0.02
葡萄牙	0.72	0.94	0.59	0.96	-0.12	0.02
拉脱维亚	0.80	0.98	0.67	0.92	-0.13	-0.07

为了评估 z 分数的整体分布随时间的变化，我们回归了一个时间变量的 z 分数。结果是所有国家都有一个显著的斜率系数。图 4-4 描绘了 M_1 的

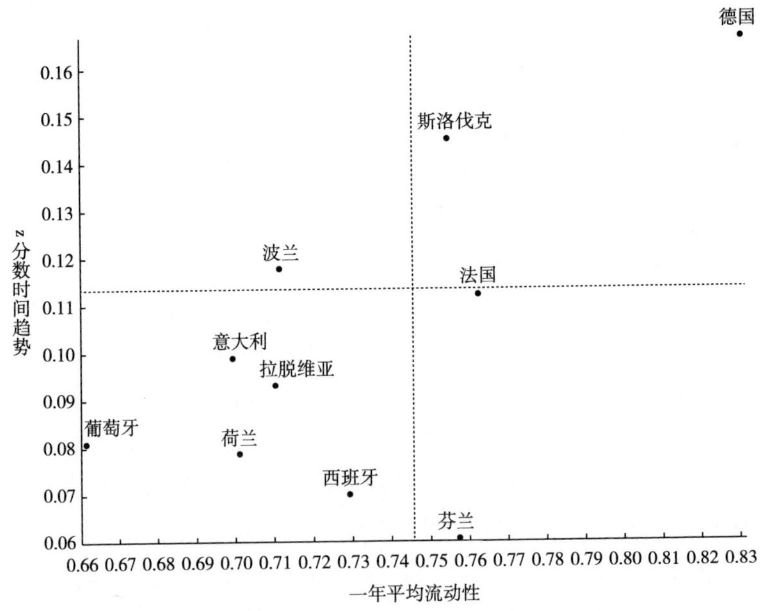

图 4-4　国家间一年平均流动性（M_1）和 z 分数时间趋势的相关性

注：水平虚线和垂直虚线表示最小值和最大值的平均值。

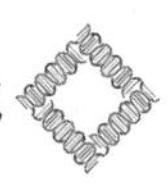

迁移率与 z 分数斜率之间的关系。我们可以观察到更高坡度和更高流动性的一般模式。这种模式是出乎意料的，因为我们之前发现，随着时间的推移，指标的 z 分数增加，流动性降低。

图 4-4 显示，德国和斯洛伐克的生物经济改善最快，同时也保持了最高的短期流动性。葡萄牙和西班牙在生物经济方面的进展相对缓慢，同时也保持了较低的短期流动性。与这一趋势相反，芬兰的生物经济具有平均的短期流动性，但改善最慢。其余的国家位于这一范围的中间。

4.6　研究结论

在这项定量研究中，我们展示了十个欧盟成员国循环生物经济的一系列指标动态演变的相似性和差异性。我们开发了一个新的框架，在该框架中使用不同的单位和维度对指标进行归一化，然后使用马尔可夫转移矩阵研究模式。我们的框架使我们能够理解涵盖循环生物经济的各种经济、环境和社会方面的指标。

我们发现，考虑到所有指标，欧盟十国循环生物经济的演变总体上是渐进的，然而，这种发展并不是同质的。虽然欧盟十国中的大多数国家在可再生能源、循环利用和循环材料使用率方面取得了快速进步，但德国、拉脱维亚和斯洛伐克的农业环境指标却迅速下降。与循环经济部门相关的经济指标在六个国家中是最差的，只有三个国家是最好的。与研发相关的指标在私营部门总体上进展迅速，而在公共部门则出现倒退，这表明一个指标取代了另一个指标。

我们的结果表明，循环生物经济是多方面的，虽然在研究期间总体上有所进展，但并非所有指标都朝着预期的方向发展。这一模式在德国的循环生物经济指标中得到了证明，与欧盟十国其他国家相比，德国的循环生物经济指标平均进步最大。与此同时，德国的内部分配动态也很高：各项指标的发展情况差异很大，而且它们的相对排名连续几年都有很大差异。专利申请和农业氨排放等指标甚至迅速下降。我们建议决策者考虑所有指标，而不仅仅是少数指标，因为一个指标高度动态变化的国家在经济、环境和社会方面的进展似乎有所不同。因此，只检查几个指标可能会对一个国家的循环生物经济产生偏见。

此外，我们的跨国比较表明循环生物经济以不同的速度发展。与其他欧盟国家相比，斯洛伐克、波兰和拉脱维亚的循环生物经济发展迅速。

2006~2016年，它们取得了显著的相对进展，这尤其出乎意料，因为在此期间，它们的政府没有在国家层面上为循环生物经济实施任何政策行动。然而，D'Adamo等（2020）发现，斯洛伐克、波兰和拉脱维亚在社会经济表现方面仍然落后于欧盟其他国家[15]。因此，斯洛伐克、波兰和拉脱维亚循环生物经济的快速发展可能部分归因于对荷兰等高度发达循环生物经济的追赶效应。这一发现与Ronzon和M'Barek（2018）的研究结论一致，他们强调了中欧和东欧生物经济的潜力[14]。

相比之下，芬兰、西班牙、荷兰和葡萄牙的循环生物经济改善最慢，尽管它们有专门的国家生物经济战略。此外，芬兰和荷兰还有其他政策和绿色增长战略。也许这些政策策略的影响有限，需要采取更具体的政策行动，例如在整个经济范围内征收碳税或对生物工业倡议进行有针对性的投资[45]。这些策略也可能需要更多的时间才能生效。

我们在汇编框架所需的数据方面面临重大挑战。在我们根据其与循环生物经济的相关性和数据可用性选择指标后，只有41个指标仍然存在。这个项目数是可行的，但可能会影响使用马尔可夫转移矩阵的结果的稳健性。一旦有了其他指标，这个问题就可以通过未来的研究轻松解决。此外，我们分析了循环生物经济的方向、速度和动力学，但我们无法用我们的框架评估它们的初始状态。在一个不太可能但理论上可能的情况下，循环生物经济在研究期开始时可能已经处于稳定状态，因此其指标z分数的零进展不会有问题。如果确定了所有指标的量化目标，这个问题就可以解决，这将使我们能够评估实现这些目标的距离。

我们研究的另一个局限性是，主要使用可持续发展目标中的“生物经济相关”指标，因为没有一个针对生物经济的综合指标框架。然而，促进可持续发展目标是针对循环生物经济的政策战略的主要目标，例如2018年欧盟生物经济战略[2]。我们研究结果的一个缺点是，并非所有这些指标都旨在衡量循环生物经济的进展或影响，而是可持续发展的更一般方面。例如，可再生能源份额的指标包括生物能源以外的其他类型。因此，包括更多针对循环生物经济的指标将产生更精确的结果。由于循环生物经济的综合指标框架已经提出①，我们预计未来会有更多的指标可用。

① 例如，参见生物监测项目、JRC生物经济监测和德国生物经济系统监测与建模（Symobio）项目。

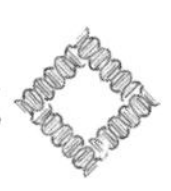

随着未来有更多的指标可用，例如创建经济、环境或社会指标组来比较它们的发展和动态可能会产生有趣的结果。我们预计组内指标的内部分布动态低于非组内指标。分析中还应加入更多国家，尤其是在欧盟之外拥有大型循环生物经济的国家，如美国和中国。我们预计将为当前和其他国家收集更多循环生物经济指标，我们的框架可以帮助分析这些指标的演变。

附录 A　2006~2016 年十个选定欧盟成员国循环生物经济指标的制定箱形图

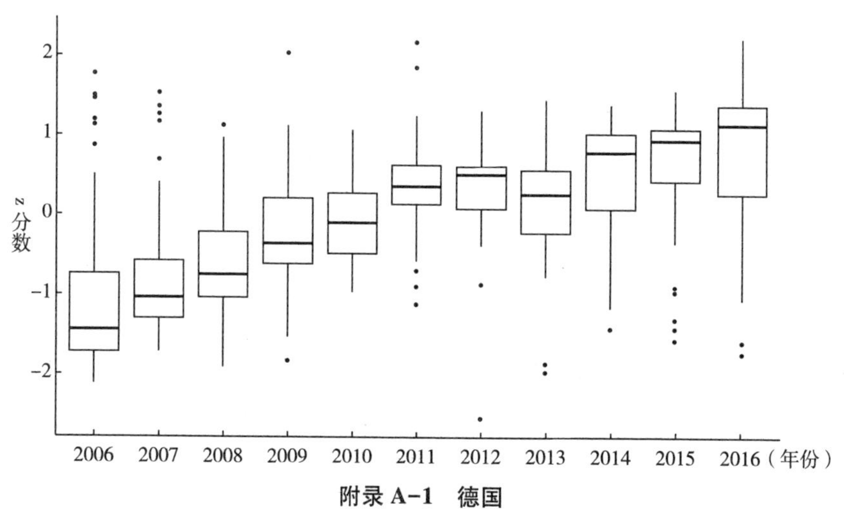

附录 A-1　德国

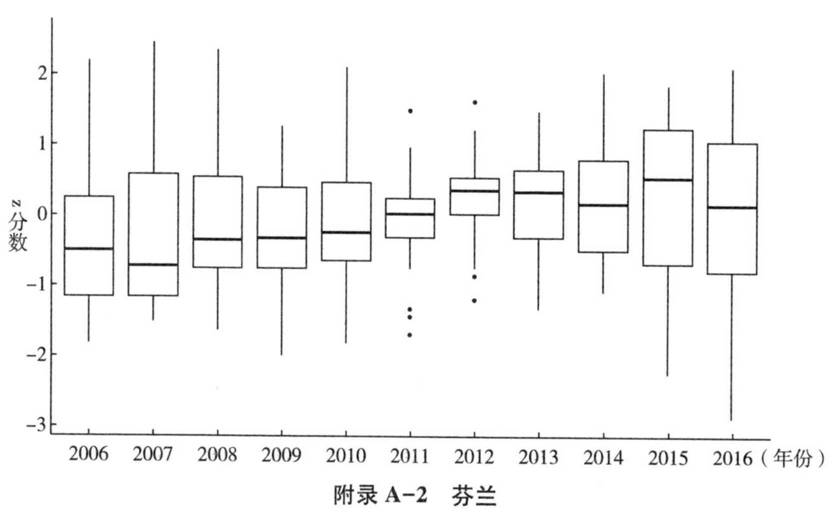

附录 A-2　芬兰

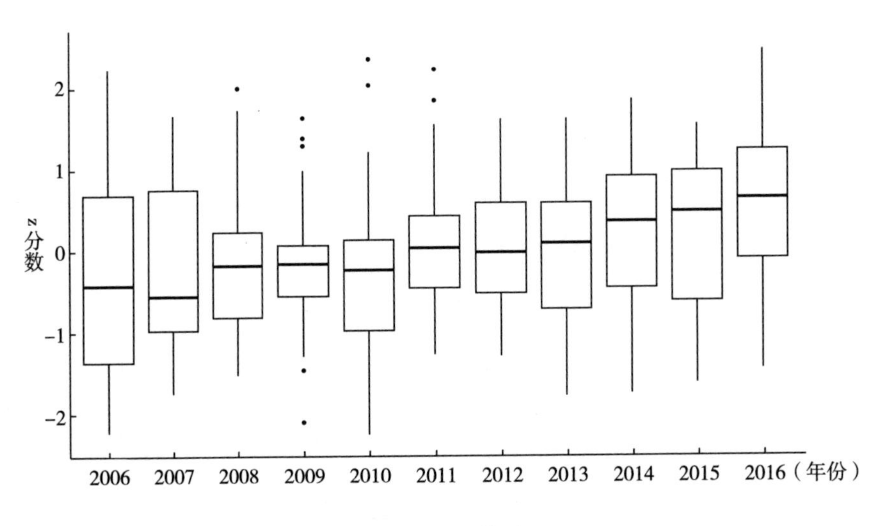

附录 A-3　荷兰

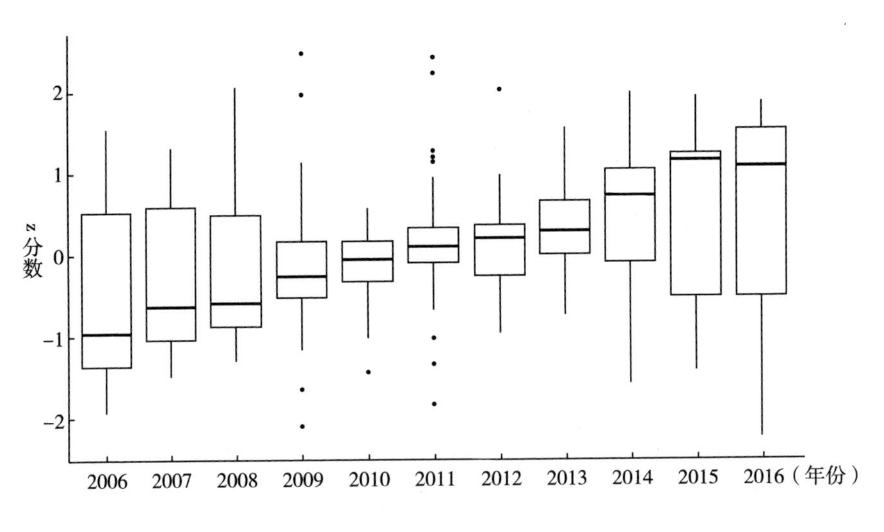

附录 A-4　法国

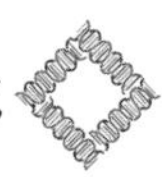

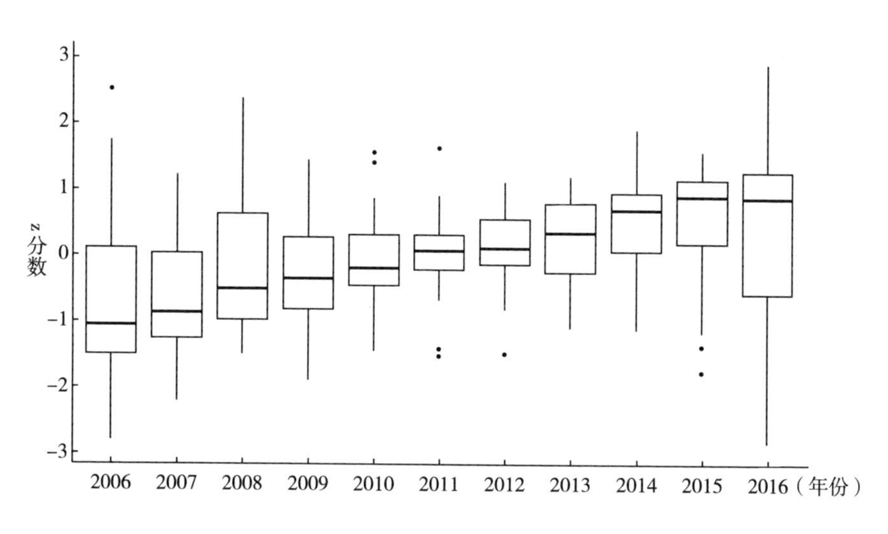

附录 A-5　波兰

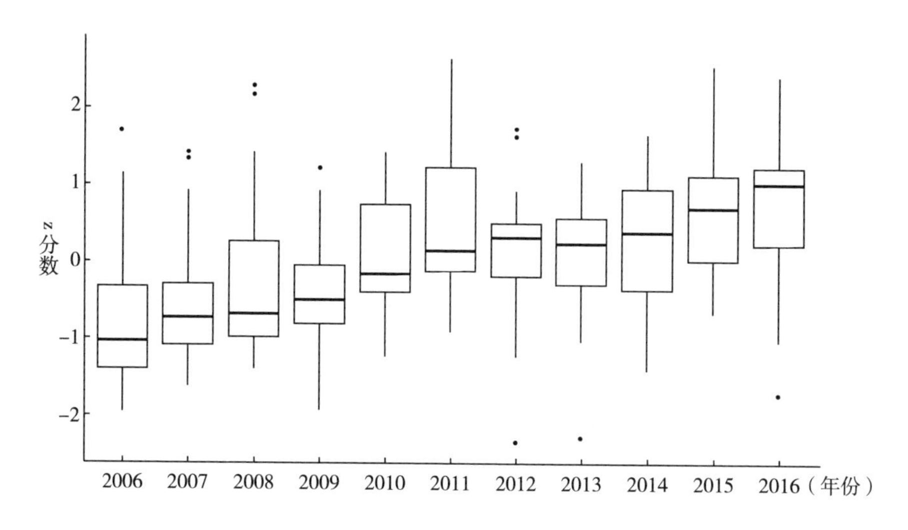

附录 A-6　斯洛伐克

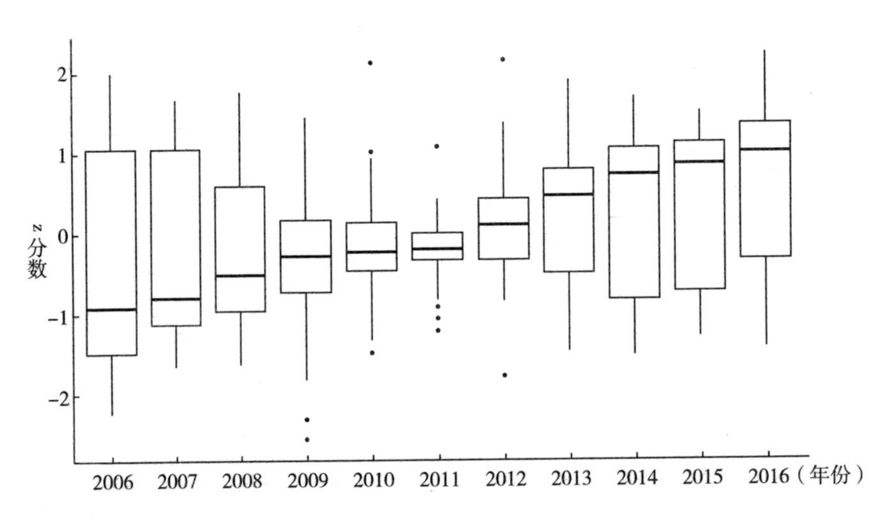

附录 A-7　意大利

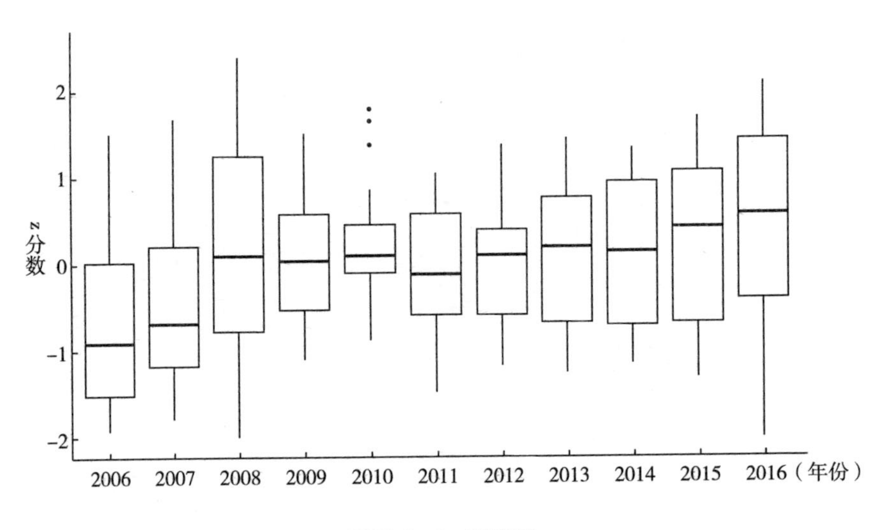

附录 A-8　西班牙

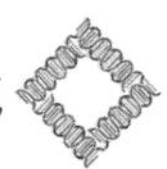

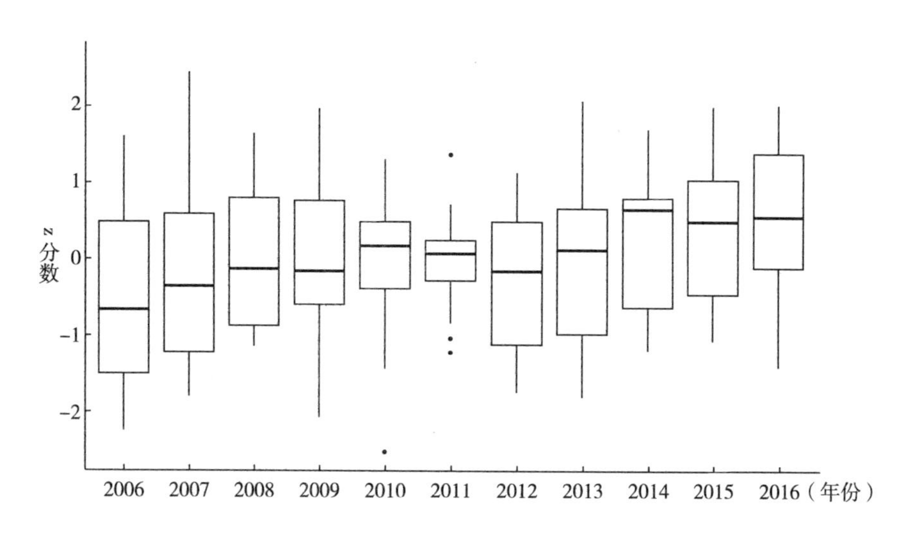

附录 A-9　葡萄牙

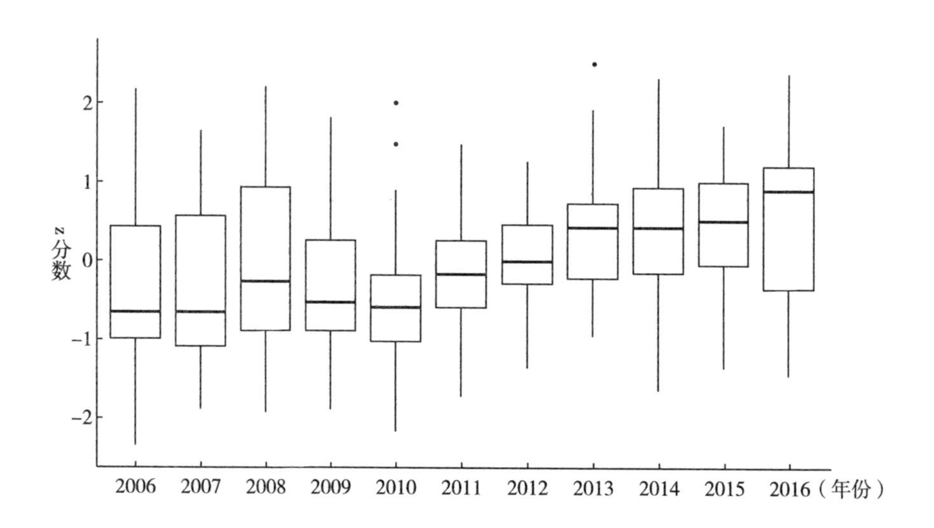

附录 A-10　拉脱维亚

注：箱形图显示了每年的 z 分数。箱内的线段为中位数，箱的高度为四分位间距（IQR）。上（下）须从箱体延伸至最大（最低）值，距离箱体不超过 1.5×IQR。这些点对应于超出胡须范围的异常值。

参考文献

[1] Kubiszewski I., Costanza R., Franco C., Lawn P., Talberth J., Jackson T., Aylmer C., 2013. Beyond GDP: Measuring and achieving global genuine progress. Ecol. Econ. 93, 57-68. https://doi.org/10.1016/j.ecolecon.2013.04.019.

[2] European Commission, 2018. A sustainable bioeconomy for Europ: strengthening the connection between economy, society and the environment. Bioecon. Strategy. https://doi.org/10.2777/478385.

[3] Wesseler J., von Braun J., 2017. Measuring the bioeconomy: Economics and policies. Ann. Rev. Resour. Econ. 9, 275-298. https://doi.org/10.1146/annurev-resource-100516-053701.

[4] O'Brien M., Wechsler D., Bringezu S., Schaldach R., 2017. Toward a systemic monitoring of the European bioeconomy: Gaps, needs and the integration of sustainability indicators and targets for global land use. Land Use Policy 66, 162-171. https://doi.org/10.1016/j.landusepol.2017.04.047.

[5] European Commission, 2015. Closing the Loop-an EU Action Plan for the Circular Economy, Communication from the Commission to the European Parliament, the Council, the European Economic and Social Committee and the Committee of the Regions.

[6] Zhang R., Sun C., Zhu J., Zhang R., Li W., 2020. Increased European heat waves in recent decades in response to shrinking Arctic Sea ice and Eurasian snow cover. Npj Clim. Atmos. Sci. 3, 1-9. https://doi.org/10.1038/s41612-020-0110-8.

[7] Bell J., Paula L., Dodd T., Németh S., Nanou C., Mega V., Campos P., 2018. EU ambition to build the world's leading bioeconomy—uncertain times demand innovative and sustainable solutions. New Biotechnol. 40, 25-30. https://doi.org/ 10.1016/j.nbt.2017.06.010.

[8] Purkus A., Hagemann N., Bedtke N., Gawel E., 2018. Towards a sustainable innovation system for the German wood-based bioeconomy: Implications for policy design. J. Clean. Prod. 172, 3955-3968. https://doi.org/

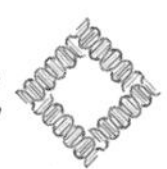

10. 1016/j. jclepro. 2017. 04. 146.

[9] European Commission, 2019a. Communication from the Commission to the European Parliament, the European Council, the Council, the European Economic and Social Committee and the Committee of the Regions. The European Green Deal. COM/ 2019/640 final.

[10] German Bioeconomy Council, 2018. Bioeconomy Policy (Part Ⅱ) Synopsis of National Strategies around the World. Berlin.

[11] Jander W., Grundmann P., 2019. Monitoring the transition towards a bioeconomy: A general framework and a specific indicator. J. Clean. Prod. 236, 117564. https://doi. org/10. 1016/j. jclepro. 2019. 07. 039.

[12] Bracco S., Tani A., Çalıcıoğlu Ö., Gomez San Juan M., Bogdanski A., 2019. Indicators to Monitor and Evaluate the Sustainability of Bioeconomy. Overview and a Proposed Way Forward (No. 77). FAO Environment and Natural Resource Management Working Paper, Rome.

[13] Lier M., Aarne M., Kärkkäinen L., Korhonen K. T., Yli-Viikari A., Packalen T., 2018. Synthesis on Bioeconomy Monitoring Systems in the EU Member States-Indicators for Monitoring the Progress of Bioeconomy.

[14] Ronzon T., M'Barek R., 2018. Socioeconomic indicators to monitor the EU's bioeconomy in transition. Sustain. 10, 1745. https://doi. org/10. 3390/su10061745.

[15] D'Adamo I., Falcone P. M., Morone P., 2020. A new socio-economic Indicator to measure the performance of bioeconomy sectors in Europe. Ecol. Econ. 176, 106724. https://doi. org/10. 1016/j. ecolecon. 2020. 106724.

[16] Efken J., Dirksmeyer W., Kreins P., Knecht M., 2016. Measuring the importance of the bioeconomy in Germany: Concept and illustration. NJAS-Wageningen J. Life Sci. 77, 9-17. https://doi. org/10. 1016/j. njas. 2016. 03. 008.

[17] Piotrowski S., Carus M., Carrez D., 2016. European Bioeconomy in Figures 2008-2016 [EB/OL]. 2019-07, https://biconsortium. eu/sites/biconsortium. eu/files/documents/European%20Bioeconomy%20in%20Figures%202008%20-%202016_0. pdf.

[18] Iost S., Labonte N., Banse M., Geng N., Jochem D., Schweinle J., 2019. German Bioeconomy: Economic Importance and Concept of Measurement, 68, 275-288.

[19] Quah D., 1993. Empirical cross-section dynamics in economic growth. Eur. Econ. Rev. 37, 426-434. https://doi.org/10.1016/0014-2921(93) 90031-5.

[20] Quah D. T., 1996. Empirics for economic growth and convergence. Eur. Econ. Rev. 40, 1353-1375. https://doi.org/10.1016/0014-2921 (95) 00051-8.

[21] Zaghini A., 2005. Evolution of trade patterns in the new EU member states. Econ. Transit. 13, 629-658. https://doi.org/10.1111/j.0967-0750.2005.00235.x.

[22] Alessandrini M., Fattouh B., Scaramozzino P., 2007. The changing pattern of foreign trade specialization in Indian manufacturing. Oxf. Rev. Econ. Policy. https://doi.org/10.1093/oxrep/grm013.

[23] Fertö I., Soós K. A., 2008. Trade specialization in the European Union and in postcommunist European countries. East. Eur. Econ. https://doi.org/10.2753/ EEE0012-8775460301.

[24] Chiappini R., 2014. Persistence vs. mobility in industrial and technological specialisations: Evidence from 11 euro area countries. J. Evol. Econ. 24, 159-187. https://doi.org/10.1007/s00191-013-0331-7.

[25] Ministerie van E. Z., 2013. Groene economische groei in Nederland (Green Deal) 1-7.

[26] Ministry of Employment and the Economy, 2014. The Finnish Bioeconomy Strategy 31. The Hague.

[27] Italian Presidency of Council of Ministers, 2017. Bioeconomy in Italy-A Unique Opportunity to Reconnect the ECONOMY, Society and the Environment, 64.

[28] Latvian Ministry of Agriculture, 2018. Latvian Bioeconomy Strategy 2030.

[29] European Commission, 2019b. Agri-Environmental Indicator-Inten-

sification-Extensification-Statistics Explained [WWW Document]. URL. https: //ec. europa. eu/eurostat/statistics-explained/index. php? title=Archive: Agri-environmental_ in dicator_ -_ intensification_ -_ extensification.

[30] Joint Research Centre, 2019. Bioeconomy Policy | Knowledge for Policy [WWW Document]. URL. https: //knowledge4policy. ec. europa. eu/bioeconomy/bioecono my-policy_ en.

[31] RIS3 SK, 2013. Through Knowledge Towards Prosperity-Research and Innovation Strategy for Smart Specialisation of the Slovak Republic.

[32] Sosnowski S., Hetman K., Grabczuk K., Cholewa M., Sobczak J., Pękalski T., Walasek A., Mocior E., Habza A., Janczarek P., Bartuzi K., Bożeński E., Bryda K., Byzdra I., Donica D., Franaszek P., Kawałko B., Nakielska I., Orzeł Z., Pieczykolan A., Rudnicki W., Sokół M., Struski S., Szych H., Dudziński R., Pocztowski B., Rycaj E., 2014. Regional Innovation Strategy for the Lubelskie Voivodeship 2020-Regional Innovation Strategy for Smart Specialisation (RIS3).

[33] United Nations, 2017. Global indicator framework for the Sustainable Development Goals and targets of the 2030 Agenda for Sustainable Development. A/RES/71/313 E/CN. 3/2018/2. Work Stat. Comm. Pertain. to 2030 Agenda Sustain. Dev. 1-21.

[34] Lafortune G., Fuller G., Moreno J., Schmidt-Traub G., Kroll C., 2018. SDG Index and Dashboards-Detailed Methodological Paper. Global Responsabilities. Implementing the Goals.

[35] Sachs J., Schmidt-Traub G., Kroll C., Lafortune G., Fuller G., 2018. SDG index and dashboards report 2018: Global responsibilities. Glob. Responsab. Implement. Goals1-476.

[36] OECD, 2016. Measuring Distance to the SDG Targets: An Assessment of where OECD Countries Stand. The Organisation for Economic Co-operation and Development, Paris, France, 2018. https: //doi. org/10. 1787/d20adaa6-en.

[37] Eurostat, 2019. Sustainable development in the European Union-monitoring report on progress towards the SDGs in an EU context — 2019 edition.

Statistical Books. https: //doi. org/10. 2785/44964.

[38] Miola A. , Schiltz F. , 2019. Measuring sustainable development goals performance: How to monitor policy action in the 2030 agenda implementation? Ecol. Econ. 164, 106373. https: //doi. org/10. 1016/j. ecolecon. 2019. 106373.

[39] OECD, 2019. Measuring distance to the SDG targets 2019, measuring distance to the SDG targets 2019. OECD. https: //doi. org/10. 1787/a8caf3fa-en.

[40] Booysen F. , 2002. An overview and evaluation of composite indices of development. Soc. Indic. Res. 59, 115-151. https: //doi. org/10. 1023/A: 1016275505152.

[41] Ronzon T. , Sanjuán A. I. , 2020. Friends or foes? A compatibility assessment of bioeconomy-related sustainable development goals for European policy coherence. J. Clean. Prod. 254, 119832. https: //doi. org/10. 1016/j. jclepro. 2019. 119832.

[42] Shorrocks A. F. , 1978. The measurement of mobility. Econ. Soc. 46, 1013-1024.

[43] Bórawski P. , Bełdycka-Bórawska A. , Szymańska E. J. , Jankowski K. J. , Dubis B. , Dunn J. W. , 2019. Development of renewable energy sources market and biofuels in the European Union. J. Clean. Prod. 228, 467-484. https: //doi. org/10. 1016/j. jclepro. 2019. 04. 242.

[44] IRENA, 2015. REmap 2030 Renewable Energy Prospects for Poland (Abu Dhabi) .

[45] Philippidis G. , Bartelings H. , Smeets E. , 2018. Sailing into unchartered waters: Plotting a course for EU bio-based sectors. Ecol. Econ. 147, 410-421. https: //doi. org/ 10. 1016/j. ecolecon. 2018. 01. 026.

第5章　美国生物经济进步的规模、力量和潜力*

劳拉·德瓦尼（Devaney L）[1]，阿拉斯泰尔·艾尔斯（Iles A）[1]

摘要：过去15年中，世界各国都在寻求建立生物经济，即利用可再生生物质资源生产燃料、化学品和材料的制造业。作为一个仍在发展的概念，生物经济在不同的国家背景下得到了不同的翻译。本文关注的美国生物经济由一个高度分散、不相连、支离破碎的系统组成，一些地区比其他地区更为活跃。美国生物经济的边缘地位可归因于许多因素，其中包括缺乏对现有联邦政府愿景的认识和实施；与化石燃料和生物燃料投资相关的发展路径依赖，而忽略其他生物基产品；利益相关者的权力和影响力水平参差不齐，且处于锁定状态。根据16次关键受访者访谈的结果，通过探讨这些主题，试图揭示迄今为止影响生物经济发展和治理的一些复杂条件。为了让美国生物经济充分发挥其潜力，需要探索一种新的治理模式：基于生物区域、合作努力和创新能力的多中心制度。

关键词：生物经济；治理；美国；发展锁定；利益相关者；权力多中心

5.1　研究背景

在过去15年中，世界各国探索了生物经济发展的潜力，利用可再生生物质和废物原料转变经济，提供新的就业机会，并减少温室气体排放[1,2]。

＊　本文英文原文发表于：Devaney L，Iles A. Scales of Progress，Power and Potential in the US Bioeconomy［J］. Journal of Cleaner Production，2019（233）：379-389.

1. 美国加州大学伯克利分校。

然而，生物经济的发展并非一帆风顺。实际上，必须组织农场、渔业和森林以生产可持续的原料，必须建立制造厂，将其转化为食品、饲料、燃料和化学品。从认知上讲，研究必须开发生物精炼技术和新的治理和组织框架。在社会方面，劳动力必须得到提升和招募，市场和消费者偏好必须重新调整，以优先考虑基于生物的产品。政治上，需要从根本上改变对历史上占主导地位的化石燃料行业的支持。政府、公司、学术界、生产者和民间社会都在发起和扩展不同的地方性活动，以实现更广泛的变革，为实现多样化的国家生物经济发挥作用。尽管有许多愿景和计划，但美国仍在努力为其生物经济建立一个具有凝聚力的基础。

作为一个“仍在发展的概念”[3]，生物经济在不同的国家背景下得到了不同的翻译。根据欧盟（2012），生物经济“包括可再生生物资源的生产，以及将这些资源和废物流转化为增值产品，如食品、饲料、生物产品和生物能源”。相比之下，《2012 年美国生物经济蓝图》侧重于合成生物学和生物技术在促进经济增长方面的贡献，将生物经济定义为“由生物科学研究和创新推动的经济活动”[4]。最近，德国生物经济委员会指出，亚洲正在加速制定强有力的生物经济路线图，中国、泰国和日本尤其关注生物经济的工业潜力，并设定了雄心勃勃的增长目标[5]。这种不同的定义意味着在生物经济发展和治理中存在不同的治理关系、期望和影响。

虽然世界各地对生物经济的定义各不相同，但从最广泛的意义上讲，它涉及建立一个经济体系，在这个体系中，化石燃料被可再生的生物资源所取代，生物量被加工和转化，以满足社会对食品、饲料燃料和纤维的需求[6-10]。据估计，全球生物经济价值 3550 亿美元，其中美国创造了其价值的 58%[11]。鉴于美国多样化的生物资源基础、创新能力和创业精神、生命科学大规模投资的历史遗产，以及欧洲经常面临挑战的生物技术更高的市场接受度，这种优势并不令人惊讶。然而，与美国国内生产总值 18.6 万亿美元相比，生物经济仅占经济总量的 1.9%（截至 2018 年 6 月），因此生物经济发展潜力巨大。

美国生物经济的边缘地位可以归因于许多因素。其中包括缺乏对现有联邦政府愿景的认识和实施；与化石燃料和生物燃料投资相关的发展路径依赖，而忽略其他生物基产品；利益相关者的权力和影响力水平参差不齐，且处于锁定状态。这些因素加在一起，意味着美国生物经济在全国以

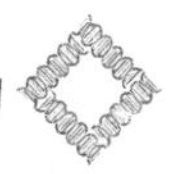

一种不连贯的方式发展。根据 16 次关键受访者访谈的结果，我们探讨了这些主题，试图揭示迄今为止影响生物经济发展和治理的一些复杂性和细微差别。以这种方式关注美国生物经济的结构、文化和政治因素，对一个新的、以生物为基础的工业体系的形成具有重要意义。可以创建创新的治理流程和机构来处理这些要素，并放松既定的路径依赖和锁定。

为了让美国生物经济充分发挥其潜力，需要探索一种新的治理模式：基于生物区域、合作努力和创新能力的多中心制度。我们展示了一幅潜在走廊、集群和知识社区的地图，这些走廊、集群和知识社区最终可能被编织成一个全国性的生物经济。区域模式将考虑到该国高度地方化的特点，即各国都要求拥有自己的主权，但由于共同的文化、历史、地理和资源，国家往往与邻国合作。以这种方式创建分散、密集的区域生物经济代表着未来成功的可能途径。

5.2　美国生物经济背景：一项比较政策分析

世界范围内的生物经济发展是不平衡和分化的，通常遵循替代生物技术愿景、生物资源愿景和生物生态学愿景[7]①。这种差异反映了不同的资源基础、工业能力和市场，以及不同的政府制度、历史和利益[12]。考虑到需要将农业、海洋和林业部门的产出与食品、化工、材料和能源行业的变革能力结合起来，参与发展生物经济的利益相关者是多方面且复杂的。这将进一步推动生物经济向不同方向发展。

有大量关于美国的比较环境政策文献通常与个别欧洲国家、欧盟、加拿大或日本形成对比。各国可以在其全系统规范、规则和实践以及行为者、机构、行业和想法的组合上存在分歧，从而产生路径依赖和替代环境治理方法。正如 Steinberg 和 VanDeveer（2012）所报告的，“这些力量产生了关于什么是正常的、可行的和正确的不成文的假设”[13]。影响美国环境、能源和农业决策的持久结构模式与生物经济环境尤其相关。

最基本的是，一个高度分散、多元化的联邦结构在联邦、州和地方各级之间，以及在各个规模的立法和执行机构之间分割政府权力[14,15]。仅联

① Bugge 等（2016）提出了三大愿景：一是生物技术愿景，强调创新的贡献和生物技术在商业规模上的资本化；二是生物资源愿景，专注于开发加工和升级生物材料的新价值链；三是将环境可持续性置于经济增长之上并强调资源优化对生态系统健康的积极影响的生物生态学愿景[7]。

邦政府机构就庞大而复杂。潜在的影响包括：决策和政策可能会在许多方面受阻；权力分散，甚至不确定；机构管辖权可能重叠，导致惯性或冲突[16,17]。这种支离破碎的多层次治理还可能导致决策和行动的透明度和问责制问题，增加寻找“替罪羊”的可能性，模糊了责任和问责界限，导致合法性问题和脱节的规划问题[18,19,9]。

环境、能源和农业政策通常在美国的多个联邦部门和机构之间分散[20]。例如，美国农业部（USDA）、美国环境保护局（EPA）和美国食品药品监督管理局（FDA）各自监督许多不同的食品问题（如EPA管理农药、USDA负责向农民支付农业账单、FDA负责食品安全）。在环境领域，虽然环境保护局对实施许多法律负有主要责任，但能源部（DoE）和内政部等许多机构也有自己的责任。每个机构也有自己较长的历史发展、制度文化、政治权力，以及塑造机构任务、优先事项和行动的资源框架。随着监管州和社会福利州的崛起，联邦政府的作用不断扩大[21]，这些机构开始获得并行使与生物经济发展相关的巨大权力，如制定规则、支持研发和向生产者付款。重要的是，政策体系建立了庞大的制度、认知和政治锁链。例如，与《农业法案》共同发展的工业化农业系统就体现了这些制度禁锢[22]。这种更大的制度背景在美国的生物经济政策和发展中占有重要地位。

自21世纪头十年中期以来，随着治理规模的下降，州政府的传统角色卷土从来。虽然联邦政府仍占主导地位，但各州在很大程度上是主权行动者，可以制定高度活跃和创新的环境、能源和农业议程，这些议程有时会在全国范围内传播[23,15]。例如，加利福尼亚州的可再生能源组合标准概念目前已在30多个州使用。然而，各州在资源、能力、利益、优先事项和政治方面存在巨大差异，一些州在环境方面远远落后于其他州。这种情况在20世纪60年代末推动了全国性的政策制定，州政府变得更加隐秘，充当联邦优先事项的实施者。但作为联邦制度异常的直接结果，美国越来越多的州和城市建立了自己的政策体系，尤其是在气候和能源领域[23-26]。几个区域性温室气体交易制度已经形成；许多城市承诺引入气候政策；许多州都采用了可再生能源采购标准。自2000年以来，更广泛的参与者也开始活跃在环境、能源和农业领域，特别是在地方和州一级。这些参与者包括农民和牧场主、城市官员、企业和推动环境正义和复兴的社区团体。这种权

力下放将美国与世界上大多数其他工业国家区分开来。

美国生物经济决策

在进行数据分析之前，先简要回顾一下美国的生物经济决策。在美国，没有核心的生物经济特定政策制度，目前有：①一些规划或设想生物经济的文件；②几个联邦政府机构内的可变项目；③生物经济子部门中一些相互脱节的具体法律和政策；④针对当地生物经济建设的少数国家级工作组或战略。与欧盟相比，美国的生物经济政策模式以市场为基础，在很大程度上避开了监管（除了可再生燃料标准），并且除了通过研发资金之外，几乎不考虑政府干预。

自 2005 年以来，联邦政府多次试图通过发布一系列报告来制定国家生物经济政策。能源部仍然是这个领域最活跃的机构。其生物能源技术办公室（BETO）监督了几份以生物质生产为重点的报告，这些报告试图计算可用于生物经济发展的资源基础。这些报告一致确定了农业、林业和废物部门每年生产超过 10 亿吨生物质的潜力[27]。最初，在 2005 年和 2011 年，这些报告主要关注生物燃料及其第一代技术。2016 年，更新了《十亿吨报告》以更具体地关注非传统原料，包括柳枝稷、芒、能源甘蔗、生物质高粱、柳树、桉树、杨树和松树[28]。报告进行了新的建模，以估计藻类原料的生产潜力。最新的研究还包括生物化学品，这表明生物经济范围的扩大有所延迟。

2012 年，白宫科技办公室制定了《国家生物经济蓝图》[4]。该报告设想了一种超越生物燃料的更全面的生物经济，但以强大的技术、合成生物学和市场为重点。报告指出："今天美国生物经济的增长在很大程度上归功于三项基础技术的发展：基因工程、DNA 测序和生物分子的自动化高通量操作。"尽管基因编辑革命在 2013 年才开始，但这一重点仍然存在。该蓝图还预见了蛋白质组学和生物信息学的持续创新。它进一步强调了对生命科学研究的投资、将发现成果快速转化为市场、减少"监管壁垒"、重组大学教育以培养生物技术人才，以及公私合作。

2016 年，BETO 制定了《繁荣和可持续生物经济战略计划》[29]，该计划与 2016 年公布的《十亿吨报告》中更具包容性的原料和产出方法相一致。它寻求"开发和展示生物燃料、生物产品和生物能源的创新和集成价值链"。然而，它仍然优先考虑纤维素生物燃料，同时承认许多利益相关者认为的开发生物化学品作为中间步骤非常重要，可以“降低”新一代燃料制造厂的建设风险。因此，该计划清楚地反映了能源部对能源的强烈关注。有趣的是，该计划呼吁更多地关注生物生产的环境和社会影响，尤其是在农业能源利益方面。BETO 承诺与美国农业部合作，“更好地了解生物能源对农村社区的好处”，包括就业、新市场和额外收入。《繁荣和可持续生物经济战略计划》是“在联邦政府、国家实验室、行业、大学、专家专业人士和非政府组织的关键利益相关者的帮助和贡献下”编写的，表明利益相关者在这一领域的合作努力已经开始。

2016 年，生物质研发委员会（2000 年成立的一个联邦机构间委员会）编制了一份关于生物经济的联邦活动报告，确定了各机构正在采取的措施以在 2030 年前实现生物质碳在运输市场的 30%渗透率[30]。2015 年 5 月举行了生物经济联邦战略研讨会，为该分析提供信息。该研讨会得出结论，十亿吨级的愿景“需要来自大学和实验室的新科学和技术；工业和制造业发展；与金融机构的合作；教育和职业培训；额外的生产商、承包商和专业人员”。报告指出了实现愿景的各种障碍和挑战。其中包括：可持续地生产和获取充足、低成本的原料；开发创新的、具有成本竞争力的转换选项；优化全国生物质配送基础设施；教育消费者。该研讨会认为生物经济的未来增长主要取决于市场。会议讨论了转基因生物作为原料的重要性，“已实现”的生物质生产和使用必须解决可持续性、资源可用性、社会关切和公众认知等。

然而，总体而言，美国的生物经济计划只是一种抱负，试图吸引行业、学术界和其他政府行为体更多地参与生物经济，它们在很大程度上并不代表实际的决策。橡树岭国家实验室等外部承包商为这些报告进行了研究，这也表明政府内部缺乏能力。在政府部门内，致力于促进生物经济的人员往往数量少，资源匮乏。正如本文所探讨的，在所有这些报告中，技术和市场壁垒的强调远远超过了将生物经济带入生活的治理问题。

5.3 研究方法

我们的研究呼吁加强研究合作和国际合作，以发展全球生物经济[31,2]。为了评估美国生物经济的发展和治理以及所涉及的规模、角色、权利和责任，我们使用有目的地抽样和滚雪球技术采访来自不同背景的利益相关

者[32]。我们基于职位、行业联系和专业知识选择了专业人士，在与两位熟悉美国生物经济的外部专家确认最终选择后，主要作者德瓦尼对公共、私人、研究和公民社会参与者进行了16次采访，以确保在全国范围内获得广泛的生物体验。这些受访者包括来自国家、州和地方各级政府部门、跨国公司和初创企业、大学学者和一些非营利组织的个人。他们掌握了美国生物经济发展和治理方面广泛的实地知识和经验。出于保密的原因，我们在下面的结果部分引用这些信息时，不确定信息提供者或组织从属关系。

采访尽可能面对面进行（总共9次），其余的采访通过Skype或电话进行。采访采用半结构化的形式，实现了类别间的一致性，但提供了灵活性，允许参与者提出自己的担忧[33]。问题包括熟悉美国生物经济政策报告、生物经济定义、关键参与者以及对现有治理的看法等主题。每次访谈持续45~60分钟，并使用NVivo 10定性软件进行数字记录和转录，用于主题分析[34]。与合著者艾尔斯交叉检查和确认采访进度和结果，增强了主题分析过程的可靠性。这项研究还利用并编码了美国生物技术产业的现有资料（如联邦政府报告），以及对生物经济和生物技术趋势的学术和非政府组织分析。完成研究后，向受访者分发了一份8页的总结，并要求他们提供反馈，以进一步验证我们的研究结果。

5.4　解读美国生物经济模式

我们关注到目前为止影响美国生物经济治理的政治、经济和结构因素，探讨了几个主题，这些主题解释了受访者对生物经济的不同和不连贯的看法。其中包括：缺乏联邦支持和对美国生物经济总体愿景的认识；与化石燃料和生物燃料投资相关的发展路径依赖；在生物经济规模上，权力和参与者的水平参差不齐。

5.4.1　新生的和不连续的生物经济发展

生物经济发展面临的一个主要挑战涉及大量资源部门、行业和利益相关者参与其实施。从广义上讲，生物经济包括燃料、能源、化学品、纤维和以陆地和海洋生物物质为来源的材料的工业生产。生物经济还可以包括粮食生产（作物、动物、渔业和饲料）和森林资源生产（纸张、木材和药用植物）。这种复杂性使人们很难破译特定的发展路径，但就生物量的最适当分配达成广泛共识，以实现可能相互竞争的经济、环境和社会目标。

总的来说，受访者认为美国的生物经济在很大程度上被划分为不同的部门、城市和州，相互脱节，总体的国家愿景被认为处于早期发展阶段。虽然在全国各地都可以找到有前途的生物经济倡议、技术创新和生物创业公司，但它们之间还没有联系。因此，当前的美国生物经济格局可以被描述为一个高度分散的体制，充满了碎片化、不同的利益相关者和地理紧张局势。

例如，根据私人和民间社会领域的受访者：

“我现在描绘的是一张每个参与者都闪烁着微光但彼此没有联系的地图……我们还没有找到彼此。因为我认为这是多个复杂的系统。”“我认为这是一个非常低的关注点。我认为这更像是农业废物利用如推动就业发展，而不是基于生物的……这更像是一种新兴事物”“这有点像在规划阶段……也许会有一些亮点出现在不同的地方”。

因此，尽管联邦政府多次试图建立愿景，但受访者认为美国生物经济仍处于规划阶段。存在着大量相互脱节的活动，行业和专业领域之间以及内部的联系有限。整个行业的发展是不同步的，在规模和部门上严重分裂，在地理上分布在全国各地。16 名受访者对美国生物经济应该或可能是什么存在着不同的看法，对其边界应该位于哪里（如是否包括食品生产）的共识有限。此外，从美国的角度来看，没有解决这些冲突的明显机制或治理原则，限制了未来防控制度约束后生物经济发展的能力。事实上，德瓦尼从欧洲角度向受访者传达的管理生物经济原则被认为是新颖的，是适应美国环境所必需的。这包括欧洲农业研究常务委员会（SCAR）的尝试，该委员会倡导采用级联原则来指导生物质的使用[35]。这一原则要求生物资源在产生能量和热量之前，尽可能多地按顺序使用，以创造更高价值的商品（如食品、饲料、生物制药、生物聚合物和生化制品）。SCAR 还倡导欧洲生物经济研究和政策采用“食品第一”的原则，以增加所有人获得营养和健康食品的机会。欧洲解决资源分配冲突的其他尝试包括考虑“价值网”方法，以识别生物经济部门和利益相关者之间的相互关联性，而不是追求单个价值链[36,37]。

我们的采访强调了美国生物经济格局脱节的一些潜在原因，我们接下来将对此进行分析。

5.4.2　不连贯的联邦政策缺乏可见性和影响力

如上所述，美国确实存在几种生物经济战略。它们的存在意味着联邦政府承认生物经济概念，并试图指导其发展。事实上，一些受访者称赞这些规划过程促进了能源、农业、内政、国防和交通部门之间的新型合作；环境保护局；总统办公厅；国家科学基金会。虽然这项合作工作并非没有挑战（如处理多个相互竞争的议程，以及能源部领导下的主要能源影响），但一位受访者强调了拥有一位有能力的召集人、忠诚的贡献者以及为成功的生物经济战略制定创造“人们可以团结起来”的期望和目标的重要性。

然而，我们的采访显示，16 名受访者对美国战略的了解程度有限。只有 3 名受访者熟悉 2012 年的生物经济蓝图，而且这些知情者对《十亿吨报告》缺乏了解。即使是那些受访者，也只是在被调查时才展示他们对美国战略的认识；当被问及对美国生物经济的政策支持时，他们并没有自发地想到它们。其他受访者对不熟悉的蓝图策略感到好奇，并要求我们在他们接受采访后将其转发给他们。这表明，到目前为止，这一联邦愿景的影响力相当有限，包括在公共、私人和公民社会领域。尽管国防部在制定蓝图的过程中与许多参与者进行了磋商，但似乎没有任何结构化的、持续的努力来更广泛地沟通或嵌入战略，或让不同的利益相关者参与其中。

对于那些知道该蓝图存在的人来说，缺乏证据证明其在实践中的影响。例如，第一位受访者知道该蓝图，因为他曾在生物经济政策领域进行过个人研究，但作为一家生物创业公司的所有者，他认为影响有限。他说，“我认为它没有在‘好吧，你资助什么’一词中推动足够的变化。因为如果它真的被翻译出来，那么政府应该说‘好吧，现在让我们采取重大举措资助初创企业和学术界’。我认为这种情况并没有发生”。第二位私营部门受访者认为，白宫办公室在从蓝图中获得进一步决策动力或在实践中敦促采取后续行动方面缺乏权威。第三位受访者同样认为，该战略代表了有限数量公务员的意见，而不是通过利益相关者的密集参与制定的基于证据的政策文件。

我们还向受访者介绍了蓝图中采用的生物经济定义（即“由生物科学研究和创新推动的经济活动”）。大多数受访者对此不屑一顾，称其为“过于笼统”“缺乏灵感”“不具承诺性”或“学术性”，这是研究、公众、初创企业和公民社会背景的共同立场。一位公民社会受访者宣称："我希望我们有一个美国生物经济的定义。这段时间。我认为这不是任何人都熟悉的定义。"另一位受访者认为，这一定义反映了联邦政府对制造业生物技术的重视，而不是对美国生物经济可能是什么进行了充分研究和包容。相比之下，一些受访者更喜欢欧盟对生物经济的定义，认为它更生动、更具体（即"可再生生物资源的生产，以及将这些资源和废物流转化为增值产品，如食品、饲料、生物基产品和生物能"）。然而，这一定义也因语言模糊和缺乏目标而受到一些批评。

一般而言，知情者一致认为，如果要将美国生物经济政策转化为实际的、有凝聚力的行动，就需要对美国生物经济做出一个包容性的、可操作的定义，并提高联邦政策的可见性。

5.4.3　与化石燃料、生物燃料和工业农业的主导地位相关的发展路径的依赖性

迄今为止，美国生物经济采取了高度依赖路径的形式，这可能会限制其未来的增长，并限制其支持者和地理范围。在这一背景下，对一些受访者来说，持续竞争和有影响力的化石燃料行业的主导地位首先是显而易见的。联邦政府对化石燃料的兴趣以及政府与这类行业参与者之间的密切关系[26] 仍然让受访者担忧。特别是，化石燃料[38] 相对于生物替代品的大量补贴和支持被认为限制了生物创新、技术开发和产出的市场准入。

从生物经济发展的角度来看，可再生燃料标准（RFS）仍然是美国生物经济相关政策中最具影响力的一项，造成了以生物燃料为主的路径依赖。该标准根据2005年发布的《能源政策法》制定，并根据2007年发布的《能源独立和安全法》进行了更新。该标准规定，在美国销售的所有运输燃料必须包含最低混合量的可再生燃料，到2022年达到360亿加仑[39]。在讨论美国生物经济的主要驱动因素时，大多数受访者都不假思索地将RFS称为中央联邦政策。例如：

"这一领域的重大政策当然是可再生燃料标准……它仍在那里，积极反对对生物燃料经济至关重要的政策"。

"我认为政策格局……是由可再生燃料标准主导，所以至少在2022年之前，这是其驱动力。"

美国对生物燃料的高度重视与生物经济在美国农业的主导形式有关。历史上，农业为美国生物燃料提供了绝大部分生物量，而海洋和森林资源却被忽视了。从 19 世纪 90 年代末开始，乙醇一直是用玉米生产的，但它难以与石油的易得性、低成本和高能量含量竞争[40]。自 20 世纪 60 年代以来，美国中西部地区已成为世界上最密集、高产和简化的农业区之一，生产玉米、小麦，最近生产加工食品中普遍存在的大豆[41]。在 RFS 之前，生物燃料生产商倾向于使用最丰富、最廉价的商品作物，这些作物也有可行的生产技术。对一位受访者来说，这导致美国“不幸地依赖”从玉米和大豆中提取的糖来生产生物燃料。RFS 强化了这一趋势，因为扩大商品作物的生产最容易满足其要求。出于同样的原因，大多数基于生物的化学品和材料都依赖于玉米原料；草、树和农业废弃物等替代资源仍然成本更高、技术上更难开发[42]，部分原因是几十年来，由于 RFS 等单一重点政策，研发的投资较低。因此，生物经济制造业的发展使美国忽视了其巨大的海洋、森林和农业资源，以及生物化学和生物材料的开发。

2014 年，生物经济总共产生了 3.27 亿吨（生物能源当量，干吨）；农业提供了 1.43 亿吨，其中 1.27 亿吨用于燃料，只有 600 万吨用于生物化学品（见参考文献［28］的表 2.7）。这表明化学品的产量极低，尽管生物质原料可以比燃料更充分地满足市场需求。此外，几乎没有监管标准和政策来培育生物化学行业，主要政策是自愿政府采购计划（“Biopreferred”）。正如一位受访者所评论的那样：“我不知道触发因素是什么……如果他们能将能源部门为可再生能源领域提供的大量信贷扩展到可再生材料。”

有趣的是，相对于生物化学品，人们对生物燃料的政策支持更大，因为这些部门在各自减少温室气体排放的能力方面存在明显差异。立法者、政府机构工作人员、行业和学术研究人员似乎认为，与生物化学品和生物材料相比，转向生物能源可以实现更大的减排。基本目标是停止为能源和交通目的燃烧化石燃料。自 20 世纪 90 年代以来，这一立场已经融合在一起。对一位民间社会受访者来说，这一目标让人对生物质能使用的级联原则的适用性产生了质疑[35]，导致人们更倾向于制造生物能源，而不是生物产品。

然而，许多知情者认识到，生物燃料和其他基于生物的产出之间的支持差距限制了美国生物经济多样化和可持续性的发展。例如：

“被忽略的一大块，我们有能源和食物，但我们没有材料……我们真的需要一个共同的愿景，看看这是什么样子”。

“现在正在启动的真正的大型项目仍然是燃料密集型项目。对我来说，燃料只是其中的一部分，其余的生物材料和生物产品是我真正认为需要的……我没有听到国会议员、众议院或参议院的人谈论可再生材料”。

尽管如此，美国围绕生物燃料的主要生物经济结构可能正在变得更加灵活。一些受访者认为，生物燃料可能代表着发展的初始阶段：一旦新的原料和加工基础设施建立起来，公司和政府就可以追求更高价值的化学品和材料应用。这一理论得到了一些受访者的适度支持，这些受访者报告了联邦研发基金中对生物化学品和生物材料的最新支持，这些基金在历史上将此类产品的开发留给了私营部门。一位受访者认为，这种思维转变主要由州政府层面主导，一些州被认为比其他州更进步。他说：“在很长一段时间里，它确实是由燃料主导的，但我们现在看到了这种变化……因为纤维素燃料处于一种平静状态，我们看到可再生化学品和生物聚合物的活动正在大量增加。”

此外，受访者对 RFS 在 2022 年之后的寿命表示不确定，一名公共部门受访者承认，这取决于国会的进一步行动。同样重要的是，一些受访者认为消费者采用生物燃料的速度较慢，这主要是因为低油价、技术障碍、政策混乱以及国会对气候变化政策缺乏兴趣。许多民间社会、公共和私营部门的知情人士表示，生物燃料的财务可行性和环境绩效也仍然存在疑问。这种解释符合生物燃料文献[43,44]。例如，一位受访者将可再生柴油描述为电动汽车发展过程中的“桥梁燃料”。一位大学研究员和民间社会行动者进一步评论道：

“生物燃料使这里的生物经济繁荣起来。但是生物燃料现在真的不那么受欢迎，一是因为油价很低，二是人们认为‘好吧，我们可以利用太阳能’。”

“我看到了从早期的生物燃料到现在的转变，然后人们意识到，在经济上不可能真正成功地种植生物燃料……因此，这似乎是在更具战略意义的层面上向更多基于生物的化学品的转变。”

因此，将政府政策重点从生物燃料转移到生物化学品和生物材料可能会对扩大美国生物经济的化学和物质方面产生重大影响，同时使政府出台更明确的政策，促进生物经济各方面发展。

5.4.4　不同规模的利益相关者的权力和影响力水平参差不齐

由于美国幅员辽阔、区域经济多样化以及联邦政府体系的特点，绝大多数受访者认为，在州政府层面上其对生物经济有着巨大的影响力。在州政府了解当地资源基础、需求、优势和工业能力的情况下，这一点被认为尤其正确。正如一位知情者所反映的："由于在这一领域缺乏联邦领导，美国正在进行的大多数倡议都是以州为基础的。"受访者反复指出了一些州政府领导人和生物经济支持和进步方面的落后者。例如，与北达科他州和得克萨斯州等传统石化经济模式相比，加利福尼亚州、俄勒冈州、爱荷华州、明尼苏达州和华盛顿州因其创新能力、进步政策和环境支持而受到赞扬。例如，正如一位受访者所评论的："湾区……这个地区进步很多……威斯康星州和亚利桑那州都是可爱的地方，但文化却如此不同……我们有非常进步的地区，其中两个是海岸，美国中部和南部是一个非常不同的地区。"

有趣的是，受访者看到政府各层级的角色存在着相当严格的分层。他们在很大程度上低估了地方政府在发展美国生物经济方面的决策职能，尽管一些人暗示了城市作为生物经济创新试点的能力。例如，旧金山市议会的气候行动倡议包括"0-80-100-roots"活动，指 0 浪费、80%可持续旅行、100%可再生能源、改善城市绿地和碳封存[45]。向上看，联邦政府被广泛认为主要负责为与生物经济相关的研发提供资金。

尽管如此，知情者认为联邦层面极易受到行政政府周期的影响，这些周期导致对环境或气候相关倡议的政策支持波动。一位受访者反映，与布什政府相比，奥巴马政府出于气候保护的原因更积极地进行干预。尽管政府在布什时代强调生物燃料，但在奥巴马时代建立了更全面的生物经济愿景。与此形成强烈对比的是，特朗普政府对环境政策采取了放松管制的做法，从美国农业部到美国环境保护局的机构都撤回了对气候变化语言的使用。这一观点得到政府、私人、公民社会和研究受访者的一致认同。例如，一个私营部门的受访者说："我不知道我是否能做些什么，既然本届政府暂停了生物政策，我真的希望我们不会在这方面倒退。从某些方面来说，我个人感觉我们是这样的。”一位政府专家补充道，“在该文件（《生物经济蓝图》）被编写时，联邦政府在这一领域的政策利益肯定很大。我不得不说，现在没有那么大的利益，所以我们正在努力解决这个问题”。

在缺乏强大的联邦政府存在和随意的州政府关注的情况下，私营部门，尤其是生物技术初创企业，被认为在引领美国生物经济方面发挥着更大的作用。自20世纪70年代末以来，加州圣何塞地区已经形成了一个由电子和互联网技术公司、制造厂和风险投资基金组成的庞大生态系统[46]。初创企业与敏捷创新、高度重视技术专利以及将学术发现转化为商业生产联系在一起。在21世纪和20世纪10年代，技术生态系统在美国变得更加分散。在同一时期，直到最近，生物技术和生命科学行业都遵循了类似的发展弧线，虽然速度较慢。孟山都、陶氏和杜邦等大公司最初推动了对用于农业和早期生物化学的转基因生物的研究[47]。如今，Amyris、Genomatica和Poet等众多初创企业正在开发一系列生化物质、基因编辑生物体和新一代生物燃料[48]。21世纪初，随着圣地亚哥、北卡罗来纳州的三角研究中心、费城和其他地区产生了重要的生物技术发明，一些权力正在下放。但是，将大学和私营部门相结合的两个主要的生命科学研发中心现在已经出现，分别在旧金山湾地区和波士顿，目前吸引了不成比例的风险资本投资（2012~2017年，美国生物技术私人投资达到70%）、就业和专利[49,50]。

对一些受访者来说，私营企业在推动美国生物经济方面日益占主导地位，是联邦政府决策中一系列失败的结果。尽管制定了几项生物经济计划，但仍然没有全国性的协调系统来帮助为生物经济创造一个切实可行的“有利环境”（与从可再生能源到电动汽车的许多其他部门一样）。主要由私营部门牵头确定实地优先事项和实施途径。正如一位研究人员所说“在我看来，美国没有像欧洲那样的工业化政策。它是一个更具创业精神的体系，我认为有更多的资本……生物经济不是由我的知识、政策驱动的。它是由创业利益驱动的”。因此，美国生物经济的增长在很大程度上取决于位于特定地理区域的个别公司是否认识到潜在的激励（如新市场和专利权）、能否调动适当的专业知识和资源基础，以及能否利用创新生态系统。这最终导致了美国生物经济发展的分布不均、规模较小的格局。这反映在中西部的主要生物燃料生产基地、中西部和加利福尼亚州的小型生化制造节点，以及加利福尼亚州、太平洋西北部和波士顿的研发活动中[28]。

但政府、公司和大学并不是美国生物经济的唯一参与者。谁在生产用于制造燃料、化学品和纤维的原料？生物经济的环境和社会影响正在影响哪些社区和生态系统？谁在从生物经济中受益，谁在损失？一些（并非所有）受访者指出，美国生物经济的基本锁定和既得利益特征正在使许多参与者边缘化，进一步加剧不同规模的不平衡权力动态，并可能导致分配正义问题。这些缺失的声音包括农民、森林管理者、土地所有者、农村社区、美洲原住民、黑人和拉丁美洲人，以及地球本身。受访者所说的例子包括：

"真正的农民……林业者、渔民。因为不知道美国生物经济是怎么设置的，所以他们可能还没有看到好处"。

"我希望农民能更直言不讳。我觉得城市和农村之间有很大的差距……对我来说，生物经济是弥合这一差距的一种方式"。

"农民是被排除在外的，是真正的来源……他们是最重要的，他们是最被扭曲的。甚至可能不是。也许最被扭曲的是地球……这是迄今为止最微弱的声音"。

因此，人们认为城市和企业参与者推动了美国的生物经济，而农村社区几乎没有投入。大部分利益可能来自消费者（如通过更安全、可再生的化学品和污染更少的燃料）、科学家和技术创新公司（来自专利、就业和收入）、投资者和政府决策者（获得资金和经济发展）。这种不平等表现在乙醇公司倾向于通过为农民的产出支付低价来剥削农民，并在农村城镇附近建造污染严重的炼油厂，而州政府几乎不执行环境法[51,52]。在过去十年中，整合在重塑生物燃料行业方面也发挥了重要作用。21世纪初，农业合作社在帮助中西部地区提升炼油能力方面发挥了关键作用。随后，随着大公司进入该行业，这些合作社开始失败[53]。因此，在美国生物经济的许多参与者、部门和州中，赢家和输家的潜力是受访者最关心的问题。这需要一个健全的治理体系，以实现更可持续、更包容、分布更均匀的生物经济发展。

5.5　讨论：走向多中心区域治理模式

正如我们的研究结果所证明的那样，制度、地理、结构和政治特征共同有力地影响着美国生物经济的发展轨迹。许多漏洞和脱节反映了生物经济的治理方式，使原料、基础设施和产出被限制并并制约生物经济未来增长。联邦政府可以通过其深远的决策权和资源来培育和协调生物经济。然而，联邦政府对建设生物经济的兴趣在各行政机关之间摇摆不定，其干预能力受到薄弱的国家创新政策体系的限制。对生物经济缺乏明确的联邦愿景是显而易见的，几乎所有受访者对迄今为止提出的联邦战略都没有、有限或不屑一顾的认识。

政府官员意识到他们必须改进生物经济的实施。从21世纪开始，联邦政府成立了生物质研发委员会，作为解决其机构之间存在的紧张关系的跨部门努力[3]。白宫蓝图、生物经济愿景和战略计划都包括更好地与地方和州政府、私营公司和公众联系的计划，以建立强大的支持群体[4,28,29]。尽管如此，这些努力仍处于萌芽阶段，在特朗普政府的领导下停滞不前。在20世纪40年代，国会已经变得过于两极分化，无法考虑制定新的法律，使燃料以外的生物经济多样化。例如，国会在2018年12月才颁布了一项新的农业法案，因为立法者在削减食品安全和保护管理计划方面存在严重分歧，导致法案拖延了很长时间[54]。许多与生物经济相关的政策仍然不稳定，包括现有的燃料监管制度。

在州一级，政府之间的关注度仍然参差不齐。一些州热衷于培养生物生产，比如加利福尼亚州，该州在2016年举办了一次研讨会，将政府、行业、学术界和非政府组织参与者聚集在一起，以设想该州的生物经济可能如何发展[55]。大多数州似乎无动于衷，因为它们不认为自己拥有相关的资源基础，或不相信建立生物经济的必要性，或与研究和行业节点脱节。因此，私营部门在很大程度上塑造了现有的物质生产体系和产品。在一种将创业企业、专利和技术创新视为高度合法的经济建设模式的文化中，企业、风险投资者和生物技术研发中心拥有很大的自由度，因此建立了一个新生的、支离破碎的生物经济。治理主要通过行业参与者决定投资什么、瞄准哪个市场以及投资回报是否符合预期来实现。

5.5.1 先前存在的地方主权和区域文化

一个真正包容性的联邦愿景将有助于引导研发和投资，建立投资信心，获得真正的认同，并更好地在全国各地分散建设新的产业和社区中心。然而，鉴于缺乏联邦层面的领导能力，我们的分析表明，次国家级规模是生物经济分布式、地理定制发展和治理的最大潜力所在[56]。许多受访

者指出，长期以来，地方和州政府都希望管理自己的管辖区，行使自己的领土/政治主权。例如，一位私营部门的受访者评论道，“在一个梦幻世界中，它将是联邦制的，因此在任何地方都是一样的……我在美国真的看不到这一点，因为所有的州都有自己的小权力，他们喜欢按自己的方式做事”。长期以来，统一的国家政策是实现系统性变革的必要条件，这一观点与联邦体制下地方政府的日常现实之间存在着紧张关系。这可能是联邦生物经济愿景停滞的另一个原因。统一的国家政策被认为是不可实现的，而且对了解同一国家政策的人来说，这些可能叠加在不考虑地区现实情况和发展需要的管辖区内。

大量的政策文献分析了地方政府参与实验的可能性，这些实验是他们的同行可以学习的[37-59]。各州可以更灵活，更接近自己的选区；他们的官员可以建立信任和知识经纪关系，而联邦官员可能无法做到这一点。然而，一篇同样宽泛的文献讨论了地方政府如何无视环境破坏、煽动歧视、屈服于适得其反的经济决策（如参考文献［60-62］）。各州政府在财富、能力和人口方面存在巨大差异。在过去的 30 年里，许多人向选择在其领土内定居的企业发放了税收补贴、土地分区变更和直接付款[63]。因此，存在强有力的理由“联邦化”机构和政策（如 20 世纪 70 年代的全国性环境法）以平衡这种地方性忽视和滥用。

尽管如此，与生物经济有关的许多参与者似乎与食品和可再生能源等许多其他领域的参与者有共同之处，他们对当前联邦政府的设置越来越失望。他们正在观察到建立次国家级生物经济的更多空间，希望最终围绕有效的生产网络和政策达成一致，这网络和政策可以在全国范围内扩展，无论是通过其他次国家级政府将这些网络和政策调整到自己的管辖范围，还是通过联邦政府采用国家版本。例如：

“我们开始看到联邦政府陷入立法僵局，我们认为这是州一级的一个机会”。

“一切都被转移到了州和地方层面，然后我们可以回头，试图找出如何回到联邦层面”。

“虽然我希望它是联邦制的，但我认为它真的必须是市级的，然后必须像蜘蛛网一样传播”。

但我们的受访者也指出了这种国家/次国家动态的另一个重要方面：美国在其多样的地理、生态系统、政治文化、经济和基础设施方面具有区域性[64,65]。即使经过150年的发展成为一个国家，随着交通、商业和能源联系逐渐将美国各州联系在一起，这个国家仍然被划分为不同的地区。一位受访者反映道："美国的一切都是分裂的……中西部是一个地区……西北部在许多方面是一个地区……南部……他们有区域合作。"在过去20年中，其中一些地区建立了基于气候、环境、工业或资源管理目标的合作伙伴关系。例如，东北地区碳排放交易的REGGI联盟（REGGI Consortium for Carbon Emission Trading in the North-East）、20世纪90年代的臭氧污染管理联盟（Ozone Pollution Management Coalition）、区域电网委员会（Regional Electricity Grid Council）的发展，以及政府合作购买计划。

因此，许多知情者评论说，生物经济可以在邻国共享共同资源基础、生物产业基础设施、现有政治合作和共同文化身份的地区扎根。正如一位专家受访者所说，"那些他们知道如果他们有强大资源的地方，他们应该理想地跨州线团结在一起，如果你看一看美国的地图，事情就会发生。没有州线……并开始根据资源的位置画线。资源和土地不在乎州在哪里"。另一位受访者评论道："你肯定会看到一些区域化，也许会有一些合作关系。"也就是说，治理应该更多地关注该国每个地区的生物资源和创新能力，而不是遵循依赖路径的生物燃料模式和/或旧的化石燃料模式。

5.5.2 绘制美国区域生物经济地图

许多生物经济走廊和集群可能成为美国生物经济复苏的基础。借鉴知情人的想法，我们根据资源基础、现有协作结构、共享文化思维方式、相互关联的政治制度、产业能力和联合创新潜力的相似性设计了一张地图。例如，太平洋西部走廊建立在加利福尼亚州、俄勒冈州和华盛顿州之间已有的合作基础上。这包括绿色化学领域的国家政策方法（如"西北绿色化学路线图2018—2023"）和新兴的绿色经济概念，如翡翠走廊。考虑到蒙大拿州和爱达荷州强大的林业生物经济潜力，以及重要的作物生产和农业活动副产品，区域生物经济集群可以扩大到这两个州。

向东移动，北达科他州、南达科他州和怀俄明州的合作潜力在"过渡大平原"的旗帜下被提出。虽然这些州的生物经济发展可能处于早期阶段，它们拥有强大的作物生产基地（包括适合食品、饲料和生物化学应用

的小麦、玉米和甜菜）和重要的养牛场（与之相关的是，它们有潜力利用农业废弃物，例如利用沼气或牛粪中的沼气制造生物塑料）。鉴于半干旱的大陆性气候导致这些州也比美国其他地区更干燥、风力更大，在“过渡大平原”地区建立替代能源中心的潜力也显而易见。根据生物质能利用的级联原则[35]，该原则要求减少生物质能的燃烧，该地区有可能增加风电场。这将把生物质释放出来，用于其他更高价值的生物材料和生物化学用途，同时也满足了能源部门脱碳的需求。

在拥有强大农业基础的中西部地区也存在类似的生物经济机会。一些受访者指出了中西部地区现有的生物燃料加工基础设施，同时建议生物量可以多样化，以包括各种纤维素和藻类来源，农业方法可以变成农业生态[66]，生物燃料可以优先考虑生物化学。通过该地区多样化创新中心的增长和创业支持，对这些转型的支持已经在增加。例如，堪萨斯城正在成为一个技术和创业中心[67]，其创业生态系统包括 KC 创业村、获得投资资本的渠道，以及自 2012 年以来吸引了众多创业者的谷歌光纤试点。再往东，美国传统工业带的复兴潜力依然存在。几位受访者指出，生物经济需要惠及所有社区，特别关注边缘化的农村社区和受到污染化石燃料行业负面影响的社区。将环境正义考虑纳入生物经济发展[68,69]，需要解决这些地区的经济衰退、城市衰退和人口流失问题，这些地区曾经是因钢铁和制造业而繁荣的地区。

意大利撒丁岛的 Matrica Green Chemistry Complex 的建立就是一个比较好的例子。Matricia Complex 位于一家石化厂的厂址上，利用当地蓟草的油，将其转化为生化中间体（如橡胶/轮胎行业的填充油、润滑剂、聚合物增塑剂和化妆品油）。由于大学、工业界、当地社区和农民之间的合作，这座曾经是该地区污染最严重之一的工厂为当地带来了急需的就业机会，现在已经变成了一个创新的绿色化学综合设施。通过创建可持续和合作的生物经济企业在“工业带”地区也存在类似的潜力，以振兴社区和就业。

与此同时，美国东北部集群受益于东海岸（尤其是波士顿和纽约周边）的高质量研究和创新成果，以及蓬勃发展的林业和海洋部门。新英格兰和大西洋诸州以其渔业和海藻资源而闻名。同样，邻近的森林和农业丰富的肯塔基州、弗吉尼亚州、田纳西州以及北卡罗来纳州利用东北部的势头进一步发展生物经济（特别是在弗吉尼亚州和北卡罗来纳州，考虑到夏洛茨维尔/里士满和罗利/夏洛特周围强大的大学网络和科研中心）。

在其他地方，南部各州拥有巨大的农业和森林资源，也是主要的化石燃料和石化生产地区。围绕这一地区的生物经济重塑开采和加工可能会导致“南部转向”，从化石燃料转向生物质。南部各州也有丰富的海岸线，可以生产用于生物化学品和生物材料制造的海洋原料。资源丰富的阿拉斯加州和夏威夷州进一步代表了美国生物经济难题中的另一块，在推进生物经济的海洋方面拥有最大的潜力（如从甲壳类动物副产品中创造生物化学物质[70]）。

最后，包括内华达州、犹他州、亚利桑那州和新墨西哥州在内的干旱地区对可持续生物经济发展构成了挑战，因为这些地区的城市中心依赖大量灌溉，更不用说农业生物质部门了。这些州进一步面临着气候变化的长期干旱的未来，与其他州相比，可能具有不成比例的脆弱性。然而，由于在干旱和适应农业方面有数百年的经验（尤其是在霍皮人等美洲原住民部落中），这些州在生物经济方面的合作性和社会包容性的潜力不容忽视，包括科罗拉多州和新墨西哥州大草原植物带来的机会。

正如我们的一位受访者推测的那样：“生物经济的有趣之处在于，它可以创建新的地图，而不是我们以前的一些地图。我认为这可能是文艺复兴的一部分……只有当你能将这些地图聚集在一起时，一种新的模式才开始出现。”

因此，我们提出多中心治理体系[71,72]以指导美国生物经济的增长。联邦政府不必采取自上而下的方法，也不会在全国范围内吸引太多的兴趣或参与，州政府可以开始创建基于生物的研发、生产和加工的有机集群，以符合其区域优势。可以创建新的区域治理流程和机构，以设想、管理和调整每个集群的生物经济发展。例如，利益相关者参与网络可以以生物经济圆桌会议的形式在每个地区建立，包括政府、地方社区、研究人员、行业和生物质生产商。例如，加拿大在全国工业生物产品价值链圆桌会议制定了指导加拿大生物经济发展的政策，并在价值链和地理区域中有代表性。该小组审查不同生物经济子部门的机遇、挑战、趋势和监管障碍。为了让多中心治理有效运作，还必须明确界定决策权，并制定解决分歧的规则。必须商定原则（并分配资源），以确保每个人都能从生物经济中受益，缩小参与者之间的权力差距，克服生物量分配冲突，不鼓励生态和社会退化。

通过培养跨地区的更大联系（而不是遵守国家边界），可以建立生物经济中缺失的联系。鉴于许多国家领导人都出席了会议，各国之间有可能就生物经济发展进行同行学习。在农村地区和许多老工业城市陷入困境之际，这一体系以及相关的支持可以在全国范围内促进生物经济更好地发展。例如，截至 2018 年秋季，美国农业部估计，只有 46%的农民会从他们的经营中获得正收入，美国农场收入中值将降至 2002 年以来的最低点，即-1548 美元[73]。区域办法也符合减少远距离贸易和生产的碳和能源成本的需要。虽然无法假设生物经济的固有可持续性，而且确实需要在发展过程中进行仔细的制衡[37]，但是提出的自下而上的区域方法是走向更具关联性、经济、社会和环境效益的生物经济的第一步。这种方法可以实现农村和工业的复兴，同时向联邦政府施加压力，要求其制定政策和激励措施，从集群中建立全国性的生物经济。

5.6　结论

根据比较政策分析，我们认为美国生物经济的形成方式反映了该国特定的治理模式和制度，地理多样性，现有的政策配置，联邦愿景的影响有限，私营部门在研发中的领导地位，以及与化石燃料、生物燃料和工业农业相关的发展路径依赖。因此，生物经济已经发展成为一个高度分散的体系，美国的一些地区比其他地区更加活跃，其固有特征可能会通过结构性和制度性的锁定来限制其持续发展。在这种情况下，显然需要一种新的治理模式，以确保全国生物经济的均衡和公正发展。美国的利益相关者、部门和规模仍然需要联系起来，区域治理方法提供了一个潜在的解决方案，如本文所示。

为了解决迄今为止影响较小、相互脱节且看不见的联邦政策问题，美国生物经济总体定义和联邦战略的制定对于最终连接区域走廊和集群也是必要的。这一愿景必须通过包容性的利益相关者参与和多行为体方法来实现，以确保达成共识和切实可行的措施。生物经济有可能重振边缘化的农村、环境和非工业化社区，但必须在联邦一级致力于这些社会和环境正义考虑，以及更广泛、更积极的气候变化议程，以克服已确定的路径依赖性。

然而，作为这种自上而下领导的补充，不应低估自下而上治理方法的力量，尤其是在动荡的政治和行政时代。虽然上述地图隐藏了当地生物经济发展背后的细微差别和复杂性，包括气候变化对未来资源潜力的潜在影响，但它代表了围绕区域方法进行政策讨论的起点，以创建成功和可持续的生物经济。它代表了一个理想的治理未来，取代了目前证明的支离破碎的局面。以这种方式建立分散、密集和区域性的生物经济，有助于克服美国生物经济发展面临的一些挑战，包括新生和不连贯的生物经济格局、缺乏联邦愿景的影响、发展路径依赖性以及生物经济参与者和参与者之间的不平衡力量。

参考文献

[1] Kircher M., 2014. The emerging bioeconomy: Industrial drivers, global impact, and international strategies. Ind. Biotechnol. 10 (1), 11-18.

[2] El-Chichakli B., von Braun J., Lang C., Barben D., Philp J., 2016. Policy: Five cornerstones of a global bioeconomy. Nature News. 535 (7611), 221.

[3] Bracco S., Calicioglu O., Gomez San Juan M., Flammini A., 2018. Assessing the contribution of bioeconomy to the total economy: A review of national frame-works. Sustainability. 10 (6), 1698.

[4] White House, 2012. National bioeconomy Blueprint. Washington DC. Available at: https://obamawhitehouse.archives.gov/blog/2012/04/26/national-bioeconomyblueprint-released (accessed 9 April 2019).

[5] German Bioeconomy Council, 2019. Asian countries: Strong roadmaps to bioeconomy. Available at: https://biooekonomierat.de/en/news/asia-on-its-way-to-bioeconomy/ (Accessed 30 May 2019).

[6] Staffas L., Gustavsson M., McCormick K., 2013. Strategies and policies for the bioeconomy and bio-based economy: An analysis of official national approaches. Sustainability. 5 (6), 2751-2769.

[7] Bugge M. M., Hansen T., Klitkou A., 2016. What is the bioeconomy? A review of the literature. Sustainability. 8 (7), 691.

[8] Devaney L., Henchion M., 2017. If opportunity doesn't knock, build a door: Reflecting on a bioeconomy policy agenda for Ireland. Econ. Soc. Rev. 48 (2), 207-229.

[9] Devaney L., Henchion M., Regan A., 2017. Good governance in the bioeconomy. EuroChoices. 16 (2), 41-46.

[10] Mattila T. J., Judl J., Macombe C., Leskinen P., 2018. Evaluating social sustainability of bioeconomy value chains through integrated use of local and global methods. Biomass Bioenergy. 109, 276-283.

[11] BIO, 2018. The U.S. Biobased economy: Economic impact. Biotechnology innovation organisaiton (BIO). Available: https://www.bio.org/toolkit/infographics/us-biobased-economy-economic-impact (accessed: 30 May 2019).

[12] Martin A. N., 2017. The Birth of a Bioeconomy: Growing and Governing a Global Ethanol Production Network, 1920-2012. Doctoral dissertation, UC Berkeley.

[13] Steinberg P. F., VanDeveer S. D., 2012. Comparative Environmental Politics: Theory, Practice, and Prospects. MIT Press, Cambridge, MA.

[14] Vogel D., 2012. The Politics of Precaution. Princeton University Press, United States.

[15] Bomberg E., Schlosberg D., 2008. US environmentalism in comparative perspective. Environ. Pol. 17 (2), 337-348.

[16] Brickman R., Jasanoff S., Ilgen T., 1985. Controlling Chemicals: The Politics of Regulation in Europe and the United States. Cornell University Press, Ithaca.

[17] Vogel D., 1986. National Styles of Regulation: Environmental Policy in Great Britain and the United States. Cornell University Press, Ithaca.

[18] Stoker G., 1998. Governance as theory: Five propositions. Int. Soc. Sci. J. 50 (155), 17-28.

[19] Papadopoulos Y., 2007. Problems of democratic accountability in network and multilevel governance. Eur. Law J. 13 (4), 469-486.

[20] Schreurs M. A., Vandeveer S. D., Selin H., 2009. Transatlantic Environment and Energy Politics: Comparative and International Perspectives. Ashgate Publish-ing, United States.

[21] Sunstein C. R., 1993. After the Rights Revolution: Reconceiving the

Regulatory State. Harvard University Press, United States.

[22] IPES-Food, 2016. From uniformity to diversity: A paradigm shift from industrial agriculture to diversified agroecological systems. International Panel of Experts on Sustainable Food systems. Available at: http://www.ipes-food.org/reports/ (accessed 9 April 2019).

[23] Schreurs M. A., 2008. From the bottom up: Local and subnational climate change politics. J. Environ. Dev. 17 (4), 335-343.

[24] Selin H., VanDeveer S. D., 2009. Climate Leadership in Northeast North America. Changing Climates in North American Politics: Institutions, Policymaking, and Multilevel Governance, 111-136.

[25] Rabe B., 2010. Greenhouse Governance: Addressing Climate Change in America. Brookings Institute, Washington.

[26] Fiorino D. J., 2018. Can Democracy Handle Climate Change?. Polity, UK.

[27] Rogers J. N., Stokes B., Dunn J., Cai H., Wu M., Haq Z., Baumes H., 2017. An assessment of the potential products and economic and environmental impacts resulting from a billion ton bioeconomy. Biofuels, Bioproducts and Biorefining. 11 (1), 110-128.

[28] BETO, 2016. 2016 Billion Ton Report: Advancing Domestic Resources for a Thriving Bioeconomy. Bioenergy Technologies Office (BETO), Department of Energy, Washington DC. Available at: https://www.energy.gov/eere/bioenergy/2016-billion-ton-report (accessed 9 April 2019).

[29] BETO, 2016a. Strategic plan for a thriving and sustainable bioeconomy. Bioenergy technologies office (BETO). Department of energy: Washington DC. Available at: https://www.energy.gov/eere/bioenergy/articles/beto-releases-strategic-plan (accessed 9 April 2019).

[30] Biomass R&D Board, 2016. Federal activities report on the bioeconomy. Washington DC. Available at: https://biomassboard.gov/pdfs/farb_2_18_16.pdf (accessed 9 April 2019).

[31] EC, 2012. Innovating for Sustainable Growth: A Bioeconomy for Europe. European Commission, COM, 2012, 60 final.

[32] Teddlie C., Yu F., 2007. Mixed methods sampling: A typology with examples. J. Mix. Methods Res. 1 (1), 77-100.

[33] Bell J., 2006. Doing Your Research Project: A Guide for First-Time Researchers in Education, Health and Social Sciences, fourth ed. Open University Press, UK.

[34] Braun V., Clarke V., 2006. Using thematic analysis in psychology. Qual. Res. Psychol. 3, 77-101.

[35] SCAR, 2015. Sustainable agriculture, forestry and fisheries in the bioeconomy-a challenge for Europe, 4th SCAR foresight exercise. Standing committee on agricultural research (SCAR). Available at: https://ec.europa.eu/research/scar/pdf/ki-01-15-295-enn.pdf (Accessed 9 April 2019).

[36] Lewandoski I., 2015. Securing a sustainable biomass supply in a growing bioeconomy. Global Food Security. 6, 34-42.

[37] Devaney L., Henchion M., 2018. Consensus, caveats and conditions: International learnings for bioeconomy development. J. Clean. Prod. 174, 1400-1411.

[38] Erickson P., Down A., Lazarus M., Koplow D., 2017. Effect of subsidies to fossil fuel companies on United States crude oil production. Nature Energy. 2 (11), 891-898.

[39] EPA, 2017. Overview for Renewable Fuel Standard. United Stated Environmental Protection Agency. Available at: https://www.epa.gov/renewable-fuel-standard-program/overview-renewable-fuel-standard (accessed 9 April 2019).

[40] Carolan M. S., 2010. Ethanol's most recent breakthrough in the United States: A case of socio-technical transition. Technol. Soc. 32 (2), 65-71.

[41] Heinemann J. A., Massaro M., Coray D. S., Agapito-Tenfen S. Z., Wen J. D., 2014. Sustainability and innovation in staple crop production in the US Midwest. Int. J. Agric. Sustain. 12 (1), 71-88.

[42] Chen M., Smith P. M., 2017. The US cellulosic biofuels industry: Expert views on commercialization drivers and barriers. Biomass Bioenergy. 102, 52-61.

[43] Tilman D., Socolow R., Foley J. A., Hill J., Larson E., Lynd L., Pacala S., Reilly J., Searchinger T., Somerville C., Williams R., 2009. Beneficial biofuelsdthe food, energy, and environment trilemma. Science. 325 (5938), 270–271.

[44] Cutazzo M., 2018. The Impact of Biofuels on the Realization of the Human Right to Food. Food Diversity between Rights, Duties and Autonomies: Legal Perspectives for a Scientific, Cultural and Social Debate on the Right to Food and Agroecology, 277–292.

[45] SF Environment, 2016. Take Action for the Environment: 0-80-100-Roots. San Francisco Department of the Environment. Available at: https://sfenvironment.org/take-action-for-the-environment-080100roots (accessed 9 April 2019).

[46] Adams S. B., 2005. Stanford and silicon valley: Lessons on becoming a high-tech region. Calif. Manag. Rev. 48 (1), 29–51.

[47] Iles A., Martin A. N., 2013. Expanding bioplastics production: Sustainable business innovation in the chemical industry. J. Clean. Prod. 45, 38–49.

[48] Erickson B., Winters P., 2012. Perspective on opportunities in industrial biotechnology in renewable chemicals. Biotechnol. J. 7 (2), 176–185.

[49] Philippidis A., 2017. Top 10 U.S. Biopharma clusters. Genetic engineering & biotechnology news. Available at: https://www.genengnews.com/lists/top-10-u-s-biopharma-clusters-5/ (accessed 9 April 2019).

[50] Booth B., 2017. Why biotech's talent, capital and returns are consolidating into two key clusters. Forbes magazine. Available at: https://www.forbes.com/sites/brucebooth/2017/03/21/inescapable-gravity-of-biotechs-key-clusters-the-great-consolidation-of-talent-capital-returns/#6ed5363552e9 (accessed 9 April2019).

[51] Selfa T., 2010. Global benefits, local burdens? The paradox of governing biofuels production in Kansas and Iowa. Renew. Agric. Food Syst. 25 (2), 129–142.

[52] Bain C., Selfa T., 2013. Framing and reframing the environmental

risks and economic benefits of ethanol production in Iowa. Agric. Hum. Val. 30 (3), 351-364.

[53] Gillon S., 2010. Fields of dreams: Negotiating an ethanol agenda in the Midwest United States. J. Peasant Stud. 37 (4), 723-748.

[54] Stein J., 2018. Congress just passed an $ 867 billion farm bill. Here's what's in it. Washington Post. Available at: https://www. washington-post. com/business/2018/12/1 1/congresss-billion-farm-bill-is-out-heres-whats-it/? utm_ term1/4. 7df7bcf561b9 (accessed 9 April 2019).

[55] CDFA, 2017. Cultivating a California bioeconomy: California roundtable on agriculture & the environment november 30, 2016. California department of food & agriculture, sacramento. Available at: https://www. cdfa. ca. gov/State_ Board/pdfs/presentations/KBuhr_ CARCD. pdf (accessed 9 April 2019).

[56] Banerjee A., Schelly C. L., Halvorsen K. E., 2018. Constructing a sustainable bioeconomy: multi-scalar perceptions of sustainability. In: Fihlo, et al. (Eds.), To-wards a Sustainable Bioeconomy: Principles, Challenges and Perspectives. Springer International Publishing, 355-374.

[57] Gardner J. A., 1995. The states-as-laboratories metaphor in state constitutional law. Valpso. Univ. Law Rev. 30, 475.

[58] Rabe B., 2007. Environmental policy and the Bush era: The collision between the administrative presidency and state experimentation. Publius. 37 (3), 413-431.

[59] Bednar J., 2011. Nudging federalism towards productive experimentation. Reg. Fed. Stud. 21 (4e5), 503-521.

[60] Tomaskovic-Devey D., Roscigno V. J., 1996. Racial economic subordination and white gain in the US South. Am. Sociol. Rev. 565e589. USDA, 2018. Farm Household Income Forecast: November 2018 Update.

[61] Revesz R. L., 1997. The race to the bottom and federal environmental regulation: A response to critics. Minn. Law Rev. 82, 535.

[62] Konisky D. M., 2007. Regulatory competition and environmental enforcement: Is there a race to the bottom? Am. J. Pol. Sci. 51 (4), 853-872.

[63] Story L., 2012. As companies seek tax deals, governments pay high

price. New York times, december 1. Available at: https: //www. nytimes. com/2012/12/02/us/how-local-taxpayers-bankroll-corporations. html. accessed 9 April 2019.

[64] Lieske J., 1993. Regional subcultures of the United States. J. Politics. 55 (4), 888-913.

[65] Agnew J., Smith J. M., 2016. American Space/American Place: Geographies of the Contemporary United States. Routledge, New York.

[66] Jordan N. R., Dorn K., Runck B., Ewing P., Williams A., Anderson K. A., Felice L., Haralson K., Goplen J., Altendorf K., Fernandez A., 2016. Sustainable commercialization of new crops for the agricultural bioeconomy. Elementa Science of the Anthropocene 4. http: //doi. org/10. 12952/journal. elementa. 000081.

[67] LeVota M., 2017. Kansas City ranks as top U. S. tech, entrepreneurship hub. Startand. Available at: https: //www. startlandnews. com/2017/06/kansas-city-ranks-top-u-s-tech-entrepreneurship-hub/ (accessed 9 April 2019).

[68] Harvey D., Braun B., 1996. Justice, Nature and the Geography of Difference (Vol. 468). Oxford, Blackwell.

[69] Schlosberg D., 2009. Defining Environmental Justice: Theories, Movements, and Nature. Oxford University Press.

[70] Hayes M., Carney B., Slater J., Brück W., 2008. Mining marine shellfish wastes for bioactive molecules: Chitin and chitosanePart B: applications. Biotechnol. J.: Healthcare Nutrition Technology. 3 (7), 878-889.

[71] McGinnis M. D., 1999. Polycentric Governance and Development: Readings from the Workshop in Political Theory and Policy Analysis. University of Michigan Press, United States.

[72] Andersson K. P., Ostrom E., 2008. Analyzing decentralized resource regimes from a polycentric perspective. Pol. Sci. 41 (1), 71-93.

[73] USDA, 2018. Farm Household Income Forecast: November 2018 Update. USDA Economic Research Service. Available at: https: //www. ers. usda. gov/topics/farm-economy/farm-house.

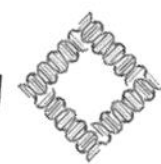

[74] Strogen B., Horvath A., McKone T. E., 2012. Fuel miles and the blend wall: Costs and emissions from ethanol distribution in the United States. Environ. Sci. Technol. 46 (10), 5285-5293.

第 2 篇

生物经济战略和政策的国际比较

第6章 生物经济：政策制定者面临的世纪挑战*

吉姆·菲利浦（Philp J）[1]

摘要：在工业革命期间，木材显然不适合作为工业生产的能源，然而，向煤炭的转型是几十年的努力。同样，从煤炭到石油的转变既不顺利也不迅速。向以可再生资源为基础的能源和材料生产制度的过渡，在技术和政治上也同样可能存在许多挫折和障碍。这些早期的转变并没有因为今天面临的所谓大挑战而变得复杂，除能源安全、粮食和水安全之外，气候变化也在潜藏。2015年的一些事件在政治上使气候变化及其缓解合法化，2016年世界终于宣誓采取行动。生物经济为缓解气候变化，同时保持增长和社会福利带来的经济挑战提供了一些答案。对于生物经济政策制定者来说，未来是复杂和多方面的。这些问题从地区开始并延伸到全球，很难量化最困难的挑战是什么。生物经济的愿景之一，即中小型一体化生物炼厂的分布式制造，与当前大量化石燃料和石化产品的规模经济以及巨大的化石燃料消费补贴的现实相悖。

关键词：研发（R&D）补贴；标准；技能；生物精炼厂融资；价值链；生物质的可持续性

---

* 本文英文原文发表于：Philp J. The Bioeconomy, the Challenge of the Century for Policy Makers [J]. New Biotechnology, 2018 (40): 11-19.

1. 经济合作与发展组织（巴黎）。

6.1 引言

Bennett 和 Pearson（2009）认为，英国化学工业向石化原料的转变发生在1921~1967年[1]。20世纪20年代，美国汽车的大规模生产加速了这种转变。到第二次世界大战结束时，美国有大量烯烃可供转化为石油化工产品。向东扩散需要时间，但到了20世纪60年代末，英国有机化工生产行业完全转变为石油化工。

生物经济政策制定者至少可以从中吸取一个教训：向生物经济转型需要时间。世界人口在继续增加，而大多数经合组织国家的人口则停滞不前或下降。最重要的是，到2030年，全球中产阶级人数可能会增至49亿，其中大部分增长来自亚洲[2]。

当一个国家的财富翻一番时，其排放量会增加约80%[3]。然而，作为挑战的核心，经济增长必须与不断增加的排放脱钩[4]。七国集团呼吁到2050年将2010年的排放量减少70%[5]。许多同行评议的出版物[6] 表明，绝大多数气候科学家都同意，全球变暖很可能与人类活动有关。与生物经济目标一样，2015年在巴黎达成的气候协议旨在通过低碳技术和投资来减少排放，同时创造就业机会并促进经济增长[7]。在大规模生产开始时，所有主要的石油储量都有待发现。在生物经济期开始时，新增储量同比减少。自1980年以来，常规石油储量一直在下降[8]。新发现的石油已降至60多年来的最低水平[9]。此外，几乎在整个石油时代，原油价格的高波动性都是显而易见的，这会带来严重的社会后果，并导致全球经济衰退[10]。

因此，可以说，过去的能源和生产转型能够通过“从更多到更多”的方式蓬勃发展。生物经济可能不得不通过“从少到多”的方式蓬勃发展。所有的生物经济愿望都依赖于可持续生物质的巨大供应。到2050年，粮食需求将增加50%~70%[11]，同时应对干旱条件和土壤退化。这就是生物经济学最大的难题——如何协调农业和工业的竞争需求[12]。不可避免的食物必须放在第一位[13]，工业生产对生物质的依赖程度尚未确定。

6.2 从实验室到地球：联合生物经济的政策一致性

对于政策制定者来说，这种复杂性跨越了地理位置（见图6-1），从区域发展（如生物炼制部署），到国家研发（如合成生物学、绿色化学、代谢

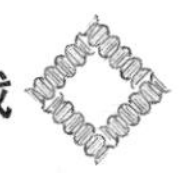

工程、IT 融合、生物学自动化)，再到生物量及其可持续性的全球问题。

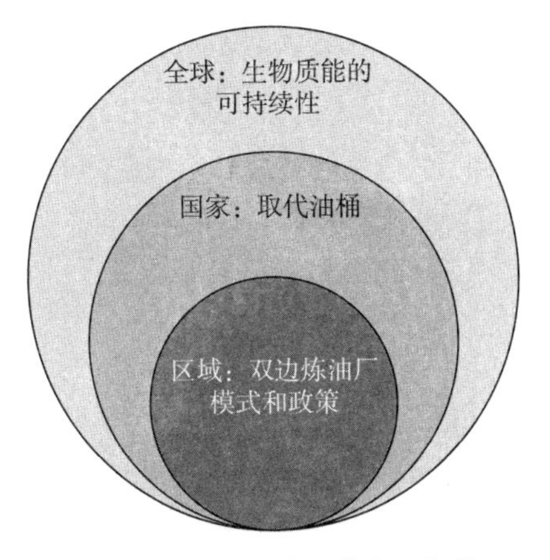

图 6-1　生物经济政策发展规模

注：此图表示生物经济政策从非常局部的规模发展到绝对全球的规模，这三个领域代表了2014~2016 年经合组织政策工作的不同重点领域。

很明显，这三个领域的政策发展都要求政策跨边界协调一致，尽量减少重复，政策保持足够的灵活性，以防止瓶颈和政策封锁带来的高成本。一个相关的例子是与废物法规的互动。利用废弃物，尤其是纤维素农业和林业残留物，以及家庭有机废物，被视为生物精炼最可持续的选择，因为它最大限度地减少了对粮食生产的干扰，因此可能产生非常低的温室气体排放。但纤维素生物精炼厂在技术和政治上都非常具有挑战性，与典型的甘蔗乙醇厂相比价格昂贵，迄今为止只有少数几个完全投入运营[14,15]。在研发中，人们努力创造微生物催化剂，既能将纤维素分解为可发酵糖，又能将糖转化为生物化学物质[16]。实验室已经取得了一些成功（如参考文献［17］），但到目前为止还没有全面部署，要实现这一目标还需要很长时间的研发。

同时，这些政策发展也会受到废物法规的负面影响。例如，在欧洲，废物框架指令（WFD）[18] 目前是欧盟层面副产品的参考立法。在该指令中，定义了哪些可以被视为“废物”，哪些可以被视为“副产品”。简言之，废物很难被运输到生物精炼厂，而副产品则不会。如果鸡粪、葡萄渣和甘油等物质被视为废物，那么它们将因生物净化而流失。一些国家主管部门将粗甘油归类为废物，因为它在用于消费用途之前需要进行精炼。这种分类带来了行政和财务负担，阻碍了对现有商业实践的投资，目的是尽可能长时间地保持材料在经济中的价值。这些看似微不足道的事情可能会阻碍一系列潜在的生物精炼计划[19]。

6.3 更换油桶

在生物能源和液体生物燃料的热潮中，政策制定者相对忽视了生物基化学品对未来生物经济的贡献。然而，化学品是工业的第三大排放物，仅次于水泥、钢铁[20]。化学工业在创新方面有着卓越的历史[21]。本节探讨了化学品生物技术生产的一些问题，同时认识到化学和绿色化学做出了许多贡献，绿色化学与工业生物技术的融合似乎是一个成功的组合（例如文后参考文献［22］），决策者应该注意这一点。确定了一些选定的供资领域。

6.3.1 R&D 补贴

很明显，在创造“绿色”产品，尤其是新材料（如化学品、塑料、纺织品）方面，化学领先于生物技术。生物基 1,3-丙二醇[23] 商业化后，人们对通过代谢工程产生大量基本化学物质产生了希望。后续的成功很少（例如文后参考文献［24］），所期待的生物基大规模商业化的现象也没有发生，尽管至少有 26 种生物基化学品被确定为技术准备水平（TRL）8~9 级[25]。技术原因在于工程周期（见图 6-2）。建议现在为竞争前置科学研究分配公共资金的政策制定者（如研究委员会、国家科学院）应设法弥合这一重要差距。

图 6-2 工程设计周期

注：上面有许多变体，但这显示了零件/系统/设备的初始设计、构建和测试阶段的工程设计基本要素。没有人期望在第一次尝试时得到最佳设计。因此，为了满足工程规范的要求，应尽可能频繁地重复该过程。

DNA 合成成本的快速下降使许多实验室的成本变得微不足道。现在仍然存在一个巨大的瓶颈，可设计和建造的结构数量远远超过了可在合理期限内进行测试的数量。机械或电子自动化无法弥合这一差距？答案必须来自生物学本身，并借助计算模型[26]。现在似乎是为生命科学开发专用编程语言的时候了。Sadowski 等（2016）认为，现在最关键的需要是为生物技术定制高级机器语言[27]。

大多数自然微生物过程与工业过程不兼容，因为产品的滴定度、产量和生产率往往太低，无法扩展（例如文后参考文献［28，29］）。滴定度、产量和生产率可能被视为市场导向（或者：靠近市场）的问题，但这些挑战是如此普遍和棘手，以至于可能需要在基础研究方面提供更多资金。当然，在向公司提供资助的项目中，需要研发补贴。资助公共研究的资助机构以及中小企业可以很好地运行此类项目，例如芬兰的 Tekes。或者，该研究可以在德国弗劳恩霍夫等中间研究机构（IRO）进行。

发酵罐是过程优化的最终仲裁者，但运行成本高，通常需要专家监督。虽然设计和测试过程的复用将大大减少发酵罐中待测试菌株的数量，但是发酵罐仍然是必要的以确保真正最好的菌株被选择用于工业生产。小规模发酵在许多领域都缺乏，例如 pH 值和通气控制以及频繁取样的能力，人们希望这些解决方案将存在于微流体中[30]。

6.3.2　规范和标准

标准、规范和认证给消费者和行业带来了信心，因为它们为性能和可持续性的主张提供了可信度[31]，有助于核实可能促进市场占有率的环境主张[32]。与可再生燃料标准为生物燃料设定温室气体减排标准的方式类似，生物基材料的此类目标也许是可能的。这将鼓励开发最有效的生物基产品，也有利于投资于更高的环境标准。

6.3.3　技能和教育

科学方法（通过实验来检验假设）和工程设计（设计问题的解决方案并检验结果）之间有着本质的区别，必须加以解决。诸如互操作性、设计与制造的分离、零件和系统的标准化等概念，所有这些都是工程学科的核心，但在生物技术中基本上没有[33]。对一些人来说，合成生物学是一个工程领域，而不是生物学[34]。合成生物学家必须有一个或几个核心学科的基础：遗传学、系统生物学、微生物学或化学。但他们也必须利用工程学，以便能够分解生物复杂性并将各个部分标准化，或者利用工程学的定量方法设计新的生物系统和组件。这需要数学、计算和建模方面的技能[35]。

对于年轻的生物生产行业来说，很难找到专门从事高通量菌株生产的自动化工程师。长期以来，很难找到发酵员工。也许最难找到的是精通实验设计和统计学的员工，这可能是因为过度依赖一次一个因素（OFAT）的科学方法教学[28]。在处理大型数据集变得越来越频繁的今天，这一点尤为重要。人们对这类教育的需求不大。目前的基本问题是，人们对这类教育的需求不大，而这一商业部门在很大程度上是一个小的利基部门，因此政府很难优先考虑这些方向的教育[36]。

6.3.4 工业生物技术方面的能力建设

工业化学是经合组织一些主要经济体的核心部门，工业生物技术被视为在亚洲和中东竞争中保持化学竞争力的一种手段[37]。各国政府的反应有所不同。“绿色化学”已经在法国公共政策中得到了十多年的支持。相比之下，在意大利，私营部门更为领先。中国科学院成立了天津工业生物技术研究所[38]以在该领域获得快速发展。欧洲的一种常见策略是政府资助的区域集群，专注于工业生物技术建设能力。例如，荷兰的 BE Basic、比利时的 CINBIOS、德国的 CLIB2021、法国的 IAR、意大利的国家绿色化学技术集群。2007 年，德国政府创建了五个德国区域工业生物技术集群，这些集群大多位于德国化学工业中心。

6.4 区域：生物精炼模型和政策

生物精炼厂是生物经济的物理表现，许多模型正在出现，但很少达到商业成熟度[39]。它们继续为投资者带来巨大风险[40]。由于风险很高，私营部门一直不愿单独为生物精炼厂提供资金。供应链不安全源于石化的价格竞争激烈和政府政策的不确定性。最受欢迎的模式是纤维素生物精炼厂，它最适合集成生物精炼厂，但这项技术已经有很长一段时间了，少数可操作的纤维素生物精炼厂还有很多地方需要证明可行。

6.4.1 为生物精炼厂融资

建设生物精炼厂需要对生物经济的创新链进行最大的投资（见图 6-3）。

公私伙伴关系（PPP）对于降低私人投资风险是必要的。在美国，这类技术最常见的融资形式是混合股权，与联邦拨款或联邦支持的贷款担保相结合。这简化了审批步骤和控制。为了建造生物精炼厂，美国农业部（USDA）和美国能源部（USDOE）都支持 20 年期贷款担保。它们最初仅限于生物燃料项目，但在“生物炼制、可再生化学品和生物产品制造援助计划”中对生物基材料开放。贷款担保在欧洲并不常见，但现在可以通过欧洲投资银行和欧盟委员会的联合倡议 InnovFin 获得。InnovFin 的目标是为 R&I 项目提供风险融资，如公私合作和旗舰工业示范项目[41]。欧洲主要的生物基 PPP 是生物基产业联合企业（BBI JU）。除了生物炼制融资本身，PPP 专注于供应链和市场开发。

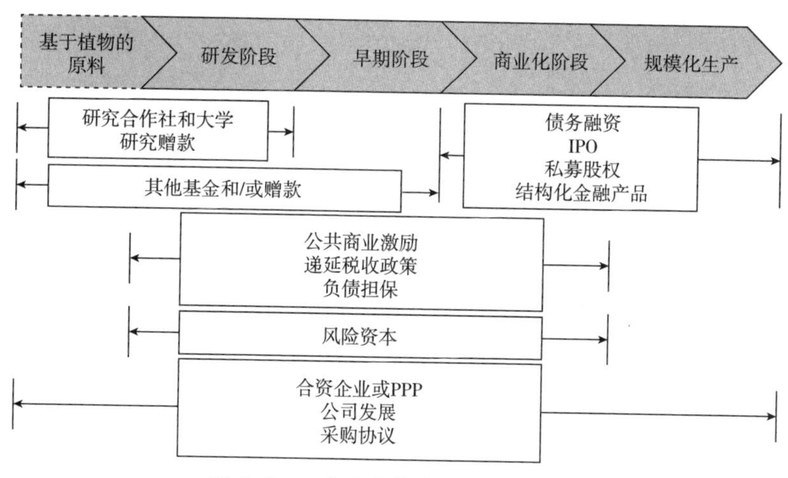

图 6-3　工业生物技术中的资金机制

资料来源：根据参考文献［42］重新绘制。

未来其他创新工具可能会变得更加重要。绿色债券为具有环境效益的项目筹集资金。绿色债券原则工具是一种筹集巨额资金的机制，项目风险的融资和管理由项目发起人承担，而不是上述可能没有风险管理能力的投资者承担。政府支持的“绿色银行”应该作为私人而非公共实体运营，应该能够筹集自己的资金，并提供一系列金融工具。英国绿色投资银行（UKGIB）就是一个例子。2012 年用 30 亿英镑的公共资金创建。

未来潜在的巨大资金来源可能是通过明确的碳价格和碳税获得的资金。例如，从油砂生产中获取生物二氧化碳的项目主要由加拿大政府的生态能源创新倡议和气候变化与排放管理公司（CCEMC）资助。后者是艾伯塔省气候变化战略及其低碳经济战略的核心。规定的气体排放者法规规定，每年排放超过 100000 吨二氧化碳当量的设施必须将其排放量降低到基线以下。一个合规选项是，每超过一吨，就向气候变化和排放管理基金（CCEMF）支付一笔费用，该基金由 CCEMC 管理。这笔费用的负担可能会刺激人们改进技术以减少排放。

6.4.2 供应链和价值链

虽然政府计划可能支持供应链和价值链研发，但对供应市场本身的关注较少[43]。这就创造了一个让投资者望而却步的条件。对供应市场缺乏关注可能反映出政府不愿被视为干预市场，并可能做出违反竞争的行为[44]。挑战之一是生物炼制价值链的复杂性（见图 6-4）。需要明确的是，利益相关者的差异如此之大，以至于他们在石化经济中永远不会定期接触彼此。然而，为了使生物净化可持续发展，他们需要这样做。政策制定者可以发挥作用，防止这种交流过程是随机的、临时的和低效的。由政府资助的工业生物技术区域集群正在参与供应链和价值链[46]。区域集群在评估区域选择、建设区域能力以及展望区域之外处于有利地位。地方一级的能力建设取决于高质量的地方商业网络（如农业和林业机械环）和信任关系。这与 Black 等（2016）的研究结果一致，他们强调了买方合作社和其他供应市场中介机构的作用[47]。

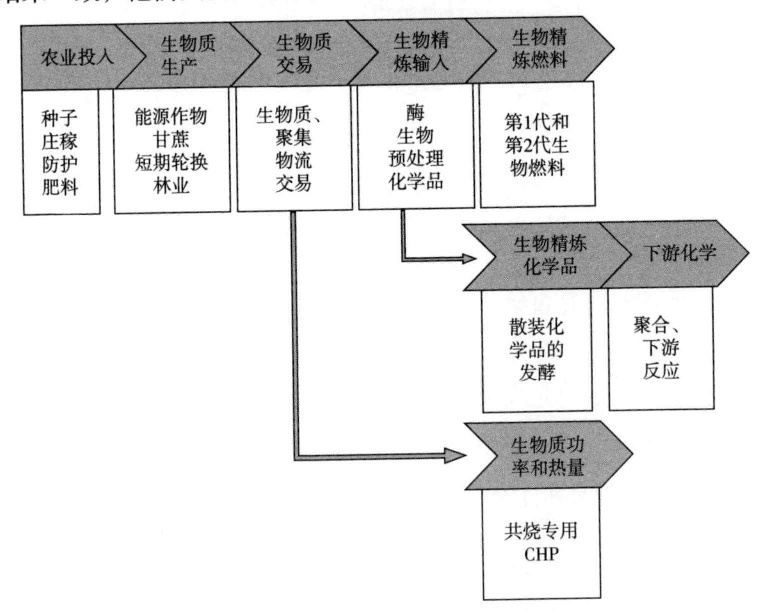

图 6-4 生物精炼的广义价值链

资料来源：根据文献［45］改编。

鼓励软件设计以改善决策将是一种成本相对较低的公共部门干预。例如，Black 等开发的数据库涵盖了生物质供应的来源、物流、技术和政策方面。随着定制生物质供应变得越来越必要，这一点也变得越来越重要。可持续生长和收获的生物质资源是影响生物炼制厂选址的关键商业决策。这类软件可以简化决策。它可以以开放源代码的方式与区域集群一起开发以充分定制。

6.4.3　综合燃料和化学品生物炼制模型

许多单一原料、单一产品的生物精炼厂在没有政府支持的情况下注定要失败，这是一个明显的危险信号，因为它们受到市场波动的摆布，超出了它们的控制范围。克服原料和产品价格波动的最佳方法是在同一工厂生产一系列燃料和化学品（见图 6-5）。这是石化行业的惯常做法。例如，德国路德维希港（Ludwigshafen）的石化联合企业拥有 200 多家生产工厂，该联合企业以高度一体化的方式运作。与单一原料、单一产品的生物精炼厂相比，有一些优势值得考虑，这使这种模式特别有吸引力。原料之间的切换允许在任何给定时间使用最具成本效益的原料。原料之间的切换也有助于应对季节性供应[48]。一体化避免了生产大量燃料的低利润陷阱[49]，高价值副产品的经济可行性可以通过初级产品的规模经济实现[50]。涉及通

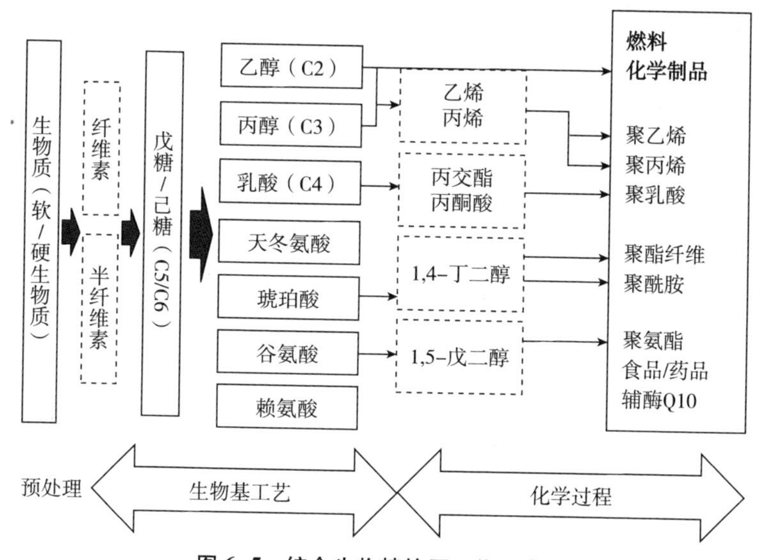

图 6-5　综合生物精炼厂工作示意图

注：此图是一个综合生物精炼厂中可能发生的组合生物和化学过程的示意图，该精炼厂生产不同附加值的燃料、化学品和塑料。

用工艺要素，降低了设备重复的需要，从而降低了资本成本。原料之间的切换同样可能有机会像“废物交换”一样运作[51]。

然而，真正一体化的生物精炼厂尚未建成。尽管有这些好处，但仍有一些难以克服的决定性挑战[52] 值得决策者关注。整合不同的转换平台绝非易事[53]。如果没有政策提供的竞争优势，许多产品目前不可能与基于化石燃料的工艺和规模经济进行竞争。如果当地无法获得原料，那么生物精炼厂的位置可能至关重要，尤其是原料是通过海洋或海洋进口的。所有这些都要求公共和私营部门密切合作。在区域一级，区域政府可能无法获得专门知识，外部专家也缺乏当地知识。

6.5 全球：生物量可持续性

虽然当地有许多生物经济，还会有更多的生物经济增长，国家生物经济战略正在形成，但由于需要在国际上进行生物质和生物基产品的贸易，全球生物经济也将出现。一切都取决于生物量的可持续性，但这带来了全球性的巨大挑战。全球所面临的挑战如此之大，以至于实施研发和生物精炼厂建设计划比解决生物量可持续性问题更容易，然而，已经取得了进展。

6.5.1 生物量潜力

Seidenberger 等（2008）试图从 18 项不同的研究中汇编全球生物量潜力范围，并注意到结果的巨大差异，这削弱了生物经济的论点[54]。范围的变化可归因于以下原因：不同时间范围内的不同目标（大多数生物量潜力研究在 2050 年之前都有未来的估计，但在短期内，即 2020 年或 2030 年，可获得的信息较少）；各种方法和途径；对生物量的类型（森林残留物、收获和加工残留物）缺乏共同商定的定义；不同的数据集和情景假设；缺乏透明度和关键因素遗漏的研究；地理范围。Schueler 等（2016）研究了区域生物能潜力的范围和分布，再次证明了可变性[55]。他们声称，这项研究可以确定具体政策行动和未来研究的需求。

美国一直在共同努力发现国家生物量潜力，第一份《十亿吨报告》于 2005 年完成[56]，更新发布于 2011 年[57]。十亿吨更新报告的结论与 2005 年的报告相同：根据所做的假设，美国可能每年能够生产十亿吨干生物质，从而用可再生生物燃料替代 30%的汽油需求。2011 年更新的一个重要

补充是生物质价格估算。该公司估计每吨 60 美元是鼓励生物质收获的起始价格，将生物质输送到生物炼制厂大门会增加最终成本。最新更新[58] 评估了迄今为止的进展，但在建设能够充分利用现有生物质的生物经济方面仍然存在的挑战。基本情况保持不变。学者们估计，美国目前使用 3.65 亿吨干农作物、森林资源和废物来生产生物燃料、可再生化学品和其他生物基材料，并预测到 2040 年，将有一份后续文件，评估将投资引向生物经济所需的政策和经济条件，并建设利用潜在生物质资源的生物精炼厂[59]。

2014 年，在巴黎经合组织的一次国际研讨会上，《十亿吨报告》的作者之一解释了其中的困难，并提出了开发生物量潜力方法的十项原则[60]（见专栏 6-1）。

专栏 6-1　开发生物量潜力方法的十大原则

（1）确定预期结果和可能用途；可用数据和分析资源；然后确定“最佳”方法。

（2）使用土地利用类别和其他变量和功能的通用术语和定义。保持一致。

（3）使用定义良好且一致的原料；从分类到单一原料。

（4）根据数据和模型的可用性，使用各种分析工具；记录并解释。

（5）使用各种数据源（大部分是公开的，以提高透明度）和文件推断；依靠多个学科和专业人士，具备适当理解和使用数据所需的技术深度。

（6）场景扮演着重要的角色，但需要额外的数据、分析和专家，才能既现实又可用。

（7）让其他模式发挥作用，克服可持续性标准等具体问题。

（8）根据数据和模型在最合适的空间层次上工作。尝试完成最小空间单元的分析，并向上聚集到区域、州、地区和国家。

（9）提供并记录所有背景工作和假设。

（10）解释并记录分析的细节、结果和结果的应用。

6.5.2 没有国际商定的工具或指标

生命周期分析（LCA）应用于生物质可持续性的一个根本弱点是，它没有解决经济或社会因素，这是可持续性的三大支柱中的两个。然而，其他工具无法满足指数形成的基本要求：归一化、加权和聚合[61]。因此，目前还没有经过优化的工具来衡量生物量的可持续性。此外，没有国际商定的一套标准来协调分析。由于所有国家都有自己的条件，协调一致既是建立共识的挑战，也是量化的挑战。社会标准的一致性尤其困难，因为很难量化这些标准，尽管它们可能反映了真正的可持续性，例如土地权、童工问题。因此，从业者目前倾向于依靠自身权重因子生成的总体可持续性数字，这很容易引入主观性。

6.5.3 生物质争端及其解决

生物质争端是当前的事情，而不是未来的投机事件。在没有进口国和出口国同意的生物量可持续性评估和认证的情况下，这些项目的数量有望增加。因此，一个政策选择可能是建立一个国际生物质争端解决机制[62]。生物质争端可能涉及可持续性的三大支柱：环境、经济和社会。一个看似微不足道的例子说明了这些可能性。来自原始森林的木材颗粒，即“自然状态”的木材颗粒，不允许进口到欧盟。然而，加拿大大面积的原始森林已被山松甲虫破坏，这种生物质来源对扩大加拿大的生物能源产业具有很大潜力。在2012年的这个例子中（这一问题已经得到解决），加拿大森林的经营现实与欧盟的政策规定发生了冲突。

6.5.4 DNA条形码与警察可持续发展

DNA条形码与标准化数据库（生命条形码数据系统，BOLD）相结合，可以应用于各种可持续性情况。例如，非法、未报告和无管制（IUU）捕捞活动威胁着海洋生态系统[63]。DNA条形码技术可以解决野生鱼类捕获物的可追溯性以及其他问题，如生态标签和鱼类欺诈[64]。它可以提供更基本的信息，如迁徙和扩散行为[65]，对评估野生渔业的可持续性至关重要。与生物量可持续性更直接相关的是将DNA条形码应用于木材物种的鉴定。产品伪造和错误识别在林业中很常见。据估计，主要生产木材的热带森林中50%~90%的伐木活动是非法的，占全球所有木材贸易的15%~30%[66]。因此，识别源物种的非专家系统[67]与卫星监测[68]相结合，可能是森林

生物经济中有效的执法工具。此外，DNA 条形码可能会被常规用于评估生物多样性。元条形码技术可以描述环境 DNA 样本中存在的物种。元条形码样本分类全面，分析迅速，不依赖专家，可用于争议解决[69]。因此，这为决策者提供了一种可靠、经济高效的生物多样性信息生成方法[70]。

6.6　结论

20 世纪初消失的另一个障碍是化石燃料消费补贴，这是全球最大的补贴体系。2015 年的税后化石能源补贴约为 5.3 万亿美元[71]。碳税和化石燃料补贴改革是实现可持续发展目标（SDG）的必要条件[13]。但无论多么必要，这些措施在政治上都是困难且不受欢迎的[72]。公众在很大程度上忽略了化石燃料补贴的环境和社会成本[73]，甚至可能对财政部长隐瞒[74]，也有人建议政府把原油价格放在一边。当油价高企时，石油公司可以投入大量资金进行勘探，但消费者并不满意。当价格较低时，可再生能源可能无法竞争，投资可能会受阻。私营部门必须对市场力量做出反应，但政府必须对未来有一致的愿景。有了碳税，没有化石燃料补贴，情况将大不相同。

在与基于生物技术的私营部门的许多合作中，最一致的信息是，政策必须是稳定和长期的，以便私营部门有信心投资风险项目。一个建议是，与化石行业相比，生物质产业拥有 15～25 年的竞争优势[75]。尽管这看起来很昂贵，但化石燃料补贴高得惊人，气候变化是真实存在的。这些信息正在传递给化石产业。洛克菲勒家族基金的受托人说："虽然国际社会致力于消除化石燃料的使用，但继续对这些公司进行投资在财务上或道德上是没有意义的。"[76]

参考文献

[1] Bennett S J, Pearson P J G. From petrochemical complexes to biorefineries? The past and prospective co-evolution of liquid fuels and chemicals production in the UK. Chemical Engineering Research and Design, 2009 (87): 1120-1139.

[2] OECD. The emerging middle class in developing countries. Paris: OECD Publishing, 2010. http://www2.oecd.org/oecdinfo/info.aspx? app =

OLIScoteEN&Ref= DEV/DOC (2010) 2.

[3] UNEP. Assessing the environmental impacts of consumption and production: Poriority products and materials. United Nations Environment Programme, 2010.

[4] OECD. The bioeconomy to 2030-designing a policy agenda. OECD Publishing Paris. OECD, 2009.

[5] G7 Germany. Think ahead. Act together. Leaders' Declaration G7 Summit, 2015. https://sustainabledevelopment. un. org/content/documents/7320LEADERS%20STATEMENT_ FINAL_ CLEAN. pdf.

[6] Cook J, Oreskes N, Doran P T, Anderegg W R L, Verheggen B, Maibach E W, et al. Consensus on consensus: A synthesis of consensus estimates on human-caused global warming. Environmental Research Letters, 2016 (11): 048002.

[7] UN FCCC. Adoption of the Paris agreement. 2015. FCCC/CP/2015/L. 9/Rev. 1. http://unfccc. int/resource/docs/2015/cop21/eng/l09r01. pdf. Last accessed: February 02, 2015.

[8] Owen N A, Inderwildi O R, King D A. The status of conventional world oil reserves -Hype or cause for concern? Energy Policy, 2010 (38): 4743-4749.

[9] Bloomberg. Oil discoveries have shrunk to a six-decade low. 2016.

[10] Hamilton J D. Nonlinearities and the macroeconomic effects of oil prices Macroeconomic Dynamics, vol. 5. Cambridge University Press, 2011: 364-78S3.

[11] UN FAO. The state of food and agriculture. Livestock in the balance. FAO, Rome, 2009.

[12] Bosch R, Van de Pol M, Philp J. Define biomass sustainability. Nature, 2015 (523): 526-527.

[13] El-Chichakli B, Von Braun J, Lang C, Barben D, Philp J. Five cornerstones of a global bioeconomy. Nature, 2016 (535): 221-223.

[14] Peplow M. Cellulosic ethanol fights for life: Pioneering biofuel producers hope that US government largesse will ease their way into a tough market.

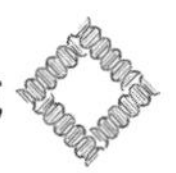

Nature, 2014 (507): 152.

[15] OECD. Biorefinery models and policy. Paris: OECD Publishing, 2016.

[16] Bokinsky G, Peralta-Yahya P P, George A, Holmes B M, Steen E J, Dietrich J, et al. Synthesis of three advanced biofuels from ionic liquid-pretreated switchgrass using engineered Escherichia coli. The Proceedings of the National Academy of Sciences (PNAS), 2011 (108): 19949-19954.

[17] Salamanca-Cardona L, Scheel R A, Bergey N S, Stipanovic A J, Matsumoto K, Taguchi S, et al. Consolidated bioprocessing of poly (lactate-co-3-hydroxybutyrate) from xylan as a sole feedstock by genetically-engineered Escherichia coli. Journal of Bioscience and Bioengineering, 2016 (122): 406-414.

[18] DIRECTIVE 2008/98/EC. DIRECTIVE 2008/98/EC of the European parliament and of the council of 19 November 2008 on waste and repealing certain Directives. http://eur-lex.europa.eu/legal-content/EN/TXT/HTML/?uri=CELEX:32008L0098&from=EN.

[19] Fava F, Totaro G, Diels L, Reis M, Duarte J, Carioca O B, et al. Biowaste biorefinery in Europe: Opportunities and research & development needs. New Biotechnology, 2015 (32): 100-108.

[20] IEA. Energy technology perspectives 2012—pathways to a clean energy system. Paris: International Energy Agency, 2012.

[21] Colombo U. A viewpoint on innovation and the chemical industry. Research Policy, 1980 (9): 205-231.

[22] Dusselier M, Van Wouwe P, Dewaele A, Jacobs P A, Sels B F. Shape-selective zeolite catalysis for bioplastics production. Science, 2015 (349): 78-80.

[23] Sauer M, Marx H, Mattanovich D. Microbial production of 1, 3-propanediol. Recent Pat Biotechnology, 2008, 2 (3): 191-197.

[24] Burgard A, Burk M J, Osterhout R, Van Dien S, Yim H. Development of a commercial scale process for production of 1, 4-butanediol from sugar. Current Opinion in Biotechnology, 2016 (42): 118-125.

[25] European Commission. From the sugar platform to biofuels and biochemical. Final report for the European Commission Directorate-General Energy. ENER/C2/423-2012/SI2. 673791, 2015.

[26] Rogers J K, Church G M. Multiplexed engineering in biology. Trends in Biotechnology, 2016 (34): 198-206.

[27] Sadowski M I, Grant C, Fell T S. Harnessing QbD programming languages, and automation for reproducible biology. Trends in Biotechnology, 2016 (34): 214-227.

[28] Harder B-J, Bettenbrock K, Klamt S. Model-based metabolic engineering enables high yield itaconic acid production by Escherichia coli. Metabolic Engineering, 2016 (38): 29-37.

[29] Maiti S, Sarma S J, Brar S K, Bihan Y L, Drogui P, Buelna G, et al. Agro-industrial wastes as feedstock for sustainable bio-production of butanol by Clostridium beijerinckii. Food and Bioproducts Processing, 2016 (98): 217-226.

[30] Burk M J, Van Dien S. Biotechnology and chemical production: Challenges and opportunities. Trends in Biotechnology, 2016 (34): 187-190.

[31] Dammer L, Carus M. Standards, norms and labels for bio-based products. In: Aeschelmann F, Carus M, Baltus W, Blum H, Busch R, Carrez D, Ißbrücker C, Käb H, Lange K-B, Philp J, Ravenstijn J, von Pogrell H, editors. Bio-based Building Blocks and Polymers in the World. Capacities, production and applications: status quo and trends towards 2020. Germany: Pub. nova-Institut GmbH, Chemiepark Knapsack, Köln, 2015 report 2015-05.

[32] OECD. Future prospects for industrial biotechnology. Paris: OECD Publishing, 2011.

[33] OECD. Emerging policy issues in synthetic biology. Paris: OECD Publishing, 2014.

[34] Andrianantoandro E, Basu S, Karig D K, Weiss R. Synthetic biology: New engineering rules for an emerging discipline. Molecular Synthetic Biology, 2006 (2): 1-4.

[35] Delebecque C, Philp J. Training for synthetic biology jobs in the new

bioeconomy. Science, 2015. doi: http: //dx. doi. org/10. 1126/science. caredit. a1500143.

[36] OECD. Impact of Synthetic Biology on the Bioeconomy: Policies and Practices. Realising the Potential of Emerging, Converging and Enabling Technologies: The Impact on the Bioeconomy of Emerging and Converging Technologies. Paris: OECD Publishing, 2014.

[37] Philp J C. Balancing the bioeconomy: Supporting biofuels and bio-based materials in public policy. Energy & Environmental Science, 2015 (8): 3063-3068.

[38] Sun J, Li J. Driving green growth: Innovation at the Tianjin Institute of Industrial Biotechnology. Industrial Biotechnology, 2015 (11): 151-153.

[39] Federal Government of Germany. Biorefineries roadmap. Berlin: Federal Ministry of Food, Agriculture and Consumer Protection (BMELV), 2012.

[40] Blazy D, Miller B, Nelsen E, Pearlson M. Understanding biorefinery investment risks. The challenges to reaching critical mass. Oliver Wyman Energy Journal, 2014. http: //www. oliverwyman. com/content/dam/oliver - wyman/global/en/2014/nov/Understanding_ Biorefinery_ Investment_ Risks. pdf.

[41] Scarlat N, Dallemand J-F, Monforti-Ferrario F, Nita V. The role of biomass and bioenergy in a future bioeconomy: Policies and facts. Environmental Development, 2015 (15): 3-34.

[42] Milken Institute. Unleashing the power of the bio-economy. Washington DC: Milken Institute, 2013.

[43] Knight L, Pfeiffer A, Scott J. Supply market uncertainty: Exploring consequences and responses within sustainability transitions. Journal of purchasing and supply management, 2015 (21): 167-177.

[44] Institute of Risk Management and Competition and Markets Authority. Competition law risk, a short guide. London: Crown Copyright, 2014.

[45] World Economic Forum. The future of industrial biorefineries. WEF, 2010.

[46] Kircher M. The transition to a bio-economy: National perspectives.

Biofuels, Bioproducts and Biorefining, 2012 (6): 240–245.

[47] Black M J, Sadhukhan J, Day K, Drage G, Murphy R J. Developing database criteria for the assessment of biomass supply chains for biorefinery development. Chemical Engineering Research and Design, 2016 (107): 253–262.

[48] Giuliano A, Poletto M, Barletta D. Process optimization of a multi–product biorefinery: The effect of biomass seasonality. Chemical Engineering Research & Design, 2016 (107): 236–252.

[49] OECD. Biobased chemicals and plastics. Finding the right policy balance. OECD Science, Technology and Industry Policy Papers No. 17. Paris: OECD Publishing, 2014.

[50] Lynd L E, Wyman C, Laser M, Johnson D, Landucci R. Strategic biorefinery analysis: Analysis of biorefineries. National Renewable Energy Lab. (NREL), 2005.

[51] Schieb P–A, Philp J C. Biorefinery policy needs to come of age. Trends in Biotechnology, 2014 (32): 496–500.

[52] Cheali P, Posada J A, Gernaey K V, Sin G. Upgrading of lignocellulosic biorefinery to value added chemicals: Sustainability and economics of bioethanol–derivatives. Biomass and Bioenergy, 2015 (75): 282–300.

[53] Tsakalova M, Lin T–C, Yang A, Kokossis A C. A decision support environment for the high–throughput model–based screening and integration of biomass processing paths. Industrial Crops and Products, 2015 (75): 103–113.

[54] Seidenberger T, Thrän D, Offermann R, Seyfert U, Buchhorn M, Zeddies J. Global biomass potentials—investigation and assessment of data, remote sensing in biomass potential research, and country specific energy crop potentials. German Biomass Research Centre, 2008.

[55] Schueler V, Fuss S, Steckel J C, Weddige U, Beringer T. Productivity ranges of sustainable biomass potentials from non–agricultural land. Environmental Research Letters, 2016 (11): 074026.

[56] US DoE (Department of Energy). Biomass as feedstock for a bioenergy and bioproducts industry: The technical feasibility of a billion–ton annual

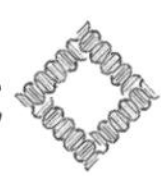

supply. TN: Oak Ridge National Laboratory, 2005.

[57] US DoE. In: Perlack R D, Stokes (Leads) B J, editors. U. S. billion-ton update: biomass supply for a bioenergy and bioproducts industry. TN: Oak Ridge National Laboratory, 2011.

[58] US DoE. Billion-ton report: Advancing domestic resources for a thriving bioeconomy. In: Langholtz MH, Stokes B J, Eaton (leads) L M, editors. Economic availability of feedstocks, vol. 1. TN: Oak Ridge National Laboratory, 2016.

[59] Erickson B. Making economic use of a billion tons of biomass. Industrial Biotechnology, 2016 (12): 195-196.

[60] Stokes. The billion-ton update: methodologies and implications. Presentation at the OECD workshop Sustainable Biomass Drives the Next Bioeconomy: A New Industrial Revolution, 2014.

[61] Böhringer C, Jochem P E P. Measuring the immeasurable—a survey of sustainability indices. Ecological Economics, 2007 (63): 1-8.

[62] Taanman M, Enthoven G. Exploring the opportunity for a biomass dispute settlement facility. The Hague Institute for Global Justice, 2012.

[63] UN FAO. The state of world fisheries and aquaculture 2014 highlights. FAO Rome, 2014.

[64] Costa F O, Landi M, Martins R, Costa M H, Costa M E, Carneiro M, et al. A ranking system for reference libraries of DNA Barcodes: Application to marine fish species from Portugal. Public Library of Science, 2012 (7): e35858.

[65] Bekkevold D, Helyar S, Limborg M, Nielsen E, Hemmer-Hansen J, Clausen L, et al. Gene-associated markers can assign origin in a weakly structured fish, Atlantic herring. ICES Journal of Marine Science, 2015 (72): 1790-1801.

[66] Nellemann C. In: INTERPOL Environmental Crime Programme, editor. Green Carbon, Black Trade: Illegal Logging, Tax Fraud and Laundering in the Worlds Tropical Forests. A Rapid Response Assessment. GRID-Arendal: United Nations Environment Programme, 2012.

[67] Laiou A, Mandolini L A, Piredda R, Bellarosa R, Simeone M C. DNA barcoding as a complementary tool for conservation and valorisation of forest resources. Zookeys, 2013 (365): 197-213.

[68] Lynch J, Maslin M, Baltzer H, Sweeting M. Choose satellites to monitor deforestation. Nature, 2013 (496): 293-294.

[69] Ji Y, Ashton L, Pedley S M, Edwards D P, Tang Y, Nakamura A, et al. Reliable, verifiable and efficient monitoring of biodiversity via metabarcoding. Ecology Letters, 2013 (16): 1225-1245.

[70] European Commission. DNA barcoding strengthens biodiversity monitoring. Science for Environment Policy, Thematic Issue 50, 2015.

[71] Coady D, Parry I, Sears L, Shang B. How large are global energy subsidies? International Monetary Fund working paper WP/15/105. IMF, 2015.

[72] The Economist. Floored. Carbon taxes are as necessary as they are unpopular, 2014.

[73] Whitley S, van der Burg L. Fossil Fuel Subsidy Reform: From Rhetoric to Reality. London and Washington DC: New Climate Economy (NCE), 2015. http://newclimateeconomy.report/misc/working-papers.

[74] Edenhofer O. King Coal and the queen of subsidies. Science, 2015 (349): 1286-1287.

[75] Il Bioeconomista. Ten billion euros of investment in advanced biofuels, 2015.

[76] Cunningham N. Rockefeller family fund blasts ExxonMobil, pledges divestment from fossil fuels. OilPrice, 2016. http://oilprice.com/Energy/Energy-General/Rockefeller-Family-Fund-Blasts-ExxonMobil-Pledges-Divestment-From-Fossil-Fuels.html.

第7章 生物经济和基于生物经济的战略和政策*

路易丝·斯达法斯（Staffas L）[1]，
马赛厄斯·古斯塔夫松（Gustavsson M）[1]，
肯尼·麦考密克（McCormick K）[2]

摘要：生物经济战略和政策的制定在一定程度上可以归因于经济合作与发展组织在2009年公布的生物经济政策议程。本文的目的是分析选定的有关生物经济发展的国家战略和政策，并阐明它们之间的异同。本文对欧盟、美国、加拿大、瑞典、芬兰、德国和澳大利亚发展生物经济的战略和政策进行比较概述，所分析的文件大多是国家战略或政策。这些文件的结构和目的各不相同，“生物经济”和“基于生物的经济”这两个术语还没有明确的定义，这使分析更加复杂。在所分析的文件中，关于如何促进生物经济的战略和政策通常是根据关注的国家的先决条件提出的；当前重点往往是提升国家经济，提供新的就业机会和商业机会，而可持续性和资源可用性方面的问题在许多文件中只得到了部分解决。

关键词：生物经济；基于生物的经济；策略；政策

---

* 本文英文原文发表于：Staffas L，Gustavsson M，McCormick K. Strategies and Policies for the Bioeconomy and Bio-Based Economy：An Analysis of Official National Approaches［J］. Sustainability，2013，5（6）：2751-2769.

1. 瑞典环境研究所。

2. 瑞典隆德大学。

7.1 引言

从依赖化石燃料的发展模式向利用生物资源、生物化学和生命科学领域的创新发展道路的转变，正在促使国家制定新的战略和政策。随着对基于生物能源形式、化学品和材料相关研究和创新的增加，生物经济（BE）和基于生物的经济（BBE）这两个术语的使用也发生变化。有趣的是，这两个术语的含义以及它们的使用方式略有不同，尽管这种差异不明显。本文使用这两个术语将尽可能严格，但当作为一个一般概念提及时，术语生物经济也包括基于生物的经济。

到目前为止，许多国家已经公布了与生物技术、生物产品及产业有关的单独战略和政策，但越来越多的国家正在制定战略，将所有这些议题纳入 BE 的概念范畴，朝着更大、更先进的生物经济的转变将对经济、社会和环境等许多方面产生影响。通过 BE 战略，一个国家将以更协调的方式表明其意图，有时包括保护生物多样性、食品质量和数量、保护稀有生物区和缓解气候变化等方面。世界上一些大国和经济体已经为生物经济制定了国家战略和愿景，这一事实与研究领域和经济领域的所有参与者都相关[1-3]。

国家生物经济战略和政策出版物的出现至少在一定程度上可以归因于经济合作与发展组织（OECD）文件《2030 年生物经济：设计政策议程》[1] 的出版，它指出，生物科学的进步现在可以为世界面临的许多健康和资源相关问题提供解决方案。这些技术可以为提高经济体的可持续性提供动力，但需要确定政策议程，以实施作为 BE 基础的研究成果和创新。经合组织强烈建议，公共和私营部门都必须在设计该议程方面发挥积极作用，以便最大限度地发挥生物经济的全部潜力。

本文旨在对 BE 和 BBE 的国家战略和政策样本进行比较分析。选定的国家和地区包括欧盟、美国、加拿大、德国、芬兰、瑞典和澳大利亚。为了为这些战略制定一个框架，引言部分首先描述了经合组织关于生物经济的议程，选定的国家是开发 BE 的主要行为者和/或它们具有相对丰富的生物资源或潜力。美国、加拿大、芬兰和瑞典的森林面积很大，这是发展 BE 的一个重要因素，它们在生物精炼和生物工业领域也有研究和创新。德国最近宣布打算关闭其所有核电站，这是可再生能源和发展生物经济的主要

推动力。澳大利亚面临着水资源短缺、气候对其脆弱环境的影响以及可再生能源不断增加的挑战。德国和澳大利亚在生物经济方面都有巨大的潜力。欧盟是BBE领域的关键参与者，已宣布强调“基于知识的生物经济”(KBBE)，包括农业、生物能源、新材料和生物精炼等领域的研究、开发、证明。

7.2 方法

本文研究国家（和地区）如何制定关于BBE和BE的战略和政策。该分析仅涵盖政府正式文件或在该国本身和/或国际上被视为主要文件的一系列文件。被称为国家战略或政策的非政府文件的例子是来自加拿大和澳大利亚的文件，其发布了许多非政府战略和议程，但由于这些不在本项目的范围内，因此不包括在比较中。首先，本文中使用的方法包括系统地搜索和识别相关文件和背景信息，以及基于一组参数的分析。该概述以评估矩阵显示，如表7-1所示。其次，给出了每个文件的描述，从而提供了更详细的见解。最后，对文件的重点和方法进行了比较和讨论，并得出了一些结论。

本文选择的国家是美国、加拿大、德国、瑞典、澳大利亚和芬兰。此外，欧盟以及经合组织的生物经济报告也包括在内。之所以列入经合组织文件[1]是因为上述国家的政策和战略中经常提到该文件。与全球生物经济相关但未包括在本文中的其他国家有：①俄罗斯，其在2020年启动了名为“创新俄罗斯2020”的创新战略[4]；②中国，其正在生物经济领域谋求强势地位，特别关注生物化学和生命科学领域[5,6]；③马来西亚，其有创建生物经济的愿景[7]，提出了“到2020年的国家生物质战略”[8]；④巴西，其2007年发布了一项法令，其中包括详细说明其生物经济发展的附件[9]。俄罗斯、中国、马来西亚和巴西不包括在这项研究中，因为这四个国家关于生物经济的官方国家文件并不多，但显然，这些国家在全球都很重要，值得进一步关注。

7.3 背景

Kircher（2012a，2012b）将当今使用的化石衍生碳的量与通过光合作用的可用量进行了比较[18,19]。每年共有33亿吨石油（其中92%用于能源目

表 7-1 BE 和 BBE 战略和政策概述

国家或区域	出版年份	文件标题	来源	定义：BBE/BE	聚焦：科技/政治	测度目标	主要领域	参考文献
经合组织	2009	2030 年的生物经济：设计政策议程	OECD	BE	科技	无	生物技术、农业、健康和产业	[1，10]
欧盟	2012	创新促进可持续增长：欧洲的生物经济	欧洲委员会	BBE	政治、科技在战略附带的工作文件中	经济目标、情景	食品、资源、创新、技术	[3，11]
美国	2012	国家生物经济蓝图	白宫	BE	政治	有、定性	生物技术	[2]
加拿大	2009	加拿大蓝图：远处的驼鹿和山脉	加拿大生物技术部门的协会	BE	政治	有、定性	生物技术	[12]
德国	2011	国家研究战略：我们走向生物经济的道路	联邦教育和研究部	BBE	科技	有、定性	农业、健康、食品、能源	[13，14]
芬兰	2011	分布式生物经济：驱动可持续增长	芬兰创新基金	BBE	政治	有、定性	高效利用资源、生物量提炼	[15]
瑞典	2012	瑞典生物经济研究与创新战略	瑞典环境、农业科学和空间规划研究委员会	BBE	科技	无	高效利用资源、研究差距	[16]
澳大利亚	2008	生物技术与澳大利亚农业	ACIL Tasman	BE	科技，说明的	无	农业、生物技术	[17]

的，8%用于提供化学品）和 72 亿吨的煤炭生产出来（其中几乎全部用于能源目的）。这可以与每年通过光合作用的 1050 亿吨碳进行比较，其中 70 亿吨由农业产生，被用于生产食物、饲料和纤维（以及一些能源和化学物质），因此无法替代石油和其他化石资源。Pan 等（2011）估计森林中的净碳固存量为 11±8 亿吨/年[20]。因此，仅靠农业和林业将无法替代当今使用的化石碳。

但是，还有其他形式的生物质，例如微型和大型藻类。目前为止，人类对藻类的利用尚未充分发挥其潜力，但有人认为藻类可以构成几种化学物质和能源的重要原料[21,22]。除了生物质，还有其他可再生能源可以为低碳能源系统做出贡献，但即使包括这些能源利润也很小，除了用生物资源替代尽可能多的化石碳外，以有效的方式使用这些资源也至关重要。然而，关于这些能源形式是否能够对无化石经济做出重大贡献的预测不在本文的研究范围之内，但很明显，用可再生能源和生物原料替代能源、化学品和材料的化石资源是一项重大挑战。

7.4　定义

近年来，BBE 和 BE 这两个术语被越来越多地使用和讨论（见图 7-1）。事实上，标题、摘要或关键词中包括“生物经济”相关的科学文章数量显著增加。Scopus 中这些词的引用数量表明，从 2005 年开始文章数量开始迅速上升[23]。尽管 BBE 和 BE 概念与经济中如何利用生物资源有关，但在使用术语的方式上存在一些显著差异。在某些情况下，这些术语的使用非常严格，但本文研究和提及的许多文本都是政策文件，在这些文件中，这两个术语可以互换使用。因此，这里的讨论更多的是概念的操作层面，而不是严格的学术用途（有关概念出现的更多信息请参见参考文献［24，25］）。

经合组织使用了 BE 的概念，并将其定义为“将生命科学知识转化为新的、可持续的、生态高效的和具有竞争力的产品”[1]。经合组织[10] 指出了在转型和更有效地利用生物资源方面的创新潜力。美国以类似的方式界定了这一概念，尽管其并没有强调可持续性：“生物经济是一种基于生物科学的研究和创新创造经济活动和公共利益的经济。”[2] BE 的概念集中在原料转化为增值产品的方法上。

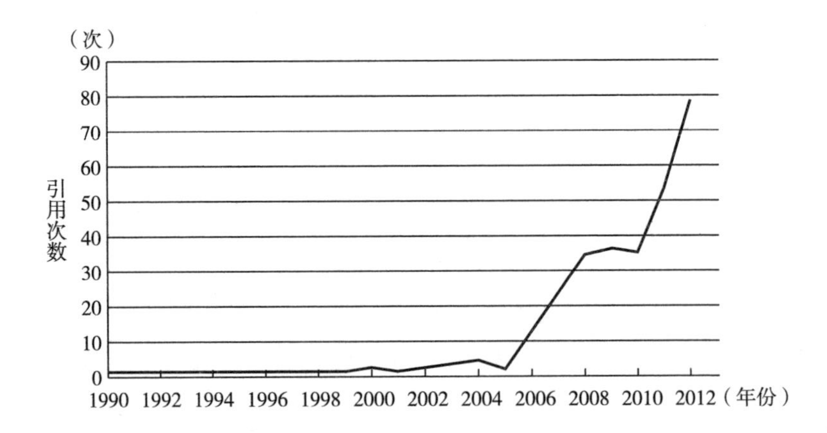

图 7-1　Scopus 中文献标题、摘要或关键词中包含“生物经济”相关的引用次数

关于 BBE 的概念，又出现了稍微不同的含义。2005 年，欧盟对 BBE 的早期定义是“可持续、生态高效，将可再生生物资源转化为食品、能源和其他工业产品”[25]，重点关注食品和能源。在欧盟最近的通信中，定义已更改为“通过生物资源的加工和消费，生物经济整合了陆地和海洋资源、生物多样性和生物材料（植物、动物和微生物）的全部自然和可再生生物资源”[26]。这一概念的定义侧重于原材料而非转化过程。例如，德国[13]、芬兰[15,27] 和瑞典[16] 也使用了 BBE 的概念，其含义相同。

这项研究表明，术语 BE 最常被那些将其定义为生物技术、生命科学及相关技术和应用的人所使用，构成现有经济的明确组成部分，然而，BBE 一词通常用于关注基于生物质资源而非化石产品和系统的经济文件中。有趣的是，当使用 BBE 术语时，当一个国家达到 BBE 时似乎没有数量上的限制——这是过程而不是目标，这是使用该定义的国家文件的本质。然而，BE 一词似乎与生物经济的量化更紧密地联系在一起，例如占总经济的百分比。

Schmidet 等、Birch 和 Tyfield 开展了关于 BBE 概念的定义和使用的深入讨论。Schmidet 等（2012）讨论了 BBE 概念的定义和使用，并区分两个主要利益相关者：行业和公众。此外，很多人都宣传其对 BBE 概念的看法和解释。他们认为，在欧洲占主导地位的是工业观点，并指出 BE 定义中对生物技术的强烈关注过于局限，因为它不承认管理生物资源的其他工业部门（如渔业、林业和农业部门）的作用，而这些生物资源对 BE 有重大

贡献[25]。Birch 和 Tyfield（2013）对 BE 的主题提出了质疑，质疑其前缀"bio"在一些词和概念中的广泛使用。他们甚至认为对这一概念的过多介入可能影响了其发展[24]。

7.5　分析

由于所分析的文件具有不同的性质和不同的目的，因此很难直接比较它们。很明显，只有通过描述每个文件的主要特征才能进行这种比较。通过评价矩阵（见表7-1）可以提出基本概述。该矩阵阐述了在不同战略和政策中主要使用哪种定义，在政治或技术重点方面的文件类型，在文件中包括可衡量的目标和优先领域，以及行动计划支持战略和政策。

7.5.1　经合组织

"生物经济2030年：设计政策议程"[1] 是经合组织编写的一份文件，对 BE 的概念及其可能的发展进行了广泛而深入的讨论。它将 BE 描述为"生物技术在经济产出中占很大份额的世界"，这是比 BBE 类型更重要的定义，尽管经合组织规定生物技术必须占据"重要"份额。对于经合组织而言，BE 构成三个主要要素：生物技术知识、可再生生物质、跨应用整合。一个国家的经济增长应该保持环境的可持续性，这要求经济增长与环境退化脱钩。该文件的目的是描述2009年的 BE 情况，也可以是2015年，并看起来像2030年。

经合组织指出 BE 将是全球性的，该文件具有明确的经济性质，其依据是经合组织和非经合组织国家都面临人口增长对环境、社会结构和经济产生影响的挑战。经合组织讨论了对新商业模式的需求，以及跨部门合作和努力的需求。目前的情况，即使未来对 BE 经济贡献的75%可能来自农业和工业应用，但私营部门的研究投资超过80%用于卫生应用。因此，经合组织提议通过增加公共部门的研究资金、减少监管限制、鼓励部门的公私伙伴关系来促进农业和工业研究。它还提议利用生物技术解决全球环境问题，支持建立和维持环境可持续生物技术产品市场的国际协定。

经合组织强调了为 BE 的长期发展奠定基础的必要性，以及在部门、政府、公民和公司之间开展跨部门工作的必要性。假设监管等体制因素"一切照旧"发展，经合组织国家2030年对国内生产总值的贡献估计为2.7%。2030年的发展是用两种虚构的场景来描述的：一种是鼓励农业、卫生和工业领域的创新，并取得快速发展；另一种是由于受到公众抵制发展遭受阻力。这些场景还探讨了来自“传统”生物质、藻类和电力运输系统的可再生燃料之间日益激烈的竞争，在2009年的文件中这还不是一个普遍的议题，具有相当的进步性。

7.5.2 欧盟

2012年提出的欧盟战略标题为“创新促进可持续增长：欧洲的生物经济”，该战略分为两个文件：通信文件[3]和工作文件[11]。前者设置场景，介绍策略和工作计划。后者更详细地介绍了行动计划，以及由战略文件产生的方案和政策互动，并具体说明了该战略筹备工作中包括的一些背景文件，其中包括两份报告，汇编了欧洲利益相关方在私营部门、学术界、公共部门和非政府组织公开协商的结果[26,28]。

该生物经济战略在许多方面是欧盟2020年气候相关目标的自然结果，该目标于2008年制定[29]，欧盟2020年战略自2010年起称为“智能、可持续和包容性增长战略”[30]，与这些关联的还有资源效率平台[31]。所有这些与从化石经济转变的必要性相关的文件清楚地表明，欧盟承认这个问题的重要性。尽管战略中使用了“生物经济”一词，但它在更广泛的生物经济意义上使用：“生物经济包括可再生生物资源的生产及其转化为食品、饲料、生物产品和生物能源。它包括农业、林业、渔业、食品、纸浆和纸张生产以及部分化学、生物技术和能源工业。”该战略采取一种全球性的方法，阐述了社会（从粮食供应和安全到人口和资源效率的提高）和BE的发展所面临的挑战。在此背景下，提出了一个基于三个方面的行动计划：一是在研究、创新和技能方面的投资；二是加强政策互动和利益相关者参与；三是增强BE的市场和竞争力。

战略和行动计划的工作文件提供了背景和行动计划的更多细节。尽管欧盟对BBE的定义是依赖非化石资源的经济，但工作文件承认已经存在BE，营业额约为2万亿欧元，雇用2200万人（约占总劳动力的9%）。与美国不同的是，欧盟在“生物经济”和“基于生物的经济”的概念上有所不同，可见经济尚未以生物为基础。

该文件规定了社会创新、农业、渔业、畜牧业、水产业、林业、生物精炼业、食品业（废弃物、安全和包装）和生物技术等领域的活动。因此，它涵盖了在向BBE转变过程中发挥核心作用的众多行业。该战略和工

作文件都强调向BBE的转型存在重大挑战，挑战是全球性的，考虑到欧盟在经济、技术和知识方面的先进地位，欧盟必须承担责任并“公平分担”这项工作。其还讨论了消费模式和资源有限的问题，这在本文所研究的文件中是非常独特的。

7.5.3　美国

《美国国家生物经济蓝图》[2] 于2012年发布，分为两大部分。第一部分描述了美国当前BE的背景和影响，第二部分讨论了战略目标。这是一份政策文件，描述了政府在BE领域的过去、现在和未来的行动。生物工程是利用生物科学中的研究和创新来创造经济活动和公共利益的。BE背后的驱动力是经济增长、社会效益、健康、环境以及美国在这一领域的领先地位。该文件指出遗传工程、DNA测序和生物分子的自动化高通量操作是生物工程的基础。通过列出的“趋势”——健康、能源、农业、环境和共享来说明BE。最后一个趋势是社会不同部门之间的信息共享，以及跨学科交流。

该文件的第二部分讨论了BE的战略目标，以及政府部门和资金代理商之间的不同资金和协作如何有助于BE的发展。战略目标包括：①支持未来BE的研发投资；②促进实验室向市场过渡；③制定和改革有利于BE发展的法规；④调整培训和调整国家BE劳动力的激励机制；⑤支持公私伙伴关系。对于每个目标，下文将详细描述主题，并描述要采取的必要行动。行动的例子有研究计划、监管行动和高等教育系统的审查计划。

该文件指出，美国已经有一个BE并列出了迄今为止取得的一些成果，以及支持生物研究的联邦部门和机构（被认为是生物工程的重要基石之一）也被列出，以表明生物工程愿景在国家层面上的建立程度。该文件的目的是制定战略目标，帮助美国充分发挥BE的潜力，并强调在实现这一目标的过程中取得的积极成果。该战略的重点是生物研究，因此该战略的视角是美国自身，对世界其他国家的前景几乎没有涉及。

7.5.4　加拿大

《加拿大蓝图：超越驼鹿和山脉》[12] 发表于2008年，其声明“我们如何建设世界领先的生物经济”，它并不是由代表加拿大生物技术部门的协会BioteCanada发布的政府文件。加拿大没有制定BE的官方战略文件，也没有准备 BE 的任何迹象。该文件与美国的文件一样是一份政策文件，描述了加拿大生物经济在过去、现在和未来的作用。生物经济被定义为生物技术，这些术语在整个文件中同义使用。据说，生物经济和生物技术的重要性在于其提高生活质量的潜力，是加拿大的经济支柱，也是恢复并保持该领域国际领先地位的手段。该文件强调需要立即采取行动，并在选定的资本、人员和运营环境优先领域内指定目标。

至少有三种衡量成功的方式：一是 BE 占 GDP 的百分比；二是加拿大在世界生物产业占比增长；三是世界对加拿大生物技术的采用。加拿大的文件是唯一一个指定如何衡量成功的主要文件。对成功的定量衡量包括生物技术工业在支出价值、雇员人数、销售收入和其他参数方面的价值，例如转化为商业产品、服务和/或技术的想法的人均增长、生物技术和相关部门毕业生的百分比以及对环境的可衡量影响。

该文件还包括关于 BBE 对公民意味着什么的章节，列举了人们将体验到的好处：更好的健康、新材料、无农药的食物、更好的环境和更多的工作机会。文件的最后列出了自 1880 年以来生物技术领域的重要里程碑。这份文件是解释性的，面向一般公众，而不是政客或科学家。尽管它不是一份政府文件，但它通常被称为官方战略——在加拿大和国际网站上都是如此。

加拿大一个有趣的进展是，2011 年不列颠哥伦比亚省（BC）在就业、旅游和创新部长的指导下成立了一个生物经济委员会。委员会的作用是调查该省在新兴生物经济中的机会，以及 BC 加快该省 BBE 增长的可能性，并因此发布了 BC 的生物经济战略[32]。委员会的重点是生物系统的经济价值。不列颠哥伦比亚省拥有丰富的森林资源，其将生物质用于能源和材料的增长视为机遇，并在 2008 年发布该省生物能源战略时，在减少对化石资源依赖的工作中发挥了积极作用。

在卑诗省的战略文件中，森林部门、农业、生命科学和清洁技术一起发挥着重要作用。该文件是 BE 领域的战略情报，确定了需要采取行动的五个关键领域：一是建立清晰、长期的生物经济愿景；二是改善获得纤维和原料的途径；三是制定技术发展战略；四是开发 BC 生物产品市场；五是将生物经济的需求纳入省级计划。委员会还建议成立一个生物经济团队，以制定和阐明该省的愿景，并指出该事项的某种紧迫性，以便向市场

和其他利益相关者提供积极信号。

2013年，阿尔伯塔省还发布了一份生物经济政策文件[33]，其中给出了建设该省生物经济的建议。这些建议涉及报告中所述的优先投资领域。BE发展的驱动力包括确保阿尔伯塔省的经济未来、推进世界领先的资源管理以及对家庭和社区的投资。该文件介绍了BE领域的广泛方法，与不列颠哥伦比亚省的战略相似，而与BioteCanada的文件不同，因为它不关注生物技术。

阿尔伯塔省是加拿大最大的农产品生产地区之一，也是重要的森林产品生产地区，这是发展BE的有利先决条件。迄今为止，生物材料、生物化学和生物能源在阿尔伯塔省的经济中只发挥了微不足道的作用，但预计会有所增长。生态系统服务是优先领域之一，现已确定了研究和能力方面的差距以及填补差距的建议行动。

7.5.5 德国

德国于2009年成立了一个生物经济委员会，该委员会是一个独立的咨询委员会，负责政府有关生物经济的所有事务。它由来自学术界、私营部门研究和联邦政府部门的专家组成。生物经济委员会的作用是帮助德国在未来的BE中保持领先地位，它已经发布了一系列行动建议[13,14]，国家战略本身也以其建议为基础。题为《2030年国家研究战略生物经济：我们走向生物经济的道路》的德国战略[34] 于2011年发布，在欧盟正式战略发布之前。生物经济委员会在战略发布之前和之后都发布了支持性文件（参见文后参考文献［13，14］），其中包含对战略的解释和行动建议。

德国的生物经济战略是国家战略，但具有全球视野。它以几个支柱为基础，涵盖许多部门，动力来自生物技术领域。其主要目标之一是使德国成为世界著名的创新中心，使德国经济在全球舞台上具有竞争力和领先地位。行动的主要议题是：①确保全球营养；②确保可持续农业生产；③生产健康安全的食品；④为工业使用可再生资源；⑤开发生物能源载体。文件对上述领域进行了更详细的说明，每个领域都有关于研究需求、持续资金、目标以及如何实现目标的措施的例子。每个字段的说明包括实施所述措施将遵循的指南规范。

该战略还包括跨部门活动，例如跨学科研究，通过多方（学术界、中小企业和工业界）的行动促进新创新和技术的实施，利用国际合作和知识共享加强与社会的对话。与其他国家的政策和战略相比，德国的文件采取了明确且相当直接的做法，并概述了实现这些方针的愿景、目标和工具。这些措施都相当精确和具体。文件从多个角度论述了未来，并有系统的观点。文件虽然涉及全球视角，但重点是国家层面，以及德国如何从生物经济中获益。

7.5.6 芬兰

目前，芬兰没有正式的生物多样性战略，但就业和经济部将与芬兰农业和林业部及环境管理部门合作，于 2013 年出版一份讨论和决定。然而，芬兰至少有两份作为即将出版的官方战略的背景文件[15,27]。该战略设想的目标是发展一个新的商业部门，并通过开发依靠使用生物质资源的产品和服务来增加就业[35]。尽管对该概念的解释显然与缔约方经常使用的“以生物为基础的经济”一词一致，但用于表述即将到来的战略的术语是“生物经济”。

如前所述，虽然官方战略尚未公布，但有许多可用文件可解释为即将出台的战略的准备工作[15,27,36]。这些文件将 BBE 视为包括有限资源的使用和以可持续方式将其转化为有价值产品的过程。这是一个全国性的观点，但具有全球视野，承认芬兰必须尽其应尽的努力，因为相对于其人口而言，芬兰可以获得大量的生物质资源和水。

“全球解决方案”一词的使用[15] 清楚地表明了芬兰 BBE 所采用的观点。有人认为，全球和地方两级需要联系起来。文件介绍了一个在营养、食物和能源方面近乎自给自足的社会的愿景，然后描述了实现这一愿景必须实现的目标；介绍了驱动因素和途径，并提出了资源短缺的问题，特别是磷；介绍了商业模式和价值网络以及实现愿景的途径。芬兰文件还涉及消费模式问题。

7.5.7 瑞典

《瑞典生物经济战略》[16] 是由瑞典环境、农业科学和空间规划研究委员会与瑞典能源局、瑞典创新局合作发布的，其是根据政府的任务发布，因此被视为国家战略。该战略的目的是为政府的研究和创新法案奠定基础。该战略描述了全球和国家的现状，还明确了知识的鸿沟，并为转向 BBE 所需的进一步研究提出了关键主题。这些主题是用以生物为基础、更

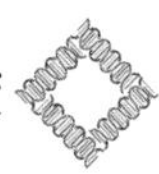

智能的产品、更智能的原材料取代以化石为基础的原材料、消费模式的变化以及措施的优先顺序和选择。

该战略讨论了向BBE转变所影响的许多方面，包括新的价值链、生态系统服务的核心作用（从经济角度看无论是容易估价的还是不容易估价的，如娱乐和生物多样性）、消费、补充和再循环。在随后的章节中，讨论了不同资助机构的作用，并强调学术机构和行业之间以各种跨部门方式进行合作，以及研究资助机构、研究人员和商业之间进行协调的必要性。该战略还讨论了短期和长期投资的创新激励，并提出了若干进一步发展的倡议。该文件显然针对BBE有很多方法，并阐述了BBE本身的许多方面以及实现BBE的途径。这种观点既是国家层面的，但也是在全球范围内的。

7.5.8　澳大利亚

澳大利亚生物技术部、农业、渔业和林业部于2008年委托编写了题为《生物技术与澳大利亚农业：为生物技术在澳大利亚农业中的应用制定愿景和战略》的报告[17]。澳大利亚没有官方的国家战略。相反，政府对几个相关领域有单独的战略，并没有将它们汇总到一份文件中。政府提到了生物经济领域中所述事项的文件，因此该文件被视为官方文件。该文件将生物经济概念作为一个新兴概念，但尚未牢固确立，其中农业生物技术是一个关键部分。因此，重点是生物技术，该术语的使用仅与BE一致，与BBE不同。

该文件的范围是向政府通报如何推进农业生物技术。它从绘制现状图开始，然后明确机遇（如可再生燃料需求的增加）、威胁（包括生物安全）以及澳大利亚如何应对关键驱动因素。该文件涵盖了市场增长的研究、社区和行业视角，并提出了前进的方法。它还包括合适的行为者及其各自责任的例子。

该文件明确了生物经济的新概念，以及越来越多的生物技术领域如何融入这一概念。该文件涉及生物技术在农业部门的应用，因此强调消费者对有关技术信任的重要性。考虑到这一点，文件确定了四项战略要务：一是需要面向生物技术产品和服务市场的国家道路；二是增长消费者对生物技术科学及其应用（风险和收益）的知识以及建立消费者对监管的信心；三是将目前对基因改造的监管重点从基于投入的流程调整为基于产出的流程，以确保新兴技术的一致性；四是作为 BE 的一部分，澳大利亚应参与国际生物技术科学和研究。

有趣的是，澳大利亚国家科学局联邦科学与工业研究组织（CSIRO）创建了一个生物经济门户网站，其中列出了涉及生物安全、气候适应、可持续农业和水问题。CSIRO 还就日益增长的生物经济中的生物安全问题发表了两篇文章，其中讨论了使用生物修改性原料生产食品、饲料和其他用途的风险[37,38]。这一问题与 BE 的发展密切相关，但仅在少数战略文件中提到。实际上，澳大利亚有一系列与 BBE 开发相关的活动，但这些活动并未包含在单一的战略文件中。

7.6 讨论

所分析的文件类型存在显著差异。如图 7-1 所示，它们发表于 2008~2012 年，这段时间内关于该主题的科学文章的频率翻了一倍多。文件的来源从国家机构到纯粹的工业利益相关者不等，这反映在文件的重点和对生物经济主题采取的方法中。BBE、BE 战略和政策中存在三个主要的交叉问题：①可持续性与经济期望之间的平衡；②对衡量进展的关注有限；③资源供应有限的挑战。本文分析的国家和地区表明，各地对 BBE 和 BE 的发展和理解水平存在很大差异。然而，基于这些综合问题需要注意的一个普遍问题是，在扩大生物经济的战略和政策中存在较大的鸿沟和/或假设。

7.6.1 促进可持续性

BE 和 BBE 是与生物质的生产（经济）用途和生物质转化有关的概念。一个显著的特点是，很少有人提到以生物质使用的可持续性方面作为驱动力。工业利益相关者发布的文件和纯政治性质的文件尤其如此。此外，只有芬兰、瑞典和德国等少数文件承认全球有责任为缓解气候变化做出贡献。在许多情况下，主要驱动力是经济增长和达到或保持该领域的世界领先地位。

这很可能是实现预期发展的正确途径，因为很少有公司会投资于新技术和/或设备，除非与基于不可持续原材料和能源的传统技术相比经济有利。然而，由于新技术往往伴随着高昂的初始成本，各国的共同战略是提供支持，为政府制定的目标做出贡献。向生物经济转型的障碍不仅是新技

术的高成本，还有来自相应化石技术的竞争。这种情况往往使新技术的经济成本过高或风险过高，从而不对新技术投资。从这个角度来看，这些政策很可能是为了向企业表明政府的雄心壮志。美国文件[2] 就是一个例子，政府规定了他们对该行业未来的抱负和愿景。

BE 和 BBE 战略和政策的重点是基于利用生物资源的机会。这对其他资源的依赖性和利用产生的后果往往没有讨论。为了说明这一问题，可以举生物燃料的例子，说明生物燃料与取代化石资源的机会、水资源利用的变化、土地利用的新模式、化肥和农药的使用有关。BE 或 BBE 可能不是灵丹妙药，但应被视为解决全球社会面临的挑战、朝着更可持续的方向采取措施的一部分。

7.6.2　测量进度

缺乏衡量在实现生物经济政策和战略设定的雄心和目标方面所取得进展的手段。只有在加拿大的战略中，才有一个明确规定了衡量进步方法的系统，这种方法超越了经济价值和 GDP 的份额。甚至加拿大的措施也是有限的。衡量成功的困难可能是由于缺乏对 BE 或 BBE 概念的明确定义所造成的，而且大多数文件中没有规定允许后续行动和衡量的具体目标。确定和应用对生物经济的成功和可持续性至关重要。

实现 BE 和 BBE 政策和战略中的潜力所面临的挑战之一，就是需要对加工行业的基础设施和新技术进行大量投资。然而，所研究的政策是为政策设计者和利益相关者制定行动方向的文件。支持结构和学习曲线将使投资更加有利，但一个主要问题是，这是否足以做出这些重大改变。欧盟的文件[3] 提供了一个例子，因为它是欧盟旨在提高资源效率、减少气候影响和支持创新的整套政策和沟通的一部分。这些转变是典型的，除非社会和经济发生巨大变化，否则无法实现。

7.6.3　提供资源

人们普遍承认，今后许多资源将受到限制[39-41]。除了石油峰值外，磷峰值正在接近[42-44]，关于是否有足够的生物质用于所有应用和工业的辩论[45] 表明，我们极可能正面临一个资源匮乏的未来。2010 年，世界商业理事会公布了 2050 年的愿景[46]，主要愿景是“90 亿个人在一个星球的边界内生活得很好”。“在一个星球的边界内”的视野的最后部分的包含表明这是挑战的主要部分。在关于 BE 和 BBE 的大多数文件中，这些问题出人意料地不存在。

有趣的是，BBE 的战略和政策比 BE 的文件更多地讨论了资源稀缺问题，这与这两个概念中通常包含的内容一致。BE 文件通常侧重于生命科学和生物技术，在这些领域，资源和原料不是相关参数，也不是稀缺的。在 BBE 中，原料转化为能源、食品、饲料和材料的问题是经济的基础，因此，资源的可用性（和稀缺性）具有高度的相关性。澳大利亚的文件就是一个例子，其重点是发展生物技术和经济机会，但对资源的可用性和各行业之间投入方面的潜在冲突的分析有限。

7.7 结论

本文旨在对 BE 和 BBE 的国家战略和政策样本进行比较分析。已经讨论了 BE 和 BBE 之间的差异，并介绍了这些概念的不同操作。如前所述，BE 一词主要用于现有经济中的生物技术和生命科学部分，而 BBE 一词则用于描述主要基于生物质的经济，用于食品、饲料、能源和其他目的，而非化石资源。简言之，“生物经济”通常被理解为一个部门，而“基于生物的经济”则是指整个经济的转型。这种差异是本文中确定的一种解释。这两个术语也可以互换使用，可以将 BE 视为 BBE 的一部分，构成过程部分，并且不包含与 BEE 在相同程度上的资源。这一差异是否对全球应对从化石经济向生物经济转变的挑战有任何影响尚不明显，但从本文所做的工作中可以清楚地看出，BE、BBE 战略或愿景的目的与所使用的术语相关。

从某种意义上说，BE 和 BBE 的战略和政策必须放在大力推动减少对化石资源依赖的背景下来看待。BE 和 BBE 领域考虑的许多生物技术过程包括用基于生物材料的产品替代化石资源。与此同时，参与者很可能非常清楚，现有生物量不足以取代目前全球使用的所有化石资源，但 BE 和 BBE 带来了持续经济增长和远离化石燃料转型的希望。此外，本文所包括的国家和地区都对生命科学、生物能源和/或基于生物的产品和产业（如林业或农业）具有强烈的兴趣。同样，气候变化背景下的挑战以及替代化石资源的必要性使人们认识到开发和支持 BBE 或 BE 的巨大潜力。

与此同时，BE 和 BBE 概念并没有得到很好的定义。在某些情况下，这是一种更具政治性的方法；在另一些情况下，在介绍这些概念时采用了

 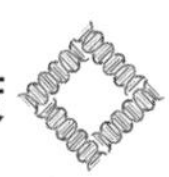

更科学的方法。目前，BBE和BE经常被用作时髦词或技术解决方案，以应对在远离化石燃料的过渡中采取措施的挑战。今后，生物经济战略和政策中设定的雄心将受到考验。我们预计，需要以政策和金融工具的形式提供大量支持，使所需投资在经济上可行，并由工业利益相关方管理，这是一项重大挑战。除此之外，有必要将更强有力的环境和可持续性纳入生态系统和生物多样性方法，这应与生物资源的供应、生产以及消费模式密切相关。

参考文献

[1] Organisation for Economic Co-operation and Development (OECD). *The Bioeconomy to* 2030: *Designing a Policy Agenda*; Organisation for Economic Co-operation and Development (OECD): Paris, France, 2009: 326.

[2] White House. *National Bioeconomy Blueprint*. White House: Washington, DC, USA, 2012: 48.

[3] European Commission. *Innovating for Sustainable Growth*: *A Bioeconomy for Europe*. COM (2012) 60 final. European Commission: Brussels, Belgium, 2012: 9.

[4] BIO2020. *Summary State Coordination Program for the Development of Biotechnology in the Russian Federation until* 2020 "*BIO* 2020". State Coordination Program for the Development of Biotechnology in the Russian Federation until 2020 (BIO 2020): Moscow, Russia, 2012: 22.

[5] Fulton M. 12*th Five Year Plan—Chinese Leadership Towards a Low Carbon Economy*. DB Climate Change Advisors, Deutsche Bank Group: Frankfurt am Main, Germany, 2011: 16.

[6] Boterman B. *Bio-Economie in China*. Rathenau Instituut and TWA Netwerk Kingdom of the Netherlands: The Hague, The Netherlands, 2011: 42.

[7] Biotechcorp Malyasian Biotechnology Corporation. Available online: http://www.biotechcorp.com.my/ (accessed on 4 April 2013).

[8] AIM. *National Biomass Strategy* 2020: *New wealth creation for Malaysia's palm oil industry*. Agensi Inovasi Malaysia: Kuala Lumpur, Malaysia, 2011: 32.

[9] Presidência da República *Decreto no* 6041, *Anexo Política de Desenvolvimento da Biotecnologia*. DECRETO No 6.041, DE 8 DE FEVEREIRO DE 2007. Presidência da República, Brasil: Brasilia, Brasil, 2007: 35.

[10] Organisation for Economic Co-operation and Development (OECD). *The Bioeconomy to* 2030. *Designing a Policy Agenda*. Organisation for Economic Co-operation and Development (OECD): Paris, France, 2006: 12.

[11] European Commission. *Commission Staff Working Document accompanying the document Innovating for Sustainable Growth: A Bioeconomy for Europe*. European Commission: Brussels, Belgium, 2012: 51.

[12] BioteCanada. *The Canadian Blueprint: Beyond Moose & Mountains. How we can build the world's leading bio-based economy*. BioteCanada: Ottawa, Canada, 2009: 20.

[13] BÖR. *Bio-Economy Innovation. Research and Technological Development to Ensure Food Security, the Sustainable Use of Resources and Competitiveness*. BioökonomieRat: Berlin, Germany, 2011: 60.

[14] BÖR. *Internationalisation of Bio-Economy Research in Germany. First Recommendations by the BioEconomyCouncil*. BioökonomieRat: Berlin, Germany, 2012: 60.

[15] Luoma P, Vanhanen J, Tommila P. *Distributed Bio-Based Economy—Driving Sustainable Growth*. Finnish Innovation Fund (SITRA): Helsinki, Finland, 2011: 24.

[16] FORMAS. *Swedish Research and Innovation Strategy for a Bio-based Economy*. Swedish Research Council for Environment, Agricultural Sciences and Spatial Planning (FORMAS): Stockholm, Sweden, 2012: 36.

[17] ACIL Tasman. *Biotechnology and Australian Agriculture. Towards the development of a vision and strategy for the application of biotechnology to Australian Agriculture*. ACIL Tasman: Melbourne, Australia, 2008: 94.

[18] Kircher M. The transition to a bio-economy: National perspectives. *Biofuel. Bioprod. Bior*. 2012a (6): 240-245.

[19] Kircher M. The transition to a bio-economy: Emerging from the oil age. *Biofuel. Bioprod. Bior*, 2012b (6): 375-396.

[20] Pan Y, Birdsey R A, Fang J, Houghton R, Kauppi P E, Kurz W A, Phillips O L, Shvidenko A, Lewis S L, Canadell J G, et al. A Large and Persistent Carbon Sink in the World's Forests. *Science*, 2011 (333): 988-993.

[21] Mata T M, Martins A A, Caetano N S. Microalgae for biodiesel production and other applications: A review. *Renew. Sust. Energ. Rev*, 2010 (14): 217-232.

[22] Wijffels R H, Barbosa M J. An outlook on microalgal biofuels. *Science*, 2010 (329): 796-799.

[23] Scopus Scopus-Document search. Available online: http://www.scopus.com (accessed on 25 March 2013).

[24] Birch K, Tyfield D. Theorizing the Bioeconomy: Biovalue, Biocapital, Bioeconomics or What? *Sci. Technol. Hum. Values*, 2013 (38): 299-327.

[25] Schmid O, Padel S, Levidow L. The Bio-Economy Concept and Knowledge Base in a Public Goods and Farmer Perspective. *Bio-Based Appl. Econ*, 2012 (1): 47-63.

[26] European Commission. *Bio-based economy for Europe: State of play and future potential-Part* 1. *Report on the European Commission's Public on-line consultation.* European Commission: Brussels, Belgium, 2011: 92.

[27] Gustafsson M, Stoor R, Tsvetkova A. *Sustainable Bio-economy: Potential, Challenges and Opportunities in Finland.* SITRA studies 51. PBI Research Institute: Helsinki, Finland, 2011: 64.

[28] European Commission. *Bio-based economy for Europe: State of play and future potential-Part* 2. *Summary of the position papers received in response of the European Commission's Public online consultation.* European Commission: Brussels, Belgium, 2011: 30.

[29] European Commission. 2020 *by* 2020 *Europe's climate change opportunity.* Commission of the European Communities: Brussels, Belgium, 2008: 12.

[30] European Commission. *Europe* 2020 *A Strategy for smart, sustainable and inclusive growth.* European Commission: Brussels, Belgium, 2010: 37.

[31] European Commission. *A resource-efficient Europe-Flagship initiative*

under the Europe 2020 *Strategy*. European Commission: Brussels, Belgium, 2010: 16.

[32] Yap J, Simpson B, Cantelon R, Rustad J, Foster E. *BC Bio-Economy*. Bio-Economy Committee: Brittish Colombia, Canada, 2011: 37.

[33] AI Bio. *Recommendations to Build Alberta's Bioeconomy*. Alberta Innovates Bio Solutions (AI Bio): Edmonton, Canada, 2013: 34.

[34] BMBF. *National Research Strategy BioEconomy* 2030. *Our Route towards a biobased economy*. Bundesministerium für Bildung und Forschung (BMBF): Berlin, Germany, 2011: 56.

[35] Biotalous Biotalous. Available online: http: //www. biotalous. fi/ (accessed on 25 March 2013) .

[36] SITRA. *Natural Resources—An Opportunity for Change*. the Finnish Innovation Fund (SITRA): Helsinki, Finland, 2009: 56.

[37] Sheppard A W, Raghu S, Begley C, Genovesi P, de Barro P, Tasker A, Roberts B. Biosecurity as an integral part of the new bioeconomy: A path to a more sustainable future. *Curr. Opin. Environ. Sustain*, 2011 (3): 105-111.

[38] Sheppard A W, Raghu S, Begley C, Richardson D M. Biosecurity in the new bioeconomy. *Curr. Opin. Environ. Sustain*, 2011 (3): 1-3.

[39] Aleklett K, Höök M, Jakobsson K, Lardelli M, Snowden S, Söderbergh B. The Peak of the Oil Age—Analyzing the world oil production Reference Scenario in World Energy Outlook 2008. *Energy Policy*, 2010 (38): 1398-1414.

[40] Hoff H. *Understanding the Nexus. Background Paper for the Bonn* 2011 *Conference: The Water, Energy and Food Security Nexus*. Stockholm Environment Institute (SEI): Stockholm, Sweden, 2011: 52.

[41] WWF. *Living Planet Report* 2012, *Biodiversity, biocapacity and better choices*, WWF International: Gland, Switzerland, 2012: 164.

[42] Schröder J J, Cordell D, Smit A L, Rosemarin A. *Sustainable Use of Phosphorus*. Plant Research International and Stockholm Environment Institute (SEI): Wagenigen, The Netherlands, 2010: 140.

[43] UNEP *UNEP Yearbook*: *Emerging Issues in our Global Environment* 2011. United Nations Environment Programme (UNEP): Nairobi, Kenya, 2011: 92.

[44] Cordell D, Drangert J-O, White S. The story of phosphorus: Global food security and food for thought. *GlobalEnvironmen. Change*, 2009 (19): 292-305.

[45] Chum H, Faaij A, Moreira J, Berndes G, Dhamija P, Dong H, Gabrielle B, Goss Eng A, Lucht W, Mapako M, *et al.* In *IPCC Special Report on Renewable Energy Sources and Climate Change Mitigation.* Edenhofer O, Pichs-Madruga R, Sokona Y, Seyboth K, Matschoss P, Kadner S, Zwickel T, Eickemeier P, Hansen G, Schlömer S, von Stechow C, Eds. Cambridge University Press: Cambridge, UK and New York, NY, USA, 2011.

[46] WBCSD. *Vision* 2050. World Business Council for Sustainable Development (WBCSD): Geneva, Switzerland, 2010: 80.

第8章 欧洲走向生物经济：国家、区域和产业战略*

马泰奥·贝西（Besi M D）[1]，肯尼·麦考密克（McCormick K）[1]

摘要：建立先进的欧洲生物经济是实现可持续发展和摒弃化石燃料转型的重要一环。生物经济可以定义为基于可持续生产，将可再生生物质转化为一系列生物产品、化学品及能源的经济。欧洲从不同角度制定了若干战略，概述了向生物经济过渡的愿景、意图和建议。本文使用META分析框架对12种策略进行分析，涵盖欧洲以生物为基础的经济的国家、地区和行业前景。分析表明，欧洲生物经济发展的大方向就是基于各种生物技术应用的研究和创新。区域将在促进创新和优化生物质利用所需的产业和研究机构之间的合作方面发挥重要作用。欧洲生物产品市场的发展是生物经济扩张的必要条件。此外，需要从生命周期的视角考虑转型，以确保以生物质为基础的经济是可持续和公平的。

关键词：生物经济；以生物为基础的经济；欧洲；过渡；策略

8.1 介绍和背景

为了应对气候变化、自然资源稀缺和不可持续的消费模式等挑战，亟须涉及社会各阶层且长期性的路径和互动的变革。生物经济的概念代表了应对这些挑战和创造社会技术系统所需变革的机会[1]。生物经济可以定义

---

* 本文英文原文发表于：Besi M D，McCormick K. Towards a Bioeconomy in Europe：National，Regional and Industrial Strategies [J]. Sustainability，2015 (7)：10461-10478.

1. 瑞典隆德大学。

为材料、化学品和能源的基本成分来源于可再生生物资源的经济[1]。它与农业、林业、海洋资源和废物管理密切相关。从本质上讲，生物经济包括从使用化石资源向生产可再生生物质的过渡，并将这种生物质转化为食品、饲料、能源、生物燃料和生物产品[2]。

目前的生物经济估值超过 2 万亿欧元，对欧洲经济贡献巨大[2]。这也凸显了生物经济作为塑造欧洲可持续发展的核心组成部分的重要性。欧盟委员会（EC）和经济合作与发展组织（OECD）最近制定的政策战略强调了生物经济和依赖化石资源的社会转型在欧洲及国际政治经济舞台上的优先地位[2,3]。这些举措促使许多欧洲国家、地区和产业制定战略，并表明其在欧洲发展生物经济的意图和愿景。

2012 年，根据各种欧盟（EU）主席会议的结论、大量前瞻性报告和利益相关者的协商，欧共体发布了一份名为《创新促进可持续增长：欧洲生物经济》的综合战略和行动计划文件[2]。该战略旨在为生物经济领域的研究和创新议程提供方向，为更有利的政策环境做出贡献，并为更具创新性、资源效率和竞争力的欧洲社会铺平道路[2]。这些行动基于三大支柱：一是对研究、创新和技能的投资；二是加强政策互动和利益相关者参与；三是提高生物经济部门的市场竞争力。在这些支柱中确立了 12 项主要行动，包括增加多学科研究和创新，通过标准和标签为生物产品和倡议创造市场，建立一个生物经济小组以加强跨部门合作和政策的一致性等[2,4]。

制定此类战略是实现生物经济转型的重要步骤，尤其是当战略能够积极处理当前的问题并表明相关人员的意图时。因此，人们可以启动变革所需的必要措施[5]，包括确定过渡方向、资金投向和参与人员的相关步骤。Levidow 等（2012）指出，生物经济仍然是一个新概念，尚未完全纳入政策，因此，战略的制定将极大地影响与生物经济相关的未来优先事项的确定和各级治理政策的实施[6]。

本文对 12 项欧洲战略进行了研究，其中 3 项由国家政府制定，6 项由区域机构制定，3 项由产业集团制定。本文的总体目标是通过分析这些战略，提高对欧洲生物经济设计和发展的理解。本文介绍了已有研究，其涵盖了欧洲生物经济的国家、地区和产业视角。然而，最初的研究仅限于这 12 个案例研究，为了全面理解这一主题，本文从其他文献来源以及欧洲生物经济战略与行动计划中总结了经验教训。此外，已有文献中很少关注生物经济如何在区域层面上发展。因此，本文特别关注区域战略。尽管生物经济战略在范围和详细程度上存在显著差异，但它们可以更好地了解欧洲生物经济目前的发展情况以及未来的发展趋势。

值得注意的是，随着人们对生物经济的关注不断增加，对这一概念的不同理解和解释也不断发展。在讨论这一主题时，使用了生物经济（Bio-economy）、基于生物的经济（Bio-based economy）和基于知识的生物经济（Knowledge-based-bioeconomy，KBBE）。所有这些术语本质上描述了相同的概念，从以化石燃料为基础的社会向以生产生物产品和可再生生物质能源为基础的社会过渡，但这些术语的应用方式存在一些差异。Schmidt 等（2012）[7]、Birch 和 Tyfield（2012）[8] 以及 Staffas 等（2013）[9] 详细讨论了这些主要差异。在本文中，术语“生物经济”“基于生物的经济”和“基于知识的生物经济”将互换使用。

8.2 方法和途径

本文的研究包括三个关键步骤：首先，确定欧洲国家、区域和产业的生物经济相关战略的样本集（见表 8-1）；其次，根据 META 分析框架，对每种选定策略进行总结；最后，对各种战略总结进行比较分析，以呈现关键的相似性和差异性，并了解生物经济是如何在不同的治理水平上进行设想和应用的。

表 8-1 生物经济的国家、区域和产业策略

国家	文件名	发文单位	年份
瑞典	瑞典以生物为基础的研究和创新策略	瑞典环境、农业科学和空间规划研究委员会	2012
德国	国家生物经济政策策略	德国联邦食品和农业部	2013
芬兰	芬兰生物经济策略	芬兰就业和经济部	2014
区域	文件名	作者或被采访者	年份
比利时佛兰德斯	佛兰德斯生物经济	佛兰德斯政府生物经济部门间工作组	2014
荷兰德伦特	采访	省政府代表	2014
荷兰南部	采访	省政府代表	2014

续表

区域	文件名	作者或被采访者	年份
荷兰泽兰	采访	内华达州泽兰经济动力公司代表	2014
德国北莱茵—威斯特伐利亚	采访	地区州政府代表	2014
德国巴登—沃尔滕堡	生物经济：通往可持续未来的巴登—沃尔滕堡之路	巴登—沃尔滕堡生物制品有限公司	2013
产业	文件名	发文单位	年份
能源	自然力：本质与生物经济	Essent	2013
森林纤维	森林纤维产业：低碳生物经济的 2050 路线图	欧洲造纸产业联合会	2011
生物科技	2020 年为欧洲构建生物经济	欧洲生物产业协会	2011

本文主要是描述性的。本文试图提供一幅欧洲生物经济如何被设计和塑造的全局图景。从对各种策略的分析中可以得出一些结论，由此可以从这项研究中得出生物经济未来发展的建议。本文对学者、专家和记者进行了采访，他们都在积极研究和讨论欧洲生物经济，采访有助于了解、洞察和理解欧洲向生物经济转型的过程。

从文献和访谈中，确定了欧洲范围内一些与生物经济相关的战略。在这些研究中，选择了 12 个进行分析。这些选择是基于满足本文制定的几个标准（见图 8-1）。然而，区域战略的方法略有不同。在初始研究阶段就要先确认积极开展生物经济相关活动的区域性政府和研究机构。参与编写那些符合标准的战略文件的人也是该研究的对象。然而，很少有区域性文件出台，或者在大多数情况下没有英文版本。在这种情况下，数据主要通过与相关政府部门或区域性研究机构的作者或代表进行半结构化访谈来收集。

在向生物经济过渡的不同领域中，这些战略提供的方法和详细程度各不相同。为了提取共性和理解差异，根据具体分析问题框架对每种选定的策略进行了分析（见表 8-2）。该框架的目的是了解每项不同战略的目标、优先事项和假设。在不同策略下对每个标题下的结果进行比较。这种比较有助于更好地了解欧洲生物经济在不同规模和不同部门的发展情况。

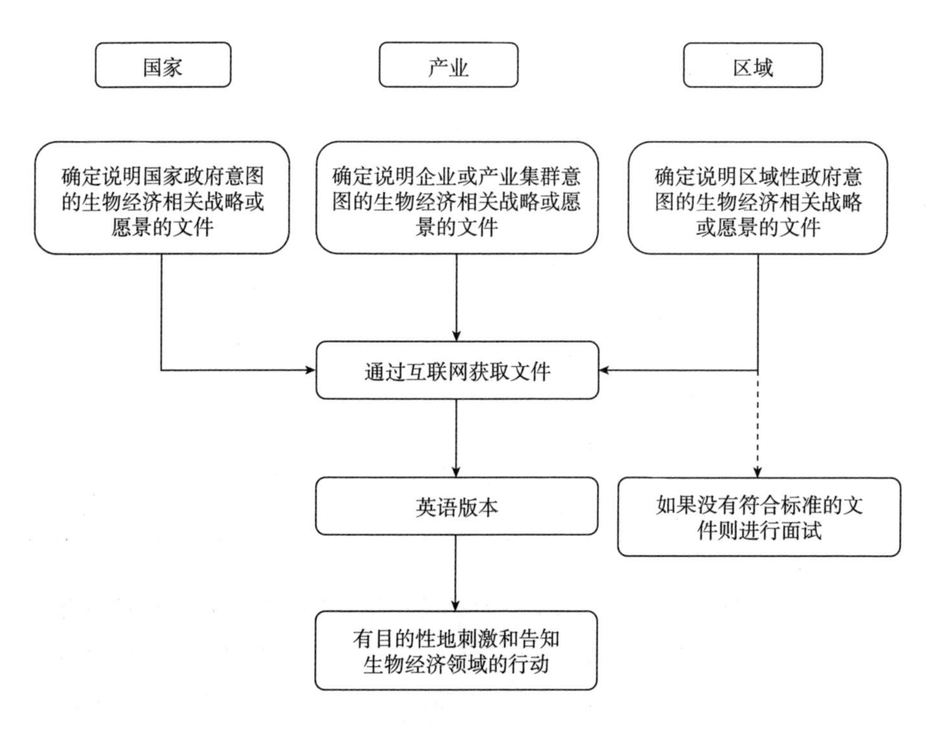

图 8-1　生物经济战略的选择过程和标准

表 8-2　生物经济分析框架

背景和目标	
谁负责制定战略？该战略的总体目标是什么？该战略的优先领域是什么？	
目标和进展	
战略中设定的目标是什么？如何衡量战略进展？	
假设和优先事项	
研究与创新	关于向生物经济过渡的研究和创新有哪些假设？
生物质与土地利用	对生物经济中生物质的生产和使用做出了哪些假设？对生物经济中的土地使用做了哪些假设？
经济与金融	关于向生物经济过渡的融资有哪些假设？
治理	对治理机制和安排有哪些假设？
社会变革	对行为、社会和政治转型有什么假设？关于确保公平和可持续的过渡有哪些假设？

注：改编自 Wiseman 和 Edwards[10]。

分析问题改编自 Wiseman 和 Edwards（2012）开发的框架[10]，用于分析 18 个大规模后碳（Post-Carbon）战略和路径。尽管一些问题直接取自该框架，但并非所有问题都与生物经济相关。因此，通过查阅文献，对框架进行了调整，以涵盖生物经济的核心方面，主要包括关于研究、创新生物质和土地利用变化的假设。此外，为了更好地代表生物经济学背景下提出的问题，对一些标题进行了更改。

后碳战略与路径的 META 分析框架和生物经济研究有一些共同的特点、目标。首先，两者都试图对不同角色描绘过渡的方式进行概述。其次，生物经济、后碳战略和路径所描述的转型将涉及社会、政府和行业的全系统变革。最后，两者都旨在比较战略以提取关键的共性和差异。

8.3　分析和讨论

本文通过比较分析得出了欧洲生物经济发展的以下关键假设和优先事项，并强调了一些重要的教训和影响。该分析涵盖五个关键领域，包括研究与创新、生物质与土地利用、治理、经济与金融、社会变革。这些区域在这里是分开的，但实际上，所有这些区域之间以及整个欧洲生物经济之间存在着紧密的联系。

8.3.1　研究与创新

支持研究和创新是欧共体生物经济发展战略和行动计划的主要组成部分，从各种分析战略中可以清楚地看出，它是构成转型的基础。国家、区域和产业战略反映了建立强大的知识基础以支持创新和推动生物经济发展的必要性。它们都描述了研究和创新在强大的生物经济中的重要性，并在某种程度上包括旨在支持研究和促进创新的措施。

贯穿所有战略的一个关键方面是涵盖旨在将研究机构和产业结合在一起的措施。当研究和产业结合在一起并进行合作时，就可以进行创新[11]。所有战略都强调了部门间合作的关键需要，然而，这些互动主要发生在区域一级。所分析的区域主要侧重于通过发展研究方案、创新网络、形成产业和研究集群，将所有参与者（在区域和国家两级）聚集在一起以促进创新。

Asheim 和 Coenen（2005）指出，区域层面对于培育创新至关重要。他们指出，正是在这一层面上，中小企业、产业、研究机构的网络和集群才得以发展，知识溢出才有可能发生[12]。此外，Doloreux 和 Parto（2005）指出，每个地区都有自己的优势和资源，这些优势和资源对于激发其创新能力非常重要[13]。事实上，关于生物经济的区域战略之间的一个重要区别是，每个战略都指出了各自的优势和能力。

Patermann（2014）强调，就产业、农业和大学的存在而言，每个地区都有自己的能力，因此，各地区的生物经济发展将具有高度的情境性[14]。例如，北莱茵—威斯特伐利亚的优势在于制药工程、化学和生物技术，因此他们的方法主要侧重于在这些领域开发基于生物的倡议[15]；而南荷兰拥有大量的园艺和较强的化学产业，其重点是开发各种植物衍生物的用途，以及发展生物化学应用[16]。

区域间的这些差异为区域间合作提供了重要机会。许多区域已经开始在国内和国际上开展合作。例如，南荷兰、泽兰省以及北布拉班特省都是生物三角洲的合作伙伴[16,17]。这些区域中的每一个都有许多强大的产业、化学和农业集群，以及大量集中的研究中心。以生物为基础的三角洲将这些不同部门与各国政府联系在一起以协调项目、资金和知识转让。要使生物经济发生重大变化，不同地区之间的合作至关重要。

尽管许多区域在具体研究领域有不同的优先事项，但贯穿所有分析战略的一个关键主题是注重发展生物经济的生物技术和生命科学解决方案。国家和产业战略的研究议程由生物技术产业主导。重点是开发转化技术、扩大生物炼油厂、探索利用生物原料的新方法以及通过生物技术研究开发生物产品。例如，瑞典战略的目标是通过研究生物精炼厂来开发更智能的原材料用途，并通过研究新的和改进的生物质特性来强化生物质的生产[18]。类似地，德国战略指出了支持促进技术发展研究的重要性，以提高可再生生物质的供应和质量[19]。产业战略反映了这一点，这些战略要求支持技术研究，特别是生物炼油厂的发展。产业方法特别指出，向生物经济的成功过渡需要生物技术产业的进步，只有将研究和创新重点放在这些领域，才能实现这一目标。

8.3.2 生物质与土地利用

生物质是生物经济的基础，其生产和利用方式将对转型的可持续性产生重要影响。欧盟 2020 战略呼吁实现智能、高效和可持续的增长[20]。生物经济中生物质的可持续和有效利用对实现这一目标至关重要。贯穿

所有生物经济战略的一个中心主题是，需要通过确保在生物质使用的每个阶段从生物质中获得尽可能高的价值来优化其使用。这些战略强调了两项措施：一是确保沿着价值链最有效；二是最完整地利用生物质。这些是梯级原则（The Cascade Principle）的应用，以及废物与农业残渣的利用。

梯级原则（见图 8-2）被认为在确保生物质最初用于高价值应用方面具有重要作用，例如用于生物质产品的生产，在转化为能源之前进行回收和再利用[16,21]。Keegan 等认为，生物质的梯级使用可以大大提高资源效率，因为它可以满足相同原料的材料和能源需求[21]。尽管原则上促进梯级利用被视为大多数战略的优先事项，但德伦特和南荷兰地区指出，在现实中这可能很难实施，特别是当生物质能源的应用更为先进且需求更大时[16,22]。

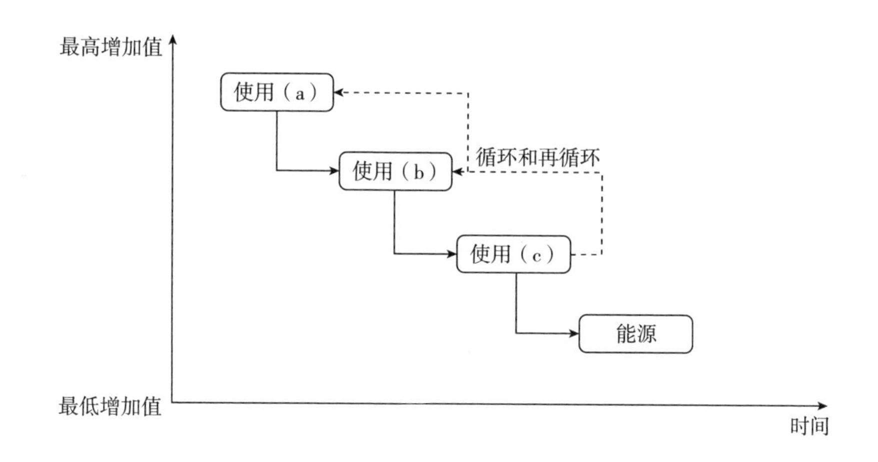

图 8-2　生物经济中生物质的梯级使用

注：改编自 Sirkin 和 Houten[24]。

事实上，Carus 等（2014）指出，在欧盟政策中，生物质的高价值和低价值应用之间没有公平的竞争环境。尽管研究表明，在就业和附加值方面，生物质材料使用的潜在好处大于生物质能源，但当前的欧盟政策框架正在推动生物质用于生物燃料的生产。Carus 等认为，这些政策重点可能会扭曲市场，使其倾向于将生物质用于能源应用，而不是用于更高附加值的材料[23]。与生物燃料相比，欧洲对生产生物塑料和生物化学品的激励措施非常少[11]。值得注意的是，梯级原则可以用不同的方式来解释，如货币价值、功能或空间。

一项被认为对生物经济中生物质的优化利用很重要的措施是废物和农业残留流的开发利用。各地区十分注重将产业和企业聚集在一起，为利用废物和农业残留流进行生物活动创造机会。例如，北莱茵—威斯特伐利亚州的区域创新网络和基于生物的三角洲伙伴关系是旨在支持产业和企业之间战略伙伴关系的区域计划，以最大限度地利用生物质。产业战略还要求对区域基础设施进行投资，以确保最充分地利用生物质，包括基于废物的原材料。

旗舰技术和生物精炼技术的发展和示范对于欧洲生物经济的未来发展也至关重要[14]。这一问题出现在各种战略中，特别是在国家和产业一级。综合生物精炼的开发对于确保生物质的高价值利用和其发展成为以生物为基础的高质量的产品很重要。尽管有机会在区域层面发展生物精炼，但由于当地与废物流的联系以及产业集群的存在，生物精炼似乎并不是区域战略中的关键优先事项。

国家和区域战略中出现的一个优先事项是粮食和饲料的生产必须优先于将生物质用于材料或能源目的。许多战略指出，生物经济的发展不应以牺牲粮食安全为代价。德国和瑞典的战略包括旨在解决和避免土地使用方案之间冲突的措施。他们还强调需要避免使用影响粮食安全的生物质材料或能源[18,19]。

土地利用之间的竞争是一个重要的讨论领域，它往往围绕着生物质用于食品或非食品应用的直接竞争问题。然而，Carus 和 Dammer（2014）解释说，关于确保粮食安全的辩论是基于耕地的可用性，而不是作物的使用。他们认为，所有种类的生物质都应该被用于产业，特别是粮食作物。粮食作物比非粮食作物更节约土地，更重要的是，在危机时期，粮食作物可以重新分配，以确保粮食供应。对于仅具有产业投入功能的非粮食作物而言，这是不可能的[25]。

有学者进一步讨论了从欧洲以外地区进口生物质作为重要投入来源的问题。特别是 Essent（2015）和 CEPI（2014）指出，廉价进口生物质将在生物经济中发挥关键作用[26,27]。欧洲重要港口的存在意味着已经存在大量

生物质运输的基础设施和物流。BMEL（2014）解释说，德国已经进口大量用于各种用途的生物质，但确保这些进口的可持续性至关重要[19]。国家和产业战略指出，有必要制定国际标准和认证，以确保进口的生物质是可持续的。

8.3.3　治理

贯穿欧盟和国家战略以及产业战略的关键治理问题是，必须为生物经济的发展建立一个连贯和支持性的政策框架。产业战略在欧盟层面提供政策咨询和建议，该战略强调欧盟委员会需要确保支持和监管政策，为所有参与者创造一个公平的竞争环境；需要制定政策，促进所有相关行为者之间的合作，支持生物技术和产品的开发和示范，并刺激生物产品的市场需求；还呼吁为生物活动提供财政支持，并确保欧盟其他政策的一致性，特别是与欧盟 2020 战略有关的政策。

产业战略中确定的这些支持措施应该与欧盟、国家和区域性战略提出的行动一致。在所有这些战略中有五项主要行动，以帮助制定生物经济发展的必要框架。这些措施包括：①制定旨在提高不同政策部门之间一致性的措施；②制定措施促进政府、研究机构和行业之间的合作；③加强与社会关于生物活动的沟通；④采取措施支持创造新市场和吸收生物产品；⑤通过财政和行政手段支持促进生物活动的发展和示范。

在不同政策措施之间建立一致性是生物经济的一个关键问题，特别是在许多不同政策领域影响生物经济的情况下。在转型的背景下，Loorbach（2010）指出，体制分裂和不连贯是一体化长期治理的主要障碍[28]。欧共体关于生物经济的战略和行动计划包括成立欧洲生物经济小组，该小组旨在解决欧盟政策的不一致性，以此作为克服这些障碍的手段。生物经济小组强调了欧盟内部、国家和区域层面政策间一致性的重要性。他们建议建立区域性部门生物经济小组，以最大限度地提高协作和一致性[29]。

在国家和区域两级中各部委间的协调是一个关键问题。例如，德国战略旨在建立一个部门间生物经济工作组，专门解决政策协调问题，并改善与各地区的协调问题[19]。北莱茵—威斯特伐利亚州建立了一个部门间交流平台以改善各部门之间的协调[15]。

此外，研究产业集群的形成以及公私伙伴关系的发展被认为是加强合作、确保一致性和促进生物经济创新的重要步骤。例如，德国产业集群称为生物技术 2021（CLIB2021），将中小企业、产业和研究机构联系起来，支持和发起新的基于生物的研究和商业项目，以及确定新的价值链，提高资金的获取从而支持研究与开发[30]。在欧盟和国家层面，公私伙伴关系的发展有助于促进政府、行业和研究机构之间的合作。公私合作伙伴关系（PPP），如生物基产业联盟（BIC）、通过资源和能源效率（SPIRE）PPP的可持续流程产业，将关键产业利益相关者、研究机构和政府聚集在一起，解决关键投资、研究、创新和政策问题。这些集群和伙伴关系的目的是加强合作，支持创新技术和开发生物解决方案，帮助欧洲走向低碳、资源高效和有竞争力的未来[31,32]。

六个区域战略中有五个建立了平台和小组，以改善这些不同参与者之间的沟通，如南荷兰的生物三角洲平台[16] 或巴登—符腾堡的生物经济专家网络[33]。区域性战略强调了区域政府在生物经济中的促进作用，为产业、研究机构和企业提供了相互匹配的手段，并建立了发展生物经济所需的必要伙伴关系。此外，他们注意到所有利益攸关方团体（特别是民间社会）的参与和沟通的重要性，并在所有分析的策略中都发现了一个特征。提高公众对以生物为基础的活动和产品的存在和好处的认识，对于帮助创造市场和刺激对这些活动和产品的需求非常重要。制定宣传行动使公众了解情况、提高认识是区域战略的重要措施。

所有战略的一个重要特点是需要创造市场和促进生物产品的吸收。特别是区域战略，强调公共采购是刺激生物市场和创造生物产品需求的重要工具。例如，德伦特省的战略指出，区域政府必须通过产品和以生物为基础的项目的公共采购和招标，充当以生物为基础的产品和创新的“启动客户”[22]。芬兰的战略包括提高生物产品利用率的措施，其中公共采购是关键，而德国和瑞典的战略并未强调这一点[18,19,34]。相反，这些国家战略似乎更加重视加速以生物为基础的解决方案的商业化，缩小研究与市场之间的差距。

欧共体就生物经济的战略和行动计划指出了公共采购的重要性，但强调需要为以生物为基础的产品制定标准和标签，以促进公共采购。Carrez（2014）指出，为了促进以生物为基础的产品利用，需要消费者能够识别它们[11]。尽管一些区域和国家战略简要地提到了这一点，但主要是在欧洲一级讨论这一问题。欧共体战略和行动计划指出，欧共体正在为以生物为

基础的产品制定标签、标准和认证方面发挥积极作用，特别是通过支持以生物为基础的产品标准化知识（KBBPP）和开放式生物项目，其目的是提供信息和方法为以生物为基础的产品制定标准[35,36]。

从战略分析中得出的重要结论是，除芬兰战略外，在国家层面测度生物经济进展的可量化目标或手段的发展很少受到重视。一些战略包括制定进度报告等措施，但只有芬兰战略确定了具体指标，使其能够明确测度生物经济的发展水平。Staffas 等（2013）指出[9]，“针对定义和应用进步的量化测度对生物经济的成功和可持续性至关重要”。这仍然是研究机构、行业和政府面临的重大挑战。

8.3.4　经济与金融

加快生物解决方案商业化的一个重要手段是提供财政支持。欧盟、国家和区域战略都表明，为创新和生物活动提供补贴和资金是支持生物经济发展的关键。这些国家战略表明，将为支持研究、创新、项目商业化以及新的创新型中小企业的业务发展提供资金。

欧盟通过“地平线 2020 计划”和各种其他计划（如结构基金）为这些活动提供资金[37,38]，各地区对这些结构基金特别感兴趣，因为它们能够共同资助研究和创新项目[11]。事实上，区域战略指出，该区域生物活动的大部分资金来自欧盟或国家资金计划，“地平线 2020 计划”也将在支持欧洲生物经济的创新和投资方面发挥重要作用。

明智、有针对性的资金对于生物经济的发展，特别是对于生物技术和产品的商业化非常重要[11]。为了吸收生物质产品，与市场上现有产品相比，生物质产品必须具有价格竞争力。为了在价格上具有竞争力，技术需要成熟，产品需要达到一定的产量[11]。这里涉及许多因素使生物质产品和技术具有竞争力。

生物质产品的主要市场倡议咨询小组指出，欧盟和各国政府必须为生物质产品的生产、生产设备和产业流程的转换制定财政激励措施[39]。他们建议制定激励措施，如税收、赠款和国家援助措施，以支持这一变化。他们还指出，需要为这些产品和技术的开发提供欧盟结构资金。欧盟建立的主要市场举措有助于识别高度创新的市场，提供更广泛的战略、社会、环境和经济挑战的解决方案，并通过公共政策措施创造有利的框架条件。

8.3.5 社会变革

国家和许多地区战略的一个重要特点是需要改变社会、行业和政府的思维方式。这些战略指出，向以生物质为主要基础的经济转型需要社会所有部门的合作，并在经济的需求侧和供给侧向可持续消费和生产模式转变。

作为解决产业中自然资源利用效率低下的一种手段，许多策略都促进了梯级原则和废物流的利用。Keegan 等（2013）指出，使用梯级原则可以减少产业中原材料的消耗，因为相同的原料可以满足多种材料和能源需求；它创造了一种资源效率更高的生物质利用，其中可以从更少的原料中获得更多的价值[21]。同样，行业之间在废物和残渣利用方面的合作可以创造材料和能源的循环流动，这可以进一步降低产业对原材料的消耗[15]。

一些国家和区域战略强调，加强与公众的对话对于解决社会过度消费问题至关重要。例如，德国战略包括旨在通过提供可持续消费和食物浪费信息来解决消费者过度消费的行为问题的措施[19]。它还提出了一些倡议，旨在提高人们对这些问题的认识。瑞典和芬兰的战略强调了向社会宣传生物经济和生物产品好处的重要性，作为将消费从化石产品转向更可持续的以生物为基础的产品的一种手段[18,34]。

一些战略强调的一个重要问题是需要从整个系统的角度发展生物经济。例如，瑞典的战略指出，为了实现可持续的生物经济和降低社会消费水平，需要从生命周期的角度看待生物产品的生产和消费[18]。例如，生命周期观点对于运行基于梯级原则的生产系统很重要；一种产品的生命周期结束成为下一种产品的原材料。此外，这个生产系统要求有消费者的积极参与以及充足的循环基础设施。Patermann（2014）指出，生物质的使用并不是内在可持续的，需要考虑从生产到消费的整个系统的影响，在生物质进口方面尤其如此[14]。

产业战略和一些国家战略认为，大规模进口生物质对于生物经济的发展是必要的。然而，他们呼吁制定标准和认证计划以确保其可持续性。更重要的是，用于产业目的的生物质进口不得对生产国的社会、经济或环境产生负面影响，尤其是不得影响粮食安全。德国战略将这一点作为其战略的指导原则[19]。

如上所述，各种战略解决了转变社会和产业思维模式的必要性，以实

现向生物经济的可持续过渡。基于技术修复的生物经济；如果化石燃料只是被生物质取代，则并不会积极提供解决过度消费这一根本问题所需的行为改变[40]。此外，强调持续经济增长和竞争力的以产业效率为重点的生物经济体系有可能仅仅维持与当今化石经济相同的消费体系[41]。

8.4　结论和思考

本文旨在通过分析各国政府、区域机构和产业团体制定的 12 项战略，更好地了解欧洲生物经济的发展情况。本文还从欧洲生物经济战略和行动计划以及与专家和利益相关者的访谈中得出了见解。尤其要注意到，这些战略在提供细节方面有所不同。因此，本文试图对这些战略所做的假设和优先事项进行广泛概述，而不是侧重于技术细节。研究结果表明，不同的战略侧重于发展生物经济的相同关键优先领域，这些措施包括：①促进研究和创新，主要是在生物技术领域；②促进产业、企业和研究机构之间的合作；③通过实施梯级原则和利用废渣流，优先优化生物质利用；④为生物经济活动的发展提供资金支持。

这些优先事项正在形成欧洲先进生物经济的基础，很明显，生物经济的一个特定方向正在发展。欧洲正在大力推动以支持健全的科学研究和技术创新为基础的欧洲生物经济，特别是在开发新的生物技术和产业解决方案以优化生物质的利用方面。这项工作的核心是生物精炼厂的开发和示范，特别是作为促进生物质梯级利用和促进以生物为基础的产品增长。

这些战略指出，研究机构和产业界需要强有力的合作，以促进技术创新。这些战略还建议发展专门集群，特别是在区域层面，这对于帮助知识和技术转让、促进创新和有效利用资源至关重要。区域间合作将发挥特别重要的作用，特别是因为每个区域在其重点方面都高度因地制宜和专业化。为了建立一个全面运行的欧洲生物经济，它们之间的合作是必要的。Patermann（2014）指出，这不止有一种生物经济，而是许多工作都要参与进来[14]。尽管战略理解合作的必要性，但利益相关方之间仍然缺乏针对不同区域和国家开展活动的沟通，需要解决这一问题。

这些战略承认，欧盟和各国政府的作用对于提供必要的资金方案和协调一致的政策框架以鼓励生物经济的发展至关重要。然而，Carus 等（2011）指出，在许多欧盟和国家政策中，特别是在生物质使用方面，仍然缺乏足够的一致性[23]。例如，欧盟可再生能源指令以及一些国家能源政策正在鼓励将生物质用作能源，因为几乎没有任何政治或财政支持机制来支持生物质的产业材料使用。Carrez（2014）和 Carus 等（2011）认为，需要建立一个更强有力的政策和融资框架，以重新平衡这些生物质用途之间的竞争环境[11,23]。如果基于有效利用自然资源的生物经济要取得成功，就必须解决这些矛盾。然而，Faaij（2006）认为，需要继续关注确保生物质能源的使用在能源、农业、林业、废物和产业政策中发挥不可或缺的作用。Faaij 解释说，生物能源是一种急需的可再生能源，将是不再使用化石燃料这一转型进程的关键组成部分，因此欧盟政策需要继续支持其发展[42]。

分析还表明，开发新市场和吸收生物产品可能是生物经济的一个重要方面。这是芬兰和区域战略中的一个重点领域，其中包括公共采购和生物产品招标等措施，以刺激市场需求。尽管在区域一级对这一方面给予了重视，但这并不是所有国家政策的优先领域。这项研究表明，各国政府一方面应致力于促进这些产品的吸收，这需要反映在其战略和政策中；另一方面制定针对生物产品的国家公共采购政策，提高消费者对这些产品好处的认识，这将是重要的第一步。

总的来说，在向生物经济过渡的过程中对需要优先考虑和包括哪些内容达成了共识。各国政府、地区机构和产业团体都在朝着类似的愿景努力。然而，值得注意的是，基于生物质产业用途的这一愿景并非没有受到批评。Levidow 等（2012）、Schmidt 等（2012）、Birch 和 Tyfield（2012）指出，基于农产解决方案的生物经济过于狭隘，需要扩大到包括替代形式的农业、加强社会和社区创新、利用农民的知识作为生物资源增值的重要手段[6,7,8]。

鉴于所有战略都同意生物经济的当前方向，欧洲的生物经济似乎不太可能彻底转向另一条道路。然而，不应忽视这些替代愿景，相反，需要进一步努力将替代形式的农业和更大的社会创新融入欧洲生物经济的发展。Luoma 等（2011）提出的分布式生物经济愿景可能会提供一条更可行的替代路径，在该路径中，本地化行业与社区企业之间的积极关系可以在区域和地方范围内得到利用[43]。这表明生物经济更加符合欧洲战略，但也更加注重社区参与。事实上，芬兰战略正在促进形成更分散和区域集中的生物

经济转型。

确保生物质可持续生产和使用的重要性可能是欧洲生物经济发展的决定性因素。重要的是，尽管可持续性与生物经济密切相关，但它不是生物经济的隐含结果；因为生物经济是建立在可再生资源的基础上，它并不能使其具有内在的可持续性。Pfau 等（2014）认为，随着生物经济的发展，必须考虑到它与可持续性的关系[44]。应该继续探索生命周期评估等工具的使用，以便从生物经济的各种活动中为可持续性做出重大贡献。在生物经济发展过程中，需要从生命周期的角度来理解其中的活动可能带来的影响，并使欧洲和国外的任何负面的社会、经济或环境影响降至最低。

参考文献

[1] McCormick K., Kautto N. The Bioeconomy in Europe: An Overview. *Sustainability*, 2013 (5): 2589-2608.

[2] European Commission. *Innovating for Sustainable Growth: A Bioeconomy for Europe*. Publication Office of the European Office: Luxembourg, 2012.

[3] OECD. *The Bioeconomy to* 2030. *Designing a Policy Agenda*. Organisation for Economic Co-Operation and Development (OECD): Paris, France, 2009.

[4] European Commission. Bioeconomy Panel, 2014. Available Online: http: //ec. europa. eu/research/ bioeconomy/policy/panel_ en. htm (accessed on 14 May 2014).

[5] Loorbach D., Rotmans J. The practice of transition management: Examples and lessons from four distinct cases. *Futures*, 2010 (42): 237-246.

[6] Levidow L., Birch K., Papaioannou T. EU agri-innovation policy: Two contending visions of the bio-economy. *Crit. Policy Stud*, 2012 (6): 40-65.

[7] Schmidt O., Padel S., Levidow L. The bio-economy concept and knowledge base in a public goods and farmer perspective. *Bio-Based Appl. Econ*, 2012 (1): 47-63.

[8] Birch K., Tyfield D. Theorizing the Bioeconomy: Biovalue, Biocapital, Bioeconomics or What? *Sci. Technol. Hum. Values*, 2012 (38): 299-327.

[9] Staffas L., Gustavsson M., McCormick K. Strategies and Policies for the Bioeconomy and Bio-Based Economy: An Analysis of Official National Approaches. *Sustainability*, 2013 (5): 2751-2769.

[10] Wiseman J., Edwards T. *Post Carbon Pathways: Reviewing Post Carbon Economy Transition Strategies*. Centre for Policy Development: Melbourne, Australia, 2012.

[11] Carrez D. Clever Consult, Brussels, Belgium. Phone interview and email Correspondance. Personal Communication, 2014.

[12] Asheim B. T., Coenen L. Knowledge bases and regional innovation systems: Comparing Nordic clusters. *Res. Policy*, 2005 (34): 1173-1190.

[13] Doloreux D., Parto S. Regional innovation systems: Current discourse and unresolved issues. *Technol. Soc*, 2005 (27): 133-153.

[14] Patermann C. Member of the Bioeconomy Council, Germany. Phone interview and email correspondence. Personal Communication, 2014.

[15] Schnabel D. Ministry of Innovation, Science, Research and Technology, Regional Government of North Rhine-Westphalia, Cologne. Phone interview and email correspondence. Personal Communication, 2014.

[16] Government representative of the Province of South-Holland, The Hague, The Netherlands. Phone interview. Personal communication, 2014.

[17] Representative of NV Economische Impuls Zeeland, Middelburg, The Netherlands. Phone interview. Personal Communication, 2014.

[18] FORMAS. *Swedish Research and Innovation Strategy for a Bio-Based Economy*. The Swedish Research Council for Environment, Agricultural Sciences and Spatial Planning (FORMAS): Stockholm, Sweden, 2012.

[19] BMEL. National Policy Strategy on the Bioeconomy: Renewable Resources and Biotechnological Processes as a Basis for Food, Industry and Energy. Available online: http://www.bmel.de/ SharedDocs/Downloads/EN/Publications/NatPolicyStrategyBioeconomy.html (accessed on 15 April 2014).

[20] European Commission. *A Resource-Efficient Europe—Flagship Initiative under the Europe 2020 Strategy*. Communication COM (2011) 21 from the Commission to the European Parliament, the Council, the European Economic

and Social Committee and the Committee of the Regions. European Commission: Luxembourg, 2011.

[21] Keegan D., Kretschmer B., Elbersen B., Panoutsou C. Cascading use: A systematic approach to biomass beyond the energy sector. *Biofuels Bioprod. Bioref*, 2013 (7): 193-206.

[22] Government representative of the Province of Drenthe, Groningen, The Netherlands. Phone interview. Personal Communication, 2014.

[23] Carus M., Carrez D., Kaeb H., Venus J. Level Playing Field for Bio-Based Chemistry and Materials. Available online: http://bio-based.eu/download/? did=878&file=0 (accessed on 12 May 2014).

[24] Sirkin T., Houten M. T. The cascade chain: A theory and tool for achieving resource sustainability with applications for product design. *Resourc. Conserv. Recycl*, 1994 (3): 213-276.

[25] Carus M., Dammer L. Food or Non-Food: Which Agricultural Feedstocks are Best for Industrial Uses? Available online: http://bio-based.eu/download/? did=882&file=0 (accessed on 12 May 2014).

[26] Essent. Natural Power: Essent and the Bio-Based Economy, 2011. Available online: http://issuu.com/essentnl/docs/bio-based-economy? e=2501171/2611512 (accessed on 7 July 2015).

[27] CEPI. Unfold the Future—2050 Roadmap to a Low-Carbon Bioeconomy. Available online: http://www.unfoldthefuture.eu/uploads/CEPI-2050-Roadmap-to-a-low-carbon-bio-economy.pdf (accessed on 20 March 2014).

[28] Loorbach D. Transition management for sustainable development: A prescriptive, complexity-based governance framework. *Governance*, 2010 (23): 161-183.

[29] European Bioeconomy Panel. Plenary Meeting—Summary of Discussions, 2014. Available online: http://ec.europa.eu/research/bioeconomy/policy/panel_en.htm (accessed on 14 May 2014).

[30] CLIB 2021. The Bioeconomy Cluster for International Chemical and Energy Markets Brochure, 2014. Available online: http://www.clib2021.de/en/clib2021 (accessed on 26 May 2015).

[31] BIC. The Bio-Based Industries Vision: Accelerating Innovation and Market Uptake of Bio-Based Products, 2012. Available online: http://biconsortium.eu/sites/biconsortium.eu/files/downloads/BIC_BBI_Vision_web.pdf (accessed on 26 May 2015).

[32] SPIRE. SPIRE Roadmap. Available online: http://www.spire2030.eu/spire-vision/spire-roadmap (accessed on 26 May 2015).

[33] BioPro Baden-Wuerttenberg. Bioeconomy: Baden-Württemberg Path towards a Sustainable Future. Available online: http://www.bio-pro.de/biopro/downloads/index.html? lang=en (accessed on 27 March 2014).

[34] TEM. Sustainable Growth from the Bioeconomy—The Finnish Bioeconomy Strategy. Available online: http://www.tem.fi/en/current_issues/publications/the_finnish_bioeconomy_strategy.98158.xhtml (accessed on 16 June 2014).

[35] Netherlands Standardization Institute. Follow-up Project for Bio-Based Product Research Kicks off. Available online: http://www.biobasedeconomy.eu/research/open-bio/press-releases/ (accessed on 29 April 2014).

[36] Nova-Institut. EU Research on Bio-Based Product Standards Kicks Off: KBBPPS Project Focuses on Biomass Content, Functionality and Biodegradability. Available online: http://www.nova-institut.de/bbe/media/downloads/2013/01/12-10-10-PR-KBBPPS.pdf (accessed on 29 April 2014).

[37] European Commission. Innovative, Sustainable and Inclusive Bioeconomy, 2014. Available online: http://ec.europa.eu/research/participants/portal/desktop/en/opportunities/h2020/calls/h2020-isib2014-1.html (accessed on 14 May 2014).

[38] Weerdmeester R., Riedstra E., van den Boezem S. *Combining BBI (H2020) and European Structural and Investment Funds (ESIF) to Deploy the European Bioeconomy—Guiding Principles.* Bio-based Industries Consortium (BIC): Brussels, Belgium, 2014.

[39] European Commission Lead Market Initiative Advisory Group for Bio-based Products. Priority Recommendations, 2011. Available online: https://biobs.jrc.ec.europa.eu/policy/2011-lead-marketinitiative-lmi-biobased-

products-priority-recommendations (accessed on 14 May 2014).

[40] Birch K. York University, Toronto, O N, Canada. Phone interview and email correspondence. Personal communication, 2015.

[41] Levidow L. Open University, Buckinghamshire, UK. Phone interview. Personal communication, 2015.

[42] Faaij A. Bio-energy in Europe: Changing technology choices. *Energy Policy*, 2006 (34): 322-342.

[43] Luoma P., Vanhanen J., Tommila P. Distributed Bio-Based Economy: Driving Sustainable Growth, 2011. Available online: http://www.sitra.fi/en/julkaisu/2011/distributed-bio-basedeconomy (accessed on 18 March 2014).

[44] Pfau S., Hagens J., Dankbaar B., Smits A. Visions of Sustainability in Bioeconomy Research. *Sustainability*, 2014 (6): 1222-1249.

第9章 生物经济治理：国家生物经济战略的全球比较*

托马斯·迪茨（Dietz T）[1]，简·伯纳（Börner J）[2]，
简·亚诺士·福斯特尔（Föster J J）[2]，
约阿希姆·布劳恩（von Braun J）[2]

摘要：目前，全世界有40多个国家和地区正在推行明确的政治战略，以扩大和促进其生物经济。本文在全球可持续发展目标（SDGs）的背景下评估这些战略，我们的理论框架区分了生物经济发展的四种途径，这些途径上的生物经济发展能在多大程度上导致可持续性的提高，取决于有效治理机制的建立。将扶持性治理和约束性治理区分为建立可持续生物经济有效治理框架的两大基本政治挑战，并列出政治支持措施（授权治理）和监管工具（约束治理）的分类法，各国可以利用它们来应对这两个政治挑战。在这一理论框架下对41项国家生物经济战略进行了定性内容分析，以系统地回答各个国家生物经济战略的设计如何确保可持续生物经济的崛起问题。

关键词：生物经济；治理；发展政策；创新；技术；生物基

---

* 本文英文原文发表于：Dietz T，Börner J，Förster J J，von Braun J. Governance of the Bioeconomy：A Global Comparative Study of National Bioeconomy Strategies［J］. Sustainability，2018，10（9）：3190.

1. 德国威廉姆斯明斯特大学。

2. 德国波恩莱茵弗里德里希·威廉大学。

9.1　引言

生物经济的基础是在经济的所有部门应用生物原理和工艺，并越来越多地用生物资源和原理取代经济中的化石原材料。在经济的不同部门创新和可持续地利用生物资源（即生物转型），为实现许多不同的可持续发展目标（SDGs）提供机会，这些目标旨在改善社会、经济和生态生活条件，尤其适用于当前气候变化风险的可持续解决方案[1]。然而，最近的研究强调，可持续的生物经济依赖于生物经济本身无法创造的技术、经济和社会先决条件[2]。因此，专家们越来越多地要求为生物经济制定一个全面的治理框架，以确保出现可持续的生物转型[3,4]。

此前关于这一主题的研究大多围绕案例研究展开，侧重于单个国家或小样本国家中选定的生物经济领域的治理[5,6]。Pannicke 等（2015）对德国木材行业治理的详细贡献可以作为一个例子[7]。然而，仍然缺少一个更广泛的视角，可以提供有关国家生物经济政治的全球比较概览。

总的来说，目前我们发现全球有 41 个国家和地区正在推行明确的政治战略，以扩大和促进其生物经济。本文系统地概述了本研究期间存在的 41 项国家生物经济战略。每个国家和地区都在争取什么样的生物经济？为什么可持续生物经济的发展需要有效的治理框架？各国可以通过哪些政治手段促进向可持续生物经济的转变，以及各个国家如何设计其国家生物经济战略，以满足可持续治理框架的需求？本章我们将讨论上述问题，旨在对国家生物经济政策进行概述，并且开发一种信息工具，使决策者能够学习其他国家的生物经济战略。

本章基于对生物经济的全面理解，区分了四种生物转化途径：①用生物原料替代化石燃料；②提高生物初级部门生产率；③提高生物质利用效率；④通过应用与大规模生物质生产分离的生物学原理和工艺创造和增加价值。

这四条路径上的生物经济发展是否会对实现可持续发展目标产生积极影响尚不确定。一个关键挑战是，基于生物的转化可能涉及高转化成本[8]。化石燃料时代和前生物技术生产过程的路径依赖性和经济激励系统可能会阻碍对进步生物经济的投资。因此，如何通过适当的政治手段（支持治理）支持生物经济的崛起，是可持续生物经济发展面临的第一个关键挑战。原则上，各国有各种不同的机制可供使用，以促进其生物经济。这些机制可能包括基于生物的研究和发展战略，通过补贴提高基于生物的产品的竞争力，或开展提高认识运动，以增加社会对基于生物的转型的参与，包括更负责任和可持续的消费。

然而，技术进步不仅很少提供积极的机会，通常还会带来新的风险。生物经济也是如此。对研究生物经济感兴趣的学者指出，可持续发展目标之间的目标冲突可能是生物转型的结果。当今，关于相互冲突目标的讨论远远超出生物能源发展领域最初的“粮食与燃料”辩论，还包括全球公平、水资源短缺、土地退化和土地利用变化等问题。因此，对相互冲突的目标进行识别和有效的政治管理是发展生物经济可持续治理框架的第二大挑战。为了解决这一问题，各国可以使用一些不同的公共和私人治理工具来最大限度地减少权衡，促进生物转化过程中的协同效应（约束治理）。

那么，各国如何应对这两个基本的治理挑战，以及它们具体采用哪种方式来实现生物经济的可持续发展？研究结果表明：许多国家都制定了发展和扩大生物经济的目标。一方面，各国愿意为其生物经济提供全面的政策支持，以实现这一目标。目前，各国都在积极应对上述第一个治理挑战（扶持治理）。另一方面，冲突目标的政治管理尚未达到同样的关注水平。只有少数国家生物经济战略提到了生物转型对可持续发展的潜在负面影响，而那些追求更可持续战略的国家大多选择软政治手段来管理这些冲突。总的来说，各国应对可持续生物经济的第二个基本挑战（约束治理）的程度远远低于第一个基本挑战（扶持治理）。

本章由两部分组成：第一部分为实证研究奠定概念基础。首先，简要介绍治理的概念；其次，描述生物转化可能沿着的四种不同转化路径；最后，讨论可持续生物转型的两个关键治理挑战，并提出一套政府可用于支持可持续生物经济发展的关键治理机制。基于这一理论框架，第二部分对总共41项国家生物经济战略进行了实证分析，首先，展示了各国在战略上遵循的基于生物的转型路径（或转型路径的组合），各国为促进其生物经济而采用的第一节中规定的治理机制，它们识别的目标冲突，以及它们如何试图规管这些冲突。其次，总结了研究结果，并提出进一步研究的展望。

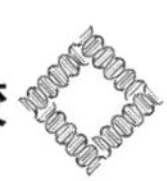

9.2　概念

9.2.1　关于治理概念的简短说明

治理可以理解为社会调整规则以适应新挑战的过程[9]。治理有一个实质性层面（规则是什么）、一个程序层面（规则是如何制定的），以及一个结构性层面（决定规则制定的程序性规则和机构，规则如何实施和执行，以及规则冲突如何解决）。在社会关系和网络层面上，社会对新挑战的规则适应可以是自发的和非正式的。然而，现代社会也将治理职能委托给专门机构，这些机构在正式组织的程序中制定并执行规则。这些机构首先包括地方、地区和国家层面，但也可能包括跨国和超国家组织，以及私人标准制定者，它们共同构建一个由多个权力机构组成的互动和重叠的治理体系。在这个意义上，联合国委员会将治理定义为“［……］个人和机构管理公共事务和私人事务的多种方式的总和。这是一个持续的过程，通过这个过程，冲突或多样的利益可以得到调和，合作行动可以采取。它包括有权强制遵守的正式机构和制度，以及人们和机构已经同意或认为符合他们利益的非正式安排……”[10]

9.2.2　四种生物转化途径的概念

生物经济转型的过程和效果取决于特定国家和地区的发展水平、资源和政治制度等方面。

转型过程可以由人口增长和技术创新等驱动力的相互作用，以及政治或社会行动触发。根据国家背景及其与其他经济体的互动，如以贸易和知识转移的形式，生物经济转型可以沿着图 9-1 中的四条路径中的一条或多条进行，并产生不同的可能影响。

转型路径 1（TP1）：在过去，这一经过深入研究的转型路径通常是由暂时上涨的油价、补贴和环境政策触发的。例如，欧盟和美国的生物燃料政策导致对生物能源的需求增加，对全球土地利用的直接和间接影响取决于土地可用性以及环境和经济治理体系的有效性[11-13]。

转型路径 2（TP2）：如果技术创新提高了农业、林业甚至渔业的生产率，它可以释放变革力量，开辟新的生产方法或地点。在过去，在全球范围内，根据所谓的博洛格假说，尽管人口不断增长，但这一再导致食品市场的放松[14]。然而，区域和地方农业生产力的提高也表明，生态敏感生物群落对土地的需求增加，导致全球价值的生态系统服务损失[11,15]。

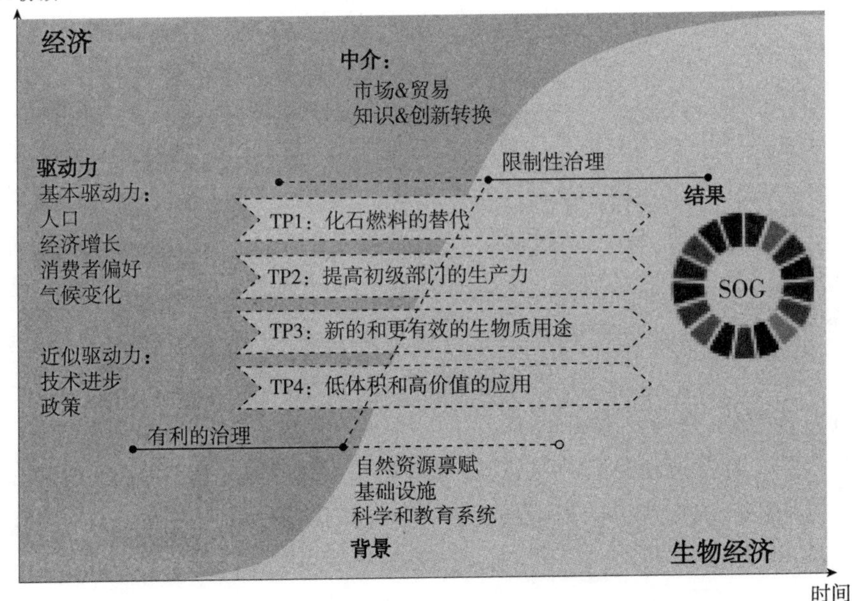

图 9-1　生物经济中转化途径的概念

资料来源：由笔者开发。

转型路径 3（TP3）：下游部门的创新通常旨在提高生物质利用和废物流回收的效率。这种创新可以与“反弹效应”联系在一起，也就是说，供应改善，需求增加。然而，从长期来看，影响取决于供应动态、消费者行为和监管环境[16,17]。

转化路径 4（TP4）：生物学原理和过程在很大程度上可以独立于生物质流的工业应用而使用，例如在酶合成和“仿生”的情况下。许多有生物经济雄心的国家对这种知识和技术密集型 TP 有很高的期望。相应的变革过程主要来自于提供更便宜、更环保的生产方法或全新产品。

上述转型路径可以由生产（供应）和消费（需求）动态驱动。本章主要关注供给侧动态。然而，值得注意的是，通过监管和激励系统促进可持续消费是可持续生物经济的诸多治理挑战之一。

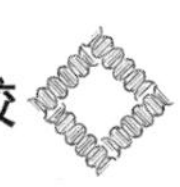

9.3　治理生物经济：理论框架

9.3.1　促进可持续生物经济动态的治理

四条生物转型路径为我们现有的经济和社会体系的可持续转型提供了机遇和风险。全面生物转型的主要机遇之一是促进经济部门可持续增长的可能性。然而，可持续的生物转型不能被认为是理所当然的。

当前有关生物经济的文献反复强调了生物经济在可持续发展方面实现可持续发展目标的巨大潜力，但同时指出，实现这些潜力面临着相当大的障碍。一些研究人员认为，经济和政治发展的路径依赖是问题的根源[18]。这意味着，在生物转型范式出现之前，在政治、经济和社会领域做出的先前决定已经以某种方式塑造了经济体系，如今这种方式阻碍了生物经济的发展，尽管它可能会带来显著的可持续性收益。

首先，路径依赖的问题可能源于现有体制框架缺乏适应生物经济具体需求的适应性。事实上，管理我们当前经济体系的政治和法律制度（如知识产权、消费者保护、环境权利）已经发展了很长一段时间，在这段时间里，当前生物经济的技术可能性是未知的。鉴于此，现有机构很有可能与快速发展和创新的生物经济的制度需求不相适应。因此，制度路径依赖可能会导致生物经济面临高昂的监管和交易成本，这反过来可能会阻止生物经济的变革动力的展开。

其次，路径依赖问题也出现在产业组织和生产层面。许多现有价值链专门用于高效利用化石资源和生物技术前的生产过程。这同样适用于这些经济活动所基于的现有基础设施（运输系统）。自然，这会导致锁定效应[19,20]。即使基于生物的变革为单个公司和整个社会带来了长期的可持续性收益，公司也避免了将其组织结构和生产方法向基于生物的流程转变的成本。因为在给定的条件下，这种变化仍然会损害它们的竞争力。综上所述，目前通过利用化石资源和生物经济之前的生产技术形成的经济体系似乎还不能提供必要的激励，以完成全面的生物转型。

这两点有一个共同点，即它们将路径依赖问题概念化为经济激励问题，这将影响个体的经济决策。从这些基于理性选择的方法中，可以区分出结构性方法。从社会学的角度来看，我们的身份和对世界的认识都是由文化、社会规范和意识形态定义的，最终，这些社会结构也决定了我们的经济行为[21]。

显然，在特定社会中逐渐显现的规范和认知结构比经济激励更难改变。因此，在社会结构层面，限制生物经济动态的路径依赖问题可能比经济机构、组织和生产技术层面的问题更严重。关于生物产品特性的错误信息，包括有限的知识或生物经济对风险技术的概念性降低，可能会损害消费者信心（这一现象在围绕转基因生物的辩论中广为人知）。生物经济对社会生活的几乎所有领域都有影响。它改变了我们的饮食、生活方式、行动方式、衣着等。所有这些领域的消费模式都深深植根于社会的文化习惯，因此极难改变[8]。

总之，可以说，化石资源利用时代发展起来了经济制度、组织和生产技术，但这一时期发展起来的社会结构可能会阻碍动态生物经济的出现。在这种背景下，对生物经济研究感兴趣的学者目前认为，建立一个能够克服各种路径依赖问题的适当治理框架是可持续生物经济发展中最紧迫的政治挑战之一，这并不奇怪。

然而，政府可以利用哪些具体的治理机制来应对这一挑战？在这种情况下经常讨论的一种治理工具是实施一项全面的研究和发展战略，以促进对技术创新的投资，这些创新的成本和风险是私人行为者在特定条件下不愿承担的。[5] 此外，政治支持措施旨在通过补贴提高生物产品的竞争力，从而为生物经济创造不在经济中独立发展的市场[22]。工业区位政策可能会产生类似的影响[23]。建立有利的法律框架、国家支持的劳动力培训或促进产业集群等政治支持措施，都是为了提高企业投资生物经济的吸引力。这种形式的对生物经济的政治支持还包括战略国际研究合作和外国直接投资的措施。最后，国家可以通过有意识的政治运动在社会层面促进生物转型，以提高生物经济的合法性和接受度[8]。

表 9-1 概述了各国可用于促进生物转化过程的此类治理机制。在本文的以下实证部分中，这是各国实际打算用来促进各自生物经济的政策工具的类型。

9.3.2 风险和目标冲突的治理

创造有利于生物经济繁荣的政治框架是一个重大的治理挑战。然而，仅靠政治支持不足以确保可持续生物经济的发展。问题在于，尽管生物经济可以为实现一系列不同的可持续发展目标做出贡献，但它也可能破坏可

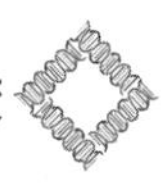

持续发展目标的实现[24,25]。对这些相互冲突的目标进行有效的政治监管是生物经济可持续治理的第二大挑战。生物经济的概念基于在经济的所有部门应用生物学原理和过程的理念，并越来越多地用生物资源取代经济中的化石原材料。然而，生物经济转型是否会带来更大的可持续性或产生新的可持续性风险仍然存在争议。表9-2概述了本次辩论的一些常见方面。

表9-1　促进治理的手段概述

（1）促进生物转化的研发
- ➢ 研究项目的资助
- ➢ 建立专门的研究设施
- ➢ 促进研究网络和战略伙伴关系
- ➢ 促进知识和技术转让（科学实践关系）

（2）通过补贴提高生物经济的竞争力
- ➢ 生物经济配额
- ➢ 促进基于生物的公共采购
- ➢ 促进可持续消费行为
- ➢ 税收优惠
- ➢ 具体的信贷计划

（3）生物产业的产业区位政策
- ➢ 促进生物经济领域的产业集群
- ➢ 促进研究和工业之间的知识和技术转让
- ➢ 促进外地劳工教育
- ➢ 创造适当的知识产权
- ➢ 促进该领域的外国直接投资

（4）对基于生物的社会变革的政治支持
- ➢ 促进公众对话，增进对生物经济功能的理解
- ➢ 促进生物经济学领域技术风险的公众对话

表9-2　生物经济转型的可能机遇和风险[26-28]

可持续性维度（SDG）	机遇	风险
粮食安全（SDG 2）	通过更高的产量和新的生产方法提高产量	因食品价格上涨而减少
贫困/不平等（SDG 1，10）	通过技术转让和跨越式发展减少	通过排除技术进步而增加
自然资源（SDG 7，14，15）	通过改进生产方法来节约能源	通过低效生产和过度使用降低/损失
健康（SDG 3）	通过新的和完善的治疗形式改善	不当使用危险技术造成的风险/损害
气候变化（SDG 13）	通过减排来缓解	通过直接和间接的土地利用变化加剧

上述关于生物经济转型对可持续发展目标成就的影响的乐观和批判性观点（见表9-2）在很大程度上取决于如何以及在何种情况下使用新的生物技术和原则的假设。我们在下面的例子中说明了这一点。

例1：欧盟以减少排放为目标推广生物燃料（SDG 13）。这不仅可能会通过直接和间接的土地利用变化导致全球热带森林的损失，还可能会导致有害环境和威胁健康的生产方法的传播（这与可持续发展目标3、14、15相冲突）。技术创新（例如，提高产量较高的边际地点的生物量产量）和治理机制（例如，实施现有立法，防止非法砍伐森林或滥用农用化学品或可持续生产激励制度）都有助于缓解这一冲突。

例2：发达国家促进化学或制药行业的生物应用（SDG 3）。由于专利权受到限制，而且往往需要漫长而昂贵的许可程序，因此相关的好处只会惠及世界上的富裕阶层。这可能会与可持续发展目标10产生冲突。这种冲突可以通过创新转移、更高效的行政结构和更具包容性的专利制度来缓解。

这两个例子表明，一方面，强调潜在相关风险的生物经济叙事往往假设限制生物经济的法规无效，或者提高生物经济效率的现有技术和流程仍然无法获得。另一方面，强调生物经济发展中固有机会的观点认为，高效的生物技术将不断发展和扩散，可以建立适当的治理框架来监管生物经济的剩余潜在负面影响。

上文讨论了促进高效生物技术发展和传播的政治支持措施（促进治理）。下文将重点讨论国家在必要时可以采取哪些措施来约束与生物经济相关的经济活动（约束治理）。在研究生物经济监管问题时，我们感到震惊的是，各国政府和非政府行为者已经制定了各种规则来管理生物经济不同领域的生物经济活动。例如，全球生物能源伙伴关系（Global Bioenergy Partnership）或《关于在国家粮食安全背景下对土地保有权、土地、渔业和森林进行负责任治理的联合国自愿准则》（*United Nations Voluntary Guidelines on the Responsible Governance in, National Food Security*）等多方利益相关者的倡议都旨在确保食物权在生物经济中的优先地位，以防止土地被掠夺。其他例子包括国际标准草案（DIN EN ISO 14046：2015 - 11 - Beuth. de），该草案规定了根据生命周期评估确定产品水足迹的指南；《联合国生物多样性公约》（*United Nations Convention on Biological Diversity*）旨

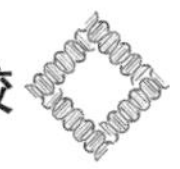

在将生物经济与保护倡议联系起来。

鉴于这一相对完善的规范基础，为生物经济制定有效监管框架的核心挑战显然出现在治理周期的后期阶段，即现有规则的实施和执行[29]。将法规纳入国家立法是一种可能性，但前提是存在运作良好的国家执法机制，而这在许多新兴国家和发展中国家并不存在。此外，国家监管只在一个国家的领土内运作，无法监管跨境经济过程，因此国家监管对全球经济动态的影响也较小，这两个动态在全球生物经济中正变得越来越重要。国际法的扩展可能是一个解决方案，但由于在各国之外缺乏一个可以要求强制遵守国际法的机构，国际法本身就会面临重大的遵守问题[30]。当然，国家可以避免纯粹的执法逻辑，创造积极的激励机制来监管全球生物经济（例如，生态系统服务支付[31]），并支持更软的工具，例如全球价值链上的私人标准和认证系统[32]。最终，只有结合不同的公共和私人机制，才能为生物经济创造一种有效的监管形式。我们在表 9-3 中总结了各国为实现这一目标可能支持的个别监管方法。

表 9-3　监管机制概述

(1) 国家对生物经济的监管
(2) 政府制定积极的激励措施（例如，支付环境服务费用）
(3) 政府支持私人标准和认证
(4) 国际合作（通过国际组织和制度）

9.4　方法

本章使用 ATLAS、TI 对国家生物经济战略文件进行了定性文件分析[33]。在本章末尾的附表中提供了对国家和文件的概述。表 9-1 至表 9-3 和图 9-1 是指导战略文件系统编码的代码手册。我们使用表 9-1 作为主题，分析实现国家发展目标的有利治理手段，为实现表 9-2 中所选定的全球可持续性目标做出贡献。表 9-3 是对可能的监管机制的启发性概念概述，这些机制分为四个维度。使用的方法主要是定性内容分析技术[34]。分析程序包括选择和评估政策文件中有关代码本主题的段落，并将其与其他关于为解决某个问题而选择的政治手段的引文联系起来。例如，与发现实施生物经济政策对土地和水资源的预期负面影响以及为解决这些问题而选择的治理手段有关。此类文件分析产生的数据形式为摘录、引用或根据代码本中的主要主题和类别选择的完整段落[35]。

9.5 结果与讨论

在列出对国家战略进行区分和分类的首选指标之后，本节现在讨论从国家生物经济战略的实证分析中得出的结论。具体而言，本节对41种不同国家生物经济战略的实证分析旨在帮助回答以下三个问题：

（1）生物经济类型：在四种基于生物的转化途径或转化途径的组合中，哪个是各国在其战略中所追求的？

（2）扶持性治理：各国在其政治战略中采用了哪些治理手段来克服可持续生物经济发展中的路径依赖问题？

（3）制约治理：各个国家在其战略中确定了可持续生物经济发展中的哪些目标冲突，以及各个战略使用了哪些政治手段来调节这些目标冲突并减少由此产生的风险？

9.5.1 生物经济的类型

实际上，所有制定了明确生物经济战略的国家都旨在沿着至少两条路径促进转型过程。明确设想只有两条转型路径的国家，通常特别强调为TP1有效提供生物质，包括国内和贸易伙伴，如巴西。

相比之下，目前，大多数工业国家以及一些新兴经济体设想或正在沿着四个TPs实施更加多样化的战略。在大多数情况下，在所研究的战略中，选择和关注单个TPs反映了三个方面：各国各自的资源可用性（例如，农业面积的可用性或稀缺性）；历史上在特殊技术和研究领域（如生物技术）发挥了先锋作用；需要克服的特定国家的发展赤字。例如，德国生物经济战略特别侧重于废物流回收领域的应用，以及生物质（TP2）的更高效或级联利用。反过来，中国的生物经济战略在很大程度上依赖于基于生物的燃料和材料替代（TP1）。

9.5.2 实现生物经济的战略

各国打算如何在政治上促进其生物经济，以及它们使用何种具体的政治手段来实现这一目标？区分了四种政治支持措施，各国可以利用它们来促进生物经济。本文对这些国家战略的分析基于这些类别，并揭示出各个

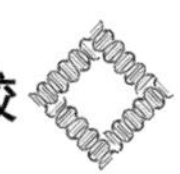

国家确实在集中使用所有这些手段，从战略上促进其生物经济的发展。

很明显，几乎所有拥有明确生物经济战略的国家都依赖于至少三项已经确定的政治支持措施，大多数国家甚至部署了上述四项措施。换句话说，各国追求基于生物转型的有针对性的研发战略，并希望通过补贴提高其生物经济的竞争力。此外，许多国家推行积极的产业区位政策，旨在改善生物产业的总体条件，并计划通过教育和其他能力建设提高认识活动和人们对生物经济的接受程度。到目前为止，许多有生物经济雄心的国家宣布全面将生物经济作为战略政治目标，并准备在政治上大力推动这一发展。总的来说，这表明生物转化可能在未来几年获得动力。

9.5.3　各国如何监管其生物经济

在整个生物经济发展过程中，需要为管理利益冲突制定权宜监管措施，这是一项复杂的任务。大多数国家战略很少或根本不关注风险和目标冲突（41个州中有26个州），包括美国、俄罗斯、巴西和阿根廷等生物经济潜力巨大的国家。相比之下，中国和一些非洲国家已经明确认识到，管理风险是塑造可持续生物经济的关键政治挑战。总体而言，欧洲国家对潜在风险和目标冲突表现出最高的政治敏感性。

表9-4比较了国家战略中冲突目标的确定情况。这表明各国特别关注生物经济对土地和水资源，以及全球粮食安全的负面影响。这反映了与第一代生物燃料相关的可持续性风险的论述。目前为止，其他可能与生物经济相关的负面影响，如不平等和贫困、气候或健康风险，在国家战略中只起到了很小的作用。

表9-4　国家生物经济战略中确定的冲突目标和相关风险概述

国家	营养	贫困/不平等	相关风险（空气）	相关风险（森林）	相关风险（陆地）	相关风险（水）	健康	气候
澳大利亚	•				•			
丹麦	•				•			
法国	•			•	•			
德国	•	•		•	•			•
爱尔兰	•				•		•	
肯尼亚				•	•	•		

续表

国家	营养	贫困/不平等	相关风险（空气）	相关风险（森林）	相关风险（陆地）	相关风险（水）	健康	气候
立陶宛					•			
墨西哥				•	•	•		
莫桑比克	•				•			
挪威						•		
南非	•		•		•	•		
瑞典	•				•			
泰国	•			•	•			•
英国	•	•	•	•	•	•	•	•
中国	•				•	•		
合计	12	2	2	6	14	6	2	3

本章的内容分析还显示，各国严重依赖软监管手段，如通过私人标准和认证制度对全球价值链进行自我监管，以管理与生物经济相关的风险（见表 9-5）。大多数倡导更全面的监管以避免目标冲突的国家（如德国）旨在加强这一领域的国际合作。尽管如此，通过具体立法修正案应对生物经济利益冲突的需要并不是所审查的国家的生物经济战略的重点。本文的分析也没有显示，拥有生物经济战略的国家普遍愿意通过发展积极的激励措施来保护自然资源，如广泛讨论的生态系统服务支付工具[34]。

表 9-5　各国监管机制概览

国家	国家法规	政府创造的积极激励	私人标准和认证	国际合作	合计
澳大利亚			•		1
丹麦			•		1
欧盟			•		1
法国	•	•	•	•	4
德国	•	•	•	•	4
爱尔兰	•	•	•	•	4
肯尼亚			•		1
立陶宛	•		•	•	3

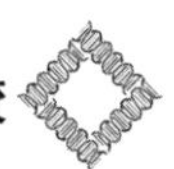

续表

国家	国家法规	政府创造的积极激励	私人标准和认证	国际合作	合计
墨西哥					
莫桑比克			•	•	2
挪威			•		1
南非	•	•		•	3
瑞典			•	•	2
泰国			•	•	2
英国	•	•	•	•	4
中国	•	•	•	•	4
合计	8	6	14	10	

9.5.4　区域发展

最后几节提供了国家生物经济战略的全球概述。在下文中，我们通过一个简短的区域评估来补充这一观点。在这样做的过程中，从上述各种数字和地图中可以清楚地看出，欧洲国家已经制定了最先进的可持续生物经济战略，尤其是英国和德国。这些结果反映了欧盟作为促进生物经济转型的积极伙伴的作用。令我们震惊的是，迄今为止，大多数东欧国家都没有参与这些发展。尽管与其他地区相比，欧洲国家制定了最先进的生物经济战略，但在欧洲，促进和监管生物经济之间仍存在巨大的治理差距。

西半球是另一个世界区域，其中大多数国家目前正在推进全面的生物经济战略。与欧洲生物经济战略不同，欧洲生物经济战略至少部分整合了一些监管生物经济的措施，而西半球国家起草的战略几乎完全没有涉及与生物经济崛起相关的潜在可持续性风险的监管方面。因此，促进和监管生物经济之间的差距在这里甚至比在欧洲更大。总体而言，本文的研究结果表明，北美和南美国家目前都在大力加强其生物经济部门。

亚洲和澳大利亚再次呈现出不同的景象。在这些地区，我们发现许多国家，尤其是中国、印度、俄罗斯和澳大利亚等主要国家，已经采取了先进的生物经济战略。然而，我们也发现有相当多的国家没有明确的生物经济战略。与位于西半球的国家不同，在亚洲国家中，至少有两个国家（中国和泰国）对与生物经济崛起相关的可持续性风险给予了一定的关注。

在非洲，我们发现拥有生物经济战略的国家所占比例最小。尽管如此，位于非洲南部的国家通过其战略表明，他们看到生物经济有很大潜力能以可持续的方式促进其经济发展。在这些国家中，南非和莫桑比克共和国在制定最先进的生物经济战略方面脱颖而出。此外，它们还包括一些监管方面。总体而言，非洲国家仍有很大潜力制定更明确的生物经济战略。

9.6 结束语

总结本章的分析结果，许多国家都在寻求发展和扩大其生物经济。为了实现这一目标，各国愿意通过全面的政治手段支持其生物经济。同样显而易见的是，世界各国已经接受了实现生物转型的第一个重大治理挑战。然而，第二个挑战是运用政治手段解决生物转型的潜在风险和目标冲突，这一挑战似乎没有得到全面解决。只有少数国家提到了生物转型对可持续发展的潜在负面影响。那些奉行全面战略的国家主要依靠软政治手段来减轻风险和管理冲突。

治理的概念包括社会如何调整规则以适应新挑战的过程[9]。本章探讨了民族国家如何在全球范围内调整其规则体系，以适应与新兴生物经济相关的治理挑战。这引发了进一步的问题：为什么各国家的战略不同？各国如何有效地实施其战略？当各国实施其生物经济战略时，对实现可持续发展目标的真正影响是什么？总之，可以说各国政府普遍将发展现代生物经济视为促进本国经济和确保全球可持续发展的核心战略。然而，为了实现这些目标，国家生物经济需要一个有效且全球协调的治理框架。未来的研究应该有助于确定这样一个框架的关键要素，并支持其有效实施，如记录所有相关可持续性方面的实施过程和结果。

创建有效治理安排的先决条件是制定衡量和评估生物经济的综合方法[36]。监测不足和缺乏影响评估可能会导致生物经济监管过度或不足。以化石燃料为基础的与未来全球经济的常规情景相关的风险必须面对生物经济特有的风险，以便全面评估风险和相互冲突的目标[35]。这超出了本文的范围，但我们强烈强调在未来的研究中需要调查这些问题。

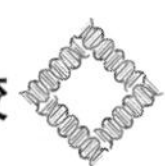

附表

国家生物经济战略概述

国家	主题	发文单位
澳大利亚	澳大利亚生物基产业的 FTI 战略	联邦交通、创新和技术部
	生物经济-发展定位文件	澳大利亚农业、生命和环境科学协会
比利时	法兰德斯的生物经济法兰德斯政府 2030 年可持续和竞争性生物经济的愿景和战略	佛兰德政府
法国	法兰德斯的生物经济法兰德斯政府 2030 年可持续和竞争性生物经济的愿景和战略	佛兰德政府
	法国工业的新面貌	经济复兴部
	法国生物经济战略的目标、问题和展望	法兰西共和国
德国	国家生物经济政策战略	联邦食品和农业部
	生物经济巴登符腾堡迈向可持续未来的道路	巴登-符腾堡联邦州，联邦协会 BIOPRO
	2030 年国家研究战略生物经济	联邦教育和研究部
爱尔兰	利用我们的海洋财富	农业、食品和海洋部
	发表关于绿色经济增长和就业的绿色潜力政府政策声明	爱尔兰政府
	迈向 2030 年，Teagasc 在爱尔兰农业食品部门和更广泛的生物经济转型中的作用	Teagasc 农业和食品发展局（跨部门）
意大利	意大利 BIT 生物经济：重新连接经济、社会和环境的独特机会	意大利政府
立陶宛	国家可再生能源行动计划	立陶宛政府
荷兰	绿色交易概述	经济事务部
	2012 年生物能源状况文件	经济事务部
葡萄牙	2013 年至 2020 年 3 月期间的国家战略	葡萄牙政府
俄罗斯	2020 年前俄罗斯联邦生物技术发展国家协调计划“生物 2020”（纲要）	俄罗斯联邦政府
西班牙	西班牙 2030 年生物经济战略展望	经济和竞争力部
丹麦	水、生物和环境解决方案增长计划	丹麦政府
	2012 年 3 月《哥本哈根生物经济宣言》	丹麦战略研究委员会

续表

国家	主题	发文单位
芬兰	芬兰生物经济战略	部委文件
挪威	食品和生物产业可持续创新研究计划	挪威研究委员会
	国家生物技术战略	教育和研究部
	海洋生物勘探——新的可持续财富增长的来源	部委文件
	熟悉的资源：政府生物经济战略的可能性（英文纲要）	部委文件
瑞典	瑞典生物经济研究与创新战略	瑞典环境、农业科学和空间规划研究委员会（受瑞典政府委托）
英国	英国农业技术战略	部委文件
	英国生物能源战略	部委文件
	英国跨政府食品研究与创新战略	部委文件
肯尼亚	国家生物技术发展政策	肯尼亚共和国
	肯尼亚生物柴油产业发展战略（2008~2012）	能源部（可再生能源部）
莫桑比克	生物燃料政策和战略	部长会议
纳米比亚	国家研究、科学、技术和创新方案	国家研究、科学和技术委员会（政府）
尼日利亚	尼日利亚生物燃料政策和激励措施官方公报	尼日利亚联邦共和国
塞内加尔	能源部门发展政策函	部际文件
	塞内加尔的生物燃料 Jathropha 项目	Enda 能源、环境、发展计划（NGO）（来源于农业部）
南非	生物经济战略	科学技术部
	南非国家生物技术战略	—
	公众对南非生物技术的看法	人类科学研究理事会（TIA，技术创新机构）
坦桑尼亚	国家生物技术政策	通信科学技术部
乌干达	生物质能源战略（BEST）	乌干达能源和矿产开发部（支持 UNDP）
	国家生物技术和生物安全政策	财政、规划和经济发展部
	乌干达的可再生能源政策	能源和矿产开发部
加拿大	纽芬兰和拉布拉多成长 2	纽芬兰和拉布拉多政府
	不列颠哥伦比亚省生物经济	就业、旅游和创新部长

续表

国家	主题	发文单位
墨西哥	生物能源跨部门战略	部际文件
美国	农业法案	美国国会研究局
	繁荣和可持续生物经济的战略计划	美国能源部生物能源技术办公室
	国家生物经济蓝图	白宫
阿根廷	2030年阿根廷生物技术：技术生产发展模式的战略关键	科学技术和生产创新部
巴西	2023年十年能源扩张计划	矿业和能源部
	技术发展保护政策	巴西政府
哥伦比亚	从生物多样性的可持续利用促进生物技术商业化发展的政策	经济和社会政策理事会（部际）
巴拉圭	巴拉圭国家农林生物技术政策和方案	农业部
乌拉圭	2011~2020年生物技术部门计划	部际文件
中国	农业科技发展“十二五”规划（2011~2015年）	农业部
	国家现代农业发展计划	农业部
	“十三五”生态环境保护规划	国务院
	中华人民共和国国民经济和社会发展第十三个五年规划纲要（2016~2020）	中央人民政府
	国家环境保护标准“十三五”发展规划	环境保护部
	国家中长期科学和技术发展规划纲要（2006~2020年）	国务院
	“十三五”节能减排综合工作方案	国务院
	“十三五”生物产业发展规划	国家发展改革委
	促进生物产业快速发展的若干政策	国务院办公厅
	“十三五”国家战略性新兴产业发展规划	国务院
	可再生能源发展“十三五”规划	国家发展改革委
印度	2015~2020年国家生物技术发展战略	科技部
	生物能源路线图（2012）	科技部
日本	2013年建立健全物质循环社会的第三个基本规划	环境部
马来西亚	2020年国家生物质战略：为马来西亚生物质产业创造新财富2.0	马来西亚国家创新局
	生物经济转型计划	科技创新部（专员）
	生物技术促进财富创造和社会福利	科技创新部

续表

国家	主题	发文单位
韩国	韩国的生物技术（2013）	科学、信息和通信技术及未来规划部（专员）
	韩国生物技术现状	生物技术政策研究中心
	2015 年愿景：韩国 s&T 发展的长期计划	科技部
	2016 年 Biovision，打造健康生活和繁荣生物经济	科技部
斯里兰卡	国家生物技术政策	科技部
泰国	泰国国家生物技术政策框架（2012～2021）	科技部
	替代能源发展计划 2012～2021	能源部
	国家生物塑料产业发展路线图（2008～2012）	科技部
澳大利亚	国家合作研究基础设施战略	工业、创新、气候变化、科学、研究和高等教育部
	生物能源领域第一产业的机遇国家研究、发展和推广战略	农村工业研究开发公司（半政府机构）
	2011 年澳大利亚研究基础设施战略路线图	工业、创新、气候变化、科学、研究和高等教育部
新西兰	2014 年行业投资计划生物产业研究基金	商业、创新和就业部
	业务增长议程	商业、创新和就业部

参考文献

[1] De Besi M., McCormick K. Towards a Bioeconomy in Europe: National, Regional and Industrial Strategies. Sustainability, 2015 (7): 10461-10478.

[2] Pfau S., Hagens J., Dankbaar B., Smits A. Visions of Sustainability in Bioeconomy Research. Sustainability, 2014 (6): 1222-1249.

[3] V on Braun J., Birner R. Designing Global Governance for Agricultural Development and Food and Nutrition Security. Rev. Dev. Econ, 2016 (21).

[4] El-Chickakli B., von Braun J., Barben D., Philp J. Policy: Five Cornerstones of a Global Bioeconomy. Nature, 2017 (535): 221-223.

[5] Bosman R., Rotmans J. Transition Governance towards a Bioeconomy: A Comparison of Finland and The Netherlands. Sustainability, 2016

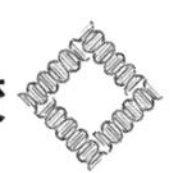

(8): 1017.

[6] Purkus A., Röder M., Gawel E., Thrän D., Thornley P. Handling Uncertainty in Bioenergy Policy Design—A Case Study Analysis of UK and German Bioelectricity Policy Instruments. Biomass Bioenergy, 2015 (79): 54-79.

[7] Pannicke N., Gawel E., Hagemann N., Purkus A., Strunz S. The Political Economy of Fostering a Wood-based Bioeconomy in Germany. Ger. J. Agric. Econ, 2015 (64): 224-243.

[8] Bröring S., Baum C. M., Butkowski O., Kircher M. Kriterien für den Erfolg der Bioökonomie. In Bioökonomie für Einsteiger; Pietszch J., Ed.; Springer Spektrum: Wiesbaden, Germany, 2017: 161-177. ISBN 9783662537626.

[9] Stone-Sweet A. Judicialization and the Construction of Governance. Comp. Polit. Stud, 1999 (32): 147-184.

[10] Commission on Global Governance. A New World. In Our Global Neighborhood; Oxford University Press: Oxford, UK, 1995. Available online: http://www.gdrc.org/u-gov/global-neighbourhood/chap1.htm (accessed on 13 June 2018).

[11] Ceddia M. G., Bardsley N. O., Gomez-y-Paloma S., Sedlacek S. Governance, Agricultural Intensification, and Land Sparing in Tropical South America. Proc. Natl. Acad. Sci. USA, 2014 (110): 7242-7247.

[12] Ceddia M. G., Sedlacek S., Bardsley N. O., Gomez-y-Paloma S. Sustainable Agricultural Intensification or Jevons Paradox? The Role of Public Governance in Tropical South America. Glob. Environ. Chang, 2013 (23): 1052-1063.

[13] Searchinger T., Edwards R., Mulligan D., Heimlich R., Plevin R. Do Biofuel Policies Seek to Cut Emissions by Cutting Food? Science, 2015 (347): 1420-1422.

[14] Lobell D. B., Baldos U. L. C., Hertel T. W. Climate Adaptation as Mitigation. The Case of Agricultural Investments. Environ. Res. Lett, 2013 (8): 1-12.

[15] Angelsen A., Kaimowitz D. Agricultural Technologies and Tropical Deforestation; CABI Publishing in Association with Center for International Forestry Research (CIFOR): New York, NY, USA, 2001; ISBN 0851994512.

[16] Herring H., Roy R. Technological Innovation, Energy Efficient Design and the Rebound Effect. Technovation, 2007 (27): 194-203.

[17] Smeets E., Tabeau A., van Berkum S., Moorad J., van Meijl H., Woltjer G. The Impact of the Rebound Effect of the Use of First Generation Biofuels in the EU on Greenhouse Gas Emissions: A Critical Review. Renew. Sustain. Energy Rev, 2013 (38): 393-403.

[18] Gawel E., Purkus A., Pannicke N., Hagemann N. Die Governance der Bioökonomie - Herausforderungen einer Nachhaltigkeitstransformation am Beispiel der Holzbasierten Bioökonomie in Deutschland. Available Online: http: //nbn-resolving. de/urn: nbn: de: 0168-ssoar-47319-9 (accessed on 13 June 2018).

[19] Unruh G. C. Escaping Carbon Lock-in. Energy Policy, 2002 (30): 317-325.

[20] Unruh G. C. Understanding Carbon Lock-in. Energy Policy, 2000 (28): 817-830.

[21] Finnemore M. National Interests in International Society; Cornell University Press: Ithaca, NY, USA, 1996.

[22] Dabbert S., Lewandowski I., Weiss J., Pyka A. Knowledge-Driven Developments in the Bioeconomy: Technological and Economic Perspectives; Springer: Berlin, Germany, 2017.

[23] Cooke P. Growth Cultures: The Global Bioeconomy and its Bioregions; Routledge: London, UK, 2007; ISBN 978-0-415-39223-5.

[24] Kleinschmit D., Arts B., Giurca A., Mustalahti I., Sergent A., Pülzl H. Environmental Concerns in Political Bioeconomy Discourses. Int. For. Rev, 2017, 19, 41-55.

[25] Fritsche U., Rösch C. Die Bedingungen Einer Nachhaltigen Bioökonomie. In Bioökonomie für Einsteiger; Pietszch J., Ed.; Springer Spektrum: Wiesbaden, Germany, 2017, 177-203. ISBN 366253763X.

[26] Von Braun J. Bioeconomy-Science and Technology Policy to Harmonize Biologization of Economies with Food Security. In The Fight against Hunger and Malnutrition; Sahn D., Ed.; Oxford University Press: London, UK, 2015:

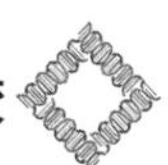

240-262.

[27] Von Braun J. "Land Grabbing". Ursachen und Konsequenzen internationaler Landakquirierung in Entwicklungsländern. Z. Außen Sicherh, 2010 (3): 299-307.

[28] Swinnen J., Riera O. The Global Bio-economy. Agric. Econ, 2013 (44): 1-5.

[29] Förster J. J., Downsborough L., Chomba M. J. When Policy Hits Reality: Structure, Agency and Power in South African Water Governance. Soc. Nat. Resour, 2017 (30): 521-536.

[30] Dietz T. Global Order Beyond Law-How Information and Communication Technologies Facilitate Relational Contracting in International Trade; Hart Publishing: Oxford, UK, 2014; ISBN 9781849465403.

[31] Börner J., Baylis K., Corbera E., Ezzine-de-Blas D., Honey-Rosés J., Persson U. M., Wunder S. The Effectiveness of Payments for Environmental services. World Dev, 2017 (96): 359-374.

[32] Auld G., Balboa C., Bernstein S., Cashore B. The Emergence of Non-State Market Driven (NSMD) Global Environmental Governance: A Cross Sectoral Assessment; Cambridge University Press: Cambridge, UK, 2009.

[33] Mayring P. Qualitative Inhaltsanalyse. In Handbuch Qualitative Forschung: Grundlagen, Konzepte, Methoden und Anwendungen; Flick U., von Kardoff E., von Rosenstiel L., Wolff S., Eds.; Beltz-Psychologie Verl. Union: München, Germany, 1991, 209-2013. ISBN 9783621280747.

[34] Labuschagne A. Qualitative Research: Airy Fairy or Fundamental? The Qualitative Report, 2003. Available online: https://nsuworks.nova.edu/tqr/vol8/iss1/7/ (accessed on 3 August 2018).

[35] Wild P. J., McMahon C., Darlington M., Liu S., Culley S. A Diary Study of Information Needs and Document Usage in the Engineering Domain. Des. Stud, 2009.

[36] Wesseler J., von Braun J. Measuring the Bioeconomy: Economics and Policies. Annu. Rev. Resour. Econ, 2017 (9): 275-298.

第 10 章　生物经济治理：国际机构扮演什么角色*

斯蒂芬·博斯纳（Bößner S）[1]，
弗朗西斯·约翰逊（Johnson F X）[1]，扎哈·沙沃（Shawoo Z）[1]

摘要： 随着生物资源利用的日益全球化、生物产品贸易的扩大，以及跨界环境影响，生物经济的治理中出现了不同的国际层面。这些国际层面表明，尽管生物经济战略主要是国家支持，但迄今为止在新兴的生物经济领域加强国际合作与协作是必要的。本文着眼于全球环境治理格局，探讨哪些论坛、机构和流程可能支持和加强生物经济路径的国际治理，主要关注的是那些以跨部门方式运作的机构，据我们所知是生物经济学文献在这一探索的首次尝试。因此，本文旨在加深对全球生物经济路径如何治理以及未来哪些合作场所可以发挥更重要作用的理解。基于重点文献综述、利益相关者参与和对生物经济专家的半结构化访谈，我们观察到，尽管有许多机构在全球生物经济治理中发挥作用，但仍存在一些障碍。本文认为，区域合作可能是应对共同挑战和机遇的一条有希望的前进道路。

关键词： 生物经济；治理；区域合作

10.1　引言：展望生物经济

生物经济的概念起源于不同的理论和应用研究，特别是在生态经济学

---

*　本文英文原文发表于：Bößner S，Johnson F X，Shawoo Z. Governing the Bioeconomy：What Role for International Institutions? [J]. Sustainability，2021，13（1）：286.

1. 瑞典斯德哥尔摩环境研究所。

领域，该领域设想了基于生物过程和可再生资源向零废弃物经济的转变[1-3]。随着生物经济学从理论演变为行动，出现了不同的概念或愿景[4]。生物技术愿景强调通过生物技术的研究和商业化创造就业和经济增长；生物资源愿景强调升级和转化生物原材料的潜力；生物生态愿景强调保护生物多样性、保护生态系统和促进再利用、循环利用和废物管理的重要性[4]。

转基因生物（GMO）的例子说明了三种观点之间的一个区别。生物技术和生物资源愿景将把使用转基因生物视为在生物经济上取得进展的一种可能战略，而生物生态愿景通常会排除基于转基因生物的途径[4]。同样，Issa 等（2019）指出，与来自高收入国家的专家相比，来自低收入国家的专家在生物经济应该实现什么方面的利益相关者偏好存在显著差异[5]。同时，经验证据表明，一些广泛的社会目标，如可持续消费、生物多样性保护或增加农民收入，在世界不同地区的利益相关者群体中得到了广泛重视，也适用于三种生物经济愿景[6,7]。

截至 2020 年，已有 40 多个国家和地区采用了生物经济战略，每个国家和地区都强调不同的方法或途径[8]。由于对生物经济缺乏一个普遍接受的定义，导致情况变得更加复杂。近年来，人们逐渐趋向于对生物经济形成一种变革性的、跨领域的观点，这种观点在发达国家和发展中国家都广泛适用[9,10]。这些观点超越了以部门为基础的方法，并寻求向生物进程和以生物为基础的系统进行更广泛的长期社会转型[8]。全球生物经济峰会将生物经济定义为“生产、利用和保护生物资源，包括相关知识、科学、技术和创新，为所有经济部门提供信息、产品、工艺和服务，以实现可持续经济”[11,12]。

这种跨学科的观点，结合不同利益相关者的愿景和当前对国家生物经济战略的重视，提出了新的治理挑战[9,13]。事实上，尽管生物资源的利用和生物经济战略的前景主要是全国性的，但它们具有国际影响。例如，用于能源使用的生物质贸易估计从 2004 年的 785 皮焦耳（PJ）增加到 2015 年的 1250 皮焦耳（PJ）[14]。动物饲料市场（来自大豆和其他作物）是磷贸易的主要驱动力，这种贸易导致资源枯竭和淡水富营养化[15]。本章研究了生物经济途径中不断演变的挑战是如何在全球层面上得到控制的，并绘制了已经在全球生物经济治理中发挥作用的若干机构和国际进程的流程图，并分析了它们的优势和缺点。据我们所知，这是首次尝试采用跨领域和跨学科的生物经济学视角绘制这种图。因此，本章超越了关于生物经济治理的现有文献，这些文献要么调查具体的治理工具，如国家生物经济战略[16,17]；要么在本质上更为规范[9,18]；要么侧重于生物经济治理的具体的部门或某个方面，如生物能源[19]、森林[20]。

本章的结构如下：10.2 回顾了支持和反对更多国际生物经济治理的观点；10.3 描述了方法；10.4 探讨了哪些国际论坛、机构和进程有助于加强国际生物经济治理；10.5 阐述了生物经济治理的区域方法；10.6 给出了结论。

10.2　生物经济问题的国际治理：有意义吗?

我们在本章中将治理这一概念解释为：与传统政策制定[21-24] 相比，治理是一种等级较少、网络化程度更高的社会指导形式[25-26]。此外，治理是一个概念，私营部门和公共部门利益相关者通过使用各种治理工具[27]，并通过履行若干不同职能，如制定标准或议程[28] 参与指导进程。虽然学者们也指出治理可以在不同层面上实施，尤其是在欧盟[29]，但本章主要关注的是国际和跨国治理[30]。此外，我们从自由制度主义的角度看待全球治理，并将这一概念作为可观察的现象使用[31]，尽管治理概念本身具有规范意义，特别是在新自由主义世界秩序中使用时，“善治”往往等同于较少的国家干预[23,24]。此外，本章并不寻求评估国际机构是否应当增加对生物经济途径的参与，而是寻求评估已经参与全球生物经济治理的机构的优缺点。考虑到在国家层面指导生物经济的趋势普遍的观点是，生物量应该在当地采购和使用（正如生物生态学家所主张的生态愿景那样），我们的国际视角很重要[4]。同样，由于不同国家生物经济战略的重点和目标存在很大差异，在国家层面上管理生物经济的路径可能被认为更为合适（专家访谈-03），因此，就核心问题更难达成国际协定（国际环境协定往往与跨界影响有关），当潜在的损害超过参与的成本时，会产生相互激励的国际合作，尽管这种合作的稳定性往往依赖于显著的收益或避免的损失，如气候变化[32]。

然而，生物经济途径的跨界影响和风险，如与生物量或生物能源国际贸易增加有关的土地使用变化，可能需要国际协议或其他国际治理结构。

其他可能的跨界影响包括粮食作物和非粮食作物（即作为粮食、饲料、燃料、纤维等的生物质）对土地、水和营养物质的竞争，这可能对生物多样性或粮食安全产生负面影响[33,34]。这些影响在以部门为基础的传统政策中更有可能发生，为从生物经济角度采取的跨部门或跨部门办法提供了一些减少风险的手段，但同时需要国际合作和跨区域学习[35,36]。

事实上，国家层面的生物能源和生物经济的公共和私营治理机制往往需要辅之以国际治理，而不是被国际治理取而代之[37]。随着越来越多的国家日益接受生物经济概念，可能需要加强研究与开发领域的国际合作，以促进最佳实践和知识的交流[38]，上一次全球生物经济峰会也强调了这一点[39]。

10.3　方法和分析框架

本章首先对学术文献进行专题文献回顾，强调与生物经济治理相关的核心问题，采用市场或经济治理、知识治理、信息治理和承诺或议程设定治理等类别。此外，还回顾了围绕这些倡议、组织和流程的有关“灰色”文献，包括在本章中提及的那些跨部门、跨组织、跨流程地关注生物经济的倡议、组织及程序。因此，我们强调了那些跨部门、跨应用的机构，而不是那些集中在一个经济部门的机构。

我们的方法得益于斯德哥尔摩环境研究所（SEI）倡议范围内开展的关于治理生物经济途径的相关工作，特别是 2019 年在爱沙尼亚、哥伦比亚和泰国开展的关于生物经济路径的政策对话[6,40]。这些政策对话强调地方和国家在未来生物经济道路方面的优先事项和目标，旨在查明全球范围内在政策、机构和治理方面的长期障碍，从而认识到全球市场对生物资源和生物技术不断演变的国际影响。在这些对话中，我们从公共和私人组织中选择了一个相当广泛的、消息灵通的利益相关者群体，我们还希望通过扩大和深化对当地政策和实践的理解，来补充文献综述。

文献回顾和与利益相关者的持续对话使我们能够确定知识差距和关键观点，这些观点可能受益于征求专家意见，以帮助深化分析并改善我们对与生物经济相关的国际机构的特征描述。本章确定了一些来自不同类型组织的生物经济学专家，他们在 2019 年末进行了一系列半结构化的访谈。该访谈旨在补充文献综述和利益相关者参与，以便将已出版文献中的证据基础与从业人员和决策者所看到的生物经济发展情况相协调。八名专家通过电话接受了采访，其中一位受访者选择以书面形式提交问卷答案。在本章的附录中可以找到匿名的受访者名单，根据这一初步审查、访谈和利益相关者参与过程，本章绘制了可以推动生物经济路径的国际治理的国际机构、论坛和过程。本章应用了以下从治理文献中取得的修正框架来构建我们的测绘工作。

首先，关注国际、跨国和超国家治理机构和组织。如前文所述，本章将选择限于能够以跨部门方式解决生物经济治理问题的机构，从而排除了只专注于一个部门（即林业、农业、能源）的机构。因此，本章的分析采用了关于生物经济的交叉或跨部门视角，区别于自然资源管理的部门评估和更一般的概念[13,39]。

其次，根据有关治理工具和职能的文献综合出的框架，对本章的机构进行了分类。利用一组治理职能作为评估优势和劣势的分析单元，对现有全球治理框架进行映射，这在治理文献中得到了充分确立[41-43]。因此，本章将机构分为市场和经济治理（知识治理[44]、信息治理[27]、承诺和议程设置治理[45]）。

我们将市场和经济治理理解为创造或扩大基于生物技术或生物相关技术的市场或基于市场的系统，区分知识治理和信息治理，前者侧重于研究、创新和开发，后者侧重于标准的制定、监测和验证。本章使用承诺和议程设置治理类别来描述国际制度，如联合国公约，没有把金融包括在内，尽管它已被分析为治理的函数[45]。本文认为，虽然金融决策在引导社会方面很重要，但国际金融机构只是间接地治理生物经济的途径。此外，可持续金融机制的激增意味着，这一类别需要单独进行分析。本章亦不包括非政府机构（NGOS），因为它们参与的治理职能往往范围广泛并且具有说服力[46]。此类功能不在本章分析的范围之内。

10.4 有哪些国际论坛

基于本章的框架、文献综述和专家访谈，绘制了已经在生物经济路径治理中发挥作用的不同机构的地图——或者那些原则上可以发挥这种作用的机构。该列表并非详尽无遗，而是一项初步的测绘工作，旨在说明如何在实践中进一步分析或加强生物经济路径的国际治理。国际机构及其任务

规定通常不像理论框架所表明的那样明确，因此，下列若干机构可能属于多个类别。表 10-1 反映了本文对机构治理职能的主要重点的判断，简要概述了被纳入的机构和组织。

表 10-1　与生物经济治理相关的国际机构

市场和经济	知识	信息	承诺和议程
WTO OECD UNCTAD G20，G7	生物未来平台 全球生物经济理事会 粮食及农业组织（FAO） 开发计划署、环境署 世界知识产权组织（WIPO） 国际生物经济论坛（IBF）	可持续生物材料圆桌会议（RSB） 全球生物能源伙伴关系（GBEP） 国际标准化组织（ISO）	生物多样性公约（CBD） 防治荒漠化公约（UNC-CD）[47] 联合国气候变化框架公约（UNFCCC）

10.4.1　市场和经济治理

尽管一些学者注意到，目前普遍缺乏对向生物经济转型的整体经济影响的研究[48,49]，但同样明显的是，许多生物经济愿景都强调经济收益和创造就业的潜力[48]。接受访谈的专家还认为，国际贸易及其治理可能是解决与粮食安全和土地使用有关的潜在冲突的一个可行渠道（专家访谈-02），一些专家提到有必要对生物经济路径采取更加市场驱动的方法（专家访谈-04、专家访谈-05），特别是私营部门。因为据专家称，目前私营部门参与者比公共利益相关者更倾向于国际合作（专家访谈-05）。

10.4.1.1　多国集团（G7、G20）

七国集团（G7）和二十国集团（G20）是最强大国家（G20 占 GDP 的 90%、占国际贸易的 80%）的领导人定期会晤的高级别政治论坛，就当前紧迫的全球问题交换观点和磋商[50]。这两个机构都包括制定了生物经济战略的国家。所有七国集团国家都制定了生物经济战略[39]，但在七国集团会议期间没有就这个问题进行系统的讨论。同样，G20 在一些文件[51]（2018 年 G20 农业部长会议）中承认了生物经济的概念，讨论了粮食安全等相关议题[52]，但总体而言，生物经济尚未引起成员国的持续关注。

学者们经常认为，像七国集团（G7）或二十国集团（G20）这样的机构，可以在治理环境问题方面发挥更具体的作用。例如，在有关气候变化治理的文献中，G7 和 G20 等集团被称为推动气候变化行动超越《联合国气候变化框架公约》官方进程的“俱乐部”的例子[53]。学者们强调了俱乐部在解决问题上的召集会议和联盟建设的能力，如化石燃料补贴[54,55]，这个问题在过去的会议上得到了重点讨论[56]，通过为基于生物的产品创造公平的竞争环境来帮助生物经济的发展（专家访谈-08）。在这方面，经济治理显然符合议程设置治理。然而，其他学者则不那么乐观，他们指出有必要对这些机构进行改革，以反映不断变化的（地缘）政治格局[57]。此外，尽管 G7 或 G20 拥有很大的召集力，但它们不能采用具有约束力的规则，而且它们有限的成员资格将限制它们在生物经济问题上的有效性。

10.4.1.2　*世界贸易组织*（WTO）

世界贸易组织的主要目标之一是建立一个论坛，各国可以在这里讨论和处理全球贸易规则，以便贸易“尽可能顺利、可预测和自由地”流动[58]。与七国集团（G7）和二十国集团（G20）不同，世界贸易组织直接管理贸易和经济问题。然而，最近的事态发展使以世界贸易组织为基础的贸易体系面临压力。当前几轮贸易自由化谈判已多次被宣告“死亡”[59,60]，而区域和双边贸易协定，如加拿大与欧盟成员国之间的贸易协定（CETA），已使国际贸易体系支离破碎[61]。或者，双边协定充分利用的潜力不足，例如，执行可持续性标准需要机构能力建设，而拥有长期经验的欧盟可以向发展中经济体提供这种能力[62]。

一些阻碍谈判的悬而未决的问题对生物经济路径产生了直接影响。例如，对可再生能源的补贴（只在某些情况下允许）受到审查，导致根据 WTO[63,64] 提出的法律受到质疑。此外，虽然国际贸易可以互惠互利，但对生物经济相关部门的若干影响仍存在争议。例如，让发展中国家的农业部门接受更多的自由贸易，可能不仅会影响它们的经济，还会影响它们的粮食安全[65]，因而并不总是积极的。同样，低关税可能促进清洁技术转让，但生物技术贸易的增加可能会侵犯知识产权，从而进一步加剧世贸组织体系的压力[61]。

WTO 允许优先考虑环保产品，这些产品原则上有助于创造公平竞争环境和扩大生物经济。然而，由于最重要的环境可持续性影响发生在供应链的上游部分，即林业、农业和更广泛的土地使用，其影响可能大不相同，即使是“同类”产品，这个问题已经在第一个欧盟可再生能源指令下的生物燃料可持续性标准中出现，因此可能与 WTO 机制存在潜在冲突[66]。同

样，一些国家和地区对农业温室气体（GHG）减排的支持，特别是在欧盟，已经进入 WTO 允许补贴的“绿箱”（绿箱是基于环境补贴的类别），可以被视为通过竞争更安全和更环保的产品刺激生物经济的创新[67]。

与此同时，基于生物技术的产品跨境贸易日益增多，它们在世界贸易中的份额从 2007 年的 10%上升到 2014 年的 13%[9]。这可能就是为什么受访专家仍然认为 WTO 在通过国际贸易协定解决粮食安全和土地使用变化等问题上发挥着作用（专家访谈-02）。同样，专家认为，在涉及生物质和生物产品时，统一国际贸易规则可能有助于生物经济路径的发展（专家访谈-08）。此外，一个有趣的论点是，根据世贸组织的法律，将未执行的环境法规（如林业等与生物经济途径有关的部门中被忽视或未强制执行的环境保护规定）视为间接补贴。根据世贸组织法律，通过质疑这些间接补贴违反世贸组织法律，环境监管和治理可以得到加强（专家访谈-02）。

10.4.1.3　联合国贸易和发展会议（UNCTAD）

联合国贸易和发展会议（UNCTAD）是一个永久性的政府间机构，旨在帮助发展中国家从国际贸易中获益[68]。专家们认为，UNCTAD 的三个主要领域是：（a）研究和分析；（b）建立共识；（c）技术援助（专家访谈-04）。相当有趣的是，贸发会议是由发展中国家发起的，其中许多国家认为当时的贸易规则对它们不利[69]。

UNCTAD 提出了几项生物经济方面的倡议，其生物燃料倡议在 2005~2016 年发表了大量报告，并与联合国的“人人享有可持续能源”计划合作[70]。为了支持《生物多样性公约》（CBD），UNCTAD 还有一项“生物贸易”倡议，该倡议本身负责管理“贸易、生物多样性和可持续发展项目”（主要由瑞士政府资助），一项关于循环经济的工作流程，以及一项关于“可持续制造业和环境污染”（SMEP）的研究倡议，该倡议由英国国际发展部（DFID）资助[71]。

UNCTAD 可以成为进一步探讨国际生物经济问题及其治理的一个有趣的场所，特别是因为该机构具有公信力，可以将发展中国家对这些问题的观点放在首位。它近乎普遍的成员资格也是一项资产。此外，一项谅解备忘录（MoU）将 UNCTAD 和 WTO 联系起来，这可使 UNCTAD 成为一个更有成效的论坛，处理与生物基产品有关的全球贸易问题，而不是在 WTO 框架内谈判这些问题。

10.4.1.4　经济合作与发展组织（OECD）

很难定义经济合作与发展组织（以下简称“经合组织”）是一个政府间组织[72,73]。虽然 OECD 主要关注点是经济挑战[72]，但它致力于许多其他问题，如教育或气候变化，从而跨越到知识和信息治理。虽然 OECD 有一个由工作组、委员会和部长级会议组成的复杂结构，但由于所涉人员水平很高，在这些论坛上提出的政策建议很容易成为国家政策[72]。此外，由于经济合作与发展组织成员国都是有影响力的国家，其政策建议更有可能成为国际标准，从而简化生物经济的方法。

事实上，经合组织制定了自己的全面生物经济战略，类似于欧盟。《2030 年生物经济：设计政策议程》文件揭示，经合组织的战略主要侧重于生物技术对经济活动的贡献[74]。此外，经合组织能源事务专门机构——国际能源机构（IEA）定期公布与生物经济相关的部门、政策和技术的路线图和评估，尤其是通过其在国际能源机构生物能源框架下的专门任务①。然而，该机构的很大一部分工作是以行业为基础的，而不是跨领域的，侧重于农业、林业以及能源[75]。

10.4.1.5　评估

生物经济路径的经济或市场治理面临着若干挑战，虽然一些机构已将生物经济战略或生物经济途径列入其议程，但目前的环境似乎不太利于它们追求多边主义和加强国际治理。近年来，七国集团（G7）和二十国集团（G20）一直存在分歧，部分原因是现任美国政府的单边主义。世贸组织也是如此，它似乎在争端和地区贸易协议的支离破碎中陷入了困境。其他机构，如联合国贸易和发展会议，由于其中立的召集能力，在推动生物经济议程方面似乎更有希望（专家访谈-04、专家访谈-03）。但是，与许多其他联合国机构一样，联合国贸易和发展会议被评估为因烦琐的官僚机构而被削弱（专家访谈-04）。就经合组织而言，很明显，该组织在生物经济治理方面有着良好的记录，尽管该组织深受生物技术愿景的影响[74]。此外，有限的成员数目，可能会对公平性、代表性，以及更重要的问责制方面构成挑战。表 10-2 总结了本节的主要研究结果。

---

① 参见网址：https：//www.ieabioenergy.com/。

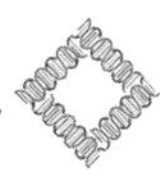

表 10-2 生物经济途径的经济和市场治理机构

机构	与生物经济有关的现有结构	未来在国际治理中的潜在作用	缺点和挑战
WTO	•没有具体的战略，但有授权和权威，发挥重要作用的经济和市场治理	•通过国际贸易协定解决粮食安全和土地使用变化问题 •协调生物质和生物产品的贸易规则 •可能将未执行的环境法规视为世界贸易组织下的间接补贴，从而加强环境治理	•世界贸易组织法律的影响，例如，农业部门自由贸易影响发展中国家的粮食安全 •降低对多边主义的兴趣
OECD	•综合生物经济战略到位 •国际能源机构定期公布生物经济政策和技术的路线图和评估	•拟订政策建议，使之成为国际标准	•限制成员资格（数） •有限责任
UNCTAD	•生物燃料倡议 •生物贸易倡议	•拥护发展中国家的观点 •中立旗帜下的召集权 •UNCT 之间的谅解备忘录，为处理与生物基产品有关的全球贸易问题提供了潜力	•高度的官僚主义阻碍了进步
G20、G7	•大多数成员国都有生物经济战略 •20 国集团部分文件对生物经济概念的认识	•潜在的作为“俱乐部”推动行动，以实现生物经济前进 •召集和联合建设解决环境问题的权力	•会议议程通常由美国的优先事项决定 •在生物经济问题上缺乏持续的系统参与 •没有任何授权或权力通过经营决定或具有约束力的规章

10.4.2 知识治理

如上所述，当涉及生物经济途径或对生物经济重要的部门时，我们将知识治理理解为对知识、研究和创新的治理，已经确定了几个参与某种形式的知识治理的机构，这些机构原则上可以加强此类活动。

10.4.2.1 生物未来平台

生物未来平台是一个由 20 个成员组成的政府间机构，在巴西政府的倡议下，在《联合国气候变化框架公约》第 22 次气候会议上发起，其目标是成为一个“以行动为导向、以国家为主导、多方利益相关者的政策对话和协作机制［……］”[76]。除了国家之外，国际可再生能源机构（IRENA）和粮农组织（FAO）等国际组织也是该平台的成员，其中国际能源机构现在充当调解人或秘书处。该倡议的明确目标包括促进生物经济问题上的国际合作，以及为生物经济相关投资创造有利环境。其网站可以跟踪出版物和活动，而该平台似乎侧重于促进对话和合作，而不是深化治理工作。尽管如此，专家认为生物未来平台是一个很有前途的生物经济治理问题论坛，因为它包括了重要的生物燃料生产国，如巴西和印度尼西亚，而且它的任务可能是对生物经济问题采取一种更“实际操作”的方法，如监测（专家访谈-05）。

10.4.2.2 全球生物经济理事会

全球生物经济委员会（GBC）是德国联邦政府的一个咨询机构。自2015年以来，该组织举办了一个由决策者、从业者和生物经济问题研究人员组成的高级别论坛——全球生物经济峰会（GBS），聚集了来自80个国家的700多名利益相关者。根据第一次会议结束时通过的一项声明，峰会的目的是使生物经济促进可持续发展，并建立一个非正式网络，以促进关于生物经济问题的对话[12]。在三年后的第二届峰会上，有关利益相关者明确呼吁在知识交流和加强生物经济路径治理方面加强合作[77]。由专家、私营部门参与者、学者和政策制定者组成的国际咨询委员会（IAC）确保了对峰会的指导。GBS是唯一一个真正意义上的全球生物经济大会，具有广泛的变革意义，最终可能有助于刺激类似于联合国会议的行动，如Hjerpe和Linner（2010）关于《联合国气候变化框架公约》缔约方会议期间的会外活动的有用性的论文[78]。然而，国际治理职能本身还不是其任务的一部分，主要由一个政府提供资金。

10.4.2.3 国际生物经济论坛

国际生物经济论坛于2017年11月启动，由欧盟委员会和加拿大农业食品部牵头，旨在“……指导有限数量的研究和创新（R&I）优先事项以及对发展全球可持续生物经济和应对相关全球挑战至关重要的横向活动方面的国际合作”[79]。论坛成员包括美国、欧盟、加拿大、新西兰、中国、印度，以及粮农组织等观察员，他们在不同的特别工作小组中进行合作。

该机构的重点是就生物经济问题交流信息和观点（专家访谈-05），这些活动通常在知识治理下总结。该机构由四个工作组组成：植物健康、精密食品系统中的信息和通信技术、森林生物经济、微生物群落。这使得它比GBC这样的一般平台有了更紧密的关注，一些专家认为国际生物经济论

坛（IBF）在生物医学问题领域有潜在的有效管理作用（专家访谈-05）。

10.4.2.4　联合国粮食及农业组织（FAO）

联合国系统有许多专门机构，如联合国教科文组织（UNESCO），世界卫生组织（WTO）或者国际海事组织（IMO）（受《联合国气候变化框架公约》京都议定书的委托，处理海运排放[80]），但是，对于直接与生物经济路径相关的问题，联合国粮食及农业组织（FAO，以下简称联合国粮农组织）当然有能力探索这些问题的治理。联合国粮农组织成立于 1945 年，致力于帮助消除饥饿、贫困和粮食不安全，目标是使农业、林业和渔业更具可持续性[81]。联合国粮农组织一直积极从事生物经济工作，并且是联合国工作领域最“交叉”的机构之一（专家访谈-05）。2015 年，在全球粮食和农业论坛（GFFA）上，农业部长们建议，粮农组织应制定可持续生物经济指导方针，以支持生物经济战略[82]。这些准则在很大程度上由德国政府资助，目前正在与国际可持续生物经济工作组（ISBWG）的 34 名专家合作制定，计划于 2021 年发布。显然，联合国粮农组织致力于知识治理，但是，根据其具体形式，这些准则可能被证明是一种更加等级化的治理形式。至少，这些指南可以自愿使用，从而呈现出某种形式的软标准化。此外，由于这些准则将通过区域利益相关者会议得到确认，联合国粮农组织可能通过建立利益相关者网络，从而参与联网治理，在生物经济治理方面发挥潜在作用。

10.4.2.5　联合国特别方案、开发计划署和环境规划署

联合国环境规划署（UNEP）的目标是促进“环境领域的国际合作，并酌情为此目的建议政策……”[83]。虽然该项目经历了一些重大变化，遭受资金不足和资源过度使用的痛苦，但学者认为，该项目在促进、服务和协调多边环境协定（MEA）方面有着长期的记录。事实上，联合国环境规划署对《生物多样性公约》（CBD）[84]、《保护臭氧层维也纳公约》和《关于消耗臭氧层物质的蒙特利尔议定书》[85] 负有责任。

在生物经济问题上，联合国环境规划署有一个以“绿色经济”为重点的项目，得到了经济和财政政策部门、绿色增长知识平台（GGKP）以及环境和贸易中心的支持。然而，“绿色经济”的概念并不像生物经济那样被广泛接受。接受采访的专家认为，“绿色经济”理念可以更多地侧重于“获得激励”方面的政策，而生物经济理念更多地植根于科学和技术（专

家访谈-02）。此外，这一概念的几个方面被批评为对不可持续做法的“绿色清洗”，而其他人则认为，这一概念比批评者所承认的更具变革性和可持续性[86]。尽管如此，绿色经济和生物经济的概念肯定有重叠之处[87]。环境规划署通常处于有利地位，可以在管理生物经济的知识共享方面发挥作用，例如，向利益相关者提供具体建议，就像他们已经为绿色经济做的那样[88]。总部设在巴黎的联合国环境规划署 DTIE 项目，也可以在生物技术的技术转让方面发挥一些作用。然而，鉴于其日益复杂的任务，联合国环境规划署的机构能力存在过度扩张的风险[89]。

联合国开发计划署（UNDP）的成立源于“二战”后的一项努力，即制定一项国际计划，由工业化国家向发展中国家提供技术援助和发展[90]。联合国开发计划署的管理人是联合国可持续发展小组董事会成员，该小组将联合国开发计划署（UNDP）与联合国 2030 年议程和联合国可持续发展目标（SDG）联系起来。自然，该议程与生物经济的重要问题密切相关，例如，获得清洁能源（SDG7）或粮食安全（SDG2）。此外，2012 年，欧盟委员会和联合国开发计划署发起了融资倡议 BIOFIN，以资助和支持生物多样性①。然而，生物经济作为一个概念似乎不是联合国开发计划署的优先事项。此外，与治理和政策制定的上游作用相比，该计划的主要作用是输送资金、建设能力和支持政策实施，发挥了其下游的作用。

10.4.2.6　世界知识产权组织（WIPO）

作为联合国的一个专门机构，世界知识产权组织的作用是“促进各国之间的合作，并酌情与任何其他国际组织合作，在全世界促进对知识产权的保护”（第 3 条）（世界知识产权组织，1967 年）[91]。与联合国其他机构不同，世界知识产权组织的预算相当可观，基本上来自该组织对商标注册或专利申请收取的行政费用[92]。世界知识产权组织还为若干知识产权条约履行行政职能，但只有世贸组织负责管理与制裁、贸易有关的知识产权协定（TRIPS）等执行机制。[92]

在生物经济问题上，WIPO 是 WIPO 绿色平台的所在地，作为绿色技术的“市场”，还提供了一个可搜索的生物经济相关技术解决方案数据库，以便将技术提供者与“技术寻求者”联系起来[93]。此外，专利和知识产

① 参见网址：https：//www.biodiversityfinance.net/。

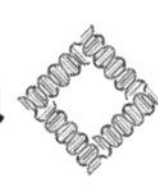

权（IPR）是生物经济途径中的一个相关问题。一方面，强大的知识产权为创新创造了有利的商业环境[94]。另一方面，知识产权可能对工业化国家向工业化程度较低的经济体的技术转让产生负面影响，因为发展中国家的成本较高，专利权受到限制，许可程序冗长[16,95]。因此，一些学者呼吁修改知识产权法规[9]。

10.4.2.7　评估

在知识治理方面，许多机构开始致力于生物经济途径，我们看到各种各样的倡议不断涌现。事实上，专家们特别赞赏这些对话和交流的论坛，尤其是在生物经济等复杂话题上。此外，联合国粮农组织目前制定的准则虽然能提供一个有价值的总体框架，然而，在某些方面有重叠主题和工作组。此外，鉴于专利对于技术转让，以及生物产品、技术和工艺开发的重要性，像世界知识产权组织这样的组织似乎对生物经济治理的参与度低于他们的能力。此外，联合国机构，如联合国环境规划署，似乎超出了其能力范围，这使得他们对生物经济问题的治理力度的加大令人怀疑。表 10-3 给出了概述。

表 10-3　生物经济途径知识治理机构

机构	与生物经济有关的现有结构	未来在国际治理中的潜在作用	缺点和挑战
生物未来平台	• 促进生物经济问题国际合作和对话的政府间机构 • 促进研究，为生物经济相关投资创造有利环境	• 由于纳入了重要的生物燃料生产国（巴西、印度尼西亚），并由于雄心勃勃地想要扩展到生物经济领域，因此有望成为推动国际治理的论坛	• 仍然主要关注生物燃料，而不是更广泛的生物经济 • 这取决于每个国家是否愿意参与
全球生物经济理事会	• 举办高层论坛，会聚参与人，促进对话	• 举行的会谈和会议，可以推动更具体的措施和行动 • 能够将 700 多个利益攸关方聚集在一起，并使来自各个部门的参与者能够参与	• 除了促进对话和组织会议外，任务还没有延伸
FAO	• 交叉工作 • 目前正在制定可持续生物经济的指导方针 • GBEP 等倡议的主办秘书处	• 可以帮助各国制定生物经济战略，提供软标准化 • 拥有庞大的利益相关者网络	• 除了促进对话之外，任务授权的范围不再扩大

续表

机构	与生物经济有关的现有结构	未来在国际治理中的潜在作用	缺点和挑战
UNDP，UNEP	• 环境署“绿色经济”方案、绿色增长知识平台和环境与贸易中心 • 开发计划署财政倡议（BIOFIN），以资助和支持生物多样性	• 在管理生物经济的知识共享方面的潜在作用或提供建议 • 联合国环境规划署 DTIE 项目可以强调基于生物的技术和过程 • 在联合国中立旗帜下的召集权	• 环境署的“绿色经济”概念有些模糊 • 环境署有限的机构能力 • 联合国开发计划署生物经济不是优先事项
WIPO	• 知识产权组织的绿色市场场所是与生物经济有关的技术的数据库和利益攸关方参与工具 • 专利塑造了新的生物技术	• 专利和知识产权条约的潜在行政职能 • 提供知识管理在现有举措上进一步发展的潜力	• 知识产权可能对工业化程度较低（或低收入）国家的技术转让产生负面影响
IBF	• 指导国际合作，促进全球可持续生物经济的发展，应对全球挑战 • 就生物经济问题交流信息和观点	• 继续发挥知识管治的作用 • 在生物医学领域的潜在治理作用	• 可能仅限于较柔和的治理形式 • 其他生物经济平台的关系和冗余，并不总是很清楚

10.4.3 信息治理

正如我们的方法论中所描述的，我们区分了信息治理和知识治理。虽然前者涉及研究、创新和发展领域的机构，但我们将信息化治理理解为更多地关注标签、标准和绩效信息，从而使其更接近于国际治理中常见的监测、报告和验证（MRV）问题，特别是在气候变化、保护和自然资源方面。

10.4.3.1 全球生物能源伙伴关系（GBEP）

全球生物能源伙伴关系于2005年启动，将包括八国集团（加上巴西、中国、印度、墨西哥和南非）在内的国家与联合国各机构（粮农组织）和计划署（联合国环境规划署、联合国开发计划署），以及国际组织（如国际能源机构或世界可再生能源理事会）的利益相关者联系在一起[96]。总的来说，合作伙伴包括23个国家和15个组织，目的是促进研究和创新方面的对话与合作，同时促进示范项目并向决策者提供咨询[97]。虽然成员国数量似乎有限，但该伙伴关系本身涵盖了绝大多数生物能源和生物燃料生产[98]。联合国粮农组织担任秘书处，一个指导委员会和一个技术工作组管

理关于可持续性、方法（温室气体核算）和能力建设的三个工作团队。

除了会集利益相关者之外，GBEP 还提供了一些工具包，如温室气体核算方法文件或生物能源资金的可搜索数据库。此外，在 2011 年，该组织公布了一套 24 项可持续性指标，自此，许多国家已对这些指标进行了测试[99]。虽然 GBEP 侧重于能源，因此不容易达到生物经济的跨领域标准，但其对气候变化和粮食安全的多方面重视导致了多个部门间的互动。因此，从生物经济的角度来看，GBEP 的信息治理功能是相关的。

10.4.3.2　可持续生物材料圆桌会议（RSB）

可持续生物材料圆桌会议是一项由私营部门牵头的倡议，会集了学者、非政府组织和商业伙伴。RSB 源于可持续生物燃料圆桌会议，该会议随后被扩大到包括非能源产品（专家访谈-04）。RSB 的这种扩张认识到了土地能源和非能源利用之间的许多相互作用。RSB 组织年度利益相关者会议，并通过不同工作组就许多与生物经济途径相关的问题开展工作，如土地使用或生物燃料。除了履行这一知识治理职能外，RSB 还为可持续生产的生物质颁发自己的可持续性证书，并就可持续生物质生产向政策利益相关者提供咨询意见，包括采用成员专用的温室气体计算器，从而利用若干信息治理工具。

10.4.3.3　国际标准化组织（ISO）

国际标准化组织（ISO）是一个独立的非政府组织，拥有 164 个国家标准机构的成员[100]，其主要目的是提供各方一致同意的、与市场相关的国际标准，以支持创新和最佳实践。ISO 目前的 22825 项标准包括各种各样的产品，从鞋带到集装箱，以及技术和环境管理系统和流程[100]。在环境和可持续发展领域，国际标准化组织采用了环境管理系统和温室气体核算系统等标准。尽管 ISO 也受到了批评——这些标准并非免费的，其组织架构（以及随之而来的标准）似乎有利于工业化国家[101]，但它们的标准通过新的政策工具（自愿协议、环境管理体系、信息工具），在生物经济治理中发挥了作用。近年来，国际标准化组织标准处理了与生物经济密切相关的可持续性问题，即生物能源可持续性和减少土地退化的标准。

10.4.3.4　评估

有几个国际机构在信息治理中发挥作用。GBEP 会集了许多重要的公共和私人利益相关者，其与 G7/G8 或 G20 的联系可能是有益的。专家认为，该论坛能够很好地尝试传统渠道之外的新的治理方法（专家访谈-05）。然而，GBEP 对能源的部门关注以及有限的成员资格，可以被视为一种缺点。RSB 有更广泛的关注点，其标准（尽管还有改进的空间，而且不是唯一可用的标准）也颇受欢迎[102]。但是，尽管专家欢迎在生物经济治理中越来越多的由市场和私营部门驱动的方法（实际上，更密切的合作和治理的主要驱动力将由私营部门主导）（专家访谈-04、专家访谈-05），不同标准体系的重叠可能会造成合法性问题，以及认证和非认证体系之间的平行市场。一个更独立的机构，比如 ISO 可能更适合。然而，ISO 标准通常是相当笼统的，这取决于国家立法者将这些标准“翻译”成详细的、可执行的立法（专家访谈-01）。从 ISO 标准衍生出来的标准通常与世贸组织法律兼容（专家访谈-01），但需要通过国家层面的审查可能使得 ISO 在生物经济治理中的作用不那么具体，尽管重要。表 10-4 显示本章评估的概述。

表 10-4　生物经济途径信息治理机构

机构	与生物经济有关的现有结构	未来在国际治理中的潜在作用	缺点和挑战
RSB	•组织会议和工作组 •为可持续生产的生物质颁发自己的可持续性证书 •生产温室气体计算器，为政策制定者提供建议	•有可能填补生物经济标准化的空白	•与国际社会使用的其他标准重叠 •在透明度以及标准监测和评价方面有改进的余地
GBEP	•会集了广泛的利益相关者，包括大多数的生物能源和生物燃料生产商 •提供工具包和方法文件，如生物能源 •2011 年公布了 24 项可持续发展指标，帮助制定共同的规则和标准	•与 G7/G8 建立强有力的联系，可能有助于国际治理 •该论坛可以很好地尝试联合国系统以外的治理新方法	•成员和能力有限可能会妨碍普遍接受所开发的计量和会计工具 •偏重于生物能源和生物燃料可能会使论坛过于专业化，限制协作思维
ISO	•采用环境管理系统、温室气体核算系统、生物燃料等标准 •提供支持技术和管理方面最佳实践的信息	•在生物经济治理中使用新政策工具的潜力 •从 ISO 标准派生的规范和标准一般与 WTO 法律兼容	•组织结构似乎有利于工业化国家 •标准需要由国家立法者“转化”成详细的、可执行的立法

10.4.4　承诺和议程设定治理

10.4.4.1　联合国公约

也许最详尽的国际治理体系源自联合国系统通过的环境公约，它提供了唯一一个几乎具有普遍成员资格的国际论坛。一些与生物经济概念相近或有某些重叠的问题，如生物多样性或气候变化，已经受到联合国公约的管辖，这可能为生物经济问题的治理提供一些“对接点”。《生物多样性公约》《联合国气候变化框架公约》《联合国防治荒漠化公约》三项环境公约自 1992 年在巴西里约热内卢举行的“地球峰会”上通过以来，常被称为里约公约。

10.4.4.2　生物多样性公约（CBD）

《生物多样性公约》的主要目标是“……保护生物多样性，可持续地利用其组成部分，公正和公平地分享利用遗传资源所产生的利益”（CBD，第 1 条）。公约有两项补充协定——《卡塔赫纳议定书》（CP），涉及现代生物技术产生的改性活生物体的安全转让、处理和使用（CP，第 1 条）；《名古屋议定书》（NP），涉及“……公正和公平地分享利用遗传资源所产生的利益……”（NP，第 1 条）。这些协议与生物经济高度相关，例如，最近通过的自愿准则“设计和有效实施基于生态系统的方法，以适应气候变化和减少灾害风险……”[103] 这可能为更可持续的生物经济战略提供国际商定的准则。此外，《生物多样性公约》已经通过《卡塔赫纳议定书》（CP）处理了与生物经济相关的棘手问题，如转基因生物。然而，转基因生物也很好地说明了公约中的条款可能与生物经济的一些替代愿景相悖[4]。

10.4.4.3　联合国防治荒漠化公约（UNCCD）

《联合国防治荒漠化公约》于 1994 年正式通过，其目标是防治荒漠化和减轻干旱的影响，并着重于“……养护和可持续地管理土地和水资源”（《防治荒漠化公约》第 2 条）。该公约还设立了一个科学和技术委员会（CST），为公约缔约方两年一次的会议（UNCCD2019）提供咨询。与 CBD 一样，UNCCD 涉及与生物经济相关的问题，但没有明确提到生物经济本身。然而，土地使用问题在公约的行动计划中占有重要地位，发达国家通过这些行动计划承诺帮助发展中国家实施可持续土地管理做法，特别是通过公约的知识中心。与生物产品和生物过程相关的土地使用管理往往对整体可持续性至关重要。一些生物经济途径与土地退化密切相关（正面或负面)，土地退化会降低生产力，并可能是荒漠化的前兆。

10.4.4.4 联合国气候变化框架公约（UNFCCC）

1992年通过的《联合国气候变化框架公约》，其缔约方会议及其附属机构的任务是“……将大气中的温室气体浓度稳定在能够防止气候系统受到威胁的人为干扰的水平上”（《联合国气候变化框架公约》，第2条）。在《联合国气候变化框架公约》下，《京都议定书》和《巴黎协定》等条约已经进行了谈判，后者的目标是将全球变暖限制在“远低于2摄氏度”（《巴黎协定》，第2条）。《联合国气候变化框架公约》与生物经济高度相关，为减缓全球气候变化提出了许多解决办法，如增加可再生能源的比例或使用再生能源和植树造林措施来增加碳汇，与生物经济概念确实有着密切的联系。当然，《联合国气候变化框架公约》本身并没有规定具体的缓解措施，但是国家自主贡献（NDC_S）确定了。NDC_S是行动纲领的一个关键要素，各缔约方据此制定了缓解和适应战略。

10.4.4.5 评估

里约三大公约都与生物经济高度相关；这些公约产生的条约或倡议将通过联合国进程的议程设置和召集能力产生影响。此外，CBD等公约已经就转基因生物等相关问题开展了工作，《联合国气候变化框架公约》就是一个例子，说明在一个论坛上就一个问题（在这里是气候变化问题）开展对话和举行利益相关者会议，可以产生一项对其他问题（生物多样性和养护）产生影响的条约或公约，正如在《联合国气候变化框架公约》下谈判的森林管理倡议REDD+所显示的那样。

然而，所有里约公约在生物经济路径的治理方面都面临一些重大挑战。一般而言，联合国相关流程，尤其是一些协议，被评估为相当烦琐和官僚主义（专家访谈-04）。更具体地说，土地利用变化等问题通常会被双边处理，而不是由《防治荒漠化公约》[105]来处理。这使得学者们认为，与关于生物多样性和气候变化的“姐妹”公约相比（见下文），《防治荒漠化公约》在实现其目标方面的效率较低[104]。但是，也有人批评《生物多样性公约》《名古屋议定书》的某些方面，如其烦琐的官僚机构[106]，专家认为《卡塔赫纳议定书》中规定的治理条款执行不力，从而导致执行差距（专家访谈-05）。同样，当前对以基于规则的国际秩序的抵制使得公约不太可能推出新的条约或倡议，特别是因为谈判各方可能不同意将公约的

任务延伸到生物经济领域[107]。表 10-5 概述了本文的评估。

表 10-5　生物经济路径的议程制定和承诺治理机构

机构	与生物经济有关的现有结构	未来在国际治理中的潜在作用	缺点和挑战
CBD	• 卡塔赫纳议定书（CP） • 名古屋协议（NP） • 触及了与生物经济有关的问题，但没有明确提到生物经济	• 最近通过的关于设计和有效执行基于生态系统的气候适应和干旱方法的自愿准则可以为如何使生物经济战略更加可持续提供国际商定的准则	• 烦琐的官僚机构可能会延误新的基于生物的产品开发 • 生物多样性公约的目标和不同的生物经济愿景之间的潜在冲突，如转基因生物所示
UNCCD	• 触及与生物经济有关的问题，但没有明确提及生物经济	• 与生物经济相关的土地使用问题的潜力	• 对处理土地使用问题的批评 • 历史上在实现目标方面比联合国其他公约的效果要差
UNFCCC	• 与气候有关的缓解措施，如可再生能源、植树造林等，都与生物经济的概念有密切的联系 • 在实现 REDD+倡议方面有促进作用	• 利用《联合国气候变化框架公约》作为讨论生物经济和寻找与气候目标的协同作用的潜力 • 在生物经济问题上采取主动行动、准则或框架的可能性	• 控制生物经济的途径可能超出了惯例的授权

10.5　治理生物经济路径的区域方法

在全球层面，中美贸易争端[108]、美国宣布退出世界卫生组织等多个国际机构[109]，以及英国脱离欧盟，可能预示着国际合作越来越困难。此外，国际治理已变得越来越支离破碎和分散[110,111]，从而增加了应对气候变化、生物经济和其他全球发展挑战的复杂性和潜在的低效性[112]。然而，在这种发展背景下，值得注意的是，区域合作（作为全球与地方、次国家之间的联系）已被提议为解决气候变化[114]等全球问题的一种方式[113]。欧洲一体化进程导致今天的欧洲联盟可能是区域一体化和合作研究得最充分的例子，但也形成了许多其他区域机构，例如，西非国家共同体（ECO-WAS，1975 年）、南亚区域合作联盟（SAARC，1985 年）、南方共同市场（MERCOSUR，1991 年）、南非发展共同体（SADC，1992 年）、中非国家经济共同体（CEMAC，1998 年）和南美洲国家联盟（UNASUR，2008 年），加入了早期的倡议，如东南亚国家联盟（ASEAN，1967 年）[115]。区域一体化通常被认为是出于促进商品和服务交换的经济因素考虑的[116]，但一些学者指出了其他原因，从不断扩大的市场带来的福利增加或交易成本降低[117]，到希望区域一体化加强相互安全[118]。当涉及生物经济治理时，可以提出几个论点来解释为什么区域方法可以提供一条前进的道路。必须指出的是，由于区域合作机制和机构不是本文的主要框架，这种讨论更多地被确定为未来研究的一个问题，而不是一种假设。

首先，区域相似性促进了区域层面的生物经济治理（专家访谈-02）。当然，即使在同一区域内，地理多样性和资源禀赋的差异也是一个特点。但显然，拉丁美洲或东南亚等区域具有共同点和共同问题（高度生物多样性，依赖特定原料，如稻米等）。他们也可能有共同的语言、文化特征和历史发展模式。这些区域的相似性可以促进区域合作。

其次，区域治理举措可以发挥中观层面的作用，将地方层面与国际层面联系起来（专家访谈-03）。这可以通过从治理角度（即将区域治理过程与国际治理过程联系起来）的程序性联系或实际考虑来实现。例如，在推广国际化之前，可以在区域层面测试和分享在采用新的生物技术或新的生物经济政策方面吸取的经验和教训（专家访谈-02）。

最后，加强区域合作可能对全球南方国家特别有利。如果具有区域相似性和类似利益的国家在区域内就某些战略和谈判立场达成一致，那么它们就可以更容易地在国际论坛上表达自己的意见，如在联合国（专家访谈-07），即通过在谈判中发挥更大的影响力[119]，从而确保在全球南方和全球北方国家的代表性更加平衡，这是当前生物经济治理的一个主要弱点（专家访谈-01）。

如果要寻求生物经济治理的区域方法，已经有各种区域机构可供使用（见上文）。一些国家，如东盟或西非国家经济共同体，已经有了生物经济方面的记录。事实上，专家认为这些机构将是增强区域生物经济治理的合适候选者（专家访谈-07）。联合国系统还设立了区域委员会（联合国拉加经委会、联合国非洲经委会等），在联合国更中立的旗帜下推动生物经济合作和治理。此外，在气候变化行动领域，《联合国气候变化框架公约》最近转而采取区域办法，通过启动区域气候周来推动气候行动，以促进更多利益相关者的合作①。上述区域贸易协定似乎证实了区域治理对于跨领

① 参见网址：https：//www. regionalclimateweeks. org/。

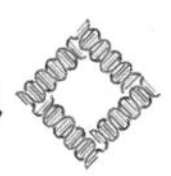

域的国际问题（如气候变化、贸易或生物经济路径）的价值。更重要的是，所有接受采访的专家都认为，区域合作是探索更强有力的国际生物经济治理的一条有希望的前进道路。

10.6　结论

生物经济是一个有些复杂的概念，缺乏一个普遍接受的定义，其特点是在应用生物经济观点时，对于应优先考虑哪些目标或指标存在意见分歧。虽然这个缺点在本质上可能看起来是良性的，但许多接受采访的专家认为，这种混淆带来了重大的治理挑战（专家采访-01、专家采访-02、专家采访-04、专家采访-06）。如果生物经济的利益、前景和愿景有所不同，那么在这些利益、前景和愿景上的合作就会变得更加复杂。因为不同的愿景必然导致不同的道路。上述问题，如土地利用的变化或转基因生物，似乎值得从地方到全球的不同层面的生物经济途径进行更深入的讨论。

同样，不仅生物经济的概念相当复杂，而且其治理也同样复杂，特别是由于涉及生物经济问题的机构范围很广。这种多中心性、碎片化和分歧是否会（或者应该）再次趋同尚不确定。随着民族主义的兴起和目前对基于规则的多边秩序的攻击，这种分裂甚至可能扩散，表明目前对生物经济的国际制度主义和对替代生物经济途径所构成的挑战的全球解决方案的兴趣不大。

首先，我们已经确定了若干论坛和国际进程，可能有助于协调和加强生物经济问题的国际治理。诚然，其中许多机构受到其任务或职能的限制，无法在全球层面上解决生物经济路径方面的一些紧迫问题，但这些机构往往有空间将生物经济问题更突出地纳入其工作流程。在国际合作和协作似乎过于烦琐的地方，区域合作可能填补空白，成为加强生物经济路径治理的一个有趣的途径。然而，为了利用网络化的国际治理的力量，有几个因素至关重要。

应注意可能存在的重复风险。虽然我们的分析只提供了一个初步的概述，并且需要进行更深入的研究，以确定重叠和平行的工作流，但似乎特别是在知识交流方面，许多论坛都在研究生物经济相关问题（生物未来论坛、生物经济峰会、GBEP）。在这方面，可以在各组织之间建立正式的联系或定期的专家交流，以促进协同作用，而不是竞争。

其次，对于争议较少的问题，国际生物经济治理似乎更有意义。贸易和经济问题虽然是议程的重点，但似乎是有争议的。因此，在国际层面达成共识似乎不太可能。一个富有成效的前进道路可能是关注一些问题，如在研究、开发和创新方面加强合作。也许更具争议性但也至关重要的是，加强在生物经济产品和价值链的标准化、监测和验证方面的合作。事实上，一些现有的生物经济和生物能源工作一直在可持续性指标上。

最后，探索从国际顶级到地方各级治理为生物经济提供的力量可能是一种选择。即使对生物经济途径的不同愿景也有相关的共同目标或指标，这些目标或指标确实倾向于国家框架。因此，与其寻求将国家甚至国家以下各级问题国际化，不如采用欧盟的辅助性原则作为指导，该原则假设问题最好在适当的较低级别（欧盟成员国）解决，只有在较高级别取得“更好”进展时才提及较高级别（欧盟机构）[120]。

当国家办法失败，或出现明显具有跨国性质的问题时，可能会寻求更高层面（区域）或国际层面的治理，因为每一级治理都有其自身的优点和缺点。例如，虽然国际机构，如联合国，在中立的旗帜下拥有一些重要的召集权（专家访谈-04），或者，如世贸组织，在处理关税或补贴等相当具体的问题时可能是有用的。一些专家认为，生物经济路径的新治理动力可能来自私营部门（专家访谈-04、专家访谈-05）或更本土化的举措（专家访谈-07）。事实上，一些专家甚至认为，虽然目前各国政府之间对国际合作的兴趣可能不大，但私营部门的参与者将对加强合作感兴趣（专家访谈-05）。

尽管如此，由于生物经济在国际和国家层面之间起着桥梁作用，寻求更具区域性的生物经济路径可能是一条有希望的前进道路。一个区域内的挑战和机遇往往更为相似，也更容易交流经验。因此，一旦通过或确立共同的区域立场，就可以使“全球南方”更好地参与国际进程。

生物经济治理的研究存在一些局限性，应从这些局限性入手，探讨如何拓宽或深化对国际生物经济治理的分析。首先，我们的研究范围很广，但并不打算从已经或可能参与生物经济治理的所有机构中平等或按比例地代表利益相关者的观点。未来的补充研究可以采取调查或系统审查等方法，以便更好地捕捉各种观点。其次，由于我们有意采取跨领域的生物经济观点，我们对那些深深扎根于特定行业的机构或组织的重视程度有所降

低。在某些特定部门占主导地位的情况下，调整以部门为基础的国际治理以纳入跨领域的方面，可能会更有效，这可以通过围绕特定部门对特定地理或系统进行更深入的分析。再次，我们没有把金融机构或非政府组织包括在内，因为这些考虑因素会将范围扩大到需要进行单独分析的程度。最后，我们的研究是面向政策和实践，而不是对生物经济路径治理的理论研究。从更具理论性的角度进行研究可以通过揭示可能使未来制度设计复杂化的逻辑缺陷或基本障碍来补充这一分析。

附录 B

从事生物经济学的专家名单

专家访谈	机构
专家访谈-01	WWF
专家访谈-02	University of Bonn
专家访谈-03	Solidaridad Network
专家访谈-04	Harvard University/UNCTAD
专家访谈-05	IINAS
专家访谈-06	BioInnovate Africa
专家访谈-07	UN Economic Commission for Latina America and the Caribbean
专家访谈-08	OECD
专家访谈-09	FAO

参考文献

[1] Boulding K. The Economics of the Coming Spaceship Earth. In *Environmental Quality in a Growing Economy*, *Resources for the Future*; Jarret H., Ed.; Johns Hopkins University Press: Baltimore, MA, USA, 1966: 3-14.

[2] Georgescu-Roegen N. *The Entropy Law and the Economic Process*; Harvard University Press: Cambridge, MA, USA; London, UK, 1971. Available online: https://www.hup.harvard.edu/catalog.php? isbn = 9780674281653 (accessed on 7 September 2020).

[3] Gowdy J., Mesner S. The Evolution of Georgescu-Roegen's Bioeco-

nomics. *Rev. Soc. Econ*, 1998 (56): 136-156.

[4] Bugge M. M. , Hansen T. , Klitkou A. What is the Bioeconomy? A Review of the Literature. *Sustainability*, 2016 (8): 691.

[5] Issa I. , Delbrück S. , Hamm U. Bioeconomy from Experts' Perspectives-Results of a Global Expert Survey. *PLoS ONE*, 2019 (14): e0215917.

[6] Canales N. , Gladkykh G. , Bessonova E. , Fielding M. , Johnson F. X. , Peterson K. *Policy Dialogue on a Bioeconomy for Sustainable Development in the Baltic Sea Region*; Stockholm Environment Institute: Stockholm, Sweden, 2020. Available online: https: //www. sei. org/publications/policy - dialogue - bioeconomy - sustainable - development - baltic/ (accessed on 11 December 2020) .

[7] Gladkykh G. , Aung M. T. , Takama T. , Johnson F. X. , Fielding M. Policy Dialogue on a Bioeconomy for Sustainable Development in Thailand, 2020. Available online: https: //www. sei. org/publications/dialogue-bioeconomy-sustainable-developmentthailand/ (accessed on 7 September 2020) .

[8] Priefer C. , Jörissen J. , Frör O. Pathways to Shape the Bioeconomy. *Resources*, 2017 (6): 10.

[9] El-Chichakli B. , Von Braun J. , Lang C. , Barben D. , Philp J. Policy: Five Cornerstones of a Global Bioeconomy. *Nature*, 2016 (535): 221-223.

[10] Virgin I. , Morris E. J. *Creating Sustainable Bioeconomies: The Bioscience Revolution in Europe and Africa*; Routledge: London, UK, 2016.

[11] Global Bioeconomy Summit. Conference Report. 2018. Available online: https: //gbs2018. com/fileadmin/gbs2018/GBS_ 2018 _ Report_ web. pdf (accessed on 12 October 2020) .

[12] Global Bioeconomy Summit. Communiqué Global Bioeconomy Summit 2015. Making Bioeconomy Work for Sustainable Development. International Advisory Committee, 2015. Available online: https: //gbs2020. net/fileadmin/gbs2015/Downloads/ Communique _ final _ neu. pdf (accessed on 3 July 2020) .

[13] Johnson F. X. , Canales N. , Fielding M. , Gladkyhk G. , Aung

M. T. , Bailis R. , Ogeya M. , Olsson O. A Comparative Analysis of Alternative Bioeconomy Visions and Pathways Based on Stakeholder Dialogues in Colombia, Rwanda, Sweden, and Thailand. *J. Environ. Manag*, 2020. (submitted) .

[14] Proskurina S. , Junginger M. , Heinimö J. , Vakkilainen E. Global Biomass Trade for Energy—Part 1: Statistical and Methodological Considerations. *Biofuels Bioprod. Biorefining*, 2019 (13): 358-370.

[15] Nesme T. , Metson G. S. , Bennett E. M. Global Phosphorus Flows through Agricultural Trade. *Glob. Environ. Chang*, 2018 (50): 133-141.

[16] Dietz T. , Börner J. , Förster J. J. , Von Braun J. *Governance of the Bioeconomy: A Global Comparative Study of National Bioeconomy Strategies*; Center for Development Research University of Bonn: Bonn, Germany, 2018.

[17] Meyer R. Bioeconomy Strategies: Contexts, Visions, Guiding Implementation Principles and Resulting Debates. *Sustainability*, 2017 (9): 1031.

[18] Devaney L. , Henchion M. , Regan á. Good Governance in the Bioeconomy. *EuroChoices*, 2017 (16): 41-46.

[19] Fritsche U. , Iriarte L. Sustainability Criteria and Indicators for the Bio-Based Economy in Europe: State of Discussion and Way forward. *Energies*, 2014 (7): 6825-6836.

[20] Guerra F. D. , Isailovic M. , Widerberg O. , Pattberg P. *Mapping the Institutional Architecture of Global Forest Governance*; R-15/04; IMV Institute for Environmental Studies: Amsterdam, The Netherlands, 2015. Available online: https: //www. researchgate. net/ publication/277524062_ Mapping_ the_ Institutional_ Architecture_ of_ Global_ Forest_ Governance (accessed on 23 August 2020) .

[21] Pierre J. (Ed.) *Debating Governance. Authority, Steering and Democracy*; Oxford University Press: Oxford, UK, 2000.

[22] Rhodes R. A. W. Understanding Governance: Ten Years on. *Organ. Stud*, 2007 (28): 1243-1264.

[23] Rhodes R. A. W. *Understanding Governance. Policy Networks, Governance, Reflexivity and Accountability*; Open University Press: Milton Keynes, UK, 1997.

[24] Stoker G. Governance as Theory: Five Propositions. *Int. Soc. Sci. J*, 1998 (50): 17-28.

[25] Jordan A. The Governance of Sustainable Development: Taking Stock and Looking Forwards. *Environ. Plan. C Gov. Policy*, 2008 (26): 17-33.

[26] Schout A., Jordan, A. Coordinated European Governance: Self-Organization or Centrally Steered? *Public Adm*, 2005 (83): 201-220.

[27] Jordan A., Wurzel R. K., Zito A. R. "New" Instruments of Environmental Governance: Patterns and Pathways of Change. *Environ. Politics*, 2003 (12): 1-24.

[28] Abbott K. W., Genschel P., Snidal D., Zangl B. Two Logics of Indirect Governance: Delegation and Orchestration. *Br. J. Political Sci*, 2016 (46): 719-729.

[29] Bache I., Bartle I., Flinders M. Multi-Level Governance. In *Handbook on Theories of Governance*; Ansell, C., Torfing, J., Eds.; Edward Elgar Publishing: Cheltenham, UK, 2016. Available online: https://www.elgaronline.com/view/edcoll/978178254849 2/9781782548492.00052.xml (accessed on 15 November 2020).

[30] Bulkeley H., Andonova L. B., Betsill M. M., Compagnon D., Hale T., Hoffmann M. J., Newell P., Paterson M., VanDeveer S. D., Roger C. *Transnational Climate Change Governance*; Cambridge University Press: Cambridge, UK, 2014.

[31] Dingwerth K., Pattberg P. Global Governance as a Perspective on World Politics. *Glob. Gov*, 2006 (12): 185-203.

[32] Nkuiya B. Stability of International Environmental Agreements under Isoelastic Utility. *Resour. Energy Econ*, 2020 (59): 101128.

[33] Von Braun J., Birner R. Designing Global Governance for Agricultural Development and Food Nutrition Secuirty. *Rev. Dev. Econ*, 2017 (21): 265-284.

[34] Rulli M. C., Bellomi D., Cazzoli A., De Carolis G., D'Odorico P. The Water-Land-Food Nexus of First-Generation Biofuels. *Sci. Rep*, 2016 (6): 1-10.

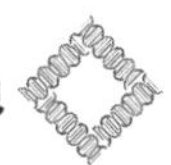

[35] Johnson F. X. , Virgin I. Future Trends in Markets for Food, Feed, Fibre and Fuel. In *Food versus Fuel: An Informed Introduction*; Rosillo-Calle F. , Johnson F. X. , Eds. ; Zed Books: London, UK, 2010: 164-190.

[36] Kline K. L. , Msangi S. , Dale V. H. , Woods J. , Souza G. M. , Osseweijer P. , Clancy J. S. , Hilbert J. A. , Johnson F. X. , McDonnell P. C. , et al. Reconciling Food Security and Bioenergy: Priorities for Action. *Gcb Bioenergy*, 2017 (9): 557-576.

[37] Englund O. , Berndes G. The Roles of Public and Private Governance in Promoting Sustainable Bioenergy. In *The Law and Policy of Biofuels*; Edward Elgar Publishing: Northampton, MA, USA, 2016. Available online: https://www.elgaronline.com/view/ edcoll/9781782544548/9781782544548.00010. xml (accessed on 25 August 2020) .

[38] Schütte G. What Kind of Innovation Policy Does the Bioeconomy Need? *New Biotechnol*, 2018 (40): 82-86.

[39] Biooekonomierat. Bioeconomy PolicySynopsis and Analysis of Strategies in the G7. A Report from the German Bioeconomy Council, 2015. Available online: https://biooekonomierat.de/fileadmin/Publikationen/berichte/BOER_Laenderstudie_ 1_ .pdf (accessed on 12 October 2020) .

[40] Canales N. , Gonzάlez J. G. Policy Dialogue on a Bioeconomy for Sustainable Development in Colombia, 2020. Available online: https://www.sei.org/publications/policy-dialogue-bioeconomy-sustainable-development-colombia/ (accessed on 11 December 2020) .

[41] Bausch C. , Mehling M. Alternative Venues of Climate Cooperation: An Institutional Perspective. In *Climate Change and the Law*; Hollo, E. J. , Kulovesi, K. , Mehling, M. , Eds. ; Ius Gentium: Comparative Perspectives on Law and Justice; Springer: Dordrecht, The Netherlands, 2013: 111-141.

[42] Hermwille L. Hardwired towards Transformation? Assessing Global Climate Governance for Power Sector Decarbonization. *Earth System Gov*, 2020: 100054.

[43] Oberthür S. , Khandekar G. , Wyns T. Global Governance for the Decarbonization of Energy-Intensive Industries: Great Potential Underexploited.

Earth Syst. Gov, 2020: 100072.

[44] Van Buuren A., Eshuis J. Knowledge Governance: Complementing Hierarchies, Networks and Markets? In *Knowledge Democracy: Consequences for Science, Politics, and Media*; In't Veld, R., Ed.; Springer: Berlin/Heidelberg, Germany, 2010, 283-297.

[45] Widerberg O. E., Pattberg P. H., Kristensen K. E. G. Mapping the Institutional Architecture of Global Climate Change Governance V. 2. Vrije Universiteit Amsterdam, 2016. Available online: https://research.vu.nl/en/publications/mapping-the-institutionalarchitecture-of-global-climate-change-g (accessed on 23 August 2020).

[46] Murphy-Gregory H. Governance via Persuasion: Environmental NGOs and the Social Licence to Operate. *Environ. Politics*, 2018 (27): 320-340.

[47] UNCCD. The Committee on Science and Technology (CST). 2019. Available online: https://www.unccd.int/convention/ committee-science-and-technology-cst (accessed on 18 August 2020).

[48] Pfau S. F., Hagens J. E., Dankbaar B., Smits A. J. Visions of Sustainability in Bioeconomy Research. *Sustainability*, 2014 (6): 1222-1249.

[49] Viaggi D. Towards an Economics of the Bioeconomy: Four Years Later. *Bio-Based Appl. Econ*, 2016 (5): 101-112.

[50] McBride J., Chatzky A. The Group of Twenty. Council on Foreign Relations, 2019. Available online: https://www.cfr.org/ backgrounder/group-twenty (accessed on 27 July 2020).

[51] G20 Meeting of Agriculture Ministers. Declaration. 2018. Available online: http://www.g20.utoronto.ca/2018/2018-07-28-g20_ agriculture_declaration_ final.pdf (accessed on 21 July 2020).

[52] G20. G20 Action Plan on Food Secuirty and Sustainable Food Systems, 2015. Available online: https://www.mofa.go.jp/files/00 0111212.pdf (accessed on 21 July 2020).

[53] Widerberg O., Stenson D. E. Climate Clubs and the UNFCCC. FORES, 2013. Available online: https://fores.se/wp-content/ uploads/

2013/11/ClimateClubsAndTheUNFCCC-FORES-Study-2013-3. pdf（accessed on 23 August 2020）.

［54］ Kim J. A. , Chung S. Y. The Role of the G20 in Governing the Climate Change Regime. *Int. Environ. Agreem. Politics Law Econ*, 2012（12）: 361-374.

［55］ Kirton J. J. , Kokotsis M. E. *The Global Governance of Climate Change: G7, G20, and UN Leadership*; Routledge: London, UK, 2016.

［56］ Gerasimchuk I. G20 Countries Must Speed up Fossil Fuel Subsidy Reforms. IISD. 14 December, 2018. Available online: https: //iisd. org/blog/g20-fossil-fuel-subsidy-reforms（accessed on 3 July 2020）.

［57］ Sinclair J. The G20 Needs to Change with the Times. Policy Options, 2019. Available online: https: //policyoptions. irpp. org/ magazines/january-2019/g20-needs-change-times/（accessed on 27 July 2020）.

［58］ WTO. What is the WTO? 2019. Available online: https: //www. wto. org/english/thewto_ e/whatis_ e/whatis_ e. htm（accessed on 24 July 2020）.

［59］ Charlton A. The Collapse of the Doha Trade Round in Brief. *CentrePiece Autumn*, 2006: 21.

［60］ Financial Times. The Doha Round Finally Dies a Merciful Death, 2015. Available online: https: //www. ft. com/content/9cb1ab9 e - a7e2 - 11e5-955c-1e1d6de94879（accessed on 23 July 2020）.

［61］ Droege S. , Van Asselt H. , Das K. , Mehling M. *The Trade System and Climate Action: Ways forward Under the Paris Agreement*; SSRN Scholarly Paper ID 2864400; Social Science Research Network: Rochester, NY, USA, 2016. Available online: https: //papers. ssrn. com/abstract = 2864400（accessed on 24 September 2020）.

［62］ Johnson F. X. , Westberg J. *The Path Not yet Taken: Bilateral Agreements to Promote Sustainable Biofuels under the EU Renewable Energy Directive—Working Paper*; Stockholm Environment Institute: Stockholm, Sweden, 2013. Available online: https: //www. sei. org/publications/the-path-not-yet-taken-bilateral-agreements-to-promote-sustainable-biofuels-under-theeu-renewable-energy-directive-working-paper/ (accessed on 3 November 2020) .

[63] Bougette P. , Charlier C. Renewable Energy, Subsidies, and the WTO: Where Has the "Green" Gone? *Energy Econ*, 2015 (51): 407-416.

[64] WTO. Subsidies and Countervailing Measures, 2019. Available online: https: //www. wto. org/english/tratop_ e/scm_ e/scm_ e. htm (accessed on 24 July 2020) .

[65] Bouet A. , Laborde D. *Agriculture, Development, and the Global Trading System*: 2000 - 2015; International Food Policy Research Institute: Washington, DC, USA, 2017.

[66] Johnson F. X. Regional-Global Linkages in the Energy-Climate-Development Policy Nexus: The Case of Biofuels in the EU Renewable Energy Directive. *Renew. Energy Law Policy Rev*, 2011 (2): 91-106.

[67] Herwig A. , Pang Y. WTO Rules on Domestic Support for Agriculture and Food Safety: Institutional Adaptation and Institutional Transformation in the Governance of the Bioeconomy. In *EU Bioeconomy Economics and Policies*; Palgrave Macmillan: Cham, Switzerland, 2019: 69-88.

[68] Unctad. About Unctad, 2019. Available online: https: //unctad. org/en/Pages/aboutus. aspx (accessed on 19 August 2020) .

[69] Karshenas M. Power, Ideology and Global Development: On the Origins, Evolution and Achievements of UNCTAD. *Dev. Chang*, 2016 (47): 664-685.

[70] Biofuels and Renewable Energy. UCTAD. 2019. Available online: https: //unctad. org/en/Pages/DITC/ClimateChange/ UNCTAD-Biofuels-Initiative. aspx? Me=, , ows_ Title, ascending (accessed on 19 August 2020) .

[71] SMEP. Manufacturing Pollution in Sub-Saharan Africa and South Asia: Implications for the Environment, Health and Future Work. UK Aid & Unctad, 2020. Available online: https: //southsouthnorth. org/wp-content/uploads/2020/12/ManufacturingPollution-in-Sub-Saharan-Africa-and-South-Asia-Implications-for-the-environment-health-and-future-work. pdf (accessed on 17 August 2020) .

[72] Woodward R. The Organisation for Economic Cooperation and Devel-

opment. *New Political Econ*, 2004 (9): 113-127.

[73] Richard Woodward. *The Organisation for Economic Cooperation and Development*; Routledge Global Institutions: Abingdon, UK; Oxon, UK; Routledge, Taylor & Francis Group: New York, NY, USA, 2019.

[74] OECD. The Bioeconomy to 2030: Designing a Policy Agenda—OECD, 2009. Available online: https: //www. oecd. org/futures/ long - termtechnologicalsocietalchallenges/thebioeconomyto 2030 designingapolicyagenda. htm (accessed on 23 August 2020) .

[75] Diakosavvas D. , Frezal C. *Bio-Economy and the Sustainability of the Agriculture and Food System*: *Opportunities and Policy Challenges*; OECD: Paris, France, 2019. Available online: https: //www. oecd - ilibrary. org/agriculture-and-food/bio-economy-and-thesustainability-of-the-agriculture-and-food-system_ d0ad045d-en (accessed on 23 November 2020) .

[76] BioFuture Platform, 2019. Available online: http: //biofutureplatform. org/about/ (accessed on 11 November 2020) .

[77] Communiqué Global Bioeconomy Summit 2018. Innovation in the Global Bioeconomyfor Sustainable and Inclusive Transformation. Global Bioeconomy Summit, 2018. Available online: https: //gbs2018. com/fileadmin/gbs2018/Downloads/GBS_ 2018 _ Communique. pdf (accessed on 3 July 2020) .

[78] Hjerpe M. , Linnér B. O. Functions of COP Side-Events in Climate-Change Governance. *Clim. Policy*, 2010 (10): 167-180.

[79] European Commission. The International Bioeconomy Forum (IBF), 2017. Available online: https: //ec. europa. eu/research/ bioeconomy/index. cfm? pg=policy&lib=ibf (accessed on 25 July 2020) .

[80] Oberthür S. Institutional Interaction to Address Greenhouse Gas Emissions from International Transport: ICAO, IMO and the Kyoto Protocol. *Clim. Policy*, 2003 (3): 191-205.

[81] What We Do | FAO | Food and Agriculture Organization of the United Nations, 2019. Available online: http: //www. fao. org/ about/what-we-do/en/ (accessed on 23 July 2020) .

[82] FAO. Bioeconomy | Energy | Sustainable Bioeconomy Guidelines,

2019. Available online: http: //www. fao. org/energy/bioeconomy/ en/ (accessed on 25 July 2020) .

[83] Mee L. D. The Role of UNEP and UNDP in Multilateral Environmental Agreements. *Int. Environ. Agreem. Politics Law Econ*, 2005 (5): 227-263.

[84] CBD. The Convention on Biological Diversity. History of the Convention. 2019. Available online: https: //www. cbd. int/history/ (accessed on 24 October 2020) .

[85] Multilateral Environmental Agreements, 2019. Available online: https: //unep. ch/iuc/geclist. htm#atmosphere (accessed on 20 August 2020) .

[86] Borel-Saladin J. M. , Turok I. N. The Green Economy: Incremental Change or Transformation? *Environ. Policy Gov*, 2013 (23): 209-220.

[87] Loiseau E. , Saikku L. , Antikainen R. , Droste N. , Hansjürgens B. , Pitkänen K. , Leskinen P. , Kuikman P. , Thomsen M. Green Economy and Related Concepts: An Overview. *J. Clean. Prod*, 2016 (139): 361-371.

[88] UNEP. *Towards a Green Economy. Pathways to Sustainable Development and Poverty Eradication*; A Synthesis for Policy Makers; UNEP: Nairobi, Kenya, 2011. Available online: https: //sustainabledevelopment. un. org/content/documents/126GER_ synthesis_ en. pdf (accessed on 20 August 2020) .

[89] Governance and Institutional Flexibility. In *The Oxford Handbook of Governance*; OUP Oxford: Oxford, UK, 2012.

[90] Browne S. *The United Nations Development Programme and System*; Routledge Global Institutions; Routledge, Taylor & Francis Group: New York, NY, USA, 2011.

[91] WIPO GREEN—The Marketplace for Sustainable Technology, 2019. Available online: https: //www3. wipo. int/wipogreendatabase/ (accessed on 23 July 2020) .

[92] Gross R. World Intellectual Property Organisation (WIPO) . Global Information Society Watch, 2007. Available online: https: //giswatch. org/sites/default/files/gisw_ wipo_ 0. pdf (accessed on 18 July 2020) .

[93] WIPO. Convention Establishing the World Intellectual Property Or-

ganization, 1967. Available online: https: //www. wipo. int/ treaties/en/text. jsp? file_ id=283854 (accessed on 23 July 2020) .

[94] Bennich T. , Belyazid S. The Route to Sustainability—Prospects and Challenges of the Bio-Based Economy. *Sustainability*, 2017 (9): 887.

[95] Oh C. , Matsuoka S. Complementary Approaches to Discursive Contestation on the Effects of the IPR Regime on Technology Transfer in the Face of Climate Change. *J. Clean. Prod*, 2016 (128): 168-177.

[96] EUBIA. Global Bioenergy Partnership (GBEP) —European Biomass Industry Association, 2019. Available online: https: //www. eubia. org/cms/about-eubia/international-recognition/global-bioenergy-partnership/ (accessed on 23 July 2020) .

[97] GBEP. Global Bioenergy Partnership. Purpose and Fuction, 2019. Available online: http: //www. globalbioenergy. org/aboutgbep/ purpose0/en/ (accessed on 17 August 2020) .

[98] Global Bioeonergy Partnership. Partners and Membership, 2019. Available online: http: //www. globalbioenergy. org/aboutgbep/ partners-membership/en/ (accessed on 17 August 2020) .

[99] Report "The GBEP Sustainability Indicators for Bioenergy", 2019. Available online: http: //www. globalbioenergy. org/ programmeofwork/task-force-on-sustainability/gbep-report-on-sustainability-indicators-for-bioenergy/en/ (accessed on 3 July 2020) .

[100] ISO. About US, 2019. Available online: http: //www. iso. org/cms/render/live/en/sites/isoorg/home/about-us. html (accessed on 2 August 2020) .

[101] Heires M. The International Organization for Standardization (ISO) . *New Political Econ*, 2008 (13): 357-367.

[102] Schlamann I. , Wieler B. , Walther-Thoss J. , Haase N. , Malthe L. *Searching for Sustainability. Comparative Analysis of Certification Schemes for Biomass Used for the Production of Biofuels*; WWF Deutschland: Berlin, Germany, 2013. Available online: http: // awsassets. panda. org/downloads/wwf_ searching_ for_ sustainability_ 2013_ 2. pdf (accessed on 5 August 2020) .

[103] Secretariat of the CBD. Voluntary Guidelines for the Design and Effective Implementation of Ecosystem-Based Approaches to Climate Change Adaptation and Disaster Risk Reduction and Supplementary Information, 2019. Available online: https: //www. cbd. int/doc/publications/cbd-ts-93-en. pdf (accessed on 23 September 2020).

[104] Gisladottir G., Stocking M. Land Degradation Control and Its Global Environmental Benefits. *Land Degrad. Dev*, 2005 (16): 99-112.

[105] Chasek P., Safriel U., Shikongo S., Fuhrman V. F. Operationalizing Zero Net Land Degradation: The next Stage in International Efforts to Combat Desertification? *J. Arid Environ*, 2015 (112): 5-13.

[106] Kamau E. C., Fedder B., Winter G. The Nagoya Protocol on Access to Genetic Resources and Benefit Sharing: What is New and What Are the Implications for Provider and User Countries and the Scientific Community. *Law Environ. Dev. J*, 2010 (6): 246.

[107] Hooghe L., Lenz T., Marks G. Contested World Order: The Delegitimation of International Governance. *Rev. Int. Organ*, 2019 (14): 731-743.

[108] Li M., Balistreri E. J., Zhang W. The U. S. -China Trade War: Tariff Data and General Equilibrium Analysis. *J. Asian Econ*, 2020 (69): 101216.

[109] Hinshaw D., Armour S. Trump Moves to Pull U. S. Out of World Health Organization in Midst of Covid-19 Pandemic. *Wall Street J*, 2020. Available online: https: //www. wsj. com/articles/white-house-says-u-s-has-pulled-out-of-the-world-health-organization-11594150928 (accessed on 5 November 2020).

[110] Carlisle K., Gruby R. L. Polycentric Systems of Governance: A Theoretical Model for the Commons. *Policy Stud. J*, 2019 (47): 921-946.

[111] Ostrom E. *Understanding Institutional Diversity*; Princeton University Press: Princeton, NJ, USA, 2005.

[112] Held D., Hervey A. Democracy, Climate Change and Global Governance: Democratic Agency and the Policy Menue Ahdead. In *The Governance*

of Climate Change; Polity: Cambridge, UK, 2011.

[113] Van Lanngenhove L. *Regional Integration and Global Governance*; United Nations University: Tokyo, Japan, 2003. Available online: https: //collections. unu. edu/eserv/UNU: 7172/O-2004-4. pdf (accessed on 17 September 2020).

[114] Asheim G. B., Froyn C. B., Hovi J., Menz F. C. Regional versus Global Cooperation for Climate Control. *J. Environ. Econ. Manag*, 2006 (51): 93-109.

[115] Bolanos A. B. *A Step Further in the Theory of Regional Integration: A Look at TheUnasur's Integration Strategy*; University of Lyon: Lyon, France, 2016. Available online: https: //halshs. archives - ouvertes. fr/halshs - 01315692/document (accessed on 17 September 2020).

[116] Balassa B. The Theory of Economic Integration: An Introduction. In *The European Union: Readings on the Theory and Practice of European Integration*; Nelsen, B. F., Stubb, A., Eds.; Macmillan Education: London, UK, 1994: 125-137.

[117] Mattli W. Explaining Regional Integration Outcomes. *J. Eur. Public Policy*, 1999 (6): 1-27.

[118] Slocum-Bradley N., Felício T. *The Role of Regional Integration in the Promotion of Peace and Security*; United Nations University: Tokyo, Japan, 2006. Available online: http: //cris. unu. edu/sites/cris. unu. edu/files/O-2006-2. pdf (accessed on 17 August 2020).

[119] Schneider C. J. The Political Economy of Regional Integration. *Annu. Rev. Political Sci*, 2017 (20): 229-248.

[120] European Parliament. The Principle of Subsidiarity. Fact Sheets of the European Union, 2019. Available online: http: //www. europarl. europa. eu/ftu/pdf/en/FTU_ 1. 2. 2. (accessed on 25 July 2020).

第3篇

生物经济及其贡献的经济学分析

第11章　生物经济学的演变及其展望*

大卫·维亚吉（Viaggi D）[1]

摘要：本文概述了生物经济的演变过程，并将其与相关经济学文献中的趋势进行比较，目的是讨论近年来基于生物的经济学文献如何与现实世界的担忧相匹配，并强调新兴需求，从而得出对经济研究的启示。尽管“生物经济、经济学与政策”还远未发展成为一门成熟的学科，但当前的文献似乎认识到它的发展空间，以及整个生物经济的发展。通过选择几个新兴研究领域，从生物经济成分的量化和生物量流量的定量分析，到生物经济的政治经济学。然而，生物经济学最有可能发展的不是作为一个独立的研究领域，而是与更为传统、更为活跃和创新的农业和食品经济学的领域密切相关。

关键词：生物经济；经济学

11.1　引言和目的

2012年，新成立的意大利农业和应用经济学协会（AIEAA）推出了一份新的杂志。在对该杂志的标题，其在农业、食品和经济学领域的主题焦点，及其可能的组合和衰退进行了大量讨论之后，出现了一项建议，建议该杂志致力于生物经济学，并命名为“生物基础和应用经济学”。这个想

---

* 本文英文原文发表于：Viaggi D. Towards an Economics of the Bioeconomy: Four Years Later [J]. Bio-based and Applied Economics, 2016, 5 (2): 101-112.

1. 意大利博隆大学。

法是为了展望未来，并将该杂志的方向定位在生物资源经济学领域中最具雄心和最广泛的前沿概念的背景下，但不忽略更传统的农业和食品经济学领域。

从那以后，生物经济领域发生了很多变化。这条路径的特点是有许多重大的筹资倡议和若干重大活动。2015 年 11 月 25~26 日举行了一次具有里程碑意义的重大活动，全球生物经济峰会在柏林举行，来自世界各地的 900 多名与会者会聚一堂，这是第一次举行这样的活动，包括政策制定者、科学家、宗教领袖和企业家在内的许多顶级演讲者出席了这次活动，并使人们认识到未来生物经济的关键全球战略需求[1]。

虽然现实世界似乎发生了很多事情，但经济研究如何才能与这种演变相匹配呢？Viaggi 等（2012）设想了从农业到生物基础经济学潜在的学科转变，以及在这个方向上潜在的研究发展路径。他们还确定了两个广泛的关注领域：首先是与生物经济领域的个别问题有关的大量具体研究领域：消费科学、市场、专利权和创新，以及生物能源、生物技术和生物材料的经济和社会方面；其次是需要解决生物经济的广泛概念，并从经济学角度对其进行综合研究。不用说，后者已经被认为是最具挑战性的一个。

本文概述了近五年来生物经济的演变过程，并将其与相关经济学文献中的趋势进行了比较。目的是讨论近年来基于生物的经济学文献如何关注现实世界，并强调新兴的趋势和需求，以获得对经济学研究的启示。这也是一个在生物经济学文献背景下重新审视 BAE 期刊作用的机会。

本文其余内容安排如下：11.2 回顾了生物经济演变的最新趋势，11.3 总结了相关经济文献的进展，11.4 提供了讨论和结论。

11.2 政策背景和观点

政策背景的特点是对气候变化、稀缺自然资源和世界粮食需求的担忧日益增加。与此同时，人们越来越认识到技术的进步，特别是与生命科学有关的技术。在这种情况下，生物经济的重要性在世界各地的政策议程中有了相当大的增长。目前，至少有 45 个国家制定了直接影响生物经济的政策议程，至少有 8 个国家（包括欧盟和美国）制定了全面的生物经济战略[2,3]。

七国集团（G7）已做出相当大的努力，将自己定位为这一战略中的领

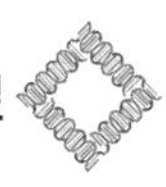

导者。德国、美国和日本制定了最雄心勃勃的生物经济战略；欧盟通过其生物经济战略和 H2020 研究框架方案[2,4,5]，在促进生物经济方面发挥了主导作用。目前，大多数欧盟国家制定了生物经济相关问题的国家战略，28 个国家中有 18 个国家将生物经济作为欧盟结构性基金的优先事项。

在确定生物经济及其政策方法方面也采取了具体步骤。人们越来越强调这样一种观念，即单靠生物经济的理念本身并不一定能确保福利的改善，因此应该明确地提出可持续生物经济的概念，全球生物经济峰会（2015 年全球生物经济峰会）的最终文件强调了这一点，该文件承认可持续的生物经济可以为实现联合国可持续发展目标（SDG）做出重要贡献。生物经济贡献尤其关注与粮食安全和营养（目标 2）、健康生活（目标 3）、水和卫生（目标 6）、可供利用的清洁能源（目标 7）、可持续消费和生产（目标 12）、气候变化（目标 13）、海洋和海洋资源（目标 14）以及陆地生态系统，森林、荒漠化、土地退化和生物多样性（目标 15）相关的可持续发展目标。但它也与可持续经济增长（目标 8 和目标 9）和可持续城市（目标 11）密切相关。[1,6]

政策背景下的另一个重要步骤是生物经济和循环经济战略之间日益明显的融合。最近，欧盟关于循环经济的通信用一章专门讨论食品垃圾，另一章专门讨论生物质和生物基产品[7]。食品浪费是欧盟主要关注的问题，预计将采取一系列广泛的行动，包括在欧盟和成员国层面。这些行动包括改善食物浪费措施的共同努力，支持食物捐赠的立法倡议，以及更好地使用“最佳食用前”标签。生物经济有望为循环经济做出贡献，特别是通过提供化石基产品和能源的替代品，同时人们认识到，生物材料也具有与其可再生性、生物降解性或堆肥性相关的优势。根据通报，一些主要关注领域包括：①利用生物资源（包括食物废弃物）的级联方法；②有助于循环经济的新生物材料、化学品和工艺的创新潜力；③包装的循环利用和生物废弃物的分类收集。

生物经济战略也越来越多地融入其他政策中，包括欧盟共同农业政策（CAP）。例如，欧盟在优先事项 5（提高资源效率）范围内的农村发展优先事项还包括：（c）为生物经济的目的，促进可再生能源、副产品、废物和残余物以及其他非粮食原料的供应和使用。

根据目前的定义，生物经济是欧盟经济的主要组成部分之一，提供超过1700万个工作岗位（占欧盟劳动力的8.5%）和约2万亿欧元的营业额。粮食和农业仍然是两个主要的细分部门，但目前约20%的生物经济就业和25%的营业额来自非食品和非农业生物经济产业。虽然世界其他地区没有同样的统计数据，但生物经济部门已经在美国、印度和巴西等几个大国的经济中发挥关键作用。生物制品在世界贸易中的份额已经从2007年的10%上升到2014年的13%[1]。

信息仍然是生物经济更集中研究的一个明显的制约因素，为填补这一空白，包括欧盟委员会发起的生物经济观察站①在内的各种举措正在进行中。

尽管缺乏全面的数据，但已经很清楚的是，世界不同地区的生物经济发展虽然受到共同需求的推动，但也凸显出不同的方法，以及明显的竞争利益。世界上一些地区认为生物经济主要是工业或技术进步，而另一些地区则认为它与农村发展密切相关，或者是利用其生物资源的一种方式。通过全球市场力量，从世界一个地区到另一个地区的特定生物经济政策影响着日益增长的全球相互联系，例如，生物资源的产权证明或保护。为了更好地解决这些问题，提倡在制定生物经济战略时进行全球意识和全球协调[1]。

展望未来，在全球生物经济峰会之后，一项涉及100多名生物经济学专家的德尔菲（Delphi）研究开始了。它确定了发展可持续生物经济的七个优先项目领域，这也是生物经济发展前进方向的良好代表[1,8]：①新的粮食和可持续农业粮食系统；②生物智能和综合城市地区；③下一代生物能源；④人工光合作用；⑤海洋生物经济；⑥消费市场的发展；⑦生物经济的国际监管和治理。

11.3 经济文献的演进

11.3.1 总体趋势

2016年7月，在Scopus数据库中搜索“生物经济学”共得到479篇论文，在近年来呈上升趋势。其中，114篇属于“社会科学”范畴，49篇属于“经济学、计量经济学和金融学”范畴，26篇在“商业，管理和会计”

① 参见网址：https：//biobs. jrc. ec. europa. eu/。

领域。最常见的是《生物化学、遗传学及分子生物学》中的 127 篇论文，以及《农业及生物科学》中的 119 篇论文。仅就“经济学、计量经济学和金融学”而言，每年的论文数量随着时间的推移不规律地增长：2012 年 8 篇、2013 年 9 篇、2014 年 4 篇、2015 年 17 篇、2016 年 1 篇。此外，经济学论文的发表时间往往比生物科学和社会科学论文的发表时间晚，后者早在 2004~2006 年就记录了大量论文。

值得注意的是，至少有两种主要的农业和食品经济学期刊（农业经济学和德国农业经济学期刊）专门刊登了生物经济学特刊，以补充几篇独立论文和至少一种完全专注于生物经济学研究的期刊（农业论坛）。

事实上，大部分与生物经济有关的经济文献都与生物经济的各个组成部分有关。这并不奇怪，因为人们已经广泛研究了几十年，其历史远远超过了生物经济本身的概念。其中一些包括成熟的传统行业，如农业和食品，对这些趋势的一些见解可以从出版物的数字中看出来。与农业相关的经济学论文在 Scopus 上现在有 10213 篇，从 2000 年的 174 篇增长到 2015 年的 756 篇。这在与“食物”相关的经济学论文中更为明显。目前，Scopus 上共计有 12954 篇论文，从 2000 年的 232 篇增加到 2015 年的 1187 篇。显然，这些领域仍然吸引着大量的关注，甚至正在成为更具吸引力的研究课题。

生物经济的更具体方面也是越来越多研究工作的主题，如生物能源、生物炼制和生物技术。在 Scopus 中编入索引的经济论文中，目前有 1357 篇关于生物技术关键词（2011~2014 年呈上升趋势，平均每年超过 100 篇）和 252 篇关于生物能源关键词的论文（虽然起步较晚，但趋势类似，近年来每年发表约 40 篇论文）。就生物炼制而言，只有 45 篇经济学论文，2011 年的最高产量为 10 篇，随后出现了起伏。这个群体中最有趣的组成部分之一，涉及生物材料等新兴产品，在经济学领域仍只有 10 篇论文（相比之下，商业领域的论文超过 100 篇，总共有上万篇论文）。

调查如此大量的文献超出了本文的范围和目标。我们更愿意关注那些更注重（或传递一些信息）将生物经济作为一个整体和一个新概念的论文。根据最近的文献，这方面经济研究的一些关键领域如下所示。

11.3.2　场景及主要驱动力

生物经济由对未来需求的感知以及新技术所产生的机遇驱动，在推动当前和未来生物经济发展的驱动力中，以下领域的变化发挥了关键作用：①相关和互补技术的进步，特别是生物科学和信息通信技术的进步；②人口增长、气候变化以及相关资源（化石燃料、土地、水）限制带来的挑战；③产业组织的变化，包括农业供应链的横向和纵向一体化，增加产业间和产业内部的交流，以及经济和产品链的全球化程度的增加[9,10]。这些驱动因素的高度动态性，导致了对场景开发和技术预测的持续需求。文献中研究了这些驱动力的识别作用和它们在未来生物经济中所能发挥的作用，对这些驱动力所带来的未来需求的理解（测量），以及生物经济应对这些需求的潜在可靠战略。

11.3.3 生物经济的定义和概念化

鉴于生物经济作为一个概念和一个部门所包含的相互联系的要素众多，生物经济及其边界的定义是一项特别困难的任务。生物经济本身的定义在很大程度上是由世界各地的政策行动和生物经济战略的内容驱动的，如所涉及的部门清单。

在研究方面，提出的问题是理解和界定生物经济的概念。通过探索生物经济与周边概念之间的联系：可持续性、循环经济、生态系统服务、绿色经济和农业生态学，这个问题已经得到了很大程度的解决。在这方面，作为政治愿景的生物经济越来越多地被指定为“可持续和循环的生物经济”。从一个纯粹的概念性（但也包括文化、政治和经济）的角度来看，一个既令人兴奋又令人困惑的方面是，这个概念本身是在一个以大量“生物概念”的出现为特征的背景下发展起来的，在某种程度上，更难确定对生物经济的共同理解，以及就此而言的生物经济学[11]。

“生物经济”这个术语被用来识别不同类型的对象，特别是从一系列部门到一种新的发展模式。一个在政治上和概念上最相关的区别是，对生物经济的地域观点和对生物经济更注重过程（工业）的解释之间的界限[12]。从不同角度来看，这些截然不同的观点也适用于与生物经济相关的最具限定性的概念之一，即生物炼油厂[13]。

11.3.4 描述生物经济：案例研究、经验、政策和测量

对于研究领域来说，在开始阶段，建立在简单观察的基础上是很常见的。许多研究通过描述和分析生物经济发展的案例研究来解决生物经济问

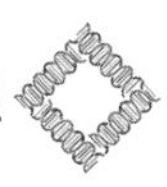

题。这些可能与特定政策、国家战略[14] 或特定工厂有关[15]。然而，随着这门学科的不断发展，对特定生物经济特征的测量也在发展和塑造着生物经济的特征。最相关的案例包括：

生物质流量的量化，特别是与工业需求（数量、质量和地点）、农业和林业部门满足未来生物量需求的能力以及与资源利用的关系（另见第10.3.7节）[16]。

废物和副产品的量化以及循环流的再利用，同时考虑到废物和再利用的最小化实际上是循环生物经济中的关键概念之一[17]。

循环度分析，与废物和副产品的量化密切相关，但其本身也有意义。这一研究领域还强调生物量在（缺乏）再利用潜力和闭合物理回路的能力方面的一些特殊性，这些物理回路与不同资源的循环有关，如化肥[18]。

吸收特定的生物经济技术，例如转基因生物技术、一般的生物技术，以及基于生物材料的技术，事实上这些技术可能与日益复杂的部门间关系网络有关。

对生物技术和生物经济产业的风险资本投资，既是经济吸引力的指标，也是创新能力的指标。这也是一个可以确定该行业在研究投资和创新优势方面的特殊性的领域[19]。

10.3.5　生物经济的政治经济学与转型分析

考虑到一些关键的生物经济技术，尤其是转基因生物，在通过政治合法化和公众接受的过程中所面临的困难后，生物经济的政治经济学正在成为应用于生物经济的最受关注的经济学研究领域之一。《德国农业经济学杂志》的一期特刊专门讨论了这个话题[10,20-22]。笔者强调了几点，包括理解和明确表达不同群体之间的相互作用的重要性，以及行为经济学观点的有用性，特别是在如何接近未知的未来方面。

同时还强调了建立动态框架的必要性。使用动态方法导致对通过过渡分析使生物经济成为现实的过程的使用，理解如何通过不同的步骤和有利条件实现技术上的重大变化[21]。

11.3.6　技术、创新及技术转让

技术是生物经济的主要焦点之一。从技术的角度来看，生物经济可以被视为从开采不可再生资源系统向农业可再生资源系统转变的持续进化过

程[23]。它的发展与资助研究和创新密切相关，以开发这方面的新技术和改进技术。生物经济研究的一个关键研究对象是研究领域和技术生产与转让的关系[24,25]。同样，值得注意的是技术转让进程，包括与农业知识体系有关的技术转让过程。技术也与供应方不同商品之间的联系和相关成本有关。最后，技术可以从生物经济技术的特殊性以及它们如何在经济研究中得到体现的角度来探讨。

11.3.7 生物质供应和资源使用

未来对生物质的需求将对其生产所需的资源造成压力；一个被广泛探索的领域侧重于资源满足生物质需求的能力，以及为满足这种需求而进行的转型，包括技术改进。虽然土地是承受压力的主要资源，但是人们越来越多地关注生物量的替代来源，如海洋。对水和肥料（特别是不易再生的肥料，如磷）的需求也越来越受到重视，这是植物生产所需的其他主要因素[21,26]。

11.3.8 市场及其联系

与前一个研究领域相联系的一个研究领域涉及市场之间的联系。市场关系不仅是满足需求，还与合格的市场关系有关。例如，主题包括价格稳定（和传输不稳定）或纵向和横向一体化。作为关于能源和食品之间关系的讨论的一部分，能源和食品之间的关系已经成为人们关注的焦点[27]。然而，只要一些生物经济技术倾向于替代现有产品和/或在不同的价值链之间建立联系，这个问题就会更加广泛。

对于还没有市场的产品，问题是如何顺利地开拓新的市场。在现有的大多数政策文件中，以及在研究和创新基金（包括 H2020）中，这都是一个明确的政策问题。

在市场背景下，消费者分析和行为是经济学研究的重要关注点之一。与食品（如转基因作物）有关的特定生物经济问题占据主导地位，但眼下的问题要大得多，从长远来看甚至更重要。它不仅意味着了解消费者的偏好，而且还包括调查消费者的意识和供需关系的新模型。

11.3.9 工具和管理

虽然该部门正在稳步发展，但我们可以从一个最实际的需求中学习到许多知识，即开发评估新技术潜在影响的工具。在这方面，生命周期评估

（LCA）已迅速发展成为技术分析的一个关键工具，以满足日益增长的需要，即考虑到产品链需要新技术评估的观点，并考虑特殊的生物经济问题，如多种产品和副产品之间分配的影响，以及循环流[28-30]。此外，环境管理工具普遍存在，并日益被视为生物经济部门可持续管理的关键工具[31]。

11.3.10　在经济学的边界

在这个领域刚刚起步的时候，经济学界实际上发生了很多事情，经济学和政治学、社会学、法律、管理学和通信学之间有很多潜在的联系点，仅举几个例子。

人们关注的直接焦点是政治，以及将推动生物经济发展解释为确保当前资本主义结构生存的主要政治进程[32]。一个明显非常重要的方面是监管，这也是越来越多研究的主题。对新技术的管制一直处于最前沿，包括将监管作为确保盈利能力与生物经济技术有关的经济、社会和环境目标之间的兼容性的一种方式[33]。

11.4　讨论和影响

全球生物经济峰会强调，生物经济作为一个整体，是全世界日益增长的经济和发展战略，而统计数据则强调了它在经济中的巨大和日益增长的作用。在生物经济的两个概念之间存在着潜在的分歧：一个概念基本上使用这个术语作为与生物资源有关的经济的非食品部分；另一个概念还包括农业和食品。欧盟和全球的政策趋势似乎认为第二种选择是合法化的。

就生物经济学而言，尽管主要集中在定义非常狭隘的问题和科学领域，但它仍倾向于将重点放在一些有前景的主题上。由此产生的一个明确信息是，需要更全面地看待生物经济共同体，这种看法能够应对生物经济不同组成部分之间的相互联系、不同地区的需求和不同期望之间的挑战。

这一需求还涉及研究，虽然这可能是所有学科的共同点，但对所有经济研究来说尤其如此。文献已经开始提到“生物经济学”或“生物经济学和政策”[31]。然而，人们的注意力仍然特别集中在个别部门，如农业和粮食，并在较小程度上关注生物技术或生物能源。这在很大程度上是由这些部门的个体相关性，以及它们在生物经济发展中的作用所证明的，并且通过这些领域，尤其是食品和农业领域的出版物数量稳步增长来衡量。这不再是生物经济理念的发展。事实上，生物经济讨论中的许多问题直接关系到农业，农业的发展被视为生物经济发展的关键一步。对生物经济和世界粮食需求的强调突出了该部门，并引起了人们对该行业的兴趣，因此鼓励人们重新重视其经济分析。

从当前经济和研究的趋势来看，很明显，生物经济的发展需要多尺度、多范围的研究。一方面，生物经济领域需要从基本盈利能力、消费者态度、技术评估和商业模式分析等方面开展重点研究。另一方面，需要采取整体性的方法，确保生物经济在属地化经济中的整合，在属地化经济中，生物经济的生态系统、社会和公共利益层面也被认为是相关的。此外，还需要采取两个部门和多部门的方法。这些不同的观点可以通过更多地关注部门和产品链之间的新联系来相互促进，这是生物经济的结构特征之一。

总的来说，“生物经济学和政策”还远远没有发展成为一门成熟的学科。然而，当前的文献似乎认识到其发展的范围可以连同生物经济的发展作为一个整体。这说明选择“生物基础和应用经济学”作为重点是合适的，但同时也强调，赋予这种选择以意义仍然是一个公开的挑战，需要务实的对话，而不是（或许为了实现）范式转变，如与更为传统的农业和食品经济领域合作。这也验证了灵活的范围的选择，并暗示未来情况会更糟。

尽管如此，保持对生物经济学的不断反思，将其作为一个研究主题，并形成经济思想的定界，也是一个值得挑战的问题。本文所确定的每一个研究领域都仅处于初始水平，实际上可能代表了该领域进一步研究的合适方向，尽管大体上仍未确定。其中，技术特性、生物经济的概念化、生物经济部门之间的联系（就技术和市场而言）是生物经济发展迫切需要研究的关键经济领域。在这方面，经济学的另一个挑战将是从主要的描述性和解释性的观点转向更加积极主动和规范性的方法，力求为生物经济中的私人决策和政策支持提供更直接的贡献。

参考文献

［1］El-Chichakli B.，von Braun J.，Lang C.，Barben D. and Philp J.（2016）. Five Cornerstones of a Global Bioeconomy. *Nature*，535：221-223.

[2] German Bioeconomy Council (2015a). Bioeconomy Policy (Part I). Synopsys and Analysis of Strategies in the G7. Ofce of the Bioeconomy Council, Berlin.

[3] German Bioeconomy Council (2015b). Bioeconomy Policy (Part II). Synopsis of National Strategies around the World. Ofce of the Bioeconomy Council, Berlin.

[4] European Commission (2012a). Innovating for Sustainable Growth: A Bioeconomy for Europe, SWD (2012). 11 fnal. Brussels, 13. 2. 2012. COM (2012) 60 fnal.

[5] European Commission (2012b). Commission Staf Working Document Accompanying the "Communication on Innovating for Sustainable Growth: A Bioeconomy for Europe". Brussels.

[6] Global Bioeconomy Summit 2015 (2015). Communiqué of the Global Bioeconomy Summit 2015. Making Bioeconomy Work for Sustainable Development. Berlin.

[7] European Commission (2015). Closing the loop-An EU Action Plan for the Circular Economy. COM (2015) 614/2, Brussels.

[8] German Bioeconomy Council (2015c). Global Visions for the Bioeconomy-an International Delphi-Study. Ofce of the Bioeconomy Council, Berlin.

[9] Pätäri S., Tuppura A., Toppinen A., Korhonen J. (2016). Global Sustainability Megaforces in Shaping the Future of the European Pulp and Paper Industry towards a Bioeconomy. *Forest Policy and Economics*, 66: 38-46.

[10] Wesseler J., Banse M., Zilberman D. (2015). Introduction Special issue "Te Political Economy of the Bioeconomy". *German Journal of Agricultural Economics*, 64 (4): 209-211.

[11] Birch K., Tyfield D. (2012). Theorizing the Bioeconomy: Biovalue, Biocapital, Bioeconomics or ... What? *Science, Technology & Human Values*, 38 (3): 299-327. doi: 10.1177/0162243912442398.

[12] Schmidt O., Padel S., Levidow L. (2012). Te Bio-Economy Concept and Knowledge Base in a Public Goods and Farmer Perspective. *Bio-based and Applied Economics*, 1 (1): 47-63.

[13] Ceapraz I. L., Kotbi G. and Sauvee L. (2016). The Territorial Biorefinery as a New Business Model. *Bio-based and Applied Economics*, 5 (1): 47-62.

[14] Kamal N., Che Dir Z. (2015). Accelerating the Growth of Bio-economy in Malaysia. *Journal of Commercial Biotechnology*, 21 (2): 43-56.

[15] Schieb P.-A., Lescieux-Katir H., Thénot M., and Clément-Larosière B. (2015). Biorefnery 2030. Biorefnery 2030: Future Prospects for the Bioeconomy. Berlin, Heidelberg: Springer Berlin Heidelberg.

[16] Kalt G. 2015. Biomass Streams in Austria: Drawing a Complete Picture of Biogenic Material Flows within the National Economy. *Resources, Conservation and Recycling*, 95: 100-111.

[17] Cardoen, Dennis, Piyush Joshi, Ludo Diels, Priyangshu M. Sarma, and Deepak Pant (2015). Agriculture Biomass in India: Part 2. Post-Harvest Losses, Cost and Environmental Impacts. *Resources, Conservation and Recycling* 101: 143-153. doi: 10.1016/j.resconrec.2015.06.002.

[18] Haas W., Krausmann F., Wiedenhofer D., and Heinz M. (2015). How Circular is the Global Economy? An Assessment of Material Flows, Waste Production, and Recycling in the European Union and the World in 2005. *Journal of Industrial Ecology*, 19 (5): 765-777.

[19] Festel G. and Rammer C. (2015). Importance of Venture Capital Investors for the Industrial Biotechnology Industry. *Journal of Commercial Biotechnology*, 21 (2): 31-42.

[20] Puttkammer J., Grethe H. (2015). Te Public Debate on Biofuels in Germany: Who Drives the Discourse? *German Journal of Agricultural Economics*, 64 (4): 263-273.

[21] Rosegrant M. W., Ringler C., Zhu T., Tokgoz S., Bhandary P. (2013). Water and Food in the Bioeconomy: Challenges and Opportunities for Development. *Agricultural Economics*, 44 (s1): 139-150.

[22] Zilberman D., Graf G., Hochman G., Kaplan S. (2015). Te Political Economy of Biotechnology. *German Journal of Agricultural Economics*, 64 (4): 212-223.

［23］ Zilberman D. , Kim E. , Kirschner S. , Kaplan S. , Reeves J. （2013）. Technology and the Future Bioeconomy. *Agricultural Economics*, 44 （s1）: 95-102.

［24］ Festel G. , Rittershaus P. （2014）. Fostering Technology Transfer in Industrial Biotechnology by Academic Spin-Ofs. *Journal of Commercial Biotechnology*, 20 （2）: 5-10.

［25］ Golembiewski B. , Sick N. , Bröring S. （2015）. The Emerging Research Landscape on Bioeconomy: What Has Been Done so Far and What is Essential from a Technology and Innovation Management Perspective? *Innovative Food Science & Emerging Technologies*, 29: 308-317.

［26］ Hertel T. , Steinbuks J. , and Baldos U. （2013）. Competition for Land in the Global Bioeconomy. *Agricultural Economics*, 44 （s1）: 129-138.

［27］ Lochhead K. , Ghafghazi S. , Havlik P. , Forsell N. , Obersteiner M. , Bull G. , Mabee W. （2016）. Price Trends and Volatility Scenarios for Designing Forest Sector Transformation. *Energy Economics*, 57: 184-191.

［28］ Ness B. , Urbel-Piirsalu E. , Anderberg S. , Olsson L. （2007）. Categorising Tools for Sustainability Assessment. *Ecological Economics*, 60 （3）: 498-508.

［29］ Sandin G. , Røyne F. , Berlin J. , Peters G. M. , and Svanström M. （2015）. Allocation in LCAs of Biorefinery Products: Implications for Results and Decision-Making. *Journal of Cleaner Production*, 93: 213-221.

［30］ Tilche A. , Galatola M. （2008）. Corner "EU Life Cycle Policy and Support". *The International Journal of Life Cycle Assessment*, 13 （2）: 166-167.

［31］ Straczewska I. （2013）. System of Environmental Management as an Element of Bioeconomy Development. *Journal of International Studies*, 6 （2）: 155-163.

［32］ Goven J. , Pavone V. （2014）. The Bioeconomy as Political Project: A Polanyian Analysis. *Science, Technology & Human Values*, 40 （3）: 302-337.

［33］ Wesseler J. , Spielman D. J. , Demont M. （2010）. Te Future of

Governance in the Global Bioeconomy: Policy, Regulation, and Investment Challenges for the Biotechnology and Bioenergy Sectors. *AgBioForum*, 1 (4): 288-290.

[34] Pannicke N. , Gawel E. , Hagemann N. , Purkus A. , and Strunz S. (2015) . Te Political Economy of Fostering a Wood-Based Bioeconomy in Germany. *German Journal of Agricultural Economics*, 64 (4): 224-243.

第12章　生物经济学的愿景：基于文献计量分析*

马库斯·巴格（Bugge M M）[1]，泰斯·汉森（Hansen T）[1,2]，
安婕·克利特库（Klitkou A）[1]

摘要：在过去的十年里，生物经济的概念在研究和政策辩论中变得越来越重要，并且经常被认为是解决多种重大挑战的关键部分。尽管如此，对于生物经济的实际含义，似乎还没有达成共识。因此，本文试图通过探讨学术文献中“生物经济”一词的起源、理解和内容，来加深我们对生物经济概念的理解。首先，我们进行了文献计量分析，强调生物经济研究界仍然相当分散，分布在许多不同的科学领域，即使自然科学和工程科学占据了最核心的地位。其次，我们进行文献综述确定生物经济的三个愿景：生物技术愿景强调生物技术的研究、生物技术在不同经济范畴的应用和商业化的重要性；生物资源愿景侧重于生物原材料的加工和升级，以及建立新的价值链；生物生态愿景强调可持续性和生态过程，优化能源和营养的使用，促进生物多样性，避免单一作物和土壤退化。

关键词：生物经济；生物技术；可持续性；重大挑战；综述；文献计量分析

---

* 本文英文原文发表于：Bugge M M，Hansen T，Klitkou A. What is the Bioeconomy? A Review of the Literature［J］. Sustainability，2016，8（7）：691.

1. 挪威北欧创新研究所。

2. 瑞典隆德大学。

12.1 导言

在过去十年中，“重大挑战”的概念已经成为政策制定和学术界日益关注的核心问题。在欧洲的背景下，《隆德宣言》[1] 强调了在气候变化、粮食安全、卫生、产业结构调整和能源安全等多个领域寻求解决方案的紧迫性。这些重大挑战的一个关键共同点是，它们可以被描述为持续性问题，这些问题非常复杂、开放，其特点是在如何处理和解决这些问题方面存在不确定性——部分解决方案可能由于反馈效应在以后某个时间点导致进一步的问题[2-4]。

尽管存在这些不确定性，生物经济的概念已经被引入，作为解决这些挑战的一个重要部分。从气候变化的角度来看，从化石产品和能源转向生物产品和能源非常重要，但也有人认为，向生物经济的转变将解决与粮食安全、健康、产业结构调整和能源安全有关的问题[5-7]。

然而，尽管生物经济在应对这些重大挑战中发挥了关键作用，但对生物经济实际意味着什么，人们似乎没有达成共识。例如，生物经济的概念从与跨部门不断增加使用生物技术密切相关的概念，到重点是生物材料的使用[8-9]。因此，在描述生物经济时，有人认为“其含义似乎仍在不断变化”[6]，生物经济可以被描述为“主叙事”[10]，这是非常不同的解释。

有鉴于此，本文的目的是加深对生物经济概念的进一步理解。可以说，如果向生物经济的过渡确实是针对一系列核心重大挑战的关键因素，那么这一点就很重要了。具体而言，本文旨在探讨学术文献中“生物经济”一词的来源、理解和内容。首先，这包括对有关该主题的同行评议文章的文献计量学分析（第 12.3 节），其中确定了中心组织、国家和科学领域。一个主要的结果是，生物经济学的概念已经被多个科学领域所接受。因此，在第 12.4 节中，我们回顾了有关生物经济的文献，以检验学术文献中提出的对生物经济概念的不同理解。具体而言，我们重点关注的是关于总体目标和目的、价值创造、创新的驱动因素和中介因素以及空间焦点的影响。在进行分析之前，下文介绍了方法。

 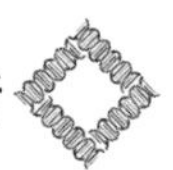

12.2　方法论

12.2.1　文献计量分析

文献计量分析是基于相关科学文章的文献检索，该文献检索在一个公认的科学文章数据库中建立索引，该数据库是科学网的核心集合。样本的划分可以通过出版时间、作者的地理位置、研究领域的选择、期刊样本的选择或关键词的选择来定义。为了本研究的目的，我们分析了 2005~2014 年的文献索引，没有把 2015 年包括在内，以允许上年发表的论文在 2015 年收集引用。既然我们决定分析现有的关于生物经济的科学文献，就选择了一个全球性的方法，包括所有的研究领域。此外，在人类、社会、自然和技术研究领域之间进行的生物经济研究存在大量重叠。例如，生物经济发展的伦理方面通常被人文学科的期刊所涵盖，因此这一领域也包括在内。

选取以下关键词及其变体：生物经济、生物基础经济、生物基础产业、循环经济和生物*、生物基础社会、生物基础产品和生物基础知识经济。附录 C 中提供了计算指标列表。在分析最活跃的机构及其联合出版方面的合作关系时，我们使用了分数计数，而不是绝对计数，以便更准确地了解不同机构的情况。

运用社会网络分析（SNA）技术测量网络中不同类型的中心性，如度中心性和中介中心性。度中心性被定义为一个节点所拥有的链接数量[11]，而中介中心性则被定义为一个节点沿着其他两个节点之间的最短路径充当桥梁的次数[12]。这两个指标在 Borgatti、Everett 和 Freeman[13] 开发的 UCI-NET 6 的帮助下重新计算，网络图由 Borgatti[14] 开发的 NetDraw 创建。网络图采用度中心性度量。通过识别派系来分析识别网络的结构。派系是网络的一个子集合，其中节点之间的联系比它们与网络中其他成员之间的联系更紧密。

12.2.2　文献综述

本部分旨在探讨对生物经济概念理解上的差异。它是基于文献计量分析中包含的一部分论文的一个子集。主要的纳入标准是论文必须包括关于生物经济的讨论。重要的是，第 12.4 节中所描述的由此产生的生物经济愿景不应被理解为学术作者所推崇的愿景，而应被理解为对决策者、行业参与者等的行为进行学术分析得出的生物经济愿景。

为了提高对生物经济产生的基础和条件的理解，我们纳入了一些关注概念方面的论文，如创新和价值创造、驱动力、治理和生物经济的空间焦点。因此，我们排除了主要讨论技术问题的论文。审查包括对 110 篇论文摘要的筛选。从这些论文中，我们自由选择了 65 篇被认为与分析有关的论文。

然后由 2~4 人阅读这些论文，以提高可靠性。论文的内容在一个数据库中进行了总结，考虑了研究目标、方法、地理和工业领域的范围以及主要结论等方面，对个别文章的不同意见在讨论中得到了解决。该数据库提供了一个出发点，用于确定包含有关生物经济目的和目标、价值创造过程、创新驱动因素和媒介或空间焦点的相关内容的论文。这些论文随后被重新阅读并综合到第 12.4 节的分析中。

12.3 生物经济学科学文献的文献计量分析

我们查阅了 2005~2014 年的 453 篇论文。从图 12-1 中可以看出，这个话题在科学论述中得到了越来越多的关注。

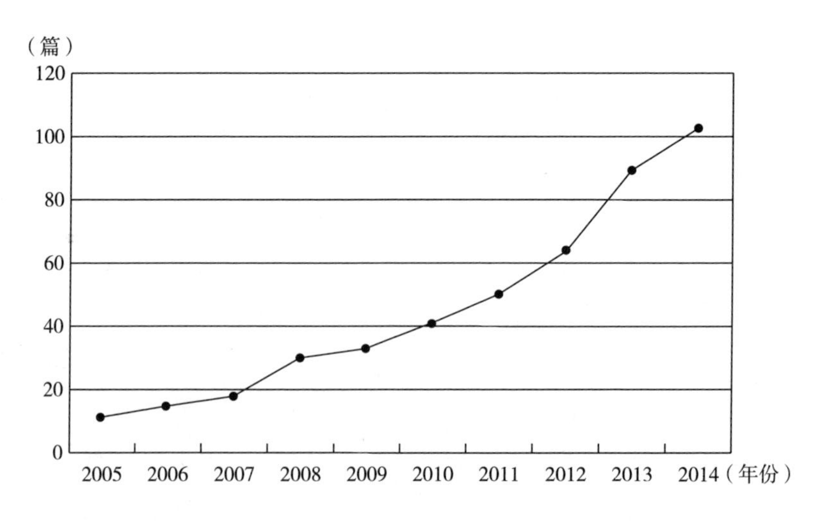

图 12-1　2005~2014 年的论文数

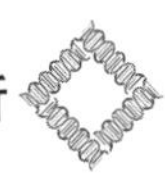

整个样本获得的引文总数为 9207 次，但是被引数的分布是倾斜的（见表 12-1）。被引用次数最多的三篇论文占所有引数的 18%。最常被引用的 15 篇论文获得了 41%的被引数。41 篇论文被引用一次，55 篇论文没有被引用。

表 12-1　被引用最多的 10 篇论文（491 篇引用）和每年被引用最多的 10 篇论文

被引用次数最多的论文		每年被引用次数最多的论文	
参考文献	引用次数	参考文献	平均每年被引用的次数
[15]	760	[15]	127
[16]	509	[16]	51
[17]	351	[17]	50
[18]	344	[18]	49
[19]	234	[20]	37
[21]	230	[22]	36
[23]	211	[23]	35
[24]	209	[25]	35

注：2016 年 2 月 23 日检索到的引文数据，索引过程可能会有一些延迟，因此，2014 年底发表的论文被引用的数量可能会被低估。

查看每年的平均被引用次数比总被引次数更有趣，因为默认情况是较老的论文比大多数新论文被引用的次数更多。尽管如此，两种不同的引文计算方法的结果并没有太大差异。这些数据符合布拉德福定律，这意味着在一个给定的研究领域中，最重要的文章都是在一个相对较小的期刊出版物核心群中发现的，而大量的文章没有得到任何引用[26]。

对这些期刊的分析表明，这一主题已被大量研究：453 篇论文在 222 份期刊上发表，其中 149 份期刊只有一篇关于这个主题的论文。表 12-2 列出了论文数量超过 7 篇的期刊，获得的引文数量以及它们在总引文数量中所占的份额。似乎没有一家期刊把自己定位为生物经济学学术辩论的中心期刊。

这 453 篇文章由 1487 名研究人员撰写，大多数研究人员（89%或 1324 人）在样本中只有一篇论文，有 5 位研究人员在样本中有 4 篇以上的论文（见表 12-3）。

表 12-2　有 7 篇以上文章的期刊每篇期刊的文章数、总引用数和引用占比

期刊	论文数量（篇）	论文占比（%）	引用次数（次）	引用占比（%）
生物燃料制品和生物衍生燃料制品	27	6.0	244	2.7
生物质和生物能源	18	4.0	251	2.7
美国石油化学家学会杂志	15	3.3	202	2.2
清洁生产杂志	12	2.6	204	2.2
国际生命周期评估杂志	10	2.2	164	1.8
国际糖业杂志	10	2.2	30	0.3
生物资源技术	9	2.0	361	3.9
应用微生物学和生物技术	8	1.8	249	2.7
斯堪的纳维亚森林研究杂志	8	1.8	14	0.2
总和	117	25.8	1719	18.7

注：总引用数 n=9207。

表 12-3　发表了 4 篇以上的论文的 5 位最杰出的作者

作者	论文数量（篇）
Sanders J. P. M.	8
Zhang Y. H. P.	6
Birch K.	5
Montoneri E.	5
Patel M. K.	5

这些研究人员来自哪里？对数据库中列出的 992 个地址的分析提供了两类信息：国家的来源和组织。207 篇文章只列出了一个地址，4 篇文章没有列出任何地址。因此，我们有 449 篇分析组织隶属关系的论文样本。对于所有的文章，地址的份额都经过计算得到分数计数（见表 12-4）。总样本中最重要的国家是美国、荷兰和英国。

作者在 449 篇论文中列出了与 459 个组织的组织隶属关系。我们计算了地址的分数，并标准化了组织的类型。大多数论文（72.9%）列出了高等教育机构地址，12.8%的论文列出了研究所地址，5.9%的论文列出了公司地址，1.4%的论文列出了国际组织地址，5.6%的论文列出了公共机构地址（见表 12-5）。

表 12-4　根据地址分数统计的文章最多的 10 个国家

国家	论文数量（篇）
美国	116
荷兰	45
英国	43
德国	27
加拿大	22
比利时	21
意大利	20
中国	19
澳大利亚	18
瑞典	14

表 12-5　按论文数量划分的组织类型及在论文总数中占比

组织类型	论文数量（篇）	占比（%）
高等教育机构	327.3	72.9
研究所	57.6	12.8
公司	26.6	5.9
公共机构	25.0	5.6
国际组织	6.3	1.4
科学机构	4.0	0.9
集群组织	2.3	0.5

以论文数量和合著网络中的度中心性衡量（见表 12-6），最突出的组织主要是大学。然而，在衡量中介中心性时美国农业部处于网络的中心位置，这意味着美国农业部对于连接远程专业网络方面很重要。表 12-6 中的度中心性值越高，表明各组织在网络中的中心性越好，而中间度中心度值越高，则表明各组织的桥接功能越强。美国一些最重要的大学（密歇根州立大学和佛罗里达大学）的度中心性值较高，但中介中心值较低，因此它们不能作为重要子网络之间的连接器。根据合著网络中度中心性的测量绘制的图表，研究领域由网络化组织的核心和研究人员所属的众多较小的组织子网络组成（见图 12-2）。我们确定了 179 个至少有两个节点的派系

和 79 个至少有三个节点的派系。

表 12-6　合著者网络中十大最著名的组织

组织	论文数量（篇）	度中心性	中介中心性
瓦赫宁根大学研究中心	19.2	8.200	9471.480
艾奥瓦州立大学	17.6	1.861	1529.762
美国农业部	15.4	3.242	11896.121
根特大学	12.0	3.003	9493.600
乌特勒支大学	7.2	2.000	1145.533
纽约大学	5.8	1.833	933.000
隆德大学	5.8	0.833	235.000
密歇根州立大学	5.5	0.867	0.000
佛罗里达大学	5.3	0.333	0.000
卡迪夫大学	4.8	0.833	1782.586

注：①本表结果是就数量（n=99，分数计数）和弗里曼的学位中心地位而言，并增加了弗里曼中心性的值。②度中心性定义为一个节点拥有的链接数量[11]，而介度中心定义为一个节点沿着其他节点之间的最短路径充当桥梁的次数[12] 度中心度和介度中心度的中心度度量已使用 UCINET6 计算。

周围众多的小型子网络由高等教育机构主导。主要的子网络不仅显示大学，还显示公司和其他类型的参与者集中在网络和合作的地理集群。值得注意的是，有一些地理集群：①美国集群，其中心位置围绕美国农业部和其他美国参与部门，无论是大学、公共机构还是公司；②西欧和中欧集群，中心位置为荷兰瓦赫宁根大学、瑞士联邦理工大学和比利时根特大学；③多伦多大学周围的一个小型加拿大—法语集群；④一个小型的斯堪的纳维亚集群；⑤一个小型的南美集群，其中有巴西的坎皮纳斯大学。其他地区在网络中的中心位置较低，与其中一些集群的外部边界联系更紧密，例如，东亚国家与美国的联系。

为了解在哪里讨论生物经济，我们确定了样本中的主要科学领域。论文主要被分为几个类型，因此，采用了加权计数法。样本包括 99 个科学类别，代表了一个非常分散的分布。数据库中应用了 249 个类别，但对于许多类别来说，这只是一个很小的主题。其中最重要的是属于自然科学和技术科学的三个类别：生物技术与应用微生物学、能源与燃料、环境科

学。社会科学研究在样本中不那么明显。图 12-2 总结了 15 个最突出的类别。

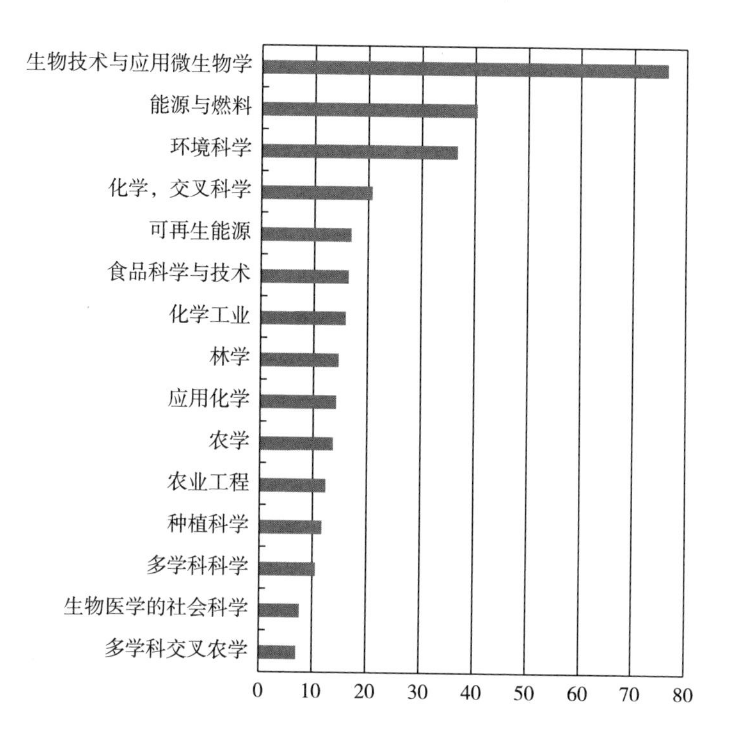

图 12-2　基于加权计数（n=453）的科学分类网络份额

总之，文献计量学分析强调了生物经济研究在过去几年中变得更加明显。近 3/4 的论文是由隶属于高等教育机构的研究人员共同撰写的，而来自私营公司的研究人员则不那么引人注目。研究界仍然相当分散，欧洲和美国的核心区域集群在该领域最活跃，网络化程度最高。相反，来自世界其他地区的组织与生物经济研究网络的联系要少得多。就主题而言，该研究领域显得支离破碎，分散在许多科学领域。自然科学和工程科学占主导地位，而社会科学则比较少见。

12.4　生物经济愿景

考虑到生物经济概念的许多起源和在多个科学领域的广泛传播，本节的目的是探讨学术文献中对这一概念的不同理解。从广义上说，我们发现有可能区分生物经济构成的三种理想类型愿景[10,27]。考虑到生物经济研究在自然科学和工程科学领域的重要性，至少前两种观点似乎受到技术视角的显著影响：

（1）生物技术愿景。强调生物技术研究、生物技术在不同行业的应用和商业化的重要性。

（2）生物资源愿景。关注农业、海洋、林业和生物能源等部门中与生物原材料有关的研究、开发和示范的作用，以及新价值链的建立。

生物技术愿景以科学的潜在应用为出发点，而生物资源愿景则强调生物原材料升级和转化的潜力。

（3）生物生态愿景。强调生态过程的重要性，这些过程可以优化能源和养分利用、促进生物多样性、避免单一耕作和土壤退化。虽然前两个愿景以技术为中心，并在全球化系统中发挥研发的核心作用，但生物生态愿景强调了区域集中的循环、集成流程和系统的潜力。

重要的是，这些愿景不应被视为是完全不同的，而应被视为生物经济的理想愿景。因此，虽然某些参与者主要与不同的愿景联系在一起，如经合组织（生物技术愿景）、欧盟委员会（生物资源愿景）、欧洲技术平台TP（生物生态愿景）[10,27]，但也强调了这些愿景相互关联。例如，欧盟委员会最初的政策工作受到生物技术愿景现有工作的重大影响[7]。类似地，文献计量分析（第12.3节）中包含的个别论文可能往往不支持对生物经济概念的单一理解。然而，这部分分析的目的不是根据不同的视角对所有生物经济学论文进行分类，而是确定学术文献中提出的对生物经济概念的关键解释。

在下文中，我们确定了三个生物经济愿景的关键特征，特别着重于总体目标和目的、价值创造、创新的驱动因素和媒介，以及空间焦点方面的影响（见表12-7）。

表12-7　生物经济的关键特征

	生物技术愿景	生物资源愿景	生物生态学视角
宗旨及目标	经济增长和创造就业	经济增长和可持续性	可持续性，生物多样性，保护生态系统，避免土壤退化

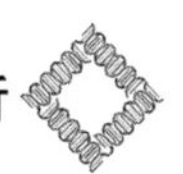

续表

	生物技术愿景	生物资源愿景	生物生态学视角
价值评估	生物科技的应用、研究和技术的商品化	生物资源的转化和升级（过程导向）	发展综合生产系统和具有地域特征的高质量产品
创新的驱动者和中介者	研发、专利、技术备忘录、研究理事会和资助者（科学推动、线性模型）	跨学科、优化土地使用，包括生物燃料生产过程中的退化土地、生物资源的使用和可利用性、废物管理、工程、科学与市场（交互式和网络化生产模式）	确定有利的有机农业生态实践、道德、风险、跨学科可持续性、生态互动、废弃物的再利用和循环利用、土地利用（循环和自我维持的生产模式）
空间焦点	全球集群/中心区域	农村/周边地区	农村/周边地区

12.4.1　生物技术愿景

生物技术愿景的主要目的和目标与经济增长和就业创造有关[27,28]。因此，虽然假设其对气候变化和环境方面具有积极影响，但经济增长显然优先于可持续性。因此，使用生物技术产生的反馈效应往往被忽视[7]。同样，风险和道德问题是经济增长的次要优先事项[29]。

价值创造与生物技术在各个部门的应用、研究和技术的商业化有关。预计经济增长将伴随着生物技术的资本化，生物技术研究公司和投资者之间的中介机构（如生物技术消息提供者）在刺激生物经济的经济增长方面发挥着重要作用[30]。因此，对研究和创新的投资，将导致科学知识的产生，是这一版本的生物经济学的绝对核心方面。研究从分子水平的操作过程开始，然后构建产品和生产过程。原则上，这允许将生物质转化为非常广泛的可销售产品[31]。

与创新的驱动因素和媒介因素相关，生物技术愿景中对创新过程的隐含理解在许多方面类似于所谓的线性创新模型，其中创新过程被假定从科学研究开始，随后是产品开发、生产和营销[32]（参见本章参考文献［33］了解对该模式的评论摘要）。因此，在这个过程中，大学和行业之间需要密切互动，以确保相关的研究真正商业化[34]。在这一生物经济愿景中，技术进步将解决资源短缺问题，因此资源短缺不是分析的核心参数[9,27]。同样，人们似乎或多或少地暗示，浪费不会是一个关键问题，因为生物技术生产过程将产生很少或根本没有浪费。由于起始点是在分子水平上，原则上设计的过程可以产生很少的浪费。生物技术也可能有助于将有机废物转化为新的最终产品[7]。还有人认为，一旦生物技术进入商业化阶段，生物技术的广泛应用可能将导致传统产业之间的界限变得模糊[35,36]。由于研究是这一愿景的核心组成部分，研究委员会和其他研究资助机构成为将生物经济愿景转化为该领域本身实际发展的核心参与者[37]。与研究的突出作用相关，文献中的一些贡献侧重于研究治理问题，如生物经济研究政策的历史[38]。

就空间重点而言，生物经济的生物技术愿景预计将导致全球有限数量的地区集中增长，这些地区集中了大型制药公司、小型生物技术公司和风险资本[39,40]。其中，专门从事与生物技术相关的高质量公共研究的地区可能从发展方面受益[41]。此外，这些全球生物技术中心之间的联系对生物经济的创新非常重要，新兴经济体和发展中经济体的某些地区也可以利用生物经济[8,42]。由于重点关注生物经济领域中的全球竞争，创新治理的概念也构成了支持这一愿景的一些研究的核心特征[43,44]。结合生物经济的地理环境，本文还指出生物经济中的价值创造如何既包括与生物资源相联系的物质组成部分，也包括知识和开发新知识的能力方面的非物质组成部分[45]。本文献的其他部分涉及一些问题，例如，在各种新兴经济体中构建生物经济的条件和应用策略[46-51]。

12.4.2　生物资源愿景

在生物资源愿景中，总体目标和目的既涉及经济增长，也涉及可持续性。人们期望生物创新将同时提供经济增长和环境可持续性[10]。生物技术愿景中的经济增长将源于生物技术的资本化，而在生物资源愿景中，生物资源的资本化预计将推动经济增长。虽然人们通常认为，环境可持续性方面的影响将是积极的，但主要关注的是新生物产品的技术开发，对环境保护的重视则少得多[52]。因此，相当矛盾的是，向生物经济过渡的气候变化影响很少得到评估，而决策者对可持续性的关注相对有限[5,27]。值得注意的是，尽管学术界经常质疑生物经济的积极可持续性效应，但是在生物经济政策中，可持续性方面的整合还比较薄弱[53]。Ponte（2009）认为，就可持续发展而言，与生物经济标准制定相关的过程和程序变得比结果更为重要[54]。实际上，生物经济学的讨论可能导致人们越来越不重视森林砍伐和生物多样性丧失等问题[6]。

在价值创造方面，生物资源愿景强调将生物资源加工并转化为新产

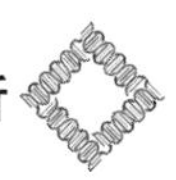

品。与生物资源的使用和可用性有关的废物管理，在生物资源愿景中亦占据较显著的地位。在价值链上尽量减少有机废物的产生是一个核心问题，而不可避免的废物产生是可再生能源生产的重要投入[55]。生物质能梯级利用的概念在这方面至关重要，因为它强调了最大限度地提高生物质能利用效率的努力[56]。最后，还有人认为，通过将废物转化为肥料进行循环利用的废物处理是大规模生物燃料生产的核心[57]。

关于创新的驱动因素和媒介因素，以及主要侧重于生物资源的自然结果，土地使用问题构成了比生物技术愿景更为明确的因素。因此，生物资源愿景的一个重要驱动因素是提高土地生产力[10,57]，并将退化的土地纳入生物燃料生产[57]。然而，对于林业和农业等不同土地利用类型之间的变化对气候变化等其他方面的影响，人们往往很少进行讨论[5]。此外，虽然有关生物资源的使用和可用性的考虑非常突出，但生物资源的使用和其他资源和产品（如水、肥料和杀虫剂）的使用之间的关系很少被考虑[27]。

事实上，与生物技术愿景类似，生物资源愿景也强调了研究和创新活动作为价值创造的重要驱动力的作用。然而，虽然前者在生物技术研究中的起点较狭窄，但后者强调了多个领域研究的重要性，这些领域以不同的方式与生物材料相关。因此，研究和创新工作往往涉及能力不同的参与者之间的合作，同时也强调了对消费者偏好等问题进行研究的重要性[10]。创新也被理解为需要跨部门的合作，例如，来自林业行业的公司与下游参与者密切合作[58]。McCormick 和 Kautto（2013）认为，跨部门合作对生物经济创新的重要性在生物经济政策中经常得到强调。因此，综上所述，生物资源愿景中的创新基础价值创造驱动力不如生物技术愿景中的创新基础价值创造驱动力那么线性，因为强调了跨部门合作和与客户的互动。

在空间焦点方面，生物资源愿景强调了刺激农村环境发展的巨大潜力。有人认为，生产新生物产品的工厂将对农村地区的就业产生积极影响，而且由于自然资源作为关键的地理位置因素的重要性，它们很可能比其他形式的经济活动更不自由[59]。因此，生物资源为复兴农村发展打开了大门，这种复兴是由向高附加值产品的多样化驱动的[60]。然而，虽然与生物材料的培养和加工相关的本地化能力是这一发展的核心，但在大多数情况下，这将需要外部知识的补充[61]。

12.4.3 生物生态学愿景

生物生态愿景的宗旨和目标主要关注可持续发展。虽然在生物技术和生物资源愿景中，经济增长和就业创造是主要关注点，但在生物生态愿景中，这些方面显然是可持续发展问题的次要方面[10]。关于生物经济的文献反映了对可持续性的重视和关注，也包含了对生物技术和生物资源愿景中的经济增长和商业化关注的紧张关系和批评声音。在关于健康的文献中，有一些文献批评了生物资源的商业化，例如在各种形式的人体组织的贸易（这种批评的例子包括质疑脐带血[62-65]、卵母细胞[66-68]、胎儿组织[69]、干细胞[70]、股骨头[71] 或血液[72,73] 的贸易。讨论的话题包括生物资源商业化的伦理[74]、血液供应的安全[72]、获得生物资源的不平等[75] 以及代孕的道德困境[67] ）。

在价值创造方面，生物生态愿景强调促进生物多样性、保护生态系统、提供生态系统服务的能力，以及防止土壤退化[9,10]。人们还强调，生物废弃物生产能源只能在再利用和循环利用后的产业链的末端进行。此外，使用自己的废弃物以及城市地区的废弃物对于减少甚至消除对生物产品生产设施的外部投入的需要也很重要[9,10]。在这个意义上，这个愿景强调一种循环和自我维持的生产模式。

生物经济的生物生态愿景，就创新的潜在驱动因素和媒介因素而言，强调确定有利的有机生物生态实践[76,77]，以及与废物再利用、再循环和土地利用的效率相关的生态互动。一个相关的关键主题是生物生态工程技术，其目的是“设计尽可能少需要农药和能源投入的农业系统，而非依靠生物成分之间的生态相互作用，使农业系统能够提高其自身的土壤肥力、生产力和作物保护”[10]。

尽管另外两个生物经济愿景强调技术为重点的研究和创新活动的作用，但生物生态愿景却并非如此。事实上，在生物生态愿景中，某些技术，如转基因作物被排除在外。这并不意味着研究和创新活动不重要，而是说它们有不同的重点。例如，Albrecht 等（2012）[78] 呼吁更加重视跨学科可持续性主题的研究，例如，可持续生物量的培育潜力、全球公平贸易以及更广泛地参与关于过渡进程的讨论和决策。最后，呼吁开展以全球规模为出发点的研究，并说明相互竞争的生物经济愿景的负面后果[31]。

在空间聚焦方面，生物生态愿景以类似于生物资源愿景的方式强调农

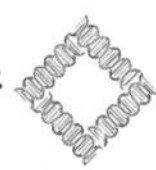

村和周边地区的机遇。有人认为，农村增长机会可能源于对具有地域特征的高质量产品的关注[10]。然而，尽管生物资源愿景强调外部联系的重要性，但生物生态愿景呼吁发展当地嵌入式经济，即“基于地方的农业生态系统”[76]，作为确保可持续生物经济努力的核心部分。

12.5　研究结果及总结

本章在回顾国内外生物经济学研究文献的基础上，对生物经济学概念的范围、起源和发展进行论述。通过识别生物经济学的三种不同视角，试图加深我们对生物经济学概念的理解。总之，本章试图描绘这一领域的不同背景和观点。

虽然向生物经济的过渡通常被认为在应对诸如气候变化、粮食安全、健康、产业结构调整和能源安全等重大挑战方面发挥着关键作用，论文表明，生物经济是一个年轻的研究领域，尽管可能的研究分析可能已经参与相关领域，或者有不同标题下的类似研究，如生物技术。与以往的生物技术研究相反，最近的生物经济研究似乎涉及了一个更广泛的概念，涵盖了从卫生和化学工业到农业、林业和生物能源等领域。本章展示了一系列不同的学科如何参与支撑生物经济出现的知识生产，这一广度反映了生物经济概念的一般特征和本质。然而，在研究生物经济的众多学科中，自然科学和工程科学占据最核心的地位。

考虑到这一点，文献综述确定了生物经济的三种观点也许就不足为奇了，其中至少前两种观点似乎受到工程学和自然科学视角的显著影响。生物技术愿景强调生物技术研究的重要性，以及生物技术在不同经济领域的应用和商业化。生物资源愿景侧重于生物原材料的加工和升级，以及建立新的价值链。最后，生物生态愿景强调可持续性和生态过程，优化能源和养分的使用，促进生物多样性，避免单一作物和土壤退化。

生物经济的概念还包含不同的目标，一方面侧重于减少生物资源的废物流，另一方面侧重于在生物资源现有废物流的基础上开发新产品和经济价值链。在一定程度上，围绕生物废物出现了新的经济价值链，这可能会阻碍生物废物数量的下降。因此，这两个目标可能构成截然不同的合理性。这种对立的理论反映了所涉及政策领域的多样性，突出了跨部门或跨领域讨论横向政策的困难。与此同时，鉴于对工程和自然科学的重视，生物技术愿景和生物资源愿景在某种程度上相互重叠，可能是将生物技术应用于生物资源的可能性方面的补充战略。从这个意义上讲，对于各国和各地区来说，既拥有本地化的生物资源，又拥有提炼和升级这些资源的技术，可能是一个可行的战略。除了研究和创新方面的预期协同作用之外，国内升级将确保在当地创造更高的价值，而不是出口生物资源用于其他地方的升级。

鉴于在许多生物经济研究中主要强调自然科学和工程科学，未来研究的一个重要课题是生物经济及其更广泛的社会和经济影响之间的联系。生物经济的概念通常被认为涵盖了在技术进步和价值链方面截然不同的各种行业。此外，生物经济的出现预计将意味着在若干其他部门和领域实施和应用非专利生物技术。生物技术在现有不同领域的应用可能有助于重新界定这些部门的运作方式和生产内容。因此，期待根据区域和环境敏感的智能专业化原则[79]或构建的区域优势[80]原则，进一步研究生物经济在社会和经济发展战略中的地位。

因此，是否向生物经济过渡以及如何真正有助于应对关键的重大挑战，仍有待观察。相当矛盾的是，虽然围绕生物经济的主要叙述强调了这些特定方面，但是在环境保护和气候变化影响等方面的后果却很少被评估[5,52]。这可能归因于自然科学和工程科学研究的主导地位，这些研究往往侧重于生物经济的狭隘方面，而不是更广泛的、系统性的后果。因此，在非技术领域开展更多的生物经济研究可以说是很重要的，以便更深入地了解生物经济的社会经济方面，从而更深入地了解生物经济在应对我们这个时代的重大挑战方面的潜力。

为了回答“什么是生物经济”这个问题，生物经济的概念是多方面的：从广度上来说，例如，从起源和所代表的部门来说；从深度上来说，例如，从生物经济的基本价值、方向和驱动力的理论基础或愿景来说。本文展示了不同视角在研究文献中是如何共存的，以及它们如何对目标、价值创造、创新驱动力和空间焦点产生影响。尽管如此，尽管我们必须记住，生物经济是一个涵盖许多领域和意义的广泛而深刻的术语，但似乎可以提炼出“生物资源的勘探和开发”的共同利益。这种兴趣可能意味着将生物技术应用于生物资源的不同方式和收获新生物产品的各种形式。尽管如此，它也可能使人们更好地了解我们所生活的生态系统，以及新的和可持续的解决方案的可能性，以及支撑这些解决办法的知识和技术。

附录 C

在文献计量分析中计算了下列指标：

- 每年的论文数量；
- 引文总数：于 2016 年 2 月获得了引文数据；
- 每篇论文的引文；
- 自发表以来每年每篇论文的平均引用次数；
- 每份期刊的论文数量；
- 每份期刊论文引文；
- 每个作者的论文数量；
- 基于分数计数的作者归属：每个国家和每个组织的论文；
- 作者的组织隶属关系区分不同类型的组织：高等教育机构、研究机构、公司、公共机构、国际组织、科学机构和集群组织；
- 基于分数计数和 SNA 中心性度量（如度中心性和介数中心性）以论文数量衡量的组织中心性；
- 根据作为科学领域指标的科学数据库网络的类别和基于分数计数的科学领域的分布。

参考文献

[1] Lund Declaration. *Europe Must ocus on the Grand Challenges of Our Time*; Swedish EU Presidency: Lund, Sweden, 2009.

[2] Coenen L., Hansen T., Rekers J. V. Innovation policy for grand challenges. An economic geography perspective. *Geogr. Compass*. 2015 (9): 483-496.

[3] Schuitmaker T. J. Identifying and unravelling persistent problems. *Technol. Forecast. Soc. Chang*. 2012 (79): 1021-1031.

[4] Upham P., Klitkou A., Olsen D. S. Using transition management concepts for the evaluation of intersecting policy domains ("grand challenges"): The case of Swedish, Norwegian and UK biofuel policy. *Int. J. Foresight Innov. Policy*. 2016, in press.

[5] Ollikainen M. Forestry in bioeconomy—Smart green growth for the hu-

mankind. *Scand. J. For. Res.* 2014 (29): 360–366.

[6] Pülzl H., Kleinschmit D., Arts B. Bioeconomy—An emerging meta–discourse affecting forest discourses? *Scand. J. For. Res.* 2014 (29): 386–393.

[7] Richardson B. From a fossil–fuel to a biobased economy: The politics of industrial biotechnology. *Environ. Plan. C Gov. Policy.* 2012 (30): 282–296.

[8] Wield D. Bioeconomy and the global economy: Industrial policies and bio–innovation. *Technol. Anal. Strateg. Manag.* 2013 (25): 1209–1221.

[9] McCormick K., Kautto N. The bioeconomy in Europe: An overview. *Sustainability*, 2013 (5): 2589–2608.

[10] Levidow L., Birch K., Papaioannou T. Divergent paradigms of European agro–food innovation: The knowledge–based bio–economy (KBBE) as an R & D agenda. *Sci. Technol. Hum. Values*, 2013 (38): 94–125.

[11] Borgatti S. P. Centrality and network flow. *Soc. Netw.* 2005 (27): 55–71.

[12] Freeman L. C. A set of measures of centrality based on betweenness. *Sociometry.* 1977 (40): 35–41.

[13] Borgatti S. P., Everett M. G., Freeman L. C. *Ucinet for Windows: Software for Social Network Analysis*; Analytic Technologies: Lexington, KY, USA, 2002.

[14] Borgatti S. P. *NetDraw: Graph Visualization Software*; Analytic Technologies: Lexington, KY, USA, 2002.

[15] Bozell J. J., Petersen G. R. Technology development for the production of biobased products from biorefinery carbohydrates–the US Department of Energy's "top 10" revisited. *Green Chem.* 2010 (12): 539–554.

[16] Zhang Y. H. P., Himmel M. E., Mielenz J. R. Outlook for cellulase improvement: Screening and selection strategies. *Biotechnol. Adv.* 2006 (24): 452–481.

[17] Lee S. H., Doherty T. V., Linhardt R. J., Dordick J. S. Ionic liquid–mediated selective extraction of lignin from wood leading to enhanced enzymatic cellulose hydrolysis. *Biotechnol. Bioeng.* 2009 (102): 1368–1376.

[18] Bordes P., Pollet E., Averous L. Nano–biocomposites: Biodegrad-

able polyester/nanoclay systems. *Prog. Polym. Sci.* 2009 (34): 125–155.

[19] Graham R. L., Nelson R., Sheehan J., Perlack R. D., Wright L. L. Current and potential US corn stover supplies. *Agron. J.* 2007, 99, 1–11.

[20] Dusselier M., van Wouwe P., Dewaele A., Makshina E., Sels B. F. Lactic acid as a platform chemical in the biobased economy: The role of chemocatalysis. *Energy Environ. Sci.* 2013 (6): 1415–1442.

[21] Li C. Z., Wang Q., Zhao Z. K. Acid in ionic liquid: An efficient system for hydrolysis of lignocellulose. *Green Chem.* 2008 (10): 177–182.

[22] Horn S. J., Vaaje-Kolstad G., Westereng B., Eijsink V. G. H. Novel enzymes for the degradation of cellulose. *Biotechnol. Biofuels.* 2012.

[23] FitzPatrick M., Champagne P., Cunningham M. F., Whitney R. A. A biorefinery processing perspective: Treatment of lignocellulosic materials for the production of value-added products. *Bioresour. Technol.* 2010 (101): 8915–8922.

[24] Carvalheiro F., Duarte L. C., Girio F. M. Hemicellulose biorefineries: A review on biomass pretreatments. *J. Sci. Ind. Res.* 2008 (67): 849–864.

[25] Burrell Q. L. The Bradford distribution and the Gini index. *Scientometrics.* 1991 (21): 181–194.

[26] Vaaje-Kolstad G., Westereng B., Horn S. J., Liu Z. L., Zhai H., Sorlie M., Eijsink V. G. H. An oxidative enzyme boosting the enzymatic conversion of recalcitrant polysaccharides. *Science.* 2010 (330): 219–222.

[27] Staffas L., Gustavsson M., McCormick K. Strategies and policies for the bioeconomy and bio-based economy: An analysis of official national approaches. *Sustainability.* 2013 (5): 2751–2769.

[28] Pollack A. White house promotes a bioeconomy. *N. Y. Times.* 26 April 2012.

[29] Hilgartner S. Making the bioeconomy measurable: Politics of an emerging anticipatory machinery. *BioSocieties.* 2007 (2): 382–386.

[30] Morrison M., Cornips L. Exploring the role of dedicated online biotechnology news providers in the innovation economy. *Sci. Technol. Hum. Values*, 2012 (37): 262–285.

[31] Hansen J. The Danish biofuel debate: Coupling scientific and politico-economic claims. *Sci. Cult.* 2014 (23): 73-97.

[32] Bush V. *Science: The Endless Frontier*; United States Government Printing Office: Washington, DC, USA, 1945.

[33] Hansen T., Winther L. Innovation, regional development and relations between high-and low-tech industries. *Eur. Urban Reg. Stud.* 2011 (18): 321-339.

[34] Zilberman D., Kim E., Kirschner S., Kaplan S., Reeves J. Technology and the future bioeconomy. *Agric. Econ.* 2013 (44): 95-102.

[35] Wield D., Hanlin R., Mittra J., Smith J. Twenty-first century bioeconomy: Global challenges of biological knowledge for health and agriculture. *Sci. Public Policy.* 2013 (40): 17-24.

[36] Boehlje M., Bröring S. The increasing multifunctionality of agricultural raw materials: Three dilemmas for innovation and adoption. *Int. Food Agribus. Manag. Rev.* 2011 (14): 1-16.

[37] Kearnes M. Performing synthetic worlds: Situating the bioeconomy. *Sci. Public Policy.* 2013 (40): 453-465.

[38] Aguilar A., Magnien E., Thomas D. Thirty years of European biotechnology programmes: From biomolecular engineering to the bioeconomy. *New Biotechnol.* 2013 (30): 410-425.

[39] Cooke P. *Growth Cultures: The Global Bioeconomy and its Bioregions*; Routledge: Abingdon, UK, 2007.

[40] Cooke P. The economic geography of knowledge flow hierarchies among internationally networked medical bioclusters: A scientometric analysis. *Tijdschr. Voor Econ. Soc. Geogr.* 2009 (100): 332-347.

[41] Birch K. The knowledge—Space dynamic in the UK bioeconomy. *Area.* 2009 (41): 273-284.

[42] Cooke P. Global bioregional networks: A new economic geography of bioscientific knowledge. *Eur. Plan. Stud.* 2006 (14): 1265-1285.

[43] Hogarth S., Salter B. Regenerative medicine in Europe: Global competition and innovation governance. *Regen. Med.* 2010 (5): 971-985.

 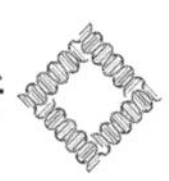

[44] Rosemann A. Standardization as situation-specific achievement: Regulatory diversity and the production of value in intercontinental collaborations in stem cell medicine. *Soc. Sci. Med.* 2014 (122): 72-80.

[45] Birch K. Knowledge, place, and power: Geographies of value in the bioeconomy. *New Genet. Soc.* 2012 (31): 183-201.

[46] Salter B. State strategies and the geopolitics of the global knowledge economy: China, India and the case of regenerative medicine. *Geopolitics.* 2009 (14): 47-78.

[47] Waldby C. Biobanking in Singapore: Post-developmental state, experimental population. *New Genet. Soc.* 2009 (28): 253-265.

[48] Salter B., Cooper M., Dickins A., Cardo V. Stem cell science in India: Emerging economies and the politics of globalization. *Regen. Med.* 2007 (2): 75-89.

[49] Salter B., Cooper M., Doickins A. China and the global stem cell bioeconomy: An emerging political strategy? *Regen. Med.* 2006 (1): 671-683.

[50] Hsieh C. R., Lofgren H. Biopharmaceutical innovation and industrial developments in South Korea, Singapore and Taiwan. *Aust. Health Rev.* 2009 (33): 245-257.

[51] Chen H. D., Gottweis H. Stem cell treatments in China: Rethinking the patient role in the global bio-economy. *Bioethics.* 2013 (27): 194-207.

[52] Duchesne L. C., Wetzel S. The bioeconomy and the forestry sector: Changing markets and new opportunities. *For. Chron.* 2003 (79): 860-864.

[53] Pfau S. F., Hagens J. E., Dankbaar B., Smits A. J. M. Visions of sustainability in bioeconomy research. *Sustainability.* 2014 (6): 1222-1249.

[54] Ponte S. From fishery to fork: Food safety and sustainability in the "virtual" knowledge-based bio-economy (KBBE). *Sci. Cult.* 2009 (18): 483-495.

[55] European Commission. *Innovating for Sustainable Growth: A Bioeconomy for Europe*; European Commission: Brussels, Belgium, 2012.

[56] Keegan D., Kretschmer B., Elbersen B., Panoutsou C. Cascading use: A systematic approach to biomass beyond the energy sector. *Biofuels Bio-*

prod. Biorefin. 2013（7）：193–206.

［57］Mathews J. A. From the petroeconomy to the bioeconomy：Integrating bioenergy production with agricultural demands. *Biofuels Bioprod. Biorefin.* 2009（3）：613–632.

［58］Kleinschmit D.，Lindstad B. H.，Thorsen B. J.，Toppinen A.，Roos A.，Baardsen S. Shades of green：A social scientific view on bioeconomy in the forest sector. *Scand. J. For. Res.* 2014（29）：402–410.

［59］Low S. A.，Isserman A. M. Ethanol and the local economy：Industry trends，location factors，economic impacts，and risks. *Econ. Dev. Q.* 2009（23）：71–88.

［60］Horlings L. G.，Marsden T. K. Exploring the "new rural paradigm" in Europe：Eco–economic strategies as a counterforce to the global competitiveness agenda. *Eur. Urban Reg. Stud.* 2014（21）：4–20.

［61］Albert S. Transition to a bio–economy：A community development strategy discussion. *J. Rural Community Dev.* 2007（2）：64–83.

［62］Waldby C.，Cooper M. From reproductive work to regenerative labour. The female body and stem cell industries. *Fem. Theory.* 2010（11）：3–22.

［63］Martin P.，Brown N.，Turner A. Capitalizing hope：The commercial development of umbilical cord blood stem cell banking. *New Genet. Soc.* 2008（27）：127–143.

［64］Brown N.，Machin L.，McLeod D. Immunitary bioeconomy：The economisation of life in the international cord blood market. *Soc. Sci. Med.* 2011（72）：1115–1122.

［65］Brown N. Contradictions of value：Between use and exchange in cord blood bioeconomy. *Sociol. Health Illn.* 2013（35）：97–112.

［66］Waldby C. Oocyte markets：Women's reproductive work in embryonic stem cell research. *New Genet. Soc.* 2008（27）：19–31.

［67］Gupta J. A. Reproductive biocrossings：Indian egg donors and surrogates in the globalized fertility market. *Int. J. Fem. Approaches Bioeth.* 2012（5）：25–51.

［68］Haimes E. Juggling on a rollercoaster? Gains，loss and uncertainties in

ivf patients' accounts of volunteering for a UK egg sharing for research scheme. *Soc. Sci. Med.* 2013 (86): 45-51.

[69] Kent J. The fetal tissue economy: From the abortion clinic to the stem cell laboratory. *Soc. Sci. Med.* 2008 (67): 1747-1756.

[70] Fannin M. The hoarding economy of endometrial stem cell storage. *Body Soc.* 2013 (19): 32-60.

[71] Hoeyer K. Tradable body parts? How bone and recycled prosthetic devices acquire a price without forming a "market". *Biosocieties.* 2009 (4): 239-256.

[72] Mumtaz Z., Bowen S., Mumtaz R. Meanings of blood, bleeding and blood donations in Pakistan: Implications for national vs. global safe blood supply policies. *Health Policy Plan.* 2012 (27): 147-155.

[73] Schwarz M. T. Emplacement and contamination: Mediation of Navajo identity through excorporated blood. *Body Soc.* 2009 (15): 145-168.

[74] Bahadur G., Morrison M. Patenting human pluripotent cells: Balancing commercial, academic and ethical interests. *Hum. Reprod.* 2010 (25): 14-21.

[75] Davies G. Patterning the geographies of organ transplantation: Corporeality, generosity and justice. *Trans. Inst. Br. Geogr.* 2006 (31): 257-271.

[76] Marsden T. Towards a real sustainable agri-food security and food policy: Beyond the ecological fallacies? *Political Q.* 2012 (83): 139-145.

[77] Siegmeier T., Möller D. Mapping research at the intersection of organic farming and bioenergy—A scientometric review. *Renew. Sustain. Energy Rev.* 2013 (25): 197-204.

[78] Albrecht S., Gottschick M., Schorling M., Stint S. Bio-economy at a crossroads. Way forward to sustainable production and consumption or industrialization of biomass? *GAIA Ecol. Perspect. Sci. Soc.* 2012 (21): 33-37.

[79] Morgan K. Smart specialisation: Opportunities and challenges for regional innovation policy. *Reg. Stud.* 2015 (49): 480-482.

[80] Cooke P. To construct regional advantage from innovation systems first build policy platforms. *Eur. Plan. Stud.* 2007 (15): 179-194.

第13章　在可持续发展战略框架内整合绿色经济、循环经济和生物经济*

戴利亚·达马托（D'Amato D）[1]，约妮·库霍宁（Korhonen J）[2]

摘要：绿色经济、循环经济和生物经济是政策、科学研究和商业等宏观层面可持续发展讨论中的热门话题。这三种叙事为实现经济、社会和生态目标提供三种不同的方法，从而促进可持续发展的不同途径。本章采用著名的战略可持续发展框架（Natural Step 框架）来比较确定三种叙事对全球净可持续发展的相对和综合贡献，结论是这三种叙述都不能单独提供全面的“一揽子”解决方案。然而，当被视为合作叙事时，它们指向一个基于可再生/生殖和基于生物多样性/良性过程的社会和经济，提供物质和非物质利益，满足现在和未来所有人的经济和社会需求。虽然对循环经济、生物经济和绿色经济的互补理解为新冠肺炎疫情后的可持续性转变提供了重要指导，但仍需要对潜在的竞争或补充可持续性叙事进行更全面系统和综合性的研究工作。这种类型的澄清和综合工作与广泛的学者和专业人士有关，因为对可持续性叙事的概念性理解通过战略、行动和监测工具在公共和私人决策中为实际实施提供了信息。

关键词：生态系统服务；低碳经济；自然积极经济；共享经济；可持续性；转型系统思考

---

* 本文英文原文发表于：D'Amato D，Korhonen J. Integrating the green economy，circular economy and bioeconomy in a strategic sustainability framework［J］. Ecological Economics，2021，188：107-143.

1. 芬兰赫尔基大学。

2. 瑞典皇家技术学院。

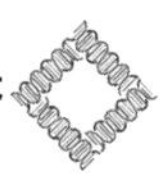

13.1　引言

联合国在 2015 年制定的 17 项可持续发展目标重新树立了应对可持续性挑战的全球愿景，并强调了多个社会行动者共同努力的紧迫性。在过去的几十年里，“可持续性科学”吸引了来自世界各地不同机构和学科的数万名研究人员、实践者、知识使用者、教师和学生。这种多样性本身就使其与许多其他科学领域不同（《2019 年全球可持续发展报告》）。因此，可持续性科学本质上是跨学科的，需要与社会利益相关者合作[73,78]。这对于解决普遍存在的不可持续性这一复杂现象至关重要。因此，概念、方法、工具和指标的多样性，或者换句话说，“可持续性工具箱”正在迅速增加[16,73,96,97]。

虽然这种工具箱的长期演变可能是可持续发展转型的一项资产，但在短期内，可持续发展社区将受益于一个连贯而合理的知识库。思想、观点和利益的多样性会使实际的公共和私人行动难以实施。从工具用户的角度来看，不同的概念、方法和工具似乎相互竞争或冲突。最终，行动需要决策者之间至少达成某种基于证据的共识。应以战略性和互补性的方式应用现有知识，考虑并整合不同的概念、方法和工具[7,69,73]，以实现全球净可持续性的共同目标①。Hedelin（2019）认为，应该接受现有的复杂性，并且需要模型来“将可持续发展（SD 理论）的一般理解与具体实践联系起来”[48]。然而，在可持续性科学文献中，这样的综合工作仍然很少。

本章有助于解决这一差距的一个具体领域。我们专注于绿色经济、循环经济和生物经济（GE、CE 和 BE）的整合。这三种方法以不同的方式应对同时实现经济、社会和生态目标的全球挑战。因此，它们可以被理解为“叙事”（定义参见参考文献［28］），为可持续发展提供辅助作用，而不是替代作用[13,36,74]。这三种叙事在过去十年中受到了全世界的关注[13,33]，并通过政策、实践者和学术界的共同参与得到了发展。2019 年

---

① 我们对全球净可持续性的定义如下：如果在特定的时间和地点，在特定的项目中应用了单个可持续性方法、概念或工具，并实现了可持续性收益，这不会通过复杂的系统反馈机制导致，现在或将来，在焦点系统“生物圈内的社会”的其他地方，负面的可持续性影响因此而增加。全球净可持续性是在强可持续性的背景下理解的（Daly，1996；Folke et al.，2016；Korhonen，2006；Rockstrom et al.，2009）。它承认经济和社会总是作为生物圈的子系统发挥作用（反过来，如果单位经济产出的相对负担减少，脆弱的可持续性会导致绝对环境和社会负担增加）。

新冠肺炎疫情的传播和实施能力目前支持不同社会领域的不同行动者的工作，在 COVID-19 危机后重新强调[60,92,105]。然而，这些叙述是以孤立的方式发展和大量使用的，并且往往与强可持续性或全球净可持续性的总体框架脱节[57,77,93]。

大量文献也从批判的角度研究了 CE、GE 和 BE 的个体叙事[18,56,77]。然而，最近只有少数研究对其中的两个或两个以上进行了比较研究（例如 Bennich 和 Belyazid（2017）；Carus 和 Dammer（2018）；D'Amato 等（2019，2017）；Giampietro（2019）；Loiseau 等（2016）；Palahí 等（2020）；Stegmann 等（2020））。Palahí 等（2020）提出，基于自然的循环生物经济为工业部门转型、重新思考城市以及土地、食品和卫生系统、促进参与和更公平的繁荣分配提供了解决方案。这为 GE、CE 和 BE 的比较分析提供了动力。

因此，本章的主要目的是在战略可持续性框架内综合和评估绿色、循环和生物经济叙事的相对和综合价值。“战略性”是指所有活动、措施和实践都以相互支持和互补的方式为全球净可持续性的目标做出贡献。

我们利用了众所周知的战略可持续发展框架（FSSD）[16,96,97]，认为这是一种特别合适的方法来系统化三种叙述的比较。

FSSD 由五个相互依赖的分析级别组成，可以在规划和领导/管理的背景下阐明“具有根本不同特征的现象之间的相互关系”。相互依存的水平允许建立一个追求全球净可持续性的操作程序。该框架有助于在可持续性的背景下组织和构建任何工作。本研究的具体研究问题包括：第一，GE、CE 和 BE 作为可持续发展叙事的各自附加值是多少？第二，GE、CE 和 BE 能否以战略方式整合，以及它们的联合应用如何促进全球净可持续性？

GE、CE 和 BE 在可持续性科学和实践中具有交叉性，用于制定可持续发展目标，并在地方、国家和国际层面上由个人、组织和当局实施解决方案。因此，这项研究对包括学者、从业者和决策者在内的广泛专业人士具有价值。

13.2 概念背景

众所周知的 FSSD，也被称为“自然步骤框架”，是为了在众多可持续

性概念、方法、工具和指标的存在下有意义并取得进展而制定的[58,75,87,97]。它建议，现有的可持续性知识（概念、方法和工具）应该以战略性的方式为可持续性行动提供信息，也就是说，不能作为彼此的替代品或竞争对手。该框架与九个行星边界（Pbs）相辅相成[97,98,103]。FSSD包括五个相互依存的分析、规划和管理层面（见图13-1），从最一般/抽象到具体/实际：①关键系统；②目标；③战略；④行动；⑤工具和指标。

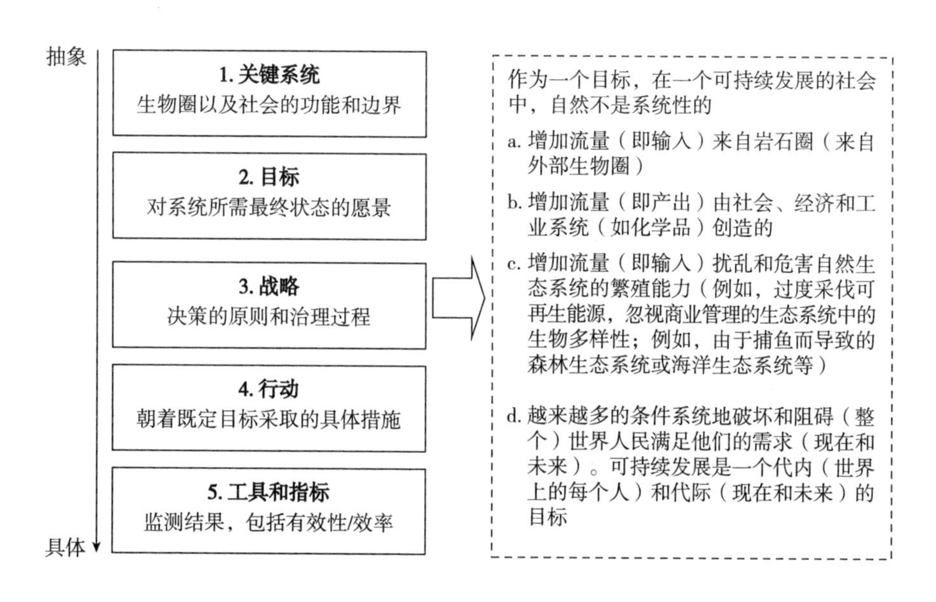

图13-1　战略可持续发展框架（FSSD）

注：包括五个相互依存的分析、规划和管理层面。该目标，即该系统朝着可持续发展的预期最终状态，由四个目标组成。修改自Broman和Robèrt（2017）、Robert等（2002，2013）。

FSSD的第一个层面涉及系统的社会和生态功能，或者换句话说，是“游戏规则”。例如，这些包括质量守恒定律、热力学定律、生物地球化学循环对太阳的依赖性、生态系统中生物和非生物元素之间的相互作用和相互关系、生态系统的稳定性和恢复力以及社会对生态系统的依赖性。第二个层面代表总体目标或最终状态。虽然没有全球共同理解的目标，在全球净可持续性方面，FSSD的作者提供了四个需要考虑的目标[16,96,97]。虽然在过去30年左右的时间里，它们已经被修改过，但为了本章的论证，我们在图13-1中提供了一个总结。目标不是确定性的，而是持续不断发展的状态，包括与环境、社会和经济层面在空间和时间上的状态有关的子目标。第三个层面是指导公共和私人决策的战略（例如，公认的环境管理原则、治理过程的协调）。第四个层面是实施这些概念所采取的具体行动和措施（例如，生产可再生能源、减少浪费；维护生态系统功能和多样性）。第五个层面包括衡量战略和行动成功与否的工具和指标，以及工具和指标本身的成功与否。

13.3 研究方法

13.1 中的两个研究问题通过两个分析步骤来解决。第一步，为了抓住 GE、CE 和 BE 的本质，我们寻找引用最多的文献（比如，共有 30 篇同行评议文章），使用了 Scopus，2019 年秋，我们在摘要、标题和关键词中搜索了以下字符串，没有时间限制：“绿色经济”和（“回顾”或“概念”）；“循环经济”和（“回顾”或“概念”）；“生物经济”和（“审查”或“概念”）。我们只选择在一般层面上审查或讨论叙述的文章，不包括，例如，专注于特定或技术主题、国家（区域分析被接受）或经济部门的文件。通过对引用次数最多的文章进行优先排序，并最终确定 GE、CE 和 BE 的十篇文章足以进行准确而关键的概述和总结。由于这些都是非常密集的概念和批判性分析，我们观察到信息充分，能够根据我们与 GE、CE 和 BE 的经验来确认饱和度。

经过深层次阅读这些文件，并综合了对 GE、CE 和 BE 的总体理解，重点关注以下要素：历史根源、叙事所设想的解决方案、概念多样性以及科学界提出的批评和限制（结果见 13.4.1 节）。我们知道，这些都是跨越时间和空间的高度流动性和争议性的叙事。然而，为了进行比较分析，有必要将这些叙述具体化为明确的定义。我们一直从批判性研究中吸取经验，并根据全球净可持续性的理念，为每一种叙事创造最全面的定义（见表 13-1 和表 13-2），从而缓解这个问题。

第二步，将 GE、CE 和 BE 与可持续发展战略框架进行比较。为此采用战略可持续发展框架[16,96,97]。为了将 GE、CE 和 BE 纳入战略框架，本文参考来自多个学科的大量文献，这些文献是通过大量和广泛的特别搜索收集到的。根据 FSSD 的五个级别，有选择地搜索可以获取每个叙述位置的信息。在此，还可以依靠之前在 GE、CE 和 BE 方面的研究

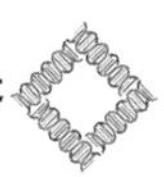

经验来指导搜索和分析。我们认为，进一步系统化文献检索不会为实现本研究的目标提供任何有意义的贡献，而是需要进行深入的概念分析。

表 13-1　基于 FSSD 的 GE、CE、BE 比较概述[16,96,97]

FSSD 水平	战略框架	GE 的立场	CE 的立场	BE 的立场
关键系统	社会和生态构成边界和系统功能，如热力学；复杂适应系统的弹性特性；生物地球化学循环对太阳能的依赖性；生物多样性水平的相互依赖性；社会对生物圈的依赖和交流	认识到社会和经济不可避免地依赖于全球生物圈；生态系统服务与公认的社会目标之间的空间和时间权衡，但双赢的解决方案总与缓解它们的信念相冲突；在实践中，会出现一些脆弱的可持续性状况（如泄漏、反弹）。没有明确提到将繁荣与资源使用脱钩	一定程度上认识到社会和经济不可避免地依赖于全球生物圈；能量和物质的热力学已得到承认，但与完全循环是可以实现的信念相冲突；社会目标之间的时间和空间权衡已得到认可，但在实践中会出现一些不希望出现的影响（如泄漏、反弹）。没有明确提到将繁荣与资源使用脱钩	一定程度上认识到社会和经济不可避免地依赖于全球生物圈；供应和其他生态系统服务之间的空间和时间权衡已得到承认，但仍未得到解决；在实践中，会出现一些脆弱的可持续性状况（如泄漏、反弹）。没有明确提到将繁荣与资源使用脱钩
目标	系统的期望终态，即岩石圈或生态圈的输入没有增加；社会、经济和工业系统的产出；系统性地破坏和阻碍满足全世界人民现在和未来需求的条件	提高生物圈（生态系统服务）的物质和非物质效益，以解决人类福祉、就业和减贫问题；通过用非生物可再生能源替代化石能源，减少岩石圈投入	通过尽可能长时间地将材料和能量流保持在高价值/功能性水平，减少生产/消费系统中的输入和输出（绝对值①）；通过创造就业机会和区域发展改善社会条件	在经济活动中用生物圈输入（生物量）代替岩石圈输入（即化石）；通过创造就业机会和区域发展改善社会条件
战略	最相关的实施原则和治理流程	协调监管流程、公共和私人金融支持（强调类似市场的计划）、自愿标准或实践、市场需求；特别相关的原则：污染者/受益人付费	协调监管流程、公私金融支持、自愿标准和实践（强调行业合作）、市场需求；特别相关的原则：避免锁定；对资源使用的效率/有效性负责	协调监管流程、公私金融支持（强调研究计划和绿色采购）、自愿标准和实践（强调行业合作）、市场需求；特别相关的原则：预防性原则；避免被锁住；对资源使用的有效性/效率负责

续表

FSSD 水平	战略框架	GE 的立场	CE 的立场	BE 的立场
行动	实现预期最终目标的具体措施	生态系统服务的评估和核算、生态系统的恢复和维护、基于自然的解决方案和绿色基础设施的开发	改善材料和能源性能；产品再利用和再制造优先于传统回收；产品共享和多功能优先于所有权和单一功能	通过知识和技术，利用生物资源的潜力开发和市场化创新和高价值的商品和服务，同时确保可持续的采购和高效的资源利用②
工具和指标	监测战略和行动的有效性和效率，以及工具和指标本身	生物物理评估（实地观察和实验、遥感、建模或基于专家的考虑）；社会评估（如调查、问卷、人种学方法、焦点小组、二次统计和文件分析、情景分析、多标准分析、公民陪审团）；货币估值（市场价格、生产函数、避免损害/重置成本、享乐定价、旅行成本、或有估值、选择建模）。聚合指标示例：全球绿色经济指数；绿色增长指标框架；自然资本指数；环境经济核算体系	评估所有经济活动的可持续性影响的方法，例如，投入产出分析、总物质流方法、生命周期方法、物质流分析、物质流核算、生态平衡、生态/碳/水足迹。聚合度量的示例：循环率；材料圆度指示器	一系列方法，从评估基于生物的内容和经济活动的可持续性影响的方法（如投入产出法和生命周期评价方法）到多标准或成本效益分析。聚合指标：正在开发中

注：①没有在所有 CE 文献中得到明确认可；②没有在所有 BE 文献中得到明确认可。

表 13-2　GE、CE、BE 与可持续发展框架的关系

目标	GE	CE	BE
岩石圈的输入	推广可再生能源，尤其是非生物能源	旨在相对或甚至绝对减少全球经济中的原始、非生物和生物投入，从而减少社会产出	设想减少非生物投入（尤其是化石资源），通过提取生物资源来支持全球经济
社会产出	设想减少污染和排放，但没有明确解决过度消费问题		与传统替代品相比，很少强调基于生物的产品和活动的生物降解性和毒性，以及过度消费

续表

目标	GE	CE	BE
来自自然和半自然生态系统的投入	倡导维护和加强多种生态系统服务，将其作为人类福祉的基础	未能整合自然资本和生态系统服务的作用，并且仍然以资源为导向	认识到自然资本和生态系统服务的作用，但仍然以资源为导向
阻碍满足代际和代际需求的条件	倡导改善人类福祉、减贫和社会公平	以就业和区域发展为目标，但在解决区域和全球不平等方面仍然有限	以就业和发展为目标，特别是在农村地区和区域生物集群，但在解决区域和全球不平等方面仍然有限

13.4　研究结论

13.4.1　绿色、循环和生物经济的综合

13.4.1.1　绿色经济

除了推广低碳（非生物、源自岩石圈）能源，绿色经济还倡导利用自然和半自然系统中发生的生态过程造福人类，而不损害这些生态系统的可持续性。这些有益的生态过程，即生态系统服务，在很大程度上支持我们的经济和社会的运作，但往往是看不见的或被忽视的。

虽然已经在科学文献中出现了几十年，但在联合国[70]以及经济合作与发展组织（OECD）等国际机构的大力政治推动下，2012年里约20国会议之后，人们重新燃起对GE的兴趣，如国际货币基金组织（IMF）、世界银行、世界贸易组织（WTO）和世界可持续发展商业理事会（WBCSD）[36,90]。GE的发展势头与2008年的金融危机有关，其理念是将公共和私人资本转向绿色活动，而不是像往常一样的棕色经济[13,14]。绿色活动包括“减少碳排放和污染、提高能源和资源效率、防止生物多样性和生态系统服务丧失”的解决方案[113]。联合国环境规划署（UNEP）的定义指出，GE在改善人类福祉和社会公平的同时，显著降低了环境风险和生态灾难。最简单的表述是，绿色经济可以被认为是低碳、资源高效和社会包容性的经济。减贫和社会公平也是GE的相关问题。农村贫困人口，尤其是新兴经济体的农村贫困人口，在很大程度上依赖于生态系统服务。因此，自然和半自然系统的保护和恢复可以减少贫困和脆弱性[13]。

根据其主流倡导，GE的活动将通过市场（如投资/撤资、税收/激励、支付和补偿）和自愿方式（如认证和标准）实施（如果合适），与监管和其他政策工具一起[13,74]。这些措施包括投资非化石能源（通常是非生物能源）和高效能源生产和消费；取消对化石燃料的不当补贴或不可持续的土地使用管理做法；自然资源管理和定价，包括碳或水定价、碳税和碳封存项目，以及生态系统服务的支付或补偿[6]。GE 还拥有 CE 的一些要素，如减少生产过程中的材料和能源投入、回收和再利用、更绿色的供应链或共享所有权[70,72]。

批评的一个来源是所需的自组织水平，根据这一水平，多个参与者（尤其是经济主体）共同开发 GE 解决方案。需要对大规模转型进行“协调、监管和问责”[20]，以避免反弹或泄漏效应等现象（即“绿色”收益可能在时间或空间上被“褐化”抵消）。一些学者还批评 GE“本质上是一个新自由主义项目，旨在将市场逻辑牢牢置于社会技术向可持续低碳未来过渡的中心”[20]。换句话说，GE 的局限性包括其对绿色增长的技术和基于市场的解决方案的强烈关注，这些解决方案被认为不足以解决当前的可持续性问题，有时被认为是问题的共同原因[13,14,74]。因此，GE 被批评在倡导变革性而非适应性战略方面不够激进（Lorek and Spangenberg，2014）。例如，公民和消费者的个人行为以及消费模式仍然是一个重要的问题，但也只是外围的问题[20,72]。一些作者强调了对 GE 的多重理解，再加上绿色增长和弱可持续性，以及具有强可持续性特征的增长限制/增长后理念[36]。

13.4.1.2　循环经济

在物质和能源的物理流动方面，CE 的定义与占主导地位且盛行的全球线性经济相反[101]，CE 旨在支持可再生生产—消费系统的发展，通过“减速、关闭，以及缩小材料和能量循环”[39]（但必须注意的是，能量循环永远不可能完全闭合）。CE 的概念化包括来自学术界和学术界以外的多个贡献者[119]，在过去十年中重新引起了人们对科学、商业、决策和其他社会领域的兴趣[12,39,40]。其根源在于工业生态学和工业生态系统的理念。虽然最初被认为是为了降低工业和商业发展的成本，但在 20 世纪 60 年代之后，由于资源过度消耗和污染等新问题的出现，CE 获得了新的相关性（见“太空船地球”比喻）。目前，CE 的概念化主要是由实践者社区驱动的，尤其是由艾伦·麦克阿瑟基金会所体现。在政治层面，欧盟和其他几个国家都在推广 CE。2008 年，中国建立了一个关于 CE 的国家监管框架。

 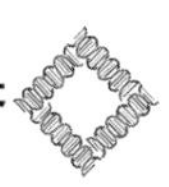

总的来说，CE 强调提高材料和能源的价值[61]，在生产和消费过程中利用多样性和弹性以及系统思维[67,10]。CE 应通过改进生产过程的材料和能源性能以及产品生命周期内的产品使用来实现。鼓励在同一工业流程内或跨行业或其他用途进行循环和级联。这意味着，能源和材料在用于低质量用途之前，不应被释放到环境中。因此，CE 解决方案包括重新思考产品/服务设计，以实现效率提升；减少生产所需的材料和能源；长期维护和维修；共享、再利用、翻新和再制造、重新调整用途；废物回收和重新分类为无机和生物成分；能源的可再生性[39,40,56]。在 CE 问题上更激进的立场还包括拒绝生产多余的产品或服务。

CE 的科学和研究方法正在迅速发展[61]。然而，与其他解决方案相比，关于 CE 的大部分文献似乎更侧重于回收，很少提及废物等级原则，该原则为废物管理设定了优先事项——从预防到处置[56]。此外，经济体系似乎有一个优先顺序（同上），“对环境的主要好处，以及对社会方面的隐性好处”[39]。可持续性的社会层面也并不总在 CE 中明确提及[83]。通常提到的社会方面指的是创造就业机会或更公平的税收[39]，而其他社会问题则被忽视[56]。Murray 等（2015）指出，“尚不清楚 CE 的概念将如何在代际和代内公平、性别、种族和宗教平等以及其他多样性、经济平等或社会机会平等方面带来更大的社会平等”。

此外，虽然永久性循环可能是可取的，但也存在技术、经济和最终的物理限制[4]。例如，生态效率，即降低单位生产成本和影响，可能产生反弹效应，提高生产和消费水平，从而减少或抵消总环境负担中的净环境效益。即使是追求净正环境效益的生态效益替代理念，也仍然容易受到泄漏的影响，即在生命周期的其他阶段[10] 或在其他国家[61] 出现意外或无法解释的负面后果。最近的文献指出，CE 不能仅利用技术解决方案，还需要进行社会和机构重组，以避免路径依赖和锁定，包括“跨部门、跨组织和跨生活”的变化[61]。一些人还呼吁通过非物质化（服务化、共享、数字化和虚拟化）以及可能的充分性[61]，建立一种新的消费和利益分配文化。即使不排除与去生长想法的兼容性，CE 也没有明确地与之一致[40]。

13.4.1.3　生物经济

BE 有时也被称为“基于生物的经济”或“基于知识的生物经济”，利用陆地和海洋生物资源的潜力来开发和商业化商品和服务。因此，BE 提出用基于生物量的活动取代基于化石的活动，生物技术和基于知识的创新推动了这一过程。这包括将生物质转化为各种产品的技术，从生物能源和燃料到纸张和商品，以及纺织品、化学品和药品；创造废水净化和生物修复的解决方案；通过基因操作提高作物的生产性能；以及开发新的或更先进的药物[213]。因此，生物经济产品的范围从生物燃料等需要生物量的低价值产品，到需要较少生物量的高价值产品，如生物基化学品或化合物。尽管政策驱动，BE 在工业层面，尤其是在森林和农业部门，作为创新和发展的驱动力，受到了广泛的欢迎[213]。

在科学文献中，Georgescu Roegen 关于生物经济的工作的链接经常被认为是基础性的。BE 是一个越来越多的研究领域，通常发表在特定行业和技术期刊上。因此，人们对 BE 有着不同的理解，可以总结为三种不同的愿景[18]：以资源为导向的愿景，重点关注农业、海洋和林业来源的生物材料和能源的潜力；关于生物技术应用和商业化的生物技术愿景；强调多重生态过程、农业环境和生物安全以及领土适应的重要性的生物生态学愿景。

然而，许多学者对 BE 的可持续性贡献表示担忧[93]。关键问题是生物质来源的可持续性和生物质使用的价值[38]。生物量需求的增加需要一定程度的土地利用集约化，这会加剧生物量生产与维持与水、土壤和生物多样性等相关的生态功能之间的权衡。生物质能的级联原理表明，在技术和经济上可行的情况下，生物质能资源的使用应优先考虑高价值产品（如生化药品）的生产，而不是低价值产品（如生物能源或生物燃料）[44]。

背后的许多驱动因素是，“减少对化石燃料的依赖，能源安全或对经济效益和农村发展的预期……主要与经济利益有关，而不是可持续性”[93]。在考虑欧洲 BE 政策时，经济层面优先于环境和社会层面[95]。

与 GE 类似，BE 被批评为“一种承诺结构，旨在诱导和促进某些行为，同时阻止其他行为”[45]。特别是，BE 严重依赖科技解决方案，并提倡“生物材料和信息利用的新自由主义方法”[45]。因此，一些文献指出，可以通过生物技术实现生物资源的商品化，包括与权力关系、信息所有权和伦理问题相关的影响[11,49]。

最近，政策和学术文献表明，BE 可以从更广泛的可持续性考虑中受益[41,68,93]。2018 年，欧盟委员会更新的 BE 战略指出，“［c］循环性是欧

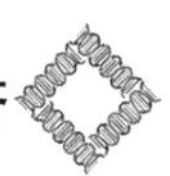

盟委员会对欧盟生物经济愿景的一个精髓要素"，以及"［f］实现可持续性的生物经济，我们必须能够更好地理解和衡量它对地球生态边界的影响。这表明以一种减轻环境压力、重视和保护生物多样性、增强全方位生态系统服务的方式发展生物经济是必要的"。与 GE 和 CE 类似，BE 在增长问题上也没有明确的立场。

13.4.2　战略框架内的绿色经济、循环经济和生物经济

13.4.2.1　层次 1：聚焦系统

在 CE、BE，尤其是 GE，人们在一定程度上认识到社会和经济在全球生物圈内运行[37]。一些资料和学者承认可再生和不可再生自然资本的作用，作为 CE 和 BE 基础的生物多样性和衍生生态系统服务（AtasasoVa et al.，2021；Breure et al.，2018；Buchmann-Duck and Beazley，2020；欧洲委员会，2018；欧洲环境署，2018；Hetemäki，2017；Liobikiene et al.，2019；艾伦·麦克阿瑟基金会，2015；全球生物经济峰会，2018）。这种作用被认为是 GE 的基础，生态系统和生物多样性经济学（TEEB）等国际倡议也强调了这一点[106]。值得注意的是，这三种叙事都带有一种功利主义的自然框架，这意味着，根据人类从中获得的利益来评价自然。

至少在理论上，人们承认生态、经济和社会层面之间的空间和时间尺度，边界及动态相互依赖性（协同作用、权衡）。然而，在实践中，泄漏和反弹效应仍然可能发生，这取决于这些概念的实施方式。例如，在 CE 的背景下，没有负责任的生产或消费的生态效率可以促进生产或消费的增加（即反弹效应）。类似地，如果 BE 活动是化石活动的补充，而不是替代品，那么 BE 活动的碳效益可以通过增加生产或消费而减少。如果外部性出口到其他地方，那么一个国家根据通用电气政策推广的保护措施可能会导致泄漏。此外，GE 非常强调，生态系统服务和可持续性各维度之间的权衡可以通过实施双赢解决方案来缓解，从而提高多种生态和社会经济价值。然而，这不太可能在所有情况下都可行。

这三种叙事对不同类型资本的可替代水平没有明确的立场，例如，制造资本与自然资本[27]。与 GE 相比，CE 和 BE 以资源为中心，在很大程度上忽视了土地利用层面的权衡，包括生物多样性和相关生态过程的损失。CE 承认能量和材料的热力学，但绝对循环的物理不可能性，无论是基于化石还是可再生资源，并不总是明确的[79]。事实上，能源一直是支持这种

循环的必要条件，在某个时刻，这种交易在经济上或技术上都变得不可行。这个问题也影响了循环生物经济（CEBE）的尝试[21]。

现有文献表明，GE、CE 和 BE 都没有正式明确地阐述繁荣与资源消耗脱钩的想法[41,53]。对这三种叙事的总体理解在很大程度上符合这样一种立场，即环境和社会目标可以与经济增长相协调，而技术解决方案在实现预期变化方面发挥着重要作用。然而，学者们一直在探索 GE、CE 或 BE 的相容性和经济增长的极限[30,40,41,47,53,89,108]。总而言之，已经有人意识到焦点下的系统及其构成的“规则”，但认知失调依然存在。表 13-1 概述了 FSSD 框架的 1~5 级，以及 GE、CE 和 BE 各自的立场。

13.4.2.2 *层次 2：目标*

FSSD 提出了四个目标来阐明 2 级，即系统的预期最终状态，包括岩石圈输入的减少、社会产出、来自自然和半自然生态系统的投入、阻碍满足代际和代际需求的条件。表 13-2 显示了 GE、CE 和 BE 如何实现 FSSD 的每个目标，包括差距领域。

GE 在推广非生物可再生能源方面实现了目标 a。目标 b，即社会产出问题，在一定程度上得到了解决，因为 GE 设想减少污染和排放，但没有明确解决过度消费问题。着重强调的是目标 c。GE 旨在维护和增强自然和半自然系统为人类带来的多种效益（生态系统服务）。生态系统服务研究表明，供应和其他生态系统服务（例如，木材生产与水资源的最大化）之间往往存在权衡[66,102]。因此，可以通过减少供应服务（即有形自然资源）的当前使用，或通过土地管理创新或生物量的人工合成来实现多个服务的同时维护，从而缓解或消除这种权衡（见生产前沿）[50]。这个问题在 BE 中仍然是核心问题。GE 还实现了目标 4，承诺通过“绿色”活动（可再生能源、基于生态系统服务的企业）创造就业机会，并承诺减轻贫困，尤其是在发展中国家。

CE 可以为目标 a、目标 b 和目标 c 做出贡献，因为它促进生产—消费系统的变化，以追求全球经济中原始、非生物和生物投入的相对，甚至绝对减少（从而导致社会产出的减少）。这是通过直接投入减少来实现的，通过建立资源循环（再制造、再利用、翻新、修理、回收）来实现二次减少。由于其技术导向，目前，大部分 CE 文献仅间接地阐述了第四个目标。然而，贡献的潜力可以体现在为再利用、再制造、维修和翻新业务创造就

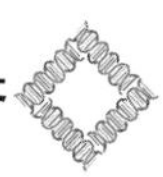

业机会，从使用的资源中创造更多价值，以及理论上在社会参与者之间进行价值再分配的机会，包括价值链源头的当地经济体（通常在发展中国家）。然而，效率的提高并不会自动导致正义的提高。

在 BE 中，目标 a 和目标 c 之间存在权衡，因为支持全球经济的非生物投入（尤其是化石资源）的减少被开采生物资源的需求所补偿。就目前的技术水平而言，BE 既没有明确提出总投入（生物+非生物）净减少的解决方案，也没有明确解决产出问题。事实上，对目标 b 的贡献并不明确，因为与传统替代品相比，BE 的各种产品和活动的生物降解性和毒性几乎没有受到影响。我们可以假设，如果在 BE 的实施过程中考虑到这些问题，与当前系统相比，可以有一定的改进余地。与 CE 一样，BE 没有特别强调社会层面。因此，目标 d 在很大程度上仍未得到解决。在创造就业机会方面，尤其是在农村地区和区域生物集群中，可以明确贡献的潜力。从生物资源中创造新的价值，从理论上讲，有机会在社会参与者之间进行价值再分配，包括价值链源头的地方经济（通常在发展中国家）。然而，按照目前的设想，BE 并没有就如何缩短资源生产者（如农村地区或全球南方）或资源制造商与消费者（如城市地区或发达国家）之间的距离提供具体的解决方案。

13.4.2.3　*层次 3：战略*

公共和私人决策由公认的原则指导，并通过治理过程和政策组合实施[55]。例如，“预防原则”和“资源公平再分配原则”在公共环境管理中是众所周知的[48]。不同的参与者通过不同的方式为共同治理可持续性挑战做出贡献。治理包括国家驱动的监管程序（如禁令、法律）、经济和金融工具（如投资、补贴、税收），以及涉及私人行为者的自愿协议和谈判（如标准和认证）。CE、BE 和 GE 的实施或多或少将取决于国家。然而，可以概括地说，自上而下和自下而上的动力，以及可用于指导公共和私人决策的全方位治理过程是必需的。具体原则和流程可以被隔离，因为它们与 GE、CE 或 BE 特别相关。

在保持对监管治理过程的赞赏的同时，GE 的实施有力地利用了经济工具和自愿参与过程的创新和互补作用，强调为绿色投资和自然保护（如生态系统服务市场）调动资源。GE 的相关原则是“污染者付费”和“受益人付费”，分别在抵消碳排放或生物多样性损失以及生态系统服务付款的情况下有效。

监管流程在推动全球 CE 方面非常重要（《欧洲绿色协议》再次强调了这一点），而贸易壁垒通常包括经济和市场限制[32,56]。有证据表明，环境政策和市场需求都推动了欧盟企业循环经济的资源高效生态创新[19]。

国家 BE 战略“严重依赖软监管手段，例如，通过私人标准和认证制度对全球价值链进行自我监管”[33]（第 11 页），但除了研究项目之外，几乎没有什么具体的政策措施，至少在欧洲是如此[109]。因此，需要监管框架，同时为研发提供公共财政和能力支持，以及公司驱动客户和利益相关者参与[118]。标准制定和财政激励（如公共采购）的结合可以很好地支持创新利基，这可能比传统替代方案更环保，但经济竞争力更低[50,81,94]。

为了实现 CE 和 BE 更具变革性的愿景，需要进行更深层次的社会和制度重组（包括消费者、用户和公民的更具参与性的角色），以及避免路径依赖和锁定。CE 和 BE 应符合资源利用的“有效性和效率”原则。此外，根据“责任”原则，获取生态过程和资源的个人或群体必须确保其长期可持续性。预防原则与 BE 活动（废物、有毒材料）和生物技术问题的产出有关。

13.4.2.4　*层次 4：行动*

除了推广可再生非生物能源，GE 还强调利用生物和动态自然生态系统为人类福祉带来潜在好处。这是通过生态系统保护和恢复、基于自然的解决方案、绿色基础设施开发和仿生来实现的[106]。

自然资本被视为富有成效的资产，使从个人到组织的各种社会行为者受益。例如，地球系统工程[3]和生态设计[25]表明，投资于保护原始自然系统可能比恢复它们或构建人工解决方案更具成本效益（后者通常是单一功能的，并且依赖于土地利用变化和化石资源）。生态系统同时提供多种功能（例如，净化空气和水、调节当地和全球气候、维护土壤、娱乐、对心理和生理的积极贡献）[24,85]。

CE 促进了材料循环和能量级联的高经济价值和功能性。这意味着，至少在理论上，重用、再制造、翻新和维修是优先考虑的。相反，低原材料价值的传统回收应该是一个低优先级的解决方案。此外，一些学者强调，有大量可用的、已经存在的技术基础设施、产品和技术基本上没有得到充分利用。他们呼吁在个人消费和所有权的现状下共享使用。

BE具体化为可再生生物资源而非化石资源的创新产品和服务的开发和市场化。这些产品包括低价值产品，如生物质燃料（替代煤炭、石油或天然气）；纺织品和家具等大宗商品；建筑业，包括多层建筑；生物技术解决方案，如用于肥料生产的厌氧消化；生物修复；更高端的产品，如化妆品和医药应用[110]。原则上，可持续性需要优先考虑将生物质用于粮食安全，然后是更高价值的应用[67]。

目前，生物量主要来自林业或农业食品系统以及相关的残余和废物流。为了缓解日益增长的生物量需求（包括竞争性用途）与土地利用水平上的其他生态系统服务之间的权衡，设想的解决方案包括可持续管理实践、边际和废弃土地的使用、废物和残留物循环利用的改进，以及替代生物量来源（如水生生物、真菌）[33]。

13.4.2.5　层次5：工具和指标

目前，已经开发了与衡量通用电气进展相关的工具，以解释无形的、被低估的生态系统服务，以及不同土地管理方案下的生态系统服务之间的权衡[82]。评估生态系统服务的方法从生物物理测量到社会和经济价值。换句话说，生态系统服务的价值可以通过多种方法定性或定量地表达。例如，生物物理评估包括现场观察和实验、遥感、建模和基于专家的考虑[116]。货币估值包括基于市场和非市场的方法，如市场价格、生产函数、避免损害或重置成本、享乐定价、旅行成本、有估值和选择建模[8]。更注重社会价值的方法包括咨询、非咨询和商议方法（如调查、问卷、人种学方法、焦点小组、二次统计和文件分析、情景分析、多标准分析、公民陪审团）[54]。由于个别评估无法获取与生态系统服务相关的全部价值，因此，每种评估的信息都应该以多层次和互补的方式进行组合和解释。

CE中通常使用的工具包括投入产出分析、总物质流法、生命周期法、物质流分析、物质流核算、生态平衡和生态/碳/水足迹。由于传统上开发这些工具是为了监测消费—生产系统中的物质或能量流动，因此这些工具通常侧重于选定数量的环境指标，如碳和温室气体、水资源、营养素和有毒化合物，这些指标与气候、能源、环境等影响类别有关，富营养化、酸化或人类毒性。一些学者呼吁将更广泛的社会和生态问题纳入现有方法[1,91]。

由于BE提议利用生物质资源作为工业系统的主要投入，因此相关工具必须能够捕捉到链条沿线的这些生物物理和社会经济价值流[38,118]。因此，BE 可以借鉴 GE 和 CE 提到的多种工具，从旨在评估经济活动可持续性影响的基于过程的方法（如投入产出法和 LCA 方法）到多标准或成本效益分析[52]。BE 具体分析是生物基碳含量，测量产品中生物基碳与总有机碳含量的比例[63]。

进度指标可以与不同层次的分析（如产品、公司、行业、市政、地区和国家）相关。GE 的宏观和中观指标，包括代表社会、经济和生态层面的各种指标的例子有：由私人咨询公司 Dual Citizen（2021）推动的全球绿色经济指数（GGEI），评估国家和城市进步的感知和表现；经合组织（OECD）制定的绿色增长指标框架（2021），评估国家层面的进展。与 GE 相关的还有自然资本指数，这是荷兰环境评估局开发的一项政策相关指标，用于评估生态系统数量和质量的变化[31,106]。联合国统计委员会制定的环境经济核算体系（SEEA）是一个与国民账户体系（SNA）一致的会计框架，但它衡量的是自然资本及其社会经济相关性。生态系统服务评估和核算也越来越多地整合到公司层面，虽然作者不知道具体的指标，但正在制定相关的指南和协议[46,84]。

关于 CE，各种度量存在于微观、中观和宏观层面[81,86,99]。在微观层面上的一个例子是艾伦·麦克阿瑟基金会[107] 的材料圆度指示器。在宏观层面，全球经济的循环率估计为 9%，欧盟 27 国为 12%[22,35]。

潜在的 BE 指标才刚刚出现，文献表明，综合指标集应包括生物经济的多种社会和环境影响[26,52,118]，以及对化石生物量替代份额的考虑[51]。评估 GE、CE 和 BE 的进展如何反映在可持续性的跨领域指标中也很重要，例如，世界银行不断变化的国家财富[64]。重要的是，GE、CE 和 BE 的工具和指标必须：①代表可持续性多个方面的进展；②能够掌握个人策略和行动的绝对和相对有效性；③适应不同的空间和时间系统边界，因为目标是目前和长期的全球净可持续性，即在生物圈内运行的同心系统社会经济（参见参考文献［7］）。

13.5 讨论

由于两个原因，文献中对 GE、CE 和 BE 这三种叙事的概念化既模糊又动态。首先，环境研究中有很强的技术导向（工程、环境科学），较少

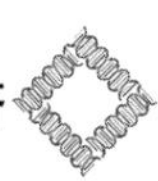

强调达成共识或比较定义[61,100,111]。因此，在有关GE、CE或BE的文献中，经常有人呼吁采取“更全面和整体的方法”[39]（第757页）。其次，有大量的社会参与者在使用GE、CE和BE并为其发展做出贡献，导致内部解释和理解的多样性不断演变[18,61,77]。GE、CE或BE抽象框架的广度是在全球国家或地区层面上为公共和私人决策中的战略、行动和工具的运作提供信息的基础。

这项研究表明，GE、CE和BE提供了独特的可持续性解决方案（见表13-1中的“行动”），但根据我们对目标制定的分析（见表13-1和表13-2），它们都没有提供完整的解决方案。GE利用生态圈（以及一定程度上岩石圈）的物质和非物质利益来满足社会需求，但在解决社会产出问题（尤其是土地使用以外的问题）方面受到限制。CE提议通过尽可能长时间地保留物质循环中的价值来减少社会投入和产出，但仍然很难解决自然资本和生态系统服务的作用（尽管艾伦·麦克阿瑟基金会和一些学者所描述的循环经济的再生属性指出了自然资源的保护[2]）。BE提倡用生态圈输入替代岩石圈输入，但忽略了与社会输出相关的问题。就社会层面而言，CE和BE都不太重视资源流动的全球南北动态（同时对区域生产—城市系统流动有了更多的认识）和内部流动或代际正义。

总的来说，这三种叙事在自然资本和人力资本之间的可替代性方面都没有明确的立场。尽管迄今为止没有证据表明经济增长与环境影响完全脱钩[114,117]，但GE、CE和BE都没有明确指出繁荣与资源消耗的双重性。关于公平的三种叙事也有进步的空间，这在可持续性转型的背景下越来越被指出是不可或缺的，并且需要深入讨论经济、社会、文化、政治、空间、环境和认知领域的代际差异（例如，与阶级、性别、性别认同、残疾、种族、地理相关的差异）[65]。在选定的政府和非政府文件概述的大规模后碳经济转型战略中，缺乏对增长和公平的讨论也被确定为重大差距领域[120]。

在科学和其他领域，GE、CE和BE这三种叙事通常以单独的方式进行讨论，尽管CE和BE之间的联系在科学和灰色文献中日益巩固[111,115]。虽然工业共生和生物资源的效率是CE、BE目前的基本理念，但重要的是要考虑社会生态循环以外的工业系统。CE和GE的界面也是研究探索的重要场所（例如，参考文献［5，17］）。这可以建立在生态技术和仿生学思想的基础上，即结合自然或人工系统可以发挥功能，解决工业和城市系统中的问题（另请参见基于自然的解决方案）。GE 和 BE 之间的联系也将受益于进一步的研究，潜在的途径是区域弹性（参见生物安全）和管理，包括环境和生产系统中的多功能性和风险。

此外，叙事的概念[28] 可以进一步细化，并用于调查政治上不太主流或其他新兴的叙事。在这方面，我们在这里展示了与增长后相关的叙事[9]，以及可持续商业和融资领域出现的新术语“自然积极经济”[71,121]。其他需要考虑的因素将叙事的可行性和合法性视为可持续性途径，包括成熟度（技术、社会文化、组织、体制）、基础设施要求和整合、社会和政治可接受性，以及各种变革参与者的作用[112]。

13.6 结论

本研究对绿色经济、循环经济和生物经济在全球净可持续性方面的各自和共同潜力进行了比较分析。根据最具包容性的概念化来解释，这三种叙事的互补贡献可以表述如下：

> 循环经济、绿色经济和生物经济共同表明，新的全球社会和经济需要建立在可再生或再生、生物多样性和生物多样性良性过程的基础上，提供物质和非物质利益，满足现在和未来所有人的经济和社会需求。

然而，如果在不考虑全球净可持续性的情况下单独或联合实施以上三种叙事，那么在实践中可能会出现问题转移、级联效应、反弹效应和其他不希望出现的或意外的效应，从而限制行动的有效性。最后，虽然这三种叙事的互补作用提供了重要的指导方针，但这些指导方针对于实现全球净可持续性可能仍然是不完整和不足的。GE、CE 和 BE 等可持续性叙事反复被用于界定可持续性挑战，并由研究人员、管理人员、顾问、决策者或其他决策者及其组织在地方、国家和国际层面实施解决方案。因此，我们概述了两组含义，分别适用于研究人员和从事可持续性转变或更广泛地处理可持续性问题的其他专业人员。

（1）需要更多的研究来明确解决和理解绿色、循环和生物经济解决方案之间的互补性和不相容性。此外，建议进行探索性分析以确定其他现有或新兴的叙事或概念，这些叙事或概念可以补充和完善当前针对新冠肺炎

疫情后可持续性转变的主流解决方案。应致力于将多种兼容解决方案结合起来，包括循环性、基于生物和其他可持续性创新、生态系统管理和基于自然的解决方案、产品或服务共享、负责任的消费，充分性和节俭性，并考虑全球系统的适用性和可扩展性，例如，生产系统、城市、基础设施和流动性、能源和采掘业。

（2）为了提高实际执行层面行动的有效性，结论性建议是制定一致的决策战略、行动、工具和指标，考虑基于多种可持续性叙事的解决方案，包括 GE、CE 和 BE，以及可能的其他叙述。建议在动员 GE、CE、BE 或其他叙述时，无论是单独还是联合，都应在总体国际进程（如可持续发展目标）的背景下，从全球净可持续性的角度，对这些叙事构建坚实的框架，这对于识别和解决不想要的或次优的结果尤其重要。

参考文献

［1］ Alejandre E. M. , van Bodegom P. M. , Guin'ee J. B. , 2019. Towards an optimal coverage of ecosystem services in LCA. J. Clean. Prod. 231, 714-722. https://doi. org/10. 1016/j. jclepro. 2019. 05. 284.

［2］ Alhawari O. , Awan U. , Bhutta M. K. S. , Ali ülkü, M. , 2021. Insights from circular economy literature: A review of extant definitions and unravelling paths to future research. Sustain. 13, 859. https://doi. org/10. 3390/su13020859.

［3］ Allenby B. R. , 2000. Earth systems engineering and management. IEEE Technol. Soc. Mag. 19, 10-24.

［4］ Andersen M. S. , 2007. An introductory note on the environmental economics of the circular economy. Sustain. Sci. 2, 133-140. https://doi. org/10. 1007/s11625-006-0013-6.

［5］ Atanasova N. , Castellar J. A. C. , Pineda-Martos R. , Nika C. E. , Katsou E. , Isteničč, D. , Pucher, B. , Andreucci, M. B. , Langergraber G. , 2021. Nature-based solutions and circularity in cities. Circ. Econ. Sustain. https://doi. org/10. 1007/s43615-021-00024-1.

［6］ Barbier E. , 2012. The green economy Post Rio+20. Science 338, 887-888. https://doi. org/10. 1126/science. 1227360.

[7] Bastianoni S., Coscieme L., Caro D., Marchettini N., Pulselli F. M., 2018. The needs of sustainability: the overarching contribution of systems approach. Ecol. Indic. 100, 68 - 73. https://doi.org/10.1016/J.ECOLIND.2018.08.024.

[8] Baveye P. C., Baveye J., Gowdy J., 2016. Soil "ecosystem" services and natural capital: critical appraisal of research on uncertain ground. Front. Environ. Sci. 4, 41. https://doi.org/10.3389/fenvs.2016.00041.

[9] Belmonte-Ureña L. J., Plaza-úbeda J. A., Vazquez-Brust D., Yakovleva, N., 2021. Circular economy, degrowth and green growth as pathways for research on sustainable development goals: A global analysis and future agenda. Ecol. Econ. 185, 107050. https://doi.org/10.1016/j.ecolecon.2021.107050.

[10] Bennich T., Belyazid S., 2017. The route to sustainability-prospects and challenges of the bio-based economy. Sustain. 9887. https://doi.org/10.3390/su9060887.

[11] Birch K., Tyfield D., 2013. Theorizing the Bioeconomy: Biovalue, Biocapital, Bioeconomics or... What? Sci. Technol. Hum. Values, 38, 299-327. https://doi.org/10.1177/0162243912442398.

[12] Blomsma F., Brennan G., 2017. The emergence of circular economy: A new framing around prolonging resource productivity. J. Ind. Ecol. 21, 603-614. https://doi.org/10.1111/jiec.12603.

[13] Borel-Saladin J. M., Turok I. N., 2013. The green economy: Incremental change or transformation? Environ. Policy Gov. 23, 209-220. https://doi.org/10.1002/eet.1614.

[14] Brand U., 2012. Green economy-The next oxymoron? GAIA-Ecol. Perspect. Sci. Soc. 21, 28-32. https://doi.org/10.14512/gaia.21.1.9.

[15] Breure A. M., Lijzen J. P. A., Maring L., 2018. Soil and land management in a circular economy. Sci. Total Environ. 624, 1125-1130. https://doi.org/10.1016/j.scitotenv.2017.12.137.

[16] Broman G. I., Robèrt K. H., 2017. A framework for strategic sustainable development. J. Clean. Prod. 140, 17 - 31. https://doi.org/10.1016/j.jclepro.2015.10.121.

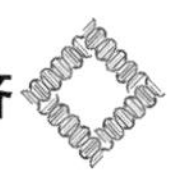

[17] Buchmann-Duck J., Beazley K. F., 2020. An urgent call for circular economy advocates to acknowledge its limitations in conserving biodiversity. Sci. Total Environ. 127, 138602 https://doi.org/10.1016/j.scitotenv.2020.138602.

[18] Bugge M. M., Hansen T., Klitkou A., 2016. What is the bioeconomy? A review of the literature. Sustainability. 8, 1-22. https://doi.org/10.3390/su8070691.

[19] Cainelli G., D'Amato A., Mazzanti M., 2020. Resource efficient eco-innovations for a circular economy: Evidence from EU firms. Res. Policy 49, 103827. https://doi.org/10.1016/j.respol.2019.103827.

[20] Caprotti F., Bailey I., 2014. Making sense of the green economy. Geogr. Ann. Ser. B Hum. Geogr. 96, 195-200. https://doi.org/10.1111/geob.12045.

[21] Carus M., Dammer L., 2018. The Circular Bioeconomy—Concepts, Opportunities, and Limitations. Nova Institute. 1-9.

[22] Circle economy, 2018. The Circularity Gap Report. 2018. https://www.circle-economy.com/resources/the-circularity-gap-report-our-world-is-only-9-circular.

[23] Citizen, Dual, 2021. https://dualcitizeninc.com/global-green-economy-index/.

[24] Cohen-Schacham E., Janzen C., Maginnis S., Walters G., 2016. Nature-based solutions to address global societal challenges. In: IUCN Commission on Ecosystem Management (CEM) and IUCN World Commission on Protected Areas (WCPA). https://doi.org/10.2305/iucn.ch.2016.13.en.

[25] Costanza R., 2012. Ecosystem health and ecological engineering. Ecol. Eng. 45, 24-29. https://doi.org/10.1016/j.ecoleng.2012.03.023.

[26] D'Adamo I., Falcone P. M., Morone P., 2020. A new socio-economic Indicator to measure the performance of bioeconomy sectors in Europe. Ecol. Econ. 176, 106724 https://doi.org/10.1016/j.ecolecon.2020.106724.

[27] Daly Herman E., 1996. Beyond Growth: The Economics of Sustainable Development. Beacon Press, Boston, Massachusetts.

[28] D'Amato D., 2021. Sustainability narratives as transformative solution pathways: zooming in on the circular economy. Circ. Econ. Sustain. https: //doi. org/10. 1007/ s43615-021-00008-1.

[29] D'Amato D., Droste N., Allen B., Kettunen M., Lähtinen K., Korhonen J., Leskinen P., Matthies B. D., Toppinen A., 2017. Green, circular, bio economy: A comparative analysis of sustainability avenues. J. Clean. Prod. 168, 716-734. https: //doi. org/ 10. 1016/j. jclepro. 2017. 09. 053.

[30] D'Amato D., Droste N., Winkler K. J., Toppinen A., 2019. Thinking green, circular or bio: Eliciting researchers' perspectives on a sustainable economy with Q method. J. Clean. Prod. 230, 460-476. https: // doi. org/10. 1016/j. jclepro. 2019. 05. 099.

[31] Davies K. K., Fisher K. T., Dickson M. E., Thrush S. F., Le Heron, R., 2015. Improving ecosystem service frameworks to address wicked problems. Ecol. Soc. 20, 37. https: //doi. org/10. 5751/ES-07581-200237.

[32] De Jesus A., Mendonça S., 2018. Lost in transition? Drivers and barriers in the eco-innovation road to the circular economy. Ecol. Econ. 145, 75-89. https: //doi. org/ 10. 1016/j. ecolecon. 2017. 08. 001.

[33] Dietz T., Börner J., Förster, J. J., von Braun J., 2018. Governance of the bioeconomy: A global comparative study of national bioeconomy strategies. Sustain. 10, 3190. https: //doi. org/10. 3390/su10093190.

[34] European Commission, 2018. A new Bioeconomy Strategy for a Sustainable Europe. Available at: http: //europa. eu/rapid/press-release_ IP-18-6067_ en. htm.

[35] European Environment Agency, 2018. The Circular Economy and the Bioeconomy-Partners in Sustainability. Report 8/2018.

[36] Eurostat, 2020. Material Flows in the Circular Economy. Available at: https: //ec. europa. eu/eurostat/statistics-explained/index. php? title = Material_ flows_ in_ the_ circular_ ec onomy#: ~: text=In%202019%2C%20the%20EU%2D27's, for%20which%20data% 20are%20available. &text=The%20circularity%20rate%20is%20lower,%25%20in% 20the%20EU%2D27.

[37] Ferguson P., 2015. The green economy agenda: business as usual or

transformational discourse? Environ. Polit. 24, 17-37. https://doi.org/10.1080/ 09644016.2014.919748.

[38] Folke C., Biggs R., Norström A. V., Reyers B., Rockström, J., 2016. Social-ecological resilience and biosphere-based sustainability science. Ecol. Soc. 21, 41. https://doi. org/10.5751/ES-08748-210341.

[39] Fritsche U. R., Iriarte L., 2014. Sustainability criteria and indicators for the bio-based economy in Europe: state of discussion and way forward. Energies. 7, 6825-6836. https://doi.org/10.3390/en7116825.

[40] Geissdoerfer M., Savaget P., Bocken N. M. P., Hultink E. J., 2017. The circular economy-a new sustainability paradigm? J. Clean. Prod. 143, 757-768. https://doi.org/ 10.1016/j.jclepro.2016.12.048.

[41] Ghisellini P., Cialani C., Ulgiati S., 2016. A review on circular economy: the expected transition to a balanced interplay of environmental and economic systems. J. Clean. Prod. 114, 11-32. https://doi.org/10.1016/j.jclepro.2015.09.007.

[42] Giampietro M., 2019. On the circular bioeconomy and decoupling: implications for sustainable growth. Ecol. Econ. 162, 143-156. https://doi.org/10.1016/j. ecolecon.2019.05.001.

[43] Global Bioeconomy Summit, 2018. Conference Report Innovation in the Global Bioeconomy for Sustainable and Inclusive Transformation and Wellbeing.

[44] Global Sustainable Development Report, 2019. The Future Is Now-Science for Achieving Sustainable Development. United Nations, New York.

[45] Golembiewski B., Sick N., Bröring S., 2015. The emerging research landscape on bioeconomy: what has been done so far and what is essential from a technology and innovation management perspective? Innov. Food Sci. Emerg. Technol. 29, 308-317. https://doi.org/10.1016/j.ifset.2015.03.006.

[46] Goven J., Pavone V., 2015. The bioeconomy as political project: A Polanyian analysis. Sci. Technol. Hum. Values. 40, 302-337. https://doi.org/10.1177/ 0162243914552133.

[47] GRI-Global Reporting Initiative 2011 Approach for Reporting on Eco-

system Services: Incorporating Ecosystem Services into an Organizational Performance Disclosure.

[48] Hart J., Pomponi F., 2021. A circular economy: where will it take us? Circ. Econ. Sustain. https://doi.org/10.1007/s43615-021-00013-4.

[49] Hedelin B., 2019. Complexity is no excuse. Sustain. Sci. 14, 733-749. https://doi.org/10.1007/s11625-018-0635-5.

[50] Helmreich S., 2008. Species of biocapital. Sci. Cult. 17, 463-478. https://doi.org/10.1080/09505430802519256.

[51] Hetemäki L. (Ed.), 2017. Future of the European Forest-Based Sector: Structural Changes Towards Bioeconomy. What Science Can Tell Us, No. 6. European Forest Institute. IPBES, 2018. Summary for Policymakers of the Regional Assessment Report on Biodiversity and Ecosystem Services for Europe and Central Asia of the Intergovernmental Science-Policy Platform on Biodiversity and Ecosystem Services. IPBES Secretariat, Bonn, Germany. https://www.ipbes.net/assessment-reports/eca.

[52] Jander W., Grundmann P., 2019. Monitoring the transition towards a bioeconomy: A general framework and a specific indicator. J. Clean. Prod. 236, 117564. https://doi.org/10.1016/j.jclepro.2019.07.039.

[53] Karvonen J., Halder P., Kangas J., Leskinen P., 2017. Indicators and tools for assessing sustainability impacts of the forest bioeconomy. For. Ecosyst. 4, 2. https://doi.org/10.1186/s40663-017-0089-8.

[54] Kasztelan A., 2017. Green growth, green economy and sustainable development: Terminological and relational discourse. Prague Econ. Pap. 26, 487-499.

[55] Kelemen E., García-Llorente M., Pataki G., Martín-L'opez B., G'omez-Baggethun E., 2016. Non-monetary techniques for the valuation of ecosystem service. In: Potschin, M., Jax, K. (Eds.), OpenNESS Reference Book. EC FP7 Grant Agreement no. 308428.

[56] Kern F., Rogge K. S., Howlett M., 2019. Policy mixes for sustainability transitions: New approaches and insights through bridging innovation and policy studies. Res. Policy, 103832. https://doi.org/10.1016/j.respol.2019.

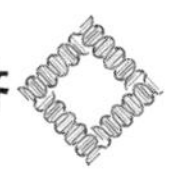

103832.

[57] Kirchherr J., Reike D., Hekkert M., 2017. Conceptualizing the circular economy: An analysis of 114 definitions. Resour. Conserv. Recycl. 127, 221-232. https://doi.org/10.1016/j.resconrec.2017.09.005.

[58] Kirchherr J., Piscicelli L., Bour R., Kostense-Smit E., Muller, J., Huibrechtse-Truijens, A., Hekkert, M., 2018. Barriers to the circular economy: Evidence from the European Union (EU). Ecol. Econ. 150, 264-272. https://doi.org/10.1016/j.ecolecon.2018.04.028.

[59] Korhonen J., 2004. Industrial ecology in the strategic sustainable development model: Strategic applications of industrial ecology. J. Clean. Prod. 12, 809-823. https://doi.org/10.1016/j.jclepro.2004.02.026.

[60] Korhonen J., 2006. Editorial: Sustainable development in a shrinking and sinking world. Prog. Ind. Ecol. 3, 509-521.

[61] Korhonen J., Granberg B., 2020. Sweden backcasting, now? -strategic planning for Covid-19 mitigation in a liberal democracy. Sustain. 12, 4138. https://doi.org/10.3390/su12104138.

[62] Korhonen J., Honkasalo A., Seppälä J., 2018a. Circular economy: The concept and its limitations. Ecol. Econ. 143, 37-46. https://doi.org/10.1016/j.ecolecon.2017.06.041.

[63] Korhonen J., Nuur C., Feldmann A., Birkie S. E., 2018b. Circular economy as an essentially contested concept. J. Clean. Prod. 175, 544-552. https://doi.org/10.1016/j.jclepro.2017.12.111.

[64] Ladu L., Blind K., 2017. Overview of policies, standards and certifications supporting the European bio-based economy. Curr. Opin. Green Sustain. Chem. 8, 30-35. https://doi.org/10.1016/j.cogsc.2017.09.002.

[65] Lange G., Wodon Q., Carey K., 2018. The Changing Wealth of Nations 2018: Building A Sustainable Future. World Bank, Washington, DC. https://openknowledge.wor ldbank.org/handle/10986/29001.

[66] Leach M., Reyers B., Bai X., Brondizio E. S., Cook C., Díaz S., Espindola G., Scobie M., Stafford-Smith M., Subramanian S. M., 2018. Equity and sustainability in the Anthropocene: A social-ecological systems perspec-

tive on their intertwined futures. Glob. Sustain. 1, e13 https://doi.org/10.1017/sus.2018.12.

[67] Lee H., Lautenbach S., 2016. A quantitative review of relationships between ecosystem services. Ecol. Indic. 66, 340-351. https://doi.org/10.1016/j.ecolind.2016.02.004.

[68] Lewandowski M., 2016. Designing the business models for circular economy-towards the conceptual framework. Sustain. 8, 43. https://doi.org/10.3390/su8010043.

[69] Liobikiene G., Balezentis T., Streimkiene D., 2019. Evaluation of bioeconomy in the context of strong sustainability. Sustain. Dev. 1-10. https://doi.org/10.1002/sd.1984.

[70] Little J. C., Hester E. T., Carey C. C., 2016. Assessing and enhancing environmental sustainability: A conceptual review. Environ. Sci. Technol. 50, 6830-6845. https://doi.org/10.1021/acs.est.6b00298.

[71] Loiseau E., Saikku L., Antikainen R., Droste N., Hansjürgens Pitkänen, K., Leskinen P., Kuikman P., Thomsen M., 2016. Green economy and related concepts. J. Clean. Prod. 139, 361-371. https://doi.org/10.1016/j.jclepro.2016.08.024.

[72] Loorbach D., Schoenmaker D., Schramade W., 2020. Finance in Transition: Principles for a Positive Finance Future. Rotterdam School of Management, Erasmus University, Rotterdam. Available at: https://www.rsm.nl/fileadmin/Images_NEW/Positive_Change/2020_Finance_in_Transition.pdf.

[73] Lorek S., Spangenberg J. H., 2014. Sustainable consumption within A sustainable economy-beyond green growth and green economies. J. Clean. Prod. 63, 33-44. https://doi.org/10.1016/j.jclepro.2013.08.045.

[74] Lu Z., Broesicke O. A., Chang M. E., Yan J., Xu M.; Derrible S., Mihelcic J. R., Schwegler B., Crittenden J. C., 2019. Seven approaches to manage complex coupled human and natural systems: A sustainability toolbox. Environ. Sci. Technol. 53, 9341-9351. https://doi.org/10.1021/acs.est.9b01982.

[75] Luederitz C., Abson D. J., Audet R., Lang D. J., 2017. Many

pathways toward sustainability: Not conflict but co-learning between transition narratives. Sustain. Sci. 12, 393-407. https://doi.org/10.1007/s11625-016-0414-0.

[76] Marshall J. D., Toffel M. W., 2005. Framing the elusive concept of sustainability: A sustainability hierarchy. Environ. Sci. Technol. 39, 673-682. https://doi.org/10.1021/es040394k.

[77] McCormick K., Kautto N., 2013. The bioeconomy in Europe: an overview. Sustain. 5, 2589-2608. https://doi.org/10.3390/su5062589.

[78] Merino-Saum A., Clement J., Wyss R., Baldi M. G., 2020. Unpacking the green economy concept: A quantitative analysis of 140 definitions. J. Clean. Prod., 118339. https://doi.org/10.1016/j.jclepro.2019.118339.

[79] Mihelcic J. R., Crittenden J. C., Small M. J., Shonnard D. R., Hokanson D. R., Zhang Q., Chen H., Sorby S. A., James V. U., Sutherland J. W., Schnoor J. L., 2003. Sustainability science and engineering: The emergence of a new Metadiscipline. Environ. Sci. Technol. 37, 5314. https://doi.org/10.1021/es034605h.

[80] Millar N., McLaughlin E., Börger T., 2019. The circular economy: Swings and roundabouts? Ecol. Econ. 158, 11-19. https://doi.org/10.1016/j.ecolecon.2018.12.012.

[81] Moraga G., Huysveld S., Mathieux F., Blengini G. A., Alaerts L., Van Acker K., de Meester S., Dewulf, J., 2019. Circular economy indicators: What do they measure? Resour. Conserv. Recycl. 146, 452-461. https://doi.org/10.1016/j.resconrec.2019.03.045.

[82] Morone P., D'Amato D., 2019. The role of sustainability standards in the uptake of bio-based chemicals. Curr. Opin. Green Sustain. Chem. 19, 45-49. https://doi.org/10.1016/J.COGSC.2019.05.003.

[83] Müller F., Burkhard B., 2012. The indicator side of ecosystem services. Ecosyst. Serv. 1, 26-30. https://doi.org/10.1016/j.ecoser.2012.06.001.

[84] Murray A., Skene K., Haynes K., 2015. The circular economy: An interdisciplinary exploration of the concept and application in a global context. J.

Bus. Ethics. 140, 369–380. https：//doi. org/10. 1007/s10551-015-2693-2.

[85] Natural Capital Coalition, 2016. Natural Capital Protocol. Available at：www. naturalca pitalcoalition. org/protocol.

[86] Nesshöver C., Assmuth T., Irvine K. N., Rusch G. M., Waylen K. A., Delbaere B., Haase D., Jones-Walters L., Keune H., Kovacs E., Krauze K., Külvik M., Rey F., van Dijk J., Vistad O. I., Wilkinson M. E., Wittmer H., 2017. The science, policy and practice of nature-based solutions：An interdisciplinary perspective. Sci. Total Environ. 579, 1215–1227. https：//doi. org/10. 1016/j. scitotenv. 2016. 11. 106.

[87] Nikolaou I. E., Jones N., Stefanakis A., 2021. Circular economy and sustainability：The past, the present and the directions. Circ. Econ. Sustain. https：//doi. org/10. 1007/s43615-021-00030-3.

[88] Ny H., 2009. Strategic Life-Cycle Modeling and Simulation for Sustainable Product Innovation. Blekinge Institute of Technology, Karlskrona, Sweden. Doctoral Dissertation Series No. 2009：02.

[89] OECD, 2021. Green Growth Indicators. Available at：https：//www. oecd. org/greengro wth/green-growth-indicators/.

[90] Oliveira M., Miguel M., van Langen S. K., Ncube A., Zucaro, A., Fiorentino, G., Passaro, R., Santagata, R., Coleman, N., Lowe, B. H., Ulgiati, S., Genovese, A., 2021. Circular economy and the transition to a sustainable society：Integrated assessment methods for a new paradigm. Circ. Econ. Sustain. https：//doi. org/10. 1007/s43615-021-00019-y.

[91] O'Neill K., Gibbs D., 2016. Rethinking green entrepreneurship-Fluid narratives of the green economy. Environ. Plan. A 48, 1727–1749. https：//doi. org/10. 1177/ 0308518X16650453.

[92] Othoniel B., Rugani B., Heijungs R., Beyer M., Machwitz M., Post P., 2019. An improved life cycle impact assessment principle for assessing the impact of land use on ecosystem services. Sci. Total Environ. 693, 133374. https：//doi. org/10. 1016/J. SCITOTENV. 2019. 07. 180.

[93] Palahí M., Pantsar M., Costanza R., Kubiszewski I., Potočnik J., Stuchtey M., Nasi R., Lovins H., Giovannini E., Fioramonti L., Dixson-

Declève S. , McGlade J. , Pickett K. , Wilkinson R. , Holmgren J. , Wallis S. , Ramage M. , Berndes G. , Akinnifesi F. , Safonov G. , Nobre A. , Nobre C. , Muys B. , Trebeck K. , Ragnarsdóttir K. V. , Ibañez D. , Wijkman A. , Snape J. , Bas L. , 2020. Investing in nature to transform the post COVID－19 economy：A 10－point action plan to create a circular bioeconomy devoted to sustainable wellbeing. Solut. J. 11.

［94］ Pfau S. F. , Hagens J. E. , Dankbaar B. , Smits A. J. M. , 2014. Visions of sustainability in bioeconomy research. Sustain. 6, 1222－1249. https：//doi. org/10. 3390/su6031222.

［95］ Philp J. , 2018. The bioeconomy, the challenge of the century for policy makers. New Biotechnol. 40, 11－19. https：//doi. org/10. 1016/j. nbt. 2017. 04. 004.

［96］ Ramcilovic－Suominen S. , Pülzl H. , 2018. Sustainable development－a "selling point" of the emerging EU bioeconomy policy framework? J. Clean. Prod. 172, 4170－4180. https：//doi. org/10. 1016/j. jclepro. 2016. 12. 157.

［97］ Robert K. H. , Schmidt－Bleek B. , Aloisi de Larderel J. , Basile, G. , Jansen, J. L. , Kuehr, R. , Price Thomas, P. , Suzuki, M. , Hawken, P. , Wackernagel, M. , 2002. Strategic sustainable development－selection, design and synergies of applied tools. J. Clean. Prod. 10, 197－214. https：//doi. org/10. 1016/S0959－6526（01）00061－0.

［98］ Robert K. H. , Broman G. I. , Basile G. , 2013. Analyzing the concept of planetary boundaries from a strategic sustainability perspective：How does humanity avoid tipping the planet? Ecol. Soc. 18, 5. https：//doi. org/10. 5751/ES－05336－180205.

［99］ Rockstrom J. E. A. , Steffen W. , Noone K. , Al E. , 2009. A safe operating space for humanity. Nature. 461, 472－475. https：//doi. org/10. 1038/461472a.

［100］ Saidani M. , Yannou B. , Leroy Y. , Cluzel F. , Kendall A. , 2019. A taxonomy of circular economy indicators. J. Clean. Prod. 207, 542－559. https：//doi. org/10. 1016/j. jclepro. 2018. 10. 014.

[101] Sanz-Hernández A., Esteban E., Garrido P., 2019. Transition to a bioeconomy: perspectives from social sciences. J. Clean. Prod. 224, 107-119. https://doi.org/10.1016/j.jclepro.2019.03.168.

[102] Sauvé S., Bernard S., Sloan P., 2016. Environmental sciences, sustainable development and circular economy: Alternative concepts for trans-disciplinary research. Environ. Dev. 17, 48-56. https://doi.org/10.1016/j.envdev.2015.09.002.

[103] Smith A. C., Harrison P. A., P' erez Soba M., Archaux F., Blicharska M., Egoh B. N., Erős, T., Fabrega Domenech, N., György, I., Haines-Young, R., Li, S., Lommelen, E., Meiresonne, L., Miguel Ayala, L., Mononen, L., Simpson, G., Stange, E., Turkelboom, F., Uiterwijk, M., Veerkamp, C. J., Wyllie de Echeverria, V., 2017. How natural capital delivers ecosystem services: A typology derived from a systematic review. Ecosyst. Serv. 26, 111-126. https://doi.org/10.1016/j.ecoser.2017.06.006.

[104] Steffen W., Richardson K., Rockström J., Cornell S. E., Fetzer I., Bennett E. M., Biggs R., Carpenter S. R., De Vries W., De Wit C. A., Folke C., Gerten D., Heinke J., Mace G. M., Persson L. M., Ramanathan V., Reyers B., Sörlin S., 2015. Planetary boundaries: guiding human development on a changing planet. Science 347, 1259855. https://doi.org/10.1126/science.1259855.

[105] Stegmann P., Londo M., Junginger M., 2020. The circular bioeconomy: Its elements and role in European bioeconomy clusters. Resour. Conserv. Recycl. 6, 100029. https://doi.org/10.1016/j.rcrx.2019.100029.

[106] Taherzadeh O., 2021. Promise of a green economic recovery post-Covid: Trojan horse or turning point? Glob. Sustain. 4, E2 https://doi.org/10.1017/sus.2020.33.

[107] Ten Brink P., Mazza L., Badura T., Kettunen M., Withana, S., 2012. Nature and its Role in the Transition to a Green Economy. The Economics of Ecosystems and Biodiversity (TEEB), Geneva, Switzerland.

[108] The Ellen MacArthur Foundation, 2015. Circularity Indicators-An Approach to Measure Circularity Methodology & Project Overview, Cowes, UK.

[109] Therond O., Duru M., Roger-Estrade J., Richard G., 2017. A new analytical framework of farming system and agriculture model diversities. A review. Agron. Sustain. Dev. 37, 21. https://doi.org/10.1007/s13593-017-0429-7.

[110] Töller A. E., Vogelpohl T., Beer K., Böcher M., 2021. Is bio-economy policy a policy field? A conceptual framework and findings on the European Union and Germany. J. Environ. Policy Plan. 23, 152-164. https://doi.org/10.1080/1523908X.2021.1893163.

[111] Toppinen A., Mikkilä M., Lähtinen K., 2018. ISO 26000 in corporate sustainability practices: A case study of the Forest and energy companies in bioeconomy. In: Idowu, S., Sitnikov, C., Moratis, L. (Eds.), ISO 26000-A Standardized View on Corporate Social Responsibility. CSR, Sustainability, Ethics & Governance. Springer, Cham.

[112] Toppinen A., D'Amato D., Stern T., 2020. Forest-based circular bioeconomy: Matching sustainability challenges and novel business opportunities? For. Pol. Econ. 100, 102041. https://doi.org/10.1016/j.forpol.2019.102041.

[113] Turnheim B., Nykvist B., 2019. Opening up the feasibility of sustainability transitions pathways (STPs): representations, potentials, and conditions. Res. Policy. 48, 755-788. https://doi.org/10.1016/j.respol.2018.12.002.

[114] UNEP, 2011. Towards a Green Economy: Pathways to Sustainable Development and Poverty Eradication. A Synthesis for Policy Makers, Sustainable Development. https://doi.org/10.1063/1.3159605.

[115] Vadén T., Lähde V., Majava A., Järvensivu P., Toivanen T., Hakala E., Eronen J. T., 2020. Decoupling for ecological sustainability: A categorisation and review of research literature. Environ. Sci. Pol. https://doi.org/10.1016/j.envsci.2020.06.016.

[116] Velenturf A. P. M., Archer S. A., Gomes H. I., Christgen, B., Lag-Brotons A. J., Purnell P., 2019. Circular economy and the matter of integrated resources. Sci. Total Environ. 689, 963-969. https://doi.org/10.

1016/j. scitotenv. 2019. 06. 449.

[117] Vihervaara P., Mononen L., Santos F., Adamescu M., Cazacu C., Luque S., Geneletti D., Maes J., 2017. Biophysical quantification. In: Burkhard, B., Maes, J. (Eds.), Mapping Ecosystem Services. Pensoft Publishers, Sofia.

[118] Ward J. D., Sutton P. C., Werner A. D., Costanza, R., Mohr, S. H., Simmons, C. T., 2016. Is decoupling GDP growth from environmental impact possible? PLoS One 11. https: // doi. org/10. 1371/journal. pone. 0164733.

[119] Wesseler J., Von Braun J., 2017. Measuring the bioeconomy: economics and policies. Ann. Rev. Resour. Econ. 9, 275 - 298. https: // doi. org/10. 1146/annurev-resource-100516-053701.

[120] Winans K., Kendall A., Deng H., 2017. The history and current applications of the circular economy concept. Renew. Sust. Energ. Rev. 68, 825-833. https: //doi. org/ 10. 1016/j. rser. 2016. 09. 123.

[121] Wiseman J., Edwards T., Luckins K., 2013. Post carbon pathways: A meta-analysis of 18 large-scale post carbon economy transition strategies. Environ. Innov. Soc. Transit. 8, 76 - 93. https: //doi. org/10. 1016/ j. eist. 2013. 04. 001.

[122] World Economic Forum and AlphaBeta, 2020. The Future of Nature and Business - New Nature Economy Report II. Switzerland, Cologny/Geneva. http: //www3. weforum. org/docs/WEF_ The_ Future_ Of_ Nature_ And_ Business_ 2020. pdf.

第14章　评估生物经济对总体经济的贡献：国家框架*

斯蒂芬妮·布拉科（Bracco S）[1]，
奥兹古尔·卡利西奥格鲁（Calicioglu O）[1,2]，
玛尔塔·戈麦斯（Gomez San Juan M）[1]，
亚历山大·弗拉米尼（Flammini A）[1]

摘要：技术的发展使人们能够设想从可再生生物质中提取材料和产品，以替代有限的化石资源消耗。因此，生物经济被视为可持续经济增长的机会。各国正在根据其实现生物经济的目标制定战略，对这些策略的结果进行适当的测量、监控和报告对于长期成功至关重要。本章旨在批判性地评估用于测量、监测和报告生物经济对总体经济贡献的国家方法。为此，对选定的国家（阿根廷、德国、马来西亚、荷兰、南非和美国）进行了研究和调查。结果表明，战略中设定的生物经济目标往往反映了该国的优先事项和比较优势。然而，通常缺乏衡量和监测生物经济进展的全面方法。大多数国家只衡量其生物经济定义中所包括部门对国内生产总值（GDP）、营业额和就业的贡献，这可能提供了一个不完整的画面。此外，本章还发现了目标和测量方法之间的不匹配，因为生物经济的环境和社会影响通常可以预见，但无法测量。结论是，可以加强和利用现有的全球可

* 本文英文原文发表于：Bracco S，Calicioglu O，Gomez San Juan M，Flammini A. Assessing the Contribution of Bioeconomy to theTotal Economy：A Review of National Frameworks［J］. Sustainability，2018，10（6）：1698.

1. 联合国粮食及农业组织（罗马）。

2. 美国宾夕法尼亚州立大学。

持续生物经济监测工作，以衡量实现可持续目标的进展。

关键词： 生物经济学；生物制品；国内生产总值；政策措施；可持续性评估；可持续发展

14.1 引言及研究背景

现代经济依赖于有限的资源。除了长期的不可持续性之外，化石燃料资源的利用和衍生产品的不可持续消费也会对社会和环境构成风险，因为它们会带来气候变化和生态系统退化等负面影响[1,2]。尽管如此，工业生物技术的进步已经使从可再生生物质中提取出材料、化学品和能源成为可能，从而可以替代化石资源和有限资源[3]。这种替代潜力构成了一个仍在发展的生物经济概念的核心。

关于生物经济愿景的文献与这一概念同步发展，并被分为三大视角：①生物技术愿景，强调在商业规模上创新和利用生物技术；②生物资源愿景，强调改善上游生物质生产的价值链；③生物生态学视野，强调能源和资源优化对生态系统健康的积极影响[4]。这些观点强调了生物经济在提供机会方面的潜力，如低碳经济增长、自然资源保护、环境和生态系统健康恢复以及农村社区福利。

由于生物经济在应对这些全球挑战方面的巨大潜力，生物经济已经直接或间接地被纳入全球政策议程[5,6]。国家目标和生物经济优先事项包括经济增长、就业、能源安全、粮食安全、减少化石燃料、缓解和适应气候变化，以及农村发展[7]。就生物经济在部署生物经济愿景方面的潜力而言，各国有不同的机会，这也可能影响其政策。国家可分为：①可再生生物资源丰富，但缺乏下游加工业；②高原料潜力和先进加工产业；③原料潜力低但加工先进的工业[8]。这些潜在的差异也会导致各国在采取生物经济战略的目标以及对其成就的成功评估方面产生差异。

衡量生物经济对各国整体经济的贡献可以是发展的一个重要指标。目前还没有国际公认的方法来衡量在实现生物经济政策和战略设定的雄心和目标方面取得的进展。鉴于各国的限制、机遇和优先事项存在差异，制定一种统一的方法来评估生物经济对国民经济的贡献是一项挑战。此外，不全面的测量过程可能会导致忽略生物经济的潜在负面影响。在试图比较国

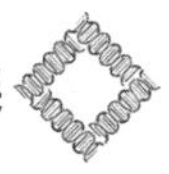

家内部和国家之间生物经济的重要性时，缺乏连贯的方法也可能造成混乱。迈向全球公认方法的第一步可能是评估各国目前为定义生物经济，以及衡量、监测和报告其贡献的框架所做的努力。事实上，已经在诸如欧洲联盟（EU）等区域内，存在协调生物经济计量的区域性努力。2012 年，欧盟委员会（EC）启动了生物经济战略，欧盟联合研究中心（JRC）被指定监测所有成员国和部门在欧盟生物经济中的就业和流动情况。然而，对于全球方法而言，更均衡的地理分析将是有用的。

可用于衡量生物经济对一国经济贡献的典型经济模型包括增值/GDP 法、投入产出（I-O）和社会核算矩阵（SAM）分析、可计算一般均衡（CGE）模型、部分均衡（PE）模型以及其他经济模型和工具[9]。然而，这些方法没有系统地考虑环境和社会方面。事实上，这项研究的目的是分析如何利用地理代表性国家（阿根廷、德国、马来西亚、荷兰、南非和美国）的信息来衡量生物经济在整个国民经济中的贡献。此外，还对国家目标和测量参数的一致性进行了分析，以评估是否通过国家采用的选定测量、监测和报告框架捕捉到了生物经济的社会和环境影响。

在本研究范围内，生物经济被定义为“以知识为基础的生产和利用生物资源、生物过程和原则，以便在所有经济部门可持续地提供商品和服务”[7]。它涉及三个要素：①利用可再生生物质和高效生物工艺实现可持续生产；②利用扶持性和融合性技术，包括生物技术；③跨农业、卫生和工业等应用程序的集成。根据联合国粮食及农业组织（FAO）的发展[7]，“生物经济”一词不包括食品和饲料生产。相反，它被用来考虑非食品产品的生产，即生物材料、化学品和药品；纸浆和纸张；建筑材料；纺织品；生物能源。“生物产业”是指所有可能的生物产品工业生产。与生物经济、生物基础经济和生物产业相关的战略都被认为是“生物经济战略”。这项评估建立在之前和正在进行的促进全球生物经济的努力的基础上。在这方面，被调查的国家是从粮农组织国际可持续生物经济工作组（ISB-WG）成员中挑选出来的，截至 2018 年 3 月，该工作组包括 23 名成员：11 个国家（阿根廷、巴西、中国、德国、意大利、哈萨克斯坦、马来西亚、荷兰、南非、乌拉圭和美国），德国生物经济理事会、欧盟委员会、经济合作与发展组织（OECD）、国际热带农业中心（CIAT）、斯德哥尔摩环境研究所（SEI）、联合国环境规划署（UNEP）、世界基金会（WWF）、北欧部长理事会、欧盟生物产业联盟、瓦赫宁根大学、世界商业发展理事会（WBCSD）和粮农组织。被选为研究对象的国家位于五大洲，经济发展水平不同，生物经济战略和优先事项也不同。例如，一些国家的可用土地很少，但拥有先进的技术，而另一些国家则优先考虑农民和农村发展，拥有更多的可用土地。对于所有国家，该研究审查了生物经济目标和优先事项，以及测量、监测和报告框架。在对样本国家和现有文献的回顾中，提出了一种实现可持续生物经济监测的途径。

14.2 研究设计及方法

这项研究是基于对若干选定国家（阿根廷、德国、马来西亚、荷兰、南非和美国）的生物经济及其衡量政策文件、战略和声明的案头研究。由于他们对制定全球生物经济框架表现出兴趣，选择过程主要在 ISBWG 成员国之间进行，遵循图 14-1 所示的选择过程。分析的结构组织包括对现有信息的评估，包括：①各国如何定义生物经济；②各国战略的目标或优先事项是什么；③各国用来衡量、监测和报告生物经济对其经济或目标的贡献的方法。

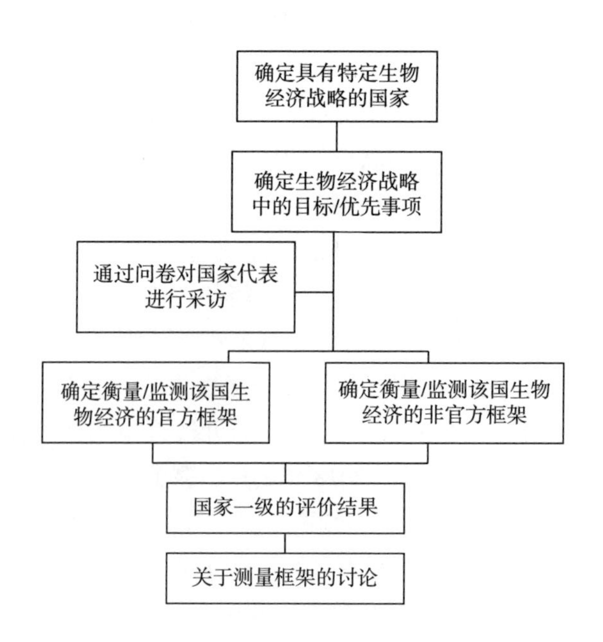

图 14-1　分析的选择过程和结构组织

分析的相关信息从官方生物经济战略和文件中收集。当没有关于如何衡量生物经济对整体经济的贡献的政府官方文件时，则使用委托研究、研究机构或非营利组织的研究。表 14-1 总结了为了解生物经济的定义、生物经济战略的目标或优先事项，以及每个选定国家建立的计量、监测和报告框架而分析的信息和文件来源。在可能的情况下，通过向政府代表分发的调查对信息进行补充和验证（见表 14-2）。这项调查包括在浏览书面材料时寻求答案的相同问题。

表 14-1　研究国家的信息来源

国家	生物经济学的定义与策略	战略的目标/优先事项	衡量、监测和报告框架
阿根廷	农业产业部（MINAGRO）[10]	农业产业部（MINAGRO）[10]	Bolsa de Cereales[11]
德国	联邦食品和农业部（BMEL）和联邦教育和研究部（BMBF）[12]	国家生物经济政策战略[13]	目前正在开发一种全面、系统的监测方法，以衡量德国 BE 对整体经济的贡献
马来西亚	国家生物技术政策（NBP）；BioNexus 状态（BNX）；生物经济转型计划（BTP）；生物经济社区发展计划（BCDP）；2020 年国家生物质战略（“NBS 2020”）[14]	BTP 和 BCDP[14]	莫斯蒂和生物经济公司[14,15]
荷兰	荷兰企业管理局（RVO）[16]；CE Delft[17]；机构经济事务部（NOST）[18]；NNFCC[19]	机构经济事务部（NOST）[18]；NNFCC[19]	基于生物的经济协议监视器[16]；NOV A 研究所[20]；CE Delft[17]；欧共体生物经济知识中心[21]
南非	公众对生物技术的理解[22]；国家生物技术战略[23]	国家生物技术战略[23]	国家生物技术战略[23]；正在进行的研究旨在建立一个框架，以制定衡量南非 BE 增长的指标[24]
美国	国家生物经济蓝图[25]；十亿吨生物经济愿景[26]	国家生物经济蓝图[25]；十亿吨生物经济愿景[26]	美国农业部报告[27-29]；能源部[30]

通过案头研究和调查收集的信息已用于分析，并辅以对其他低收入、中等收入和高收入国家（研究重点之外）生物经济战略目标和优先事项的广泛文献综述，以提高讨论的质量。为此，调查被分发给了 ISBWG 的所有

成员（不仅是研究重点的成员）。

表 14-2　向 ISBWG 成员提交的关于评估生物经济对各国经济贡献的问卷

生物经济学定义
贵国如何定义生物经济？
贵国的生物经济战略包括哪些部门？ （例如，农业、汽车和机械工程、化学（包括生物塑料）、生物燃料/生物能源、生物精炼、建筑/建筑业、化妆品和清洁用品等消费品、喂养渔业、餐饮业、林学健康知识/创新、采矿、制药业、纸浆和纸张、纺织品）
战略的目标/优先事项
如果是，有哪些？贵国使用哪种方法来衡量生物经济贡献？（例如，GDP 方法、投入产出矩阵、可计算一般均衡（CGE）模型、部分均衡（PE）模型）。贵国是否衡量了生物经济对以下领域的影响？（营业额/销售额、附加值、就业信心）
衡量、监测和报告框架
国家战略是否包括衡量生物经济对整体经济贡献的标准？如果是，有哪些？
贵国使用哪种方法来衡量生物经济贡献？（例如，GDP 方法、投入产出矩阵、可计算一般均衡（CGE）模型、部分平衡（PE）模型）
贵国是否衡量了生物经济对以下领域的影响？（营业额/销售额；附加价值；创造就业机会；市场开发；投资；知识产权；研发支出；贸易平衡；扶贫；粮食安全和可持续农业；健康和福祉；教育；性别平等；水的供应和可持续管理；获得负担得起的、可靠的、可持续的和现代化的能源；包容性和可持续的工业化和创新；不平等和包容性；包容、安全、弹性和可持续的城市；确保可持续的消费和生产模式；气候变化；海洋和海洋资源；陆地生态系统、森林、土地退化和生物多样性）
是否定义了衡量生物经济贡献的指标？如果是，有哪些？
简短讨论
在我们看来，贵国衡量生物经济贡献方法的主要局限性是什么？

14.3　分析和结果

14.3.1　生物经济学的定义和策略

据观察，在所分析的国家中，生物经济中考虑的部门和子部门是不同的，这反映了它们在优先事项和战略上的差异。表 14-3 总结了六个被分析国家的生物经济定义中包含的各个部门，以及在量化生物经济对整体国民经济的贡献时考虑的部门。第一个要点是生物经济定义的变化。例如，荷兰侧重于生物经济，不包括农业和食品部门[17]，但仍没有就生物经济中

包括哪些部门达成一致[31]。美国旨在分析生物经济，但美国农业部的结果仅限于生物制品行业，不包括能源、食品、饲料、畜牧业和制药行业。

表 14-3　被纳入选定国家战略和监测的部门

	阿根廷	德国	马来西亚	荷兰*	南非	美国*
农业	■■	■■	■■		■	■■
汽车与机械工程		■■				
化学（包括生物塑料）	■■	■■	■■	■■	■	■■
生物燃料/生物能源	■■	■■	■■	■■	■	
生物炼制		■■	■■		■	■■
建筑业		■■				
消费品（如化妆品、清洁剂）	■■	■■			■	
牧业	■■	■■	■■		■	
渔业	■■	■■	■■		■	
食品和饮料行业	■■	■■	■■		■	
林业	■■	■■	■■	■■**	■	■■
健康			■■		■	
研发创新		■■	■■	■■	■	
采矿业					■	
制药业	■■	■■	■■	■■	■	
造纸业	■■	■■		■■	■	
纺织业	■■	■■		■■	■	■■
文献	[11]	[12]	[32]	[20]	[23，33]	[29]

注：*表示荷兰的监测系统分析涉及生物经济，美国的监测结果涉及生物产品行业。**表示仅以森林为基础的工业。■表示纳入生物经济战略；■■表示包括在生物经济战略中，并进行监测或测量。

据阿根廷的说法，生物经济包括农业、林业、渔业、食品生产、纸浆和纸张生产，以及部分纺织、化工、能源和生物技术 17 个行业中的 7 个（医疗和制药行业）。德国的生物经济包括农业、林业、渔业、制造业和生物产品贸易。同样，马来西亚的生物经济包括农业、林业、渔业、食品、饲料、保健品、化学品和可再生能源。南非的生物经济战略侧重于农业、工业和环境生物创新与健康，但尚未制定监测绩效的指标。值得注意的是，当试图从 GDP 和附加值的角度衡量生物经济对各国经济的贡献时，决定纳入哪些部门也是相关的，因为计算只会考虑包括的部门[34]。

14.3.2 生物经济目标和优先事项

生物经济战略中包含的部门通常反映了国家确定的优先事项以及与生物质资源禀赋、历史经济专业化、劳动生产率和过去在研发方面的投资相关的比较优势[7,11,35-39]。例如，在阿根廷，生物经济被视为该国可持续发展的工具。它被认为是创造新的行为和就业来源的积极选择，以应对气候变化的双重挑战，以及对经济进步的持续需求，这对减贫必不可少[10]。在德国，国家生物经济政策战略的重点是：发展安全的优质食品供应；从化石经济向原材料和可再生资源效率日益提高的经济转型；可再生资源的供应；可持续利用可再生资源，同时保护生物多样性和土壤肥力；保护气候；加强德国的创新能力及其在商业和研究方面的国际竞争力；确保并创造就业和附加值，特别是在农村地区；可持续消费[13]。在马来西亚，生物经济被视为经济增长的关键贡献者，它可以通过农业生产力的突破、医疗保健的创新和可持续工业流程的采用为社会带来好处[15]。南非生物经济战略的目标是使该国在国际上更具竞争力（尤其是在工业和农业部门），创造更可持续的就业机会，加强粮食安全，并为该国向低碳经济转变时创造更绿色的经济[23]。特别是，确定的战略性经济部门是（i）农业、（ii）卫生，以及（iii）工业和环境。在荷兰，生物经济战略鼓励九大领域的知识开发和创新：农业和食品、水、化学品、能源、生命科学和健康、园艺和繁殖材料（种子库）、物流、高科技系统，以及材料和创意产业[18]。然而，荷兰政府更经常关注生物经济，其定义是“基于生物量的经济活动，人类食物和饲料除外”，条件是其基于最近捕获的碳[40]。采用生物经济战略背后最重要的驱动因素是：争取更大的可持续性（减少二氧化碳排放、循环经济）；对化石燃料有限性的认识；以及通过使用可再生生物资源和残留物为荷兰企业提供的经济机会[18]。在美国，《国家生物经济蓝图》提出的五项战略目标旨在促进经济增长和满足社会需求。其中一些战略包括支持研发投资、促进生物发明从研究实验室向市场的过渡、制定和改革法规、更新培训计划，以及将学术机构激励与国家劳动力需求的学生培训相结合。它们还包括确定和支持发展公私伙伴关系和竞争前合作的机会[25]。

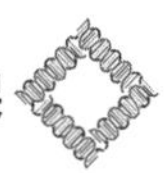

14.3.3　衡量、监控和报告框架

参与研究的国家采用各种方法来衡量生物经济对其经济的贡献和实现目标。就阿根廷而言，采用了标准方法，参照国民账户系统（国民账户体系）计算国内生产总值和国际可比卫星账户（例如，教育、资本、生产力和环境）对国内生产总值的贡献（生产总值和增值额）。中介服务提供商布尔萨·德麦莱斯（Bolsa de Ceerales）的一份文件[11] 设计了一种用于衡量生物经济及其对国内生产总值贡献的标准、程序和数据库的一般方法。生物经济对国内生产总值贡献计算所包括的部门是“农业、林业、渔业、粮食生产和纸浆和造纸生产，以及纺织和化学工业（生物基础）部分，以及能源和生物技术工业（卫生和制药工业）”[11]，这与该国生物经济战略所列部门相一致。然而，布尔萨·德麦莱斯的研究只考虑经济变量，而不考虑生物经济的社会和环境方面。例如，该研究没有报告区域和领土发展、就业、粮食安全、能源安全、可持续性或气候变化减缓和适应，这些都是生物经济的远景目标之一。不解决这些问题不仅会使人们不了解实现这些目标的情况，而且可能会造成忽视生物经济对这些方面潜在的负面影响的风险。

在德国，对生物经济做出贡献的大部分领域都由传统统计账户监测[12]。然而，在大多数情况下，数据收集和评估方法没有简化，以评估生物经济的影响。这导致影响信息稀少，数据差距、不确定性、结果缺乏可比性以及影响可能重复计算。目前正在通过一项部际联合行动，制定一种全面和系统的监测方法，以衡量德国生物经济对整个经济的贡献，该项目由三个主要项目组成：生物量流量监测、生物经济系统监测和建模，以及确定监测生物经济的经济关键绩效指标[41]。

马来西亚制定了一项生物经济贡献指数（BCI），以衡量生物经济对整个经济的贡献，该指数由五个部分/参数组成：生物经济增加值、生物基础出口、生物经济投资、生物经济就业和生产力绩效[14]。BCI 是一种比较工具，旨在提供一个整体的观点，包括生物经济的多个方面，并用于确定行业内的趋势、模式和协同作用。该指数将选定年份内各具体组成部分的业绩与调整后（通货膨胀率和进出口值）预期基本绩效（在 2005 年基准年）的变化进行比较，该变动由动态可计算一般均衡（DCGE）模型[15]确定。假设马来西亚是一个价格承担国，则生物经济对国家发展的贡献份额由 SAM 估算[42]。迄今为止，BCI 主要衡量收入和经济流量，但可以进一步改进，考虑更广泛的社会经济或环境方面。例如，生物经济机构可以纳入社会措施（例如，生物经济行业的减贫和收入不平等）和环境措施（例如，二氧化碳排放和当地生物多样性水平），以便评估生物经济是否在所有方面都构成风险或有助于可持续性[42]。

由于荷兰在定义生物经济的边界方面缺乏明确的协议，迄今为止，他们的重点一直是生物经济（BBE）。2013 年，荷兰制定了 BBE 监测协议，以量化其规模，并监测其随时间的发展，以使趋势可见，并与国外的发展相比较[16]。该协议定义了系统边界、表示 BBE 大小的单位，以及可用数据或其收集（如果缺失）的利用率。该协议以现有的生产和消费统计数据为基础，防止生物基原材料的重复计算，并对原材料流动进行了监控。然而，它提出了一些与商业部门分类、产品组分类和及时获取数据有关的问题[16]。

南非生物经济战略[23] 包含一些指标，用于与其他高收入和中等收入国家相比，监测生物经济的进展，大致分为“知识和技能”指标（全职同等研究人员、科学出版物和生物经济相关出版物）和“财政支持”指标（国内研发支出总额占 GDP 的百分比以及资金和政府支持）。此外，该方法提供了 18 个产出指标（与行业、市场、知识传播和应用、知识库和人力资源有关），用于跟踪和监测生物经济战略[23]。然而，衡量和监测南非生物经济的系统指标尚未实施。此外，该战略中的大多数指标来自对知识经济或生物技术创新政策的衡量。因此，它们不涉及社会和环境问题，这将使人们难以确定这些方面是否存在负面影响。预计正在进行的工作将为特定部门和倡议制定详细的实施计划和价值主张，这将有助于完善目标[33]。

美国农业部的报告[29] 从州一级的经济和就业角度对生物制品行业的影响进行了审查和量化。在此之前，发布了一份分析国家层面影响的报告[28] 和另一份报告[43]，该报告提供了该国生物经济的现有信息，并提供了一个平台，在此基础上构建未来的生物经济测量工作。该报告采用三管齐下的方法收集信息：采访参与生物基产品的政府、行业和行业协会的代表；从政府机构收集数据，并发表有关生物制品行业的文献；经济建模。尽管美国农业部 2016 年的报告旨在作为了解和跟踪美国生物经济进展的平

台，但它没有提供生物经济的完整情况，因为它没有报告美国战略中包括的生物能源部门。相反，它只关注七个主要行业，它们被选为代表生物产业对美国经济的贡献（农业和林业、生物精炼、生物基化学品、酶、生物塑料瓶和包装，以及林产品和纺织品）。2017 年，美国能源部（DOE）还提供了一些关于生物经济规模的数字[30]，建立了十亿吨生物经济愿景，但没有系统的测量方法。美国能源部的估算来自一篇论文，该论文考虑了直接就业和生物质资源的收入，这些生物质资源被用于许多最终用途和产品，包括热能和发电、生物基化学品和产品（包括木屑）以及生物燃料和副产品[44]。

14.3.4　数据可用性和统计方法的局限性

大多数被分析的国家目前只衡量生物经济对其 GDP 和其他经济变量的贡献。然而，这种经济方法在反映经济领域的贡献方面存在一些局限性，主要是因为尚未建立标准方法来对生物经济对 GDP 的贡献进行国际比较。此外，如上所述，生物经济中的产品和活动因国家的优先事项和比较优势而大不相同。国际层面上最常见的经济活动、贸易和产品分类（国际标准行业分类（ISIC）、北美行业分类体系（NAICS）、欧洲共同体经济活动分类（NACE）、对外贸易术语（NET），每类分类器（CPC），与生物经济的复杂性不兼容[11,37]，因为它们不适合生物产品的异质性和多样性。ISIC、NACE 和 NAICS 根据生产过程、技术、投入和设备的相似性对生产单元进行分组。他们的分类标准没有区分生物或非生物输入[11]。就连联合国的国民账户体系（SNA 08）也不允许对生物经济进行计量，该体系提供了以国际可比方式衡量国民生产、福利和其他经济问题的建议[11]。基于传统工业活动的分类器与生物工业不兼容。这可能导致低估或高估生物经济的规模。

生物产品的庞大数量及其异质性使得很难提供生物经济状态和演变的完整定量图画[45]。通常，生物经济数据是从生物产业的调查中获取的[11,27,46]。这些调查是量化生物经济的系统方法重要的第一步。然而，他们在收集所需数据时面临困难，并且响应率不完整[46]。这些限制在中低收入国家更为重要，因为这些国家的统计系统还不完善。在这种情况下，调查可能不会更新或可能包括有限且有偏差的样本（如阿根廷和南非分析所示，上一次公司调查是在 2003 年进行的[47]）。马来西亚为改善数据收集而开展的数字化工作可以在生物经济的测量和监测中发挥重要作用。

14.4 讨论

14.4.1 在国家、区域和全球层面上定义生物经济边界的必要性

由于缺乏对生物经济及其部门的统一定义，因此缺少一个能够比较各国生物经济贡献的共同基础。此外，在国家层面，生物经济边界的定义有时还不清楚。例如，在荷兰，由于方法和输入数据的多样性，在分析的官方研究中，生物经济的估计影响不同[17,20,21]。同样在美国，能源部为估计生物经济规模而考虑的大部分部门被排除在2016年美国农业部报告之外，导致对该国生物经济影响的不同估计[29,30]。因此，美国生物质研发理事会为协调联邦政府各部门和机构内部和机构之间的项目而努力，理想情况下应能产生一种单一的综合办法，以协调一致的方式监测和衡量愿景所包括的所有部门。当各国没有一个整体的生物经济战略时，它们往往采取一种分散的办法，分别考虑到各部门（如农业、林业、能源和运输）生物量的不同用途。这种生物经济管理方法导致了不同的生物量用途政策、不同的投资激励措施，以及原料来源领域的不同条例[48]。在这些国家，这些努力应着眼于跨不同层次、不同部门、不同景观和最终用途的综合方法，以避免出现在欧盟和其他地方的第一代生物燃料的繁荣和萧条政策。尽管如此，在区域上，为了协调生物经济的经济意义的计量，也存在一些努力。例如，自2012年欧洲联盟委员会生物经济战略启动以来，欧盟联合研究中心（JRC）一直在监测所有成员国和部门在欧洲联盟生物经济领域的工作和周转情况[49]。更具体地说，欧盟委员会生物经济知识中心显示了营业额、就业和区位商（即成员国生物经济中就业的份额除以欧盟在生物经济中的就业份额）[49]。为了使生物经济的充分潜力得到实现，价值链的计量和管制全球准则可能是有益的[8]。粮农组织已经协调全球努力，以制定国际生物经济可持续性准则。这些指标可供各国用来衡量其生物经济战略的可持续性方面，并监测经济、社会和环境目标和优先事项的实现情况。

14.4.2 生物经济作为实现可持续发展目标的手段

许多国家已经将生物经济作为一种新的发展愿景，以使经济与化石燃料依赖脱钩，并将其作为实现可持续发展目标（SDG）和《巴黎协定》承

诺的有效途径。例如，高效、可持续的自然资源管理与 17 项可持续发展目标中的至少 12 项直接相关，并可在 2050 年将温室气体（GHG）排放量减少 60%[50]。此外，对于低收入国家来说，更好地管理自然资源往往是消除贫困、缓解气候变化和恢复性经济增长的关键组成部分[51]。

在拥有可用生物质资源或发达初级部门的中低收入国家，可持续的生物经济可以为经济发展和工业化打开新的机遇，并支持经济和社会目标，如减少失业和扩大获得能源的机会。例如，在阿根廷（以及其他原料供应量高的拉丁美洲国家），农业生产附加值的增加可以创造就业机会，提高出口导向型部门的竞争力。该地区的农业部门具有提高生产率的潜力，这可能会显著改善各国参与国际贸易的情况[11]。农业生产力的提高也可以在提高农民产量的同时，在建立恢复力方面发挥重要作用[35]。生物经济部门的劳动生产率水平较低，但初级生产丰富且制造业基础良好的国家可以通过基于生物的生产方法增加价值[37]。

农业部门也是马来西亚和南非等中等收入国家生物经济战略的关键组成部分。在马来西亚，棕榈油行业的表现似乎在一定程度上决定了马来西亚生物经济发展的总体方向[36]。在南非，通过扩大和强化可持续农业的生产和加工来创造就业机会是生物经济三大战略目标的一部分。在具有高原料潜力和先进工业的美国，生物经济既基于生物量的扩张，也基于“生物发明”[25,52]。然而，基于生物量扩张的生物经济愿景可能面临挑战，例如，由于气候和恶劣天气影响的增加，原材料的可靠可用性、水的可用性，以及市场的稳定性[43]。

相比之下，荷兰等一些高收入国家将农业和食品部门排除在生物经济战略之外。主要原因是其国内生态可持续生物质供应有限，这也关系到其他几个欧盟国家。据估计，对于欧盟来说，可持续的生物质供应足以满足 2030 年能源和原料最终消耗的 10%~20%[39]。考虑到土地利用是可持续生物量生产中最关键的问题，土地可用性有限的国家面临相关限制。在生物量可用性有限的国家，如一些西欧国家，生物经济战略更侧重于生物化学和生物制药，受益于长期经验和研发投资[49]。在专注于高附加值生物经济部门的国家，与创造的就业相比，生物经济可以产生更高的营业额，而生物经济的低附加值部门（主要是农业、林业和渔业的初级生物量生产）通常会创造更多的就业机会。

与生物经济相关的技术创新和新的商业模式也潜在地旨在使拥有可用资源的国家的经济增长与资源使用脱钩[51]。可持续的生物经济不会导致资源枯竭、环境退化、生物多样性丧失和社会不公。正如德国在其生物经济战略中所认识到的那样，只有确保粮食供应、保护环境、气候和生物多样性，并支持发展中国家和新兴经济体的发展政策目标，向生物经济的结构转型才能成功[13]。

14.4.3 将目标和衡量框架联系起来

如果生物经济战略旨在促进可持续发展以及环境和社会目标（例如，就业、粮食安全、能源安全以及缓解和适应气候变化[10]），这些指标应明确纳入战略目标，并应是可衡量的（通过定量、定性或作为综合指标）。生物经济发展方法中的环境和可持续性组成部分应与生物资源的供应和生产以及消费模式密切相关。事实上，转型战略的核心不仅限于技术方面，还包括行为改变和制度创新，以便在公司和国际政策层面上实现有利环境和长期激励[38]。

这项研究表明，许多国家缺乏一种监测实现生物经济政策和战略所定目标进展情况的手段，难以衡量的原因可能是缺乏对生物经济概念的明确定义以及具体和可衡量的目标。事实上，战略往往显示出不可测量的目标和定性的目标。例如，以南非和美国为例，由于缺乏足够的数据，尚未在实践中对监测生物经济战略的关键因素的建议产出指标[23] 以及生物经济指标和综合指标[27] 进行测量。

大多数国家仅通过经济价值和 GDP 份额来监测生物经济进展，而可持续性和资源可用性的其他方面仅在有限的范围内得到解决[53]。GDP 是一个参数，它无疑提供了生物经济对经济贡献的信息。然而，由于标准的行业分类系统不足以系统地监测生物生产，缺乏系统的数据，以及在国家一级收集的信息往往比较分散，这并不理想。此外，GDP 越来越被批评为衡量可持续发展的不恰当指标，因为它包括被认为对人类和环境有害的活动，没有考虑到定义人类福祉的社会方面和环境方面（这些都是评估对整体经济的实际贡献的重要信息）。此外，GDP 不包括转移支付，如化石燃料补贴[54]。

除 GDP 外，通常用于衡量生物经济的其他经济指标包括：营业额（销售收入）；就业；资源利用（农作物、木材、废弃物、土地、资本等）；该

国生物质的初级生产（农业、林业、残留物、渔业和废弃物）；向该国进口生物质；该国生物质消费的全球土地利用；生物制品的生产；生物质和生物基产品的价格；生物经济产品的消费；贸易流量[18,27,34,49]。进一步地，指标侧重于创新的驱动因素，如研发或知识产权方面的投资和支出。然而，由于投资和结果之间存在时间差，因此很难捕捉到新创新的影响。这些类型的指标可以用来比较国家在发展生物经济方面的表现（例如，哪些国家有生物经济战略或有专门的研发资金）。一些国家目前仅测量生物产品对 GDP 的影响，尽管生物经济相关服务可包括在生物经济的测量中。例如，芬兰将自然旅游、狩猎和渔业作为生物经济服务纳入其生物经济战略中[55]。此外，马来西亚 BCI 目前主要衡量收入和经济流量，但它可以改进，将生物服务以及更广泛的社会经济或环境方面纳入考虑中。例如，BCI 可以在生物经济行业中纳入减贫或收入不平等的措施，还可以考虑二氧化碳排放量或当地生物多样性水平[42]。

尽管如此，仍有人在努力制定可衡量的社会和环境指标，以监测生物经济。例如，意大利制定了一套可持续性指标，除了经济增长外，还对粮食安全、自然资源可持续性、对不可再生资源的依赖性和气候变化产生了可衡量的影响[56]。这些关于可持续性的指标基于欧盟生物经济战略（Sat-BBE）联盟的系统分析工具框架[34] 的结果。为了衡量生物经济对环境的影响，欧盟委员会联合研究中心开发并整合了建模框架（IMF），以实施相应的生命周期评估（C-LCA）。该框架确定了前台系统中的决策对经济体的其他过程和系统的影响（包括所分析的后台系统和边界外的其他系统），并允许在完全实施后进行政策影响评估[46]。然而，数据缺口仍然需要填补，概念和方法，包括国际货币基金组织的环境影响评估，需要进一步发展和实施。

其他环境评估和环境管理技术包括碳足迹、生态审计、环境和社会影响评估以及战略环境评估[57]。Mont Bo Eco（来自芬兰自然资源研究所（Luke）、农业研究常设委员会（SCAR）、生物经济战略工作组（BSW）和芬兰农业和林业部（MMM））正在进行一个项目，该项目正在开发一个关于欧盟成员国生物经济监测系统的综合报告，包括指标和子指标。该分析目前围绕 5 个主要目标制定了 22 个指标和 146 个次级指标：创造就业机会和保持竞争力，减少对不可再生资源的依赖，缓解和适应气候变化，确保粮食安全，可持续管理自然资源[58]。该评估包括制定可测量的指标和超出经济监测范围的子指标。

在已有生物能源或生物燃料战略的国家，监测生物经济可持续性的努力可以与以前在生物燃料、生物量和生物能源方面的努力联系起来。此外，一些标准、认证和标签倡议已经对生物产品的“质量”及其可持续性做出了一些指示。例如，美国农业部（USDA）开发了一个认证生物基产品标签，该标签可以认证许多生物产品的碳含量。许多现有的生物产品认证和标准给出了监测环境和社会可持续性的指标。监测生物经济的下一步理想情况下应该包括税收和监管支持的衡量。例如，荷兰 RVO 还通过税收抵免和财政豁免估算了 BBE 研发的投资[20]。其他国家研究正在分析现有政策，以评估公共财政、监管和能力建设如何促进生物经济的增长（如泰国的研究[59]）。

生物经济也是年轻人和下一代的机会，它通常与改善科学、技术、工程和数学（STEM）教育和培训项目相联系，以满足劳动力需求。例如，这些方面是美国生物经济战略和芬兰生物经济战略的一个关键优先事项，通过升级教育、培训和研究来发展生物经济能力基础是其中的一个关键目标[55]。此外，南非生物经济战略和战略中建议的指标由科学和技术部推动，具有“创新”倾向。事实上，该战略中的大多数指标都与科学、技术和创新有关，因为它们源自对知识经济或生物技术创新政策的衡量[23]。

最后，在阿根廷、马来西亚和南非，生物经济的目标之一是加强基础设施，以支持经济增长，增加进入国内和国际市场的机会[10,15,23]。因此，在理想情况下，应将这一方面纳入可持续生物经济监测的途径，包括社会经济和环境影响。其他方面，如纳入性别（在所分析的任何战略中均未提及优先事项），可纳入衡量框架，以反映国家的优先事项和战略。对社会和环境方面的考虑不仅可以最大限度地降低与生物经济转型相关的风险，还可以评估生物经济影响的真实情况。同样，在严重依赖生物质进口的国家，从更广泛的角度对生物经济进行评估，将有助于在全球范围内将对社会和环境的潜在负面影响内部化[60]。

14.5　结论

这项研究强调，在所分析的国家中，缺乏对生物经济的统一定义，这

就不允许对不同经济体中生物经济的相关性进行任何直接比较。这些部门主要反映了国家确定的优先事项以及与自然资源可用性、传统产业、劳动生产率和过去研发投资相关的比较优势。例如，农业食品部门被确定为阿根廷、马来西亚和南非的优先事项，而荷兰和美国更关注非食品部门。大多数国家仅用经济价值和 GDP 份额来衡量生物经济进步。除了对生物经济中的产品和活动缺乏国际共识外，由于标准行业分类系统不足以系统地监测生物生产，缺乏系统数据，以及在国家一级收集的信息往往分散。一些正在进行的努力旨在协调生物经济的定义和测量，至少跨宏观区域（如欧盟）将允许开发生物经济趋势的结构化和可比较的测量和监测方法，对一些国家也是如此（欧盟委员会已经对少数经济指标采取了这种做法）。通常，生物经济战略也考虑无形的方面，如机构设置、政策、治理、规章、激励和金融工具，这为生物经济，以及社会和环境问题创造了一个有利的环境。一些国家强调生物经济在其发展战略中的作用，这是其计量工作中需要反映的一个重要方面。例如，这可以监测实现可持续发展目标或环境目标的进展情况。事实上，各国在衡量可持续发展目标和生物经济方面的承诺可以发挥重要的协同作用。

为了促进国家一级的生物经济测量和监测，各国政府可以加强和协调不同国内机构和实体之间的沟通，建立数据共享协议，正式制定基于生物的行业测量标准，对生物产业和商品使用情况进行全面调查，并审查和修订行业分类体系。正在进行的努力旨在协调生物经济的定义和测量，至少在欧盟等宏观地区是如此。这些努力将有助于对生物经济趋势进行结构化、可比较的测量和监测。这些努力应该与制定有关和全面的指导方针并驾齐驱，指导如何衡量生物经济的可持续性，这些指导方针可能在国际层面达成一致。这些指标也应考虑可持续性的社会和环境方面，因为忽略或排除这些指标可能导致忽视生物经济对社区的社会福利和生态系统的环境生存力造成的潜在压力。

作者贡献：M. G. S. J.，S. B. 和 A. F. 构思并设计了这篇论文；S. B.，O. C. 和 M. G. S. J. 进行了科学文献回顾并收集了数据；S. B. 和 A. F. 对数据进行了分析和解释；S. B. 和 O. C. 写了这篇论文；A. F. 监督了这项工作。

致谢：这项研究是在德国联邦食品和农业部（BMEL）支持的粮农组织项目 GCP/GLO/724/GER“迈向可持续生物经济指南（SBG）”的框架下资助的。国际可持续生物经济工作组（ISBWG）的几名成员提供了投入和意见。作者特别感谢粮农组织高级自然资源官员奥利维尔·杜布瓦；马来西亚生物经济公司 Zurina Che Dir；本·达勒姆，南非科技部；马里亚诺·勒查多伊，阿根廷农业工业部；Marte Mathisen，北欧部长理事会；芬兰农业和林业部埃莉娜·尼科拉；马来西亚国家创新机构 Timothy Ong；Enrico Prezio，欧盟委员会；德国农业和食品部 Tilman Schachtsiek；意大利经济发展部 Cinzia Tonci；Jan W. J. van Esch，荷兰经济事务和气候政策；Francis X. Johnson、Rocio A. Diaz Chavez 和 Matthew Fielding，斯德哥尔摩环境研究所，感谢他们的宝贵意见。

利益冲突：作者声明没有利益冲突。创始赞助者在研究设计中没有任何作用；在数据的收集、分析或解释中；在手稿的撰写和结果的公布上。本报告中表达的观点反映了作者的观点，但并不一定反映联合国粮食及农业组织的观点。

参考文献

[1] McCormick K., Kautto N. The Bioeconomy in Europe: An Overview. Sustainability, 2013 (5): 2589-2608.

[2] De Besi M., McCormick K. Towards a bioeconomy in Europe: National, regional and industrial strategies. Sustainability, 2015 (7): 10461-10478.

[3] Richardson B. From a fossil-fuel to a biobased economy: The politics of industrial biotechnology. Environ. Plan. C Gov. Policy, 2012 (30): 282-296.

[4] Bugge M. M., Hansen T., Klitkou A. What is the bioeconomy? A review of the literature. Sustainability, 2016 (8).

[5] German Bioeconomy Council. Bioeconomy Policy (Part II): Synopsis of National Strategies around the World; German Bioeconomy Council: Berlin, Germany, 2015.

[6] Viaggi D. Towards an economics of the bioeconomy: Four years later.

 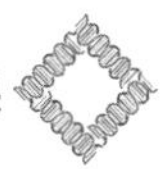

Bio-based Appl. Econ, 2016 (5): 101-112.

[7] Food and Agriculture Organization of United Nations (FAO). How Sustainability is Addressed in Official Bioeconomy Strategies at International, National, and Regional Leveles—An Overview; Food and Agriculture Organization of United Nations: Rome, Italy, 2016; ISBN 978-92-5-109364-1.

[8] Axelsson L., Franzén M., Ostwald M., Berndes G., Lakshmi G., Ravindranath N. H. Perspective: Jatropha cultivation in southern India: Assessing farmers' experiences. Biofuels Bioprod. Biorefin, 2012 (6): 246-256.

[9] SAT-BBE. Annotated Bibliography on Qualitative and Quantitative Models for Analysing the Bio-Based Economy; Systems Analysis Tools Framework for the EU Bio-Based Economy Strategy: The Hague, The Netherlands, 2014; Deliverable 2. 3.

[10] MINAGRO. BioEconomía Argentina Visión desde Agroindustria; MINAGRO: Buenos Aires, Argentina, 2016.

[11] Wierny M., Coremberg A., Costa R., Trigo E., Regúnaga, M. Measuring the Bioeconomy: Quantifying the Argentine Case; Grupo Bioeconomia: Buenos Aires, Argentina, 2015.

[12] Bundesministerium für Ernährung und Landwirtschaft (BMEL). Bioeconomy in Germany: Opportunities for a Bio-Based and Sustainable Future; Bundesministerium für Ernährung und Landwirtschaft (BMEL): Berlin, Germany, 2015.

[13] Bundesministerium für Ernährung und Landwirtschaft (BMEL). National Policy Strategy on Bioeconomy. Renewable Resources and Biotechnological Processes as a Bais for Food, Industry and Energy; Bundesministerium für Ernährung und Landwirtschaft (BMEL): Berlin, Germany, 2014.

[14] Bioeconomy Corporation. Bioeconomy T ransformation Program: Enriching the Nation, Securing the Future; Bioeconomy Corporation: Kuala Lumpur, Malaysia, 2016.

[15] Bioeconomy Corporation. Bioeconomy T ransformation Programme: Enriching the Nation; Bioeconomy Corporation: Kuala Lumpur, Malaysia, 2007.

[16] Meesters K. P. H., van Dam J. E. G., Bos H. L. Protocol Monitoring

Materiaalstromen Biobased Economie; Rijksdienst voor Ondernemend Nederland (RVO): Wageningen, The Netherlands, 2013.

[17] CE Delft. Sustainable Biomass and Bioenergy in The Netherlands: Report 2015; CE Delft: Delft, The Netherlands, 2016.

[18] The Netherlands Offices for Science and Technology (NOST). The Bio-Based Economy in the Netherlands; The Netherlands Offices for Science and Technology (NOST): The Hague, The Netherlands, 2013.

[19] NNFCC-The Bioeconomy Consultants. Bioeconomy Factsheet—Netherlands; NNFCC-The Bioeconomy Consultants: York, UK, 2015.

[20] Kwant K., Hamer A., Siemers W., Both D. Monitoring Biobased Economy in Nederland 2016; Rijksdienst voor Ondernemend Nederland (RVO): Wageningen, The Netherlands, 2017.

[21] European Commission. Bioeconomy Knowledge Centre. Bioeconomy Data Catalogue. Available online: https://data-bioeconomy.jrc.ec.europa.eu/ (accessed on 4 April 2018).

[22] Public Understanding of Biotechnology (PUB). South Africa Launches its Bio-Economy Strategy; The South African Agency for Science and Technology Advancement: Pretoria, South Africa, 2014.

[23] Department of Science and Technology. The Bio-Economy Strategy; Department of Science and Technology: Pretoria: South Africa, 2013.

[24] NACI Council. NACI Annual Report 2016/17; NACI Council: Pretoria, South Africa, 2017.

[25] The White House. National Bioeconomy Blueprint; The White House: Washington, DC, USA, 2012.

[26] U.S. Department of Energy. 2016 Billion-T on Report: Advancing Domestic Resources for a Thriving Bioeconomy, Volume 1: Economic Availability of Feedstocks; U.S. Department of Energy: W ashington, DC, USA, 2016; Volume 1160.

[27] United States Department of Agriculture (USDA). Biobased Economy Indicators; United States Department of Agriculture (USDA): Washington, DC, USA, 2011.

[28] United States Department of Agriculture（USDA）. An Economic Impact Analysis of the U. S. Biobased Products Industry: A Report to the Congress of the United States of America; United States Department of Agriculture (USDA): Washington, DC, USA, 2015; Volume 11.

[29] United States Department of Agriculture（USDA）. An Economic Impact Analysis of the U. S. Biobased Products Industry: 2016 Update; United States Department of Agriculture (USDA): Washington, DC, USA, 2016.

[30] U. S. Department of Energy. The U. S. Bioeconomy by the Numbers 2017; U. S. Department of Energy: Washington, DC, USA, 2017; V olume 1.

[31] Van Esch J. W. J. Personal Communication. Questionnarie: Assessing Bioeconomy Contribution to Countries' Economy; Dutch Ministry of Economic Affairs and Climate Policy: The Hague, The Netherlands, 2018.

[32] Che Dir Z. Personal Communication. Questionnarie: Assessing Bioeconomy Contribution to Countries' Economy; Bioeconomy Corporation: Kuala Lumpur, Malaysia, 2018.

[33] Durham B. Personal Communication. Questionnarie: Assessing Bioeconomy Contribution to Countries' Economy; Department of Science and Technology: Pretoria, South Africa, 2018.

[34] SAT-BBE. Tools for Evaluating and Monitoring the EU Bioeconomy: Indicators; Systems Analysis Tools Framework for the EU Bio-Based Economy Strategy: The Hague, The Netherlands, 2013; Deliverable 2. 2.

[35] The European Innovation Partnership "Agricultural Productivity and Sustainability"（EIP-AGRI）. EIP-AGRI Workshop "Opportunities for Agriculture and Forestry in the Circular Economy"; Workshop Report; European Commission: Brussels, Belgium, 2015.

[36] Bioeconomy Corporation. Analysing the Contribution of Malaysian Bioeconomy Using the GDP Approach; Bioeconomy Corporation: Kuala Lumpur, Malaysia, 2015.

[37] Ronzon T., Piotrowski S., M'Barek R., Carus M. A systematic approach to understanding and quantifying the EU's bioeconomy. Bio-based Appl. Econ, 2017（6）: 1-17.

[38] Von Braun J. Bioeconomy and sustainable development—Dimensions. Rural, 2014 (21): 6-9.

[39] PBL. Sustainability of Biomass in a Bio-Based Economy; PBL Netherlands Environmental Assessment Agency: The Hague, The Netherlands, 2012.

[40] CE Delft. Sustainable Biomass and Bioenergy in The Netherlands: Report 2016; CE Delft: Delft, The Netherlands, 2017.

[41] Schachtsiek T. Personal Communication. Questionnarie: Assessing Bioeconomy Contribution to Countries' Economy; Federal Ministry for Agriculture and Food (BMEL): Bonn, Germany, 2018.

[42] Al-Amin A. Q. Developing a Measure for Quantifying Economic Impacts: The Bioeconomy Contribution Index; Bioeconomy Corporation: Kuala Lumpur, Malaysia, 2015.

[43] Golden J. S., Handfield R. B. Why Biobased? Opportunities in the Emerging Bioeconomy; US Department of Agriculture, Office of Procurement and Property Management: Washington, DC, USA, 2014.

[44] Rogers J. N., Stokes B., Dunn J., Cai H., Wu M., Haq Z., Baumes H. An assessment of the potential products and economic and environmental impacts resulting from a billion ton bioeconomy. Biofuels Bioprod. Biorefin, 2017 (11): 110-128.

[45] Nattrass L., Biggs C., Bauen A., Parisi C., Rodríguez-Cerezo E., Gómez-Barbero M. The EU Bio-Based Industry: Results from a Survey; Joint Research Centre (JRC) Technical Report; Joint Research Centre: Brussels, Belgium, 2016; Volume EUR 27736 EN. Sustainability 2018, 10, 1698 17 of 17.

[46] Ronzon T., Lusser M., Landa L., M'Barek R., Giuntoli J., Cristobal J., Parisi C., Ferrari E., Marelli C., Torres de Matos C., et al. Bioeconomy Report 2016; Klinkenberg M., Sanchez Lopez J., Hadjamu G., Belward A., Camia A. Eds., Joint Research Centre (JRC) Scientific and Policy Report; Joint Research Centre: Brussels, Belgium, 2017; Volume EUR 28468.

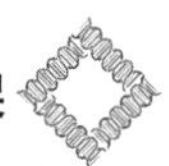

［47］ Mulder M. National Biotech Survey；Egolibio：Pretoria，South Africa，2003.

［48］ Johnson F. X. Biofuels，Bioenergy and the Bioeconomy in North and South. Ind. Biotechnol，2017 （13）：289-291.

［49］ European Commission. Jobs and Turnover in the European Union Bioeconomy. European Commission：EU Sciente Hub，DataM，2018. Available online：https：//datam. jrc. ec. europa. eu/datam/mashup/BIOECONOMICS/index. html（accessed on 21 May 2018）.

［50］ Ekins P.，Hughes N.，Bringezu S.，Clarke C. A.，Fischer-Kowalski M.，Graedel T.，Hajer M.，Hashimoto S.，Hatfield-Dodds S.，Havlik P.，et al. Resource Efficiency：Potential and Economic Implications. A Report of the International Resource Panel；United Nations Environment Programme：Nairobi，Kenya，2016；ISBN 9789280736458.

［51］ Preston F.，Lehne J. A Wider Circle? The Circular Economy in Developing Countries；Chatham House，The Royal Institute of International Affairs：London，UK，2017.

［52］ US Biomass R&D Board. Federal Activities Report on the Bioeconomy；US Biomass R&D Board：Washington，DC，USA，2016.

［53］ Staffas L.，Gustavsson M.，McCormick K. Strategies and policies for the bioeconomy and bio-based economy：An analysis of official national approaches. Sustainablity，2013 （5）：2751-2769.

［54］ Van den Bergh，J. C. J. M. Abolishing GDP. SSRN Electron. J.，2007.

［55］ Finnish Ministry of Employment and the Economy. The Finnish Bioeconomy Strategy；Finnish Ministry of Employment and the Economy：Helsinki，Finland，2014.

［56］ Presidency of Council of Ministers. Bioeconomy in Italy；Presidency of Council of Ministers：Roma，Italy，2017.

［57］ Stockholm Environment Institute. Re-linking Objectives and Potentials；Stockholm Environment Institute：Stockholm，Sweden，2018.

［58］ Natural Resources Institute Finland（LUKE）. MontBioeco—Synthesis on Bioeconomy Monitoring Systems in the EU Member States; LUKE: Helsinki, Finland, 2018.

[59] Fielding M., Aung M. T. Bioeconomy in Thailand: A Case Study; Stockholm Environment Institute: Stockholm, Sweden, 2018.

[60] Lewandowski I., Faaij A. P. C. Steps towards the development of a certification system for sustainable bio-energy trade. Biomass Bioenergy, 2006, 30, 83-104.

第 15 章　反思城市和创新

——基于中国生物技术的政治经济学视角*

张芳珠，吴缚龙（Zhang F Z，Wu F L）[1]

摘要： 城市一般被认为是创新集聚的地方。聚集和多样性是创新为何集聚在城市的两个主要解释。现有的研究倾向于关注知识动态，特别是企业间网络，而对城市发展过程中知识动态被物化的关注不够。本文同意城市本身不具备创新能力的观点[43]。相反，它是各种行为者对知识动力产生影响的一个舞台。从中国的角度来看，我们揭示了生物技术创新为什么集聚在特定地方，以及什么样的政治经济进程促成了这种集聚，本文强调在创新的经济地理研究中进行政治经济分析的必要性。

关键词： 创新；高科技园区；生物技术；上海；中国

15.1　引言

经济创新在城市的集聚几乎已经成为一个研究前提而不是研究问题[43]。在过去的几年里，有许多关于城市创新特征的出版物[14,15,18,22,44]将“城市的本质”概念化为集聚[42]，而引发了一场主要在经济地理之外的争论。考虑到关系经济地理学已经有丰富的文献[3,28,40,53]，因此，这是重新思考创新与城市之间联系的好时机[43]。然而，我们不是照搬对集群的成熟批评[27,28]，而是批判性地回顾当它们应用于不同的环境时，在聚集和

---

* 本文英文原文发表于：Zhang F Z, Wu F L. Rethinking the city and innovation: A political economic view from China's biotech [J]. Cities, 2019, 85: 150-155.

1. 英国巴特莱特规划学院。

多样性范式中缺少的东西。我们暂时提供了来自中国的观点，特别是生物技术创新。

本章旨在重新思考城市与创新的关系，试图解释为什么中国的生物技术创新主要集聚在主要城市，尤其是它们的高科技园区。通过上海的生物技术，本章探索了城市如何成为多个参与者对创新能力产生影响的舞台，研究重点是创新与城市的关系。

中国的案例提供了一个很好的视角来看待创新的集聚。作为全球的新兴市场，中国最近经历了经济结构调整，并正在努力发展创新能力[17,19,58]。中长期科技计划对新的生物制药行业具有战略意义。结合高科技园区政策，大城市是实现产业创新宏伟目标的主要场所。北京的中关村、武汉的东湖和上海的张江被选为首批三个“自主创新示范区”[30,58,59]。

除了理论意义外，要解释中国的创新，还需要关注城市在创新中的作用。当前有关中国创新的文献将不断增长的创新能力归功于国家政策[17,38,57]。东亚新兴市场生物制药创新研究广泛关注发展状态[23,48,49]。然而，发展状态是区域发展的必要条件，但不是充分条件[54]。诉诸一种特殊的制度可能会夸大变化的范围，掩盖“本质上的城市现象”[42]。

本章组织如下：在15.2中，我们回顾了创新中两大范式解释：聚集和多样性；15.3提出将城市视为生物技术创新的舞台的观点；15.4考察中国上海生物技术创新发展的机构，为我们的论证提供了一个实例；15.5总结了政治经济学分析在经济地理学创新研究中的重要性。

15.2 集聚与多样性及其局限性

本节的目的是回顾解释创新的出现和解释局限性的流行范式。虽然这两种对创新的范式解释有助于解释创造知识和创新的过程，但它们并非解释代理人、市场力量和政府的角色。他们倾向于通过在知识过程中感知的特征和对交互的影响来看待城市。本章的目的是对城市发展、规划、空间政策等外部知识生产过程进行一个简短的回顾，从而导致空间变化，进而促进或限制创新。这意味着迫切需要从政治经济学角度看待创新过程。

现有的范式试图找出有助于知识生成和创新的因素，聚集和多样性被认为是主要因素。首先，新马歇尔产业群强调集聚。Porter（1998）的聚类理论强调自增强聚集[36]。Scott 和 Storper（2015）认为，城市的本质来

自聚集[42]。最初的聚类理论集中于企业的相同点和相同点所关联的集聚点。基于对区域发展集聚的理解可以在“新区域主义”中看到，新区域主义因其政策倡导和政治经济学的混乱而受到批评[25]。聚类理论因过分关注空间邻近性而受到批评[27,28]。经济地理学的关系转向[47,53]需要更多地关注区域外的联系和集群外的外部环境[33]。为了克服空间临近的局限性，Boschma（2005）扩展了这一概念，将不同类型的临近性包括在内并加以区分，例如认知邻近和机构邻近[5]。

但是，区域创新系统（RIS）的概念除了可用的关联公司之外，还强调了更广泛的环境属性。这些属性包括地方的机构和文化[12]。RIS 不仅扩大了地理范围，而且扩大了网络的性质，超出了公司范围，将区域条件包括在内。例如，社会资本和信任被认为是 RIS 的重要特征[12]。此外，当地条件可以包括“三重螺旋模型”中大学、行业和政府之间的互动角色[13]。将集群扩展到 RIS 或“三重螺旋模型”打开了质疑城市发展过程的可能性，其中可能包括比集群更广泛的关注。然而，由于讨论局限于对创新领域的关注，他们倾向于更多地关注地方。

随着从创新的地域观转向关系观，对网络给予了更多的关注。Bathelt 等（2004）提出的“本地蜂鸣—广域管道”模型[3]。结合了本地互动和跨本地联系。“本地蜂鸣”是指一个“复杂的多层次信息和通信生态”[3]，而这些本地集群通过管道连接到世界其他地区。然而，该模型主要关注知识和动态。全球生产网络（GPN）方法侧重于跨本地连接，解释了这些跨本地化活动是如何相互关联的。GPN 的视角解释了全球化与区域变化之间的关系[10]。

此外，“战略耦合”的概念进一步丰富了 GPN 理论[10,26]，强调本地企业在战略上与 GNP 中的领先企业相结合，以实现电子创新。通过国内指定公司与 GPNS 领先公司的合作，该观点已被用于了解深圳液晶显示器行业的发展[52]。最近的发展是一个动态的 GPN 视图，它可以承受去耦合和再耦合[26]，这些理论非常接近。管道理论强调知识链接，而 GPN 则强调生产联系。

Asheim 等（2011）提出的关系经济地理学和演化经济地理学的概念和发展的具体过程都很丰富。他们认为应用“一刀切”的政策（例如，复制硅谷等最佳实践）是错误的，政策“应该基于一个地区的制度历史，以及哪种类型的干预更适合该地区的情况，而不是抽象的理论或意识形态描述”。

第二个主要范式是多样性视角，强调异质性和城市外部性是城市环境的基本特征。与“蜂鸣”相关的意外遭遇和面对面接触的机会增强了创新[45]。Florida 等（2017）结合 Jacobs（1969）对多样性的见解和约瑟夫·熊彼特的创业和创新理论，明确主张“城市是创新机器”[15,21]。同样，在工业部门和企业层面，Boschma 和 Frenken（2006）提出“相关品种”的概念，表明异质性促进创新和创造新知识，这与集群功能的同质性不同[6]。Boschma、Heimeriks 和 Balland（2014）将“相关性”应用到城市级生物技术的知识动态中，发现在已经存在相关主题的城市中出现了新的科学主题[7]。Asheim 等（2011）提出了一种规范的“平台政策”。它不是追求集群，而是促进跨行业的知识溢出。多样性概念指的是多个经济部门在同一区位，以促进知识的交叉融合和发展。例如，Cooke（2008）强调绿色创新研究中多样性的雅各布斯外部性，并解释了清洁技术（作为绿色创新的一部分）的出现是由于来自不同经济部门（例如生物技术、ICT 和农业食品）的不同公司的共存[11]。相关品种倾向于集聚在知识动态上，而较少关注不同行业的不同企业如何在同一地区并存的问题。

从集聚到多元性，这些理论虽然有不同的侧重点，但主要涉及创新的知识过程。本地蜂鸣和全球管道理论以及 GPN 的战略耦合超越了局部，检验了局部和全局的交互作用，忽略了构建创新空间的实际过程和物质过程。所有这些方法都突出了知识过程的重要性。这些过程在城市中最为明显，因此创新从城市中“涌现”出来。然而，与代理或参与者不同，知识过程不能“扮演角色”。我们的目标是展示城市是一个各种行为者对发展施加影响的地方，并进一步改变与创新有关的过程。知识交换是其中的一个过程。

15.3 城市是创新的舞台

在本节中，我们提出了一种思考城市与创新之间关系的视角。我们认为城市是创新的舞台，在城市发展的过程中，多主体、多机构的聚集，促进了城市的创新。作为一个舞台，城市本身不是一个演员，而是一个空间或“集合”，把不同的演员聚集在一起以追求他们自己的目标。这些目标

可能会进一步提高或阻碍创新能力。一些政策与创新直接相关，而另一些政策则更多地源于运营要求，而运营要求可能不一定符合创新的目标。虽然这些行为体可能依赖于广泛的发展制度，如土地管制，并创造依赖于路径的行为体，但其结果可能是突发性和开拓性的。例如，上海创建了一个药谷，尽管过去该行业不是上海的关键经济部门，因此，上海生物技术创新的发展更具战略性，更符合国家利益，而不是由知识动力创造的，但没有知识动力战略是无法实现的。

从城市是多个机构活动或发挥其机构作用的舞台的角度来看，集聚是区域发展和创新的必要条件，但不是充分条件。正如在上海所看到的，集聚动力是重要的，因为科学园区内的合作有助于产生知识。然而，仅靠聚集并不能完全解释生物技术创新在园区中的出现。也就是说，上海生物技术创新的出现不能简单地归因于上海的集群和聚集动态，也不能简单地归因于上海的多元化知识库。共用园区不一定会导致合作[31]，尽管政府努力通过建立共享设备和进行实验的共同资源和平台来促进这种动态。城市规划和创新政策的干预对创造创新条件至关重要，例如，开发新的土地用途和吸引海外返乡者。生物技术创新的出现取决于这些条件的满足，尤其是在张江作为一个新的郊区。张江的增长并非起源于早期的聚集动力学。它们呈现出一种突破性的轨迹，这不是因为企业同地办公，而是因为多种力量同时行动，推动生物技术创新的集聚。

将城市视为最终影响创新的发展舞台，超越了“创新城市”的概念[44]，后者将城市视为创新环境。上海的跨国研究中心不断发展，这与其全球城市地位有关，但不限于此。在另一种情况下，有人认为全球城市是全球制药和生物技术公司的“位置锚固点”；也就是说，生物技术公司更有可能与全球城市相关联或位于全球城市中[22]。在许多情况下，这座城市确实呈现出有利于创新的环境。这个城市是 Shearmur（2012）所指出的创新的“关键地理区域”，因为“除了互动和学习之外的因素，例如代理商的社会地位及其市场力量”也可以解释为什么创新是在城市中发展的[43]。

城市是一个竞技场也意味着促进当地互动的政策在所有情况下都可能不合适，Moodyson（2008）在瑞典医药谷的案例中发现，本地蜂鸣在很大程度上不存在，更有意义的互动沿着全球配置的专业知识社区中进行[31]。城市不一定是“创新的发源地”，这意味着城市聚集和多元化特征之外的政治经济力量正在发挥作用，以产生创新成果[43]。在许多情况下，这些力量在城市中是最强大和最突出的。

可能有人会反对竞技场的概念，认为其与区域创新系统（RIS）、平台或知识库非常类似[2]。这种理解与 RIS 和平台政策等现有理论有何不同?把城市理解为创新的舞台并不是规范的政策处方。它不能保证城市有利于创新。因此，一个有意识地追求区域集聚形式的创新治理的政策并不能确保积极的结果。结果可能并非都是积极的，并有助于创新能力的发展。例如，高科技园区政策长期以来被认为是“高科技幻想”[29]。“硅谷”模式已经在世界范围内应用[9,49]，但未取得多大成功。创新领域的概念低估了追求知识溢出的干预政策。我们呼吁通过比较治理来研究创新的地域，从而进行更具批判性和情境依赖性的分析[39]。这也需要注意发展的过程，以询问各机构是如何实际集合的。简而言之，“竞技场”的概念比创新要素的范围更广；它不是预先定义的，也不限于与创新相关的因素。这个领域可能包括反对创新的人或可能不利于创新的投机者。城市作为一个创新领域的认识也与创新集聚于城市的思维有关，因为城市本身的某些特点，例如，城市主义的多样性或丰富性，这种多样性或丰富性可以导致创造力或创新。Peck（2005）对将创意与神秘的“创意城市战略”结合起来进行了广泛的批判[32]。

为了重新思考城市和创新之间的联系，我们需要确定城市中真正的参与者及其机构，而不是采用聚集、多样性或相关性（经济部门之间）的一般概念。因此，我们需要对创新进行更多的政治经济学分析。最近的文化和制度转变确实大大扩大了新经济地理的范围，超出了经济分析的范围。但对地方城市发展动力及其政治经济动力的关注是不够的。

总之，我们认为城市是一个多机构参与创新能力建设的舞台，城市创新的集聚是创新能力发展的政治经济的结果。知识生成的内在动力在聚集和多样性范式下被广泛研究，支撑着发展的操纵和政治，是理解这种空间模式的必要条件。

15.4　从中国生物技术创新看

本节以张江高新区为例，说明将城市视为集聚创新的舞台的观点。这项研究基于我们自 2008 年以来对该公园的广泛实证研究。我们对生物技术

公司 CEO、浦东和上海规划设计研究院的当地规划师、园区金融业务顾问，以及生物技术实验室技术员进行了多次实地调查和访谈。我们收集了大量的文献，包括上海交通大学的一份研究报告、政府有关张江高科技园区和上海制药行业的政策。

张江是了解中国高科技园区生物技术集聚度的一个很好的案例。张江位于上海浦东新区，张江成立于 1992 年，发展缓慢，1999 年上海政府虽然制定了“以张江为中心”的政策，但张江的地理位置更接近郊区，而非城市环境，缺乏公司间互动和缺乏城市气氛。园区还存在工业与住宅不平衡的问题。

就中国的创新而言，了解改革后的政治经济，特别是中国政府的多尺度治理及其与全球化的互动，有助于解释为什么城市（而不是更大的次民族地区）已经成为创新的规模。由于中国城市在通过高度分散的行政管理体制来组织经济发展方面发挥着重要作用，因此，了解创新为何集聚在高科技园区是一个值得注意的例子。在城市行政界限内，创新空间明确界定为经济技术开发区（ETDZ）和高技术开发区[8]，不同等级由国家不同等级认可。例如，国家高科技园区得到中央政府的批准。这些开发区和工业园区是由开发公司和准政府组织管理的实质性运营单位。因此，它们的经营变得更加“创业”，治理体系更加精简。

当前关于中国创新的文献正确地关注了国家在创新中的作用及其政策。然而，它没有充分说明这些多重力量是如何在城市中聚集在一起的。在这方面，本文将城市视为各种力量和机构相互作用并共同产生生物技术创新能力的一个舞台。这需要在管理空间[51]，如高科技园区[58]，以及从土地中获取收入以支持与创新相关的基础设施[56] 方面，对创业当地国家有所了解。地方政府努力获取中央政府和全球研发机构提供的移动资源。

15.4.1 中央政府：建设创新型国家

中央政府支持上海成为一个全球化的中国城市。生物制药的出现必须放在国家战略的范围内，以培养“本土创新能力”。生物技术被确定为 2006 年发布的《国家中长期科学和技术发展规划纲要（2006~2020 年）》八大前沿技术之一[57]。中央政府的作用除直接资源配置外，还包括对开发区特殊地位的认可。这些权利有助于地方政府获取国内和国际资源。2011 年，张江成为第三个中国自主创新示范区[58]。2014 年，习近平总书记访问上海期间强调，上海应注重创新，随后上海宣布将成为“全球科技创新中心”。从张江由高技术开发区向创新中心的转变可以看到科技园区、城市与中央政府的互动。

张江不仅是生物技术公司聚集的物理空间，也是国家分配资源聚集的制度空间。2006 年，国务院将“上海高新技术产业开发区”更名为“上海张江高新技术产业开发区”，其中包括张江和上海地区其他六个园区。这种变化可以被看作是一种品牌推广活动，以及一种传播和复制张江创新模式的政策[56]。但在上海整个都市圈，园区从 6 个发展到 12 个、18 个，最后发展到 22 个。在不理解来自多尺度治理的不同力量之间的相互作用的情况下，理解创新的空间动态是不正确的。这一观点使我们能够理解地方上的机构特别是国家的复杂作用，从直接促进科学和技术计划转向更分散的创新治理，这涉及城市的市场机制和国家指令[50,57]。

15.4.2 创业型地方政府：构建创新空间

分税制激励地方政府成为创业主体[51]，并在创新能力建设中发挥了重要作用。具体而言，其机构包括以下方面：第一，地方政府通过公共政策促进创新。根据中央政府关于建设“自主创新能力”的指示，上海市政府于 1999 年进一步启动了“以张江为中心”的政策，强化了张江的生物技术产业[58]。由于这一政策举措，Su 和 Hung（2009）认为张江高新技术园区是“政策驱动”的，由上海市市长主持的高端管理公司[46]。

第二，地方政府通过大型开发公司实施科技园区发展。该政策并不意味着国家现在的行为就像一个发展中国家一样接管所有的资金和发展责任。相反，这种发展是由一家国有企业带动的。通过管理部门的协调，园区的发展突破了政府部门与官僚约束的界限。基础设施的开发依赖于土地市场，既开发了园区公用设施和实验平台，又为风险投资提供了新的来源[56]。在改革后的城市治理中，地方政府利用发展企业来实现其发展愿景。科技园通常由开发公司管理，如北京中关村科技园[59] 和张江高科技园[56,58]。

第三，地方政府促进大学与产业之间的联系，鼓励大学迁入高科技园区或发展大学与产业之间的合资企业。例如，上海市政府设法说服中国人类基因组中心从北京迁往张江，并要求上海中医大学及其附属医院从浦西迁往浦东新区。上海复旦张江生物制药有限公司成立于 1996 年，位于张江

高科技园区。复旦大学之所以有兴趣在张江发展该分校，不仅是因为该分校能够进入工业基地，而且还因为张江作为中央政府认可的“全国原住民创新区”的地位。

第四，地方政府通过积极参与中央政府规划和发展自己的人才计划，努力吸引人才和技术工人。在文献中，宽容的地方文化和丰富的城市主义被认为是吸引“创意阶层”的重要因素[14]。因此，社会资本通过社会网络的发展促进了创新。Saxenian（2002）强调了台湾与硅谷之间跨国移民的重要性[41]。同样，中国海归在中国生物技术创新的建设中扮演着非常重要的角色[37]。海归不仅有科学家，而且有在西方大型制药公司工作经验的企业家。中国企业引入管理技能有助于填补技术商业化方面的空白。我们需要考察政治经济过程来解释人才集聚。这些过程超越了聚集效应。中央政府发起的人才计划是在竞争的基础上运作的。鼓励高校和重点国有企业选拔优秀人才。在私人公司工作的科学家也被允许通过高科技园区自我推荐。对于地方政府来说，该方案是中央政府为促进地方经济而提供的额外资源，因此，它试图吸引合格的候选人参加竞争。因此，上海等大城市的高科技园区更有可能获得中央和地方政府人才项目的资助。

15.4.3 全球研发：获取市场准入和合作研究

跨国公司选择全球性大城市作为研发中心的基础，因为这些城市拥有强大的科学基地，可以通过合作研究提供市场准入[20] 和支持。这些城市能够聚集这些不同的资源，因为它们是全球城市和经济中心。这里，我们强调创新的知识动力之外的制度动力。Grimes 和 Miozzo（2015）研究了大型制药公司在上海的研发国际化，发现开发大型制药公司所在国以外的知识资源并不是主要的驱动因素[20]。相反，中国作为一个市场规模较大的国家，正在成为一个重要的活性药物成分（API）和临床试验的中心，因此，它是对早期药物开发活动提供更多支持的结果。因为大型制药公司正面临所谓的“专利合同”，这意味着他们现有的专利将在类似的时间结束，所以他们正在竞争仿制药的开发[20]。利用中国市场开发新药是关键。对于制药生产而言，成本节约和市场潜力是两个主要原因，而且产业内形成的网络是次要的——源于后期的这些发展。因此，全球研发的迁移和发展更多的是考虑稳健战略，而不是目的城市的集聚。

与 Glaeser（2011）相比，Zeller（2010）指出了全球生产网络的作用，该网络在波士顿创建了“医药生物技术综合体”。Glaeser（2011）观察了城市极为频繁和无计划的面对面接触提供的能力。生物技术创新似乎受到一系列动态的影响，这些动态可能与城市规模有关，也可能与城市规模无关[43]。重要的考虑因素是节约成本和降低风险。在这里，城市代表了一种特殊的治理形式，它促进了创新。Shearmur（2012）和 Yaung（2005）认为，“城市似乎是创新的场所，因为具有促进创新的社会和市场力量的代理人倾向于在城市居住和工作”[43,53]。高科技园区位于中国主要城市，因为在分散的经济治理下，地方政府具有激励和权力。土地开发的驱动力还意味着市政府有实际能力组织相关基础设施开发，以支持高科技园区的创新[56]。对于跨国制药公司来说，上海作为进入中国市场的门户提供了一个新的机遇。在城市内部，各开发区为其研发中心的搬迁提供了具体支持。简言之，生物技术创新的外部条件和机构可能不是由集聚创造的。然而，这些机构将城市视为实施其战略的重要场所。不同规模的多种力量共同创造了吸引生物技术公司集聚在城市的条件。

15.4.4 城市是创新者的舞台

这座城市正在成为一个舞台，所有这些演员聚集在一起，在生物技术创新中发挥作用。这并不是否认企业之间的知识动态是非常重要的。相反，城市舞台上的这些演员，特别是张江的演员，有助于发展知识动力的条件。以中国生物技术为例，中央政府将其创新治理模式从科学项目转向高科技园区[50]。同时，在“国家企业家精神”的激励下，地方政府通过城市发展追求经济增长[51]。全球研发面临新药开发的压力，采取节约成本、降低风险的战略，面向广大中国市场，在中国主要城市，特别是上海建立研发中心。这些参与者有不同的动机，但都恰好对张江生物技术的发展产生了影响，导致上海的创新模式高度集聚。中国城市的创新日益重要，生物技术等新兴产业的出现也改变了城市发展的轨迹。

15.5 结论

本文试图将现有的关于创新知识动态的经济地理学研究的范围扩展到对知识动态如何物化的政治经济分析，特别是在城市发展过程中。集聚和多样性的范式解释主要来自西方发达经济体。我们没有将现有的理论应用于中国案例中，而是遵循比较城市研究的精神，在这种精神下，可以从北

方以外的“其他地方”产生新的理解[39]。我们的问题很直观：这些理论能帮助解释为什么中国的生物技术创新出现并集聚在上海等主要城市？这个关于城市和创新的具体问题需要超越知识动态，因为尽管知识动态被普遍观察到，但知识生成的内在条件对于理解城市和创新之间的关系是“必要的但不是充分的”[25]。

城市是一个不同机构影响创新能力的舞台。它们共同形成获取资源和创新能力的各种体制动态。在中国，城市已经成为组织经济发展的一个实质性规模，并提供了国家—市场界面[51]。中国城市高科技园区无处不在的景观导致了创新的地理集聚。这种集聚不是企业间联系的结果，因为企业一级的互动虽然受到新兴机会的加强，但仍然很薄弱[37,56]。

将城市理解为一个多尺度力量交织的舞台，有助于揭示创新的发展过程。在中国，把创新的集聚归因于“政策驱动”“国家领导”或“国家赞助”是不够的。[38,46,56] 因为中国的创新体系不再以国家为中心，企业已经成为主要的参与者[24]。相反，国家机构通过具体的地理空间和领土动态发挥作用。在改革开放后的中国政治经济景观中，城市政府成为城市发展的主要参与者。虽然聚集和多样性有助于解释知识的产生，但浦东大药企的到来是对城市发展过程所创造的政治经济条件的回应。可见，集群是创新能力增强的结果，而不是原因。

我们不应该把上海的生物技术看成是一个特殊的个案，而应该重新审视城市与创新的关系。该案例表明，城市为不同地域的演员提供了一个竞技场。为此，我们需要了解将城市打造成一个集聚化场所的特殊制度环境，例如，在英国，人们提倡 20 世纪 90 年代的“新区域主义”，以提升旧工业区的水平[25]。Phelps（2008）认为，区域创新的集聚不是“集群”，而是地方政府政策的“俘获”。“平台政策”的制定[2] 和“三螺旋模型”[13] 说明存在比集聚表现形式更为复杂的制度。事实上，创新与城市的关联可能不是纯粹由知识动力驱动的，因为“只有需要频繁密集互动的创新者才会付出在大都市地区的定位成本”[43]。当前，人们对“以知识为基础的城市发展”和“科学城市”仍有兴趣[4,16]。中国的生物技术表明，需要更多的政治经济理解。与 Agnew（2012）呼吁更充分地理解经济地理中的政治一致，我们强调需要在经济地理研究中对创新进行政治经济分析[1]。

参考文献

[1] Agnew J. (2012). Putting politics into economic geography. In T. J. Barnes, J. Peck, & E. Sheppard (Eds.). *The Wiley-Blackwell companion to economic geography* (pp. 567-580). Chichester, UK: Wiley-Blackwell.

[2] Asheim B. T., Boschma R., Cooke, P. (2011). Constructing regional advantage: Platform policies based on related variety and differentiated knowledge bases. *Reg. Stud.* 45 (7): 893-904.

[3] Bathelt H., Malmberg A., Maskell P. (2004). Clusters and knowledge: Local buzz, global pipelines and the process of knowledge creation. *Prog. Hum. Geogr.* 28 (1): 31-56.

[4] Benneworth P., Ratinho T. (2014). Reframing the role of knowledge parks and science cities in knowledge-based urban development. *Environ. Plan. C.* 32 (5): 784-808.

[5] Boschma R. (2005). Proximity and innovation: A critical assessment. *Reg. Stud.* 39 (1): 61-74.

[6] Boschma R., Frenken K. (2006). Why is economic geography not an evolutionary science? Towards an evolutionary economic geography. *J. Econ. Geogr.* 6 (3): 273-302.

[7] Boschma R., Heimeriks G., Balland P. A. (2014). Scientific knowledge dynamics and relatedness in biotech cities. *Res. Policy.* 43: 107-114.

[8] Cao C. (2004). Zhongguancun and China's high-tech parks in transition- "Growing pains" or "premature senility"? *Asian Surv.* 44 (5): 647-668.

[9] Castells M., Hall P. (1994). *Technopoles of the world: The making of twenty-first-century industrial complexes.* London: Routledge.

[10] Coe N. M., Dicken P., Hess M. (2008). Global production networks: Realizing the potential. *J. Econ. Geogr.* 8 (3): 271-295.

[11] Cooke P. (2008). Cleantech and an analysis of the platform nature of life sciences: Further reflections upon platform policies. *Eur. Plan. Stud.* 16

(3): 375-393.

[12] Cooke P., Morgan K. (1998). *The associational economy*. Oxford: Oxford University Press.

[13] Etzkowitz H., Leydesdorff L. (2000). The dynamics of innovation: From National Systems and "Model 2" to a Triple Helix of university-industry-government relations. *Res. Policy*. 29 (2): 109-123.

[14] Florida R. (2002). *The rise of the creative class*. New York: Basic Books.

[15] Florida R., Adler P., Mellander C. (2017). The city as innovation machine. *Reg. Stud.* 51: 86-96.

[16] Forsyth A. (2014). Alternative forms of the high-technology district: Corridors, clumps, cores, campuses, subdivisions, and sites. *Environ. Plan. C Gov. Policy*. 32 (5): 809-823.

[17] Fu X. L., Pietrobelli C., Soete L. (2011). The roleof foreign technology and indigenous innovation in the emerging economies: Technological change and catching-up. *World Dev.* 39 (7): 1204-1212.

[18] Glaeser E. L. (2011). *Triumph of the City*. New York: Penguin Press.

[19] Grimes S., Du, D. (2013). Foreign and indigenous innovation in China: Some evidence from Shanghai. *Eur. Plan. Stud.* 21 (9): 1357-1373.

[20] Grimes S., Miozzo M. (2015). Big pharma's internationalization of R&D to China. *Eur. Plan. Stud.* 23 (9): 1873-1894.

[21] Jacobs J. (1969). *The economy of cities*. New York: Vintage.

[22] Krätke S. (2014). Global pharmaceutical and biotechnology firms' linkages in the world city network. *Urban Stud.* 51 (6): 1196-1213.

[23] Lee Y. S., Tee Y. C., Kim, D. W. (2009). Endogenous versus exogenous development: A comparative study of biotechnology industry cluster policies in South Korea and Singapore. *Environ. Plan. C.* 27 (4): 612-621.

[24] Liu X., White S. (2001). Comparing innovation systems: A framework and application to China's transitional context. *Res. Policy*. 30 (7): 1091-1114.

[25] Lovering J. (1999). Theory led by policy: The inadequacies of the "New Regionalism" (illustration from the case of Wales). *Int. J. Urban Reg. Res*. 23 (2): 379-395.

[26] MacKinnon D. (2012). Beyond strategic coupling: Reassessing the firm-region nexus in global production networks. *J. Econ. Geogr*. 12 (1): 227-245.

[27] Martin R., Sunley P. (2003). Deconstructing clusters: Chaotic concept or policy panacea? *J. Econ. Geogr*. 3 (1): 5-35.

[28] Martin R., Sunley P. (2006). Path dependence and regional economic evolution. *J. Econ. Geogr*. 6 (4): 395-437.

[29] Massey D., Quintas P., Wield D. (1992). *High-tech fantasies: Science parks in society, science and space*. London: Routledge.

[30] Miao J. T., Hall P. (2014). Optical illusion? The growth anddevelopment of the Optics Valley of China. *Environ. Plan. C Gov. Policy*. 32 (5): 863-879.

[31] Moodysson J. (2008). Principles and practices of knowledge creation: On the organization of "buzz" and "pipelines" in life science communities. *Econ. Geogr*. 84 (4): 449-469.

[32] Peck J. (2005). Struggling with the creative class. *Int. J. Urban Reg. Res*. 29 (4): 740-770.

[33] Phelps N. A. (2004). Clusters, dispersion and the spaces in between: For an economic geography of the banal. *Urban Stud*. 41 (5-6): 971-989.

[34] Phelps N. A. (2008). Cluster or capture? Manufacturing foreign direct investment, external economies and agglomeration. *Reg. Stud*. 42 (4): 457-473.

[35] Phillips S. A. M., Yeung H. W. C. (2003). Aplacefor R&D The Singaporesciencepark. *Urban Stud*. 40 (4): 707-732.

[36] Porter M. (1998). *On competition*. Boston, MA: Harvard Business School Press.

[37] Prevezer M. (2008). Technology policies in generating biotechnol-

ogy clusters: A comparison of China and the US. *Eur. Plan. Stud.* 16 (3): 359-374.

[38] Prevezer M., Tang H. (2006). Policy-induced clusters: The genesis of biotechnology clustering on theeast coastof China. InP. Braunerhjelm, &M. Feldman (Eds.). *Cluster genesis* (pp. 113-132). Oxford: Oxford University Press.

[39] Robinson J. (2016). Thinking cities through elsewhere: Comparative tactics for a more global urban studies. *Prog. Hum. Geogr.* 40 (1): 3-29.

[40] Rutten R. (2017). Beyond proximities: The socio-spatial dynamics ofknowledge creation. *Prog. Hum. Geogr.* 41 (2): 159-177.

[41] Saxenian A. (2002). Silicon valley's new immigrant high-growth entrepreneurs. *Econ. Dev. Q.* 16 (1): 20-31.

[42] Scott A. J., Storper M. (2015). The nature of cities: The scope and limits of urban theory. *Int. J. Urban Reg. Res.* 39 (1): 1-15.

[43] Shearmur R. (2012). Are cities the font of innovation? A critical review of the literature on cities and innovation. *Cities.* 29 (2): S9-S18.

[44] Simmie J. (2001). *Innovative cities.* London: Spon Press.

[45] Storper M., Venables A. J. (2004). Buzz: Face-to-face contact and the urban economy. *J. Econ. Geogr.* 4 (4): 351-370.

[46] Su Y. S., Hung L. C. (2009). Spontaneous vs. policy-driven: The originand evolution of the biotechnology cluster. *Technol. Forecast. Soc. Chang.* 76 (5): 608-619.

[47] Sunley P. (2008). Relational economic geography: A partial understanding or a new paradigm? *Econ. Geogr.* 84 (1): 1-26.

[48] Wang J. H., Chen T. Y., Tsai, C. J. (2012). In search of an innovative state: The development of the biopharmaceutical industry in Taiwan, South Korea and China. *Dev. Chang.* 43 (2): 481-503.

[49] Wong J. (2011). *Betting on biotech: Innovation and the limits of Asia's developmental state.* Ithaca: Cornell University Press.

[50] Wu W. P. (2007). State policies, enterprise dynamism, and innovation system in Shanghai, China. *Growth Change.* 38 (4): 544-566.

[51] Wu F. L. (2018). Planning centrality, market instruments: Governing Chinese urban transformation under state entrepreneurialism. *Urban Stud.* 55 (7): 1383–1399.

[52] Yang C. (2014). State-led technological innovation of domestic firmsin Shenzhen, China: Evidence from liquid crystal display (LCD) industry. *Cities*. 38: 1–10.

[53] Yeung H. W. C. (2005). Rethinking relational economic geography. *Transactions of the Institute of British Geographers NS*30. 1. *Transactions of the Institute of British Geographers NS*30 . 37–51.

[54] Yeung H. W. C. (2009). Regional development and the competitive dynamics of global production networks: An East Asian perspective. *Reg. Stud.* 43 (3): 325–351.

[55] Zeller C. (2010). The pharma-biotech complex and interconnected regional innovation arenas. *Urban Stud.* 47 (13): 2867–2894.

[56] Zhang F. (2015). Building biotech in Shanghai: A perspective of regional innovation system. *Eur. Plan. Stud.* 23 (10): 2062–2078.

[57] Zhang F., Cooke P., Wu, F. L. (2011). State-sponsored research and development: A case study of China's biotechnology. *Reg. Stud.* 45 (5): 575–595.

[58] Zhang F., Wu F. L. (2012). Fostering "indigenous innovation capacities": The development of biotechnology in Shanghai's Zhangjiang High-tech Park. *Urban Geogr.* 33 (5): 728–755.

[59] Zhou Y. (2008). *The inside story of China's high-tech industry: Making Silicon Valley in Beijing.* New York: Rowman & Littlefield Publishers, Inc.